高等院校经济管理类专业应用型系列教材

统计数据分析基础

王晓燕　刘文锦　罗秀琴　主编

清華大學出版社
北京

内 容 简 介

统计学就是对数据进行挖掘和运用，从而得出重要、正确决策的方法论学科。信息的收集、整理、分析都离不开统计学理论和方法的应用。本书围绕应用型本科院校人才培养目标，阐述对社会经济信息进行收集、整理、分析及预测的基本原理和方法。编者充分考虑针对性和适应性，将统计知识与经济管理紧密结合，注重案例教学，强调学生统计实践技能的培养。

本书既适合应用型本科院校经济管理类各专业学生作为教材使用，也可供一般社会读者阅读参考。

图书在版编目(CIP)数据

统计数据分析基础 / 王晓燕，刘文锦，罗秀琴主编. —北京：清华大学出版社，2023.7(2025.3 重印)
高等院校经济管理类专业应用型系列教材
ISBN 978-7-302-64015-8

Ⅰ.①统… Ⅱ.①王… ②刘… ③罗… Ⅲ.①统计数据–统计分析–高等学校–教材 Ⅳ.①O212.1

中国国家版本馆 CIP 数据核字(2023)第 121929 号

责任编辑：刘士平
封面设计：傅瑞学
责任校对：刘 静
责任印制：丛怀宇

出版发行：清华大学出版社
网　　址：https://www.tup.com.cn，https://www.wqxuetang.com
地　　址：北京清华大学学研大厦 A 座　　**邮　　编**：100084
社 总 机：010-83470000　　**邮　　购**：010-62786544
投稿与读者服务：010-62776969，c-service@tup.tsinghua.edu.cn
质量反馈：010-62772015，zhiliang@tup.tsinghua.edu.cn
课件下载：https://www.tup.com.cn，010-83470410
印 装 者：三河市铭诚印务有限公司
经　　销：全国新华书店
开　　本：185mm×260mm　　**印　　张**：22.25　　**字　　数**：530 千字
版　　次：2023 年 8 月第 1 版　　**印　　次**：2025 年 3 月第 2 次印刷
定　　价：59.00 元

产品编号：097911-01

本书编委会

主　编

王晓燕　刘文锦　罗秀琴

副主编

王　澍　徐弋焜　孔广欣　李甜甜

主　审

刘文锦

编　委

杨　清　张艳芳　高冬梅　祖家祺

陈　科　黄冬梅　邓　殊　赵椏珩

胡　莎　秦　清　苟竹林

前言

FOREWORD

发展大数据技术是国家重大战略需求。统计分析在大数据时代得到了广泛的发展和运用。例如，通过国内生产总值、人口数、物价指数、房地产价格等经济指标，了解和判断我国整体经济走势；营销领域中对客户分群数据进行统计、分类分析，为其提供更为精准的服务，等等。通过数据分析出来的信息研究和发现规律，就是我们对问题进行思考、分析的过程；发现问题并寻找解决方案从而得到答案，这将贯穿人类社会发展的始终。

本书紧密围绕应用型本科院校人才培养的目标，为高校的经济管理类专业学生学习专业基础课的需要而撰写。本书在内容体系设计上主要有以下特点。

(1) 课程理论体系完整。书中内容主要阐述对社会经济信息进行收集、整理、分析及预测的基本原理和方法，具体内容分为九章，分别是导论、统计数据的收集与调查、统计数据的整理与图表展示、统计数据的概括性度量、数据的抽样推断与假设检验、数据的相关分析与回归分析、时间数列分析、统计指数分析、统计学实验。

(2) 注重案例教学，引导学生关注身边的统计现象。编者从实际经济背景出发导入实际案例，引导学生进行思考和讨论，同时课后附有案例分析让学生进一步了解统计学的实践意义。一是方便教师积极开展专业课堂教学创新的探索，将案例教学法、情景教学法、任务引领法、角色扮演法贯穿于教学之中；二是能发挥学生学习的主动性和创新性，激发学生主动学习的兴趣，让他们感知“统计其实就在身边”。

(3) 课后习题内容完备。为了方便教师对本章的学习进行总结，每章后面都设有本章小结；同时为方便学生进行复习，课后均设有思考与练习，目的在于培养学生的动手和处理实际情况的能力。通过这类实训的强化，学生应能熟练地掌握该章的基本内容和主要统计方法。

(4) 充分考虑针对性和适应性。本书从经济管理类专业出发，结合反映国家宏观经济形势的实际数据进行分析；书中文字力求简洁、易懂，举例生动实用，深入浅出，数学公式在编写上，尽量避免烦琐的数学证明与推导。

(5) 强调学生统计实践技能的培养。与目前运用较为普及的统计软件 SPSS 紧密结合，书中讲述的所有方法都要求在 SPSS 上实现；将 SPSS 软件的学习与各章案例分析结合，使学生在实际运用中学习该软件的操作方法。

此外，本书配有电子课件、习题答案等教学辅助资源。

本书主要以财经、管理专业本科生作为对象，也可供高职高专学生选用。此外，本书也可以作为企业管理人员和统计工作者自学的参考书。

本书由王晓燕、刘文锦和罗秀琴担任主编。王晓燕负责全书的统稿工作，并编写第一章、第八章；刘文锦负责起草教材编写大纲，并编写第四章。其余部分，第二章由徐弋焜编写，第三章、第七章由罗秀琴编写，第五章、第六章由王澍编写，第九章由李甜甜编写。全书由刘文锦、王晓燕负责审核。

由于编者水平有限，加之时间仓促，书中难免存在不足之处，敬请各教学单位和广大读者朋友在使用本书的过程中给予批评、指正，在此将不胜感激。

编者

2023 年 6 月

目录

CONTENTS

导 论

【学习目的】

(1) 了解统计科学的产生和发展,认识主要的统计学派。

(2) 理解统计学的含义、研究对象和统计研究的基本方法。

(3) 掌握国家统计的工作过程、任务和职能。

(4) 重点掌握统计学的基本概念和范畴,包括统计总体、总体单位、标志、变量、变异、统计指标、指标体系及其相互联系与区别等。

案例导入

国家统计局于2021年5月11日发布的《第七次全国人口普查公报》显示:

截至2020年11月1日零时,我国大陆总人口为1 411 778 724人,与2010年第六次全国人口普查相比增长5.38%,年平均增长率为0.53%;男女性别比为105.07:100。年龄构成中,0~14岁人口占比17.95%,15~59岁人口占比63.35%,60岁及以上人口占比18.70%。

又如,根据国家统计局公布的《2020年国民经济和社会发展统计公报》显示:

2020年我国国内生产总值1 015 986亿元,比2019年增长2.3%;全年居民消费价格比上年上涨2.5%;年末全国城镇调查失业率为5.2%;全国居民恩格尔系数为30.2%。

……

当你听到或阅读到这些统计数据时，你是否会思考这样一些问题：统计数据对人们生活有用吗？这些数据是如何得来的？统计数据与将要学习的统计学之间有着怎样的联系？等等。要想准确回答这些问题，就需要了解“什么是统计”及“统计能解决哪些问题”。

第一节 统计的产生与发展

一、统计实践的产生与发展

作为一种实践活动，统计产生于人们对国家基本情况的了解和生产经营活动的记录。我国人口统计历史十分久远，早在公元前22世纪就开始了人口、土地的调查。《书经·禹贡篇》中有记载，我国在4000多年前的夏朝，全国人口总数为13 553 923人，土地24 328 024顷，并根据山川土质、人口物产及贡赋多寡，将全国分为九州。这些都被西方经济学家推崇为“统计学最早的萌芽”。西周时代建立了较为系统的统计报告制度。秦时《商君书》中提出“强国知十三数”，其中包括粮食储备、各国人数、农业生产资料及自然资源等。

在欧洲，古希腊、古罗马时代就开始了人口和居民财产的统计。公元前27世纪，埃及为了建造金字塔和大型农业灌溉系统，曾进行过全国人口和财产调查。公元前15世纪，犹太人为了战争的需要对男丁进行了调查。公元前约6世纪，罗马帝国规定每5年进行一次人口、土地、牲畜和家奴的调查，并以财产总额作为划分贫富等级和征丁课税的依据。

二、统计科学的产生与发展

随着统计实践发展到一定阶段，人们开始总结经验，逐步形成了较为系统的统计理论知识。1676年英国人威廉·配第（Wiliam Patty，1623—1676）的《政治算术》一书，标志着统计学的诞生。从17世纪到现在，统计学已有300多年的历史。在统计学的发展过程中，主要的学派有政治算术学派、国势学派、数理统计学派、社会统计学派等。

（一）政治算术学派

政治算术学派产生于17世纪的英国，代表人物是威廉·配第和约翰·格朗特（John Graunt，1620—1674）。威廉·配第在他的代表作《政治算术》（1676）中，首次采用数量对比分析法对英国、荷兰、法国的国情、国力进行周密分析；约翰·格朗特在他的代表作《对死亡表的自然观察和政治观察》（1662）中，对伦敦人口的出生率、死亡率、性别比率等人口统计规律做了研究，例如，新生婴儿的性别比率大概为男婴比女婴为14∶13，男性死亡率高于女性，新生婴儿在大城市的死亡率较高，等等。这些对统计学的创立起到了非常重要的作用。这个学派还出现了一些统计学家，但一直未采用“统计学”这一科学命名，“有统计学之实，而无统计学之名”。

（二）国势学派

国势学派又称记述学派，产生于 17 世纪的德国，代表人物是海尔曼·康令（H. Coring）、阿亨瓦尔（G. Achenwall）等。这两位教授由于在大学中开设了"国势学"课程，该学派因此而得名，"国势学"课程后改名为"统计学"。国势学派主要是通过收集大量资料，向国家的统治者提供一些关于国情的知识，例如人口、领土、政治、军事、经济、宗教、地理、风俗、货币等。国势学派注重的是事件的记述，而不重视数量的分析，所以从研究方法上不符合统计学的要求，典型的"有统计学之名，而无统计学之实"。但从其研究对象上看与政治算术学派是相同的，都是对国家主要事项的研究，而且"统计学"名称是这个学派的贡献，从这个角度看，它对统计学的创立和发展也做了不少贡献。

（三）数理统计学派

19 世纪中期，比利时生物学家、数学家和统计学家阿道夫·凯特勒（Adolphe Quetelet，1796—1874）首次把概率论引入了统计学，对法国、英国和比利时的犯罪统计资料进行了研究，从中发现了某些社会现象的规律性。他将自然科学的研究方法引入社会现象的研究中，大大丰富了统计学的内容，也为统计学的数量分析奠定了数理基础。阿道夫·凯特勒也因其对统计学发展做出的巨大贡献，被人们称为"近代统计学之父"。

从 19 世纪中叶到 20 世纪中叶，数理统计方法的应用领域不断扩展，例如，又出现了贝努里（Jakob Bernoulli，1654—1705）的大数定理、莫阿弗尔（Abraham de Movre，1667—1754）的中心极限定理、贝叶斯（Thomas Bayes，1702—1761）的主观概率、高斯（Carl Friedrich，1777—1885）的误差理论等。同时，随着理论的发展，其应用也进入了全面发展阶段，几乎所有的科学研究都要用到数理统计学。英国统计学家葛尔登（F. Galton，1822—1921）首先提出了生物统计学，皮尔逊（K. Pearson，1857—1936）将生物统计一般化进而发展为描述统计学，埃奇沃思（F. Y. Edgeworth，1845—1926）、鲍莱（A. L. Bowley，1869—1957）侧重于描述统计在社会经济领域中的应用和方法的研究，费歇尔（R. A. Fisher，1880—1962）创立了推断统计学。至此，数理统计学已发展为一门基础性的方法论科学。

（四）社会统计学派

19 世纪后半叶，正当数理统计学派突飞猛进地发展之时，德国统计界出现了社会统计学派，其主要代表人物有恩格尔（C. I. E. Engel，1821—1896）和乔治·冯·梅尔（G. V. Mayr，1841—1925）等。从学术渊源上看，前面的政治算术学派为社会统计学派奠定了发展的基础。恩格尔在《比利时工人家庭的生活费》（1895）中提出了著名的"恩格尔法则"，即"家庭收入越多，食品开支费用在家庭收入中所占的比例就越小；家庭收入越少，食品开支费用在家庭收入中所占的比例就越大。"在此基础上计算的恩格尔系数，一直作为衡量各国生活水平的标准沿用至今。社会统计学包括政治统计、人口统计、经济统计、犯罪统计等多方面内容，与之相适应的社会调查和社会研究也有了较大的发展，使其共同成为社会科学研究的重要方法。

从统计学的发展过程可以看出，统计学产生于应用，同时又在应用过程中发展壮大。随着经济社会的发展，各学科相互融合趋势的发展以及计算机技术的迅速发展，统计学的应用领域、统计理论与分析方法也将不断发展，在所有领域展现它的生命力和重要作用。

（五）现代统计学

在我国，社会主义市场经济体制的逐步建立，实践发展的需要对统计提出了新的更多、更高的要求。

《中华人民共和国统计法》是我国唯一的一部统计法律，于 1983 年 12 月 8 日由第六届全国人民代表大会常务委员会第三次会议通过，1996 年 5 月 15 日经第八届全国人民代表大会常务委员第十九次会议修正，2009 年 6 月 27 日再次经第十一届全国人民代表大会常务委员会第九次会议修订通过，于 2010 年 1 月 1 日起施行。统计法第二条规定："本法适用于各级人民政府、县级以上人民政府统计机构和有关部门组织实施的统计活动。统计的基本任务是对经济社会发展情况进行统计调查、统计分析，提供统计资料和统计咨询意见，实行统计监督。"

统计的具体任务和作用可表现为以下几个方面：

（1）为党和政府以及各级领导机构进行决策和实施宏观调控提供依据；

（2）为企事业单位经营管理提供数据依据；

（3）为政策和计划的执行情况进行检查及监督；

（4）为社会公众了解情况、参与社会经济活动提供信息；

（5）为国际交往提供资料。

第二节　统计的含义与职能

一、统计的含义与研究对象

（一）统计的含义

现代统计一词有三种含义，即统计工作、统计资料和统计学。

统计工作，即统计实践活动，是指运用科学的方法，按照预先设计的要求，对社会现象的数量方面进行收集、整理、分析研究和提供各种统计资料及统计咨询意见的活动总称。其工作成果是统计资料。社会经济统计则是指对社会经济现象的数量方面进行收集、整理、分析研究并提供各种统计资料和统计咨询意见的活动总称。一个完整的统计工作过程包含了统计设计、统计调查、统计资料整理、统计分析四个阶段。领导、组织并从事统计工作的部门，称为统计机构或统计部门，统计机构一般分为三大系统，即政府统计系统、专业统计系统和企业统计系统；参加统计实践的工作人员，称为统计工作者，统计人员的职称包括初级职称（统计员、助理统计师）、中级职称（统计师）和高级职称（高级统计师和总统计师）。

统计资料，是在统计工作过程中取得的各项反映社会、经济现象和过程的数字资料及与之有联系的文字资料的总称。从事统计工作的主要目的在于取得全面、准确的统计资料。统计资料是统计工作的重要成果，包括统计调查所取得的原始资料和经过加工整理、分析研究而形成的综合统计资料。统计资料一般都反映在统计报表、统计手册、统计汇编、统计年鉴及统计公报及统计分析报告中。准确可靠的统计资料是宏观经济决策和微观经济管理中分析、研究社会经济问题不可缺少的重要依据。

统计学，也称统计理论，是关于认识客观现象总体数量特征和数量关系的科学。它是从统计实践中概括、提炼、总结出来的系统地论述统计理论和方法的科学。

统计的三种含义之间存在着密切的联系。

统计工作和统计资料的关系是统计活动与统计成果的关系。一方面,统计资料的需求支配着统计工作的设计;另一方面,统计工作的质量又直接影响着统计资料的数量和质量。统计工作的现代化关系着向社会提供丰富资料和灵通信息,提高决策可靠性和工作效率的重要问题。

统计学与统计工作的关系是理论与实践的关系。一方面,统计工作是形成统计学的基础。统计理论是统计工作经验的总结,只有当统计工作实践发展到一定阶段,才能形成独立的统计科学,统计实践的发展又不断地丰富并推进着统计科学理论的发展。另一方面,统计工作的发展又需要统计理论的指导,统计科学研究大大促进了统计实践工作水平的提高,统计工作的现代化和统计科学的进步是分不开的。

可见,统计的三个含义是一个密不可分的有机整体。

本书介绍的是社会经济统计学中的基本原理、原则和方法,并特别强调这些理论和方法在社会经济领域中的运用,也就是对实际经济现象观测所得的统计数据进行收集、整理和分析,从而深入了解并挖掘社会经济现象的数量特征和数量关系。

(二)统计学的研究对象

统计的研究对象是统计研究所要认识的客体。这个客体独立存在于人们的主观意识之外。只有明确了研究对象,才可能根据它的性质特点产生相应的研究方法,达到认识对象客体规律性的目的。人们要认识客观世界,必须调查研究,也就离不开统计活动。统计工作和统计学有着认识客观世界这一共同目的,它们的研究对象是一致的。

统计学的研究对象是社会经济现象总体的数量特征和数量关系,统计学通过这些数量关系反映社会经济现象的规律性。

社会经济现象的数量方面所涉及的内容很广泛,如人口数量、劳动力资源、社会财富、自然资源、社会生产和建设、商品的交换与流通、国民收入分配和国家财政收入、金融、信贷、保险事业、城乡人民物资生活水平、政治生活、科学技术进步与发展等。这些都是国民经济和社会发展的总体情况,是社会经济现象的基本数量特征和基本数量关系,它构成了我们对社会的基本认识。在社会主义现代化建设过程中,如果不能准确、及时、全面、系统地掌握这些数量及其变化的信息,就不可能有正确的政策与计划,不可能有效地调节和控制,也不可能加强经济管理和经济研究,必然导致决策上的失误和行动上的失败。所以,经济越发展,越需要加强统计;经济越搞活,越需要发挥统计的作用。

社会经济统计学也研究自然技术因素对社会生活变化的影响,研究社会生产发展对社会生活自然条件的影响。例如,研究资源条件和技术条件的变化对于社会生产生活的影响程度,研究新技术、新工艺对社会所提供的经济效果,以及研究社会生产的发展引起自然环境的变化等。

(三)统计学的类型

统计学是一门应用非常广泛的科学,其内容体系也非常丰富。统计学按照研究的领域和研究重点的不同,可以分为许多分支和类型。一般分为应用统计学和理论统计学两大分支。理论统计学又进一步分为描述统计学和推断统计学。

应用统计学是运用于某一特定领域的统计理论与方法的总称,如国民经济统计学、货币金融统计学、管理统计学、人口统计学、心理统计学、医学统计学、生物统计学、商业统计学、工业统计学、农业统计学、贸易统计学、管理统计学、商务统计学、工业统计学和交通统计学，等等。统计学是一门收集和分析数据的科学，社会科学和自然科学领域都需要通过数据分析来解决问题，因而统计方法的应用几乎扩展到了所有的科学领域。应用统计学的不同分支所应用的基本原理和方法是一样的，但由于每个领域都有其特殊性，所以统计方法在不同领域的应用具有不同的特点。

理论统计学是指论述统计学中关于数据的收集、整理和分析的最基本的原理、原则和方法的科学，它是统计中应用于各种领域的理论基础，可以说，它是一门通用的方法论科学。本书内容属于理论统计学。

1. 描述统计学

描述统计学是关于如何对现象的数据特征进行观测、整理、计量、表述的理论和方法论学科，研究如何取得反映客观现象的数据，并通过图表形式对所收集的数据进行加工处理和显示，进而通过综合概括与分析得出反映客观现象的规律性数量特征。其特点是用从一个总体或样本中收集到的数据，来对这个总体或样本进行描述或得出有关这个总体或样本的结论。如全部门有 20 名员工或从全公司 3 000 名员工中抽取 100 名员工，把这 20 名或 100 名员工的工资收入用图、表或特征值如平均工资、工资的标准差和出勤率等表示出来，从而得出针对该部门 20 名员工或 100 名员工的相关情况的结论。

2. 推断统计学

推断统计学也称为统计推断，是关于如何抽取样本并利用样本数据推断总体有关数据的理论和方法论学科。其特点是用从总体中随机抽取的样本数据，得出关于这个总体的结论。如从全公司 3 000 名员工中随机抽取 100 名员工进行工资收入等相关情况调查。用这 100 名员工的平均工资、工资的标准差和出勤率等推算出全公司 3 000 名员的平均工资、工资的标准差和出勤率等，从而得出全公司员工工资情况的结论。

3. 描述统计学和推断统计学的关系

描述统计是基础，只有依靠描述统计收集、整理和显示可靠的统计数据并提供有效的样本信息，推断统计才能进行。描述统计与推断统计的关系如图 1-1 所示。

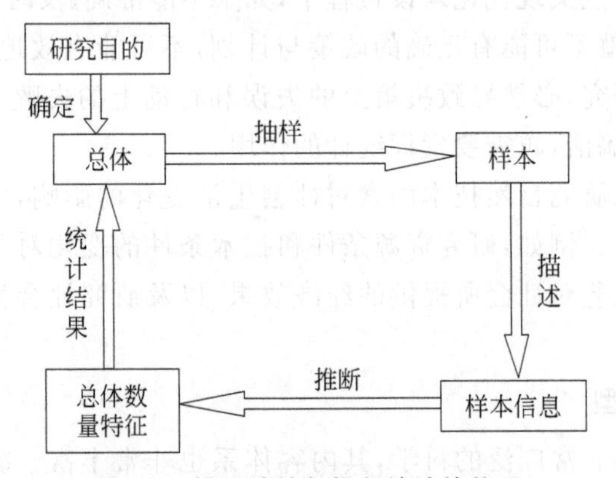

图 1-1 描述统计与推断统计的关系

从描述统计学发展到推断统计学，既反映了统计学发展的巨大成就，也是统计学发展成熟的重要标志。

本书是为缺乏系统概率论知识的学习者编写的，以描述统计为主，只用第五章介绍推断统计学的基本理论和方法。

二、统计的工作过程与特点

（一）统计的工作过程

对社会经济现象的研究活动，也就是对社会经济现象的认识过程。这种认识过程和其他认识活动一样，是一个不断深化的无止境的过程。但就一次统计活动来讲，一个完整的统计工作过程一般可分为统计设计、统计调查、统计整理、统计分析四个阶段。

1. 统计设计

统计设计是统计工作过程的第一阶段，它是根据统计研究对象的性质、研究目的，对统计工作各环节和各方面进行的通盘考虑和安排，一般表现为各个具体的设计方案。统计设计的关键任务，是通过对客观现象质的认识来确定对象的范围和反映这一对象范围的指标和指标体系。

通过统计设计，一方面确定统计研究的范围以及统计指标和指标体系，另一方面又把统计工作的各个方面和环节有机地结合起来，构成对统计总体的定性认识和定量认识的连接点。统计设计的工作成果是统计工作方案，如统计指标体系、统计分类目录、统计调查方案、统计整理方案、统计资料保管和提供等一系列统计方法制度，它们是开展具体的统计工作的依据。

2. 统计调查

统计调查是根据统计研究的目的和要求，运用科学的统计调查方法，有组织、有计划地向客观实际收集资料的过程。

在整个统计工作过程中，统计调查担负着提供原始资料的任务。它是对客观现象进行定量认识的起点，是统计认识活动由初始定性认识过渡到定量认识的阶段，其工作质量的高低，直接影响和决定着统计资料整理和分析的质量，进而决定着统计工作的质量，它是统计工作的基础环节。

3. 统计整理

统计整理是根据统计研究目的和任务的要求，对统计调查阶段所收集到的大量原始资料进行加工与汇总，使其系统化、条理化、科学化，最后形成能够反映现象总体综合特征的统计资料的工作过程。统计整理是统计工作的中间环节，是使我们对社会经济现象的认识，由对个体的认识过渡到对总体的认识，由感性认识上升到理性认识的必经阶段，是统计调查的继续，也是统计分析的必要前提。

4. 统计分析

统计分析是对经过加工整理的大量统计资料，应用各种统计分析方法，从静态和动态两方面进行基本的数量分析，认识和揭示社会经济现象的本质和规律性，得出科学结论，进而提出建议和进行预测的活动过程。

统计分析是统计工作的最后阶段，它属于认识的理性阶段，是统计研究的决定性环节，也是统计发挥其职能的关键阶段。

综上所述，社会经济统计工作的过程是从统计设计（定性认识）到统计调查和统计整理（定量认识），最后通过统计分析而达到对于事物的本质和规律的认识（定性认识）的一个有机的工作过程。这种质—量—质的认识过程是统计研究的一个重要特点。

（二）统计的特点

社会经济统计学具有数量性、总体性、具体性的特点。

1. 数量性

一切事物都具有质和量两个方面。统计学的一个最基本的特点，就是研究社会经济现象的数量方面，即社会经济现象的规模、水平、结构、速度、比例关系和普遍程度等。

研究社会经济现象数量方面，具体地说就是用科学的方法去收集、整理、分析国民经济和社会发展的实际数据，并通过统计所特有的统计指标和指标体系，表明所研究现象的规模、水平、速度、比例和效益等。主要表现在以下两个方面。

一是通过静态的统计数字，反映同一时间内现象总体的规模和结构情况。例如，根据2021年国家统计局公布的《第七次全国人口普查公报》显示：2020年11月1日零时我国大陆总人口为1 411 778 724人；其中男性人口为723 339 956人，占总人口的51.24%；女性为688 438 768人，占总人口的48.76%。总人口性别比（以女性为100，男性对女性的比例）为105.07。又如我国陆地面积为960万平方公里，其中33%为山地，26%为高原，19%为盆地，12%为平原，10%为丘陵。这些数据较充分地说明了我国地广人多的基本国情。

二是使用一系列不同时间的数据所构成的动态资料，反映同一现象总体在不同时间的发展速度和变动趋势。例如，根据国家统计局统计数据库显示，2017年前五个月全国房屋销售价格指数中，新建居民住宅房屋与2009年同比的价格指数分别为：124.7%，122.1%，119.0%，116.0%，113.5%。这些数字说明我国房产价格畸形发展的实际情况，证明了控制房价增长的必要性和紧迫性。再如，根据国家统计局网站数据库提供的数据显示，我国国内生产总值2011年至2020年分别为（单位：亿元）583 393，537 329，588 141，644 380，685 571，742 694，830 946，915 244，983 751，1 006 363。在短短的10年间，我国的国内生产总值增长了近两倍，稳居世界第2位，取得了骄人的成绩。采用动态的统计资料，还可以用来预测现象未来可能达到的规模和水平。用各项统计数据来说明社会经济发展情况，发扬成绩，反映问题和矛盾，不仅具体生动，而且有说服力。在我们国家里，各行各业都离不开统计。

2. 总体性

统计研究的对象不是个体现象的数量方面，而是从总体的角度来认识社会经济现象的数量特征。例如，统计劳动生产率，并不是强调某一个人的劳动生产率，而是研究一个单位、一个部门、一个地区乃至一个国家总体的劳动生产率情况。统计的总体性特点，是由社会经济现象的特点和统计研究的目的所决定的。

要形成对总体数量特征的认识，又必然以个体事物量的认识为起点。社会经济统计在认识社会经济现象时，需要通过对组成其总体的个别事物的量的认识来达到对这些总体的认识。例如，为研究全国人口数量、性别构成、出生率（死亡率）等方面的情况，首先必须对每一个人进行调查研究，收集与研究总体数量相应的资料，汇总整理后形成对现象总体量的认识。认识总体的数量特征是目的，而调查研究个体是出发点。

3. 具体性

统计所研究的数量是具体事物的数量，即社会现象在一定时间、地点、条件下的数量表现，而不研究抽象的数量，所以它具有具体性的特点。这是社会经济统计学和数学的一个重要区别。数学也是以数量作为其研究对象的，但它在研究客观世界的空间形式和数量关系时，具有高度的抽象性，可以撇开所研究客体的具体内容。而统计在研究社会经济现象的数量方面时，则必须紧密联系被研究现象的具体内容，反映其质的特征。

三、统计的职能

统计的基本作用是认识作用，统计是对社会经济现象的研究活动，也就是对社会经济现象的认识过程。统计要达到认识社会的目的，不仅需要科学的方法，而且需要强有力的组织领导，即必须要有健全的统计领导机构。我国的统计领导机构是由国家统计系统来完成的，它自上而下地建立全国的统计信息网络。

随着社会经济的发展，国家管理系统分工的日趋完善，特别是统计信息对于国家经济决策方面的作用日益增强，国家统计的职能也在不断地扩大。现代国家管理系统包括决策、执行、信息、咨询、监督等五大组成部分。统计部门作为国家管理系统的重要组成部分，同时具有信息、咨询和监督三大职能。

（一）统计信息职能

统计信息职能是指统计部门根据统计方法制度，利用科学的统计指标体系和统计调查方法，灵敏、系统地收集、整理、分析、存贮和传递以数量描述为特征的社会经济信息的一种服务职能。

现代社会是信息社会。统计信息是社会经济信息的主体，是监测国民经济和社会运行的一把尺子，是党和政府进行宏观决策、管理的基本依据。党和政府在进行宏观经济决策和调控时，经常碰到这样一些问题：当前的国民经济和社会运行处于什么状态？国民经济和社会运行是否正常，如果不正常，又如何进行调控？宏观调控措施出台之后的效果如何？这些问题的正确回答与解决，离不开统计所提供的信息服务。

统计信息也是企业转换经营机制所不可或缺的重要依据。随着经营机制的转换和市场体系的发育与完善，企业生产经营活动主要取决于市场的需求，及时准确地掌握市场需求信息，了解市场的走向与变化态势，科学地组织生产经营活动，显得尤为重要。然而，由于市场的广阔与千变万化，仅靠企业自身的力量是难以把握与驾驭的，而统计部门则具有不可替代的优势，它能广泛地收集商品、资金、劳动、技术、人才等众多方面的有用信息，为企业经营决策提供优质的信息服务。

（二）统计咨询职能

统计咨询职能是统计部门利用已掌握的丰富的统计信息资源，运用科学的分析方法和先进的技术手段，深入开展综合分析和专题研究，为科学决策和管理提供各种可供选择的咨询建议和对策方案的一种服务职能。

当前，各级统计部门参与党政领导部门决策，定期向人民代表大会汇报经济形势，参与制定国民经济和社会发展规划，已成为国家重要的咨询机构之一。

（三）统计监督职能

统计监督职能是根据统计调查和分析，及时、准确地从总体上反映经济、社会的运行状况，并对其实行全面和系统的定量检查、监测和预警，以促进国民经济按照客观规律的要求，持续、快速、健康发展提供统计支持的一项服务职能。

统计监督是更高层次上的一种社会服务，它服务于党的基本路线和社会主义建设事业的总方针，并起到保证国民经济和社会发展不偏离正常轨道的监督作用。

统计的三种职能是相互联系，相辅相成的。统计信息职能是保证统计咨询和统计监督职能有效发挥作用的基础和前提条件。统计咨询职能是统计信息职能的延续和深化。而统计监督职能则是信息、咨询职能基础上进一步拓展，并促使统计信息和咨询职能优化的保障。

统计只有发挥了信息、咨询和监督三者的整体功能，才能为党政各级领导机构决策和执行系统、为企事业单位进行管理，为科研机构进行理论研究，为广大人民群众了解社会经济情况，参与社会政治活动提供优质的服务，为各国人民相互了解、发展国际交流和合作提供高效的服务。因此，必须建立和健全统计组织，建立适合我国国情的统计系统，加强统计工作领导，把国家统计部门建设成为国家重要的咨询机构和监督机构，实现信息化和信息社会共享的目标。

四、统计学的应用领域

有人说，统计学是21世纪最有前途的学科之一。因为从20世纪后半叶起，人文社会科学的发展与统计学的关系越来越紧密，统计学的发展已经渗透到人文社会科学的许多领域，并由此产生了许多新的统计学科，如人口统计学、历史统计学、教育统计学、心理统计学、社会统计学等。只要有数据的地方就会用到统计方法，因此统计学已发展为由若干学科分支组成的学科体系。统计学几乎用到所有研究领域，政府部门、学术研究领域、日常生活中、企业管理中都要用到统计。下面是统计在工商管理中的一些应用。

（一）产品质量管理

质量是企业的生命，是企业持续发展的基础。统计已是产品质量管理的重要手段，在一些知名的跨国工商企业，统计工作准则已经成为一个重要的管理概念，统计质量控制图已广泛应用于检测生产过程。

（二）市场研究

企业要在激烈的市场竞争中取得优势，首先必须了解市场，要了解市场，则需要做广泛的市场调查，取得所需的信息，并对这些信息进行科学的分析，以便作为生产和营销的依据，这些都需要统计的支持。

（三）经济预测

企业要对未来的市场状况进行预测，经济学家常常要对宏观经济或某一行业进行预测，在进行预测的时候，最常用的方法就是利用各种统计信息和统计方法。比如，企业要对市场的潜力进行预测，以便调整生产计划，最大化利润，这就需要利用市场调查取得数据，并进行统计分析。

（四）人力资源管理

利用统计方法对员工的年龄、性别、受教育程度、工资等进行分析，并作为制订工资计划、奖惩制度的依据。

（五）财务分析

上市公司的财务数据是股民投资的重要参考依据。一些投资咨询公司主要是根据上市公司提供的财务和统计数据进行分析,为股民提供投资参考。企业自身的投资也离不开对财务数据的分析,其中要用到大量的统计方法。

(六)企业发展战略

发展战略是一个企业的长远发展方向。制定发展战略一方面需要及时了解和把握整个宏观经济的状况及发展变化趋势,了解市场的变化;另一方面,要对企业进行合理的市场定位,把握企业自身的优势和劣势。所有这些都离不开统计,需要统计提供可靠的数据,利用统计方法对数据进行科学的分析和预测,等等。

当然,统计不仅在工商管理中有用,它已经渗透到自然科学和社会科学的各个领域,为多个学科提供通用的数据分析方法。从某种意义上说,统计仅仅是数据分析方法,必须与其他学科结合才能发挥自己的作用。

第三节 统计数据的类型

统计数据是统计工作活动过程中所取得的反映国民经济和社会现象的数字资料以及与之相联系的其他资料的总称,是对现象进行测量的结果。比如,对经济活动总量的测量可以得到国内生产总值(GDP)数据;对股票价格变动水平的测量可以得到股票价格指数的数据;对人口性别的测量可以得到男或女这样的数据。下面从不同角度说明统计数据的分类。

一、按计量尺度划分的类型

按照所采用的计量尺度不同,可以将统计数据分为分类数据、顺序数据和数值型数据。

(一)分类数据

分类数据是指只能归于某一类别的非数字型数据,又称定类数据,它是按照现象的某种属性对其进行分类或分组而得到的结果,是用文字来表述的。例如,按照性别将人口分为男、女两类;按照经济性质将企业分为国有、集体、私营、其他经济等。“男”“女”,“国有”“集体”,“私营”和“其他经济”就是分类数据。为了便于计算机处理,通常用数字代码来表述各个类别,比如,用 1 表示“男性”,0 表示“女性”,但是 1 和 0 等只是数据的代码,它们之间没有数量上的关系和差异。

(二)顺序数据

顺序数据是只能归于某一有序类别的非数字型数据。顺序数据虽然也是类别,但这些类别是有序的。比如将产品分为一等品、二等品、三等品、次品等;考试成绩可以分为优、良、中、及格、不及格等;一个人的受教育程度可以分为小学、初中、高中、大学及以上;一个人对某一事物的态度可以分为非常同意、同意、保持中立、不同意、非常不同意,等等。对顺序数据也可以用数字代码来表示。比如,1—非常同意,2—同意,3—保持中立,4—不同意,5—非常不同意。

(三)数值型数据

数值型数据是按数字尺度测量的观察值,其结果表现为具体的数值。现实中所处理的大多数都是数值型数据。如收入 300 元、年龄 2 岁、考试分数 100 分、重量 3 公斤等,这些数据就是数值型数据。对数值型数据,可直接用算术方法进行汇总和分析,而对其他类型的数值则需特殊方法来处理。

二、按收集方法划分的类型

按照统计数据的收集方法，可以将其分为观测数据和实验数据。

（一）观测数据

观测数据是指通过调查或观测而收集到的数据，这类数据是在没有对事物人为控制的条件下得到的，有关社会经济现象的统计数据几乎都是观测数据。例如，在某路口观察，记录每分钟经过的机动车与非机动车辆数，获得一组观测数据。

（二）实验数据

实验数据在试验中控制试验对象而收集到的数据。比如，对一种新药疗效的试验，对一种新的农作物品种的试验等。自然科学领域的数据大多数都为试验数据。

三、按被描述的现象与时间关系划分的类型

按照被描述的对象与时间的关系，可以将统计数据分为截面数据和时间序列数据。

（一）截面数据

截面数据是一批发生在同一时间截面上的调查数据，这类数据通常是在不同的空间获得的，用于描述现象在某一时刻的变化情况。比如，2020 年我国各地区的国内生产总值就是截面数据。工业普查数据、人口普查数据、家计调查数据等都属于截面数据，主要由统计部门提供。静态数据都是截面数据。

（二）时间序列数据

时间序列数据是一批按照时间先后排列的统计数据，一般由统计部门提供，在建立计量经济学模型时应充分加以利用，以减少收集数据的工作量。比如 2015—2020 年我国的国内生产总值就是时间序列数据。

第四节　统计中的几个基本概念

一、总体、样本和总体单位

（一）总体

总体又称统计总体，指客观存在的、在同一性质的基础上结合起来的许多个别事物的整体。例如，要研究全国钢铁企业的生产经营情况，则全国的钢铁企业就是一个总体。首先，它是客观存在的；其次，该总体中每一个企业均具有相同的性质，即均为钢铁企业；最后，全部钢铁企业是一个整体，而不是许多个体。

统计总体应具有同质性、大量性和差异性三个基本特征。

1. 同质性

总体的同质性是指构成总体的个别单位在某一方面必须具有相同的性质。各单位在某一点上的同质性是形成统计总体的一个必要条件，同时也是确定总体范围的依据。例如，

“某市的全部商业企业”将构成一个统计总体，它们都是该市的商业企业，具有同质性。但总体的同质性却不要求各单位在各个方面都具有共同性，而只是当统计研究目的确定后，总体所构成的各单位在特定点上应具有共同性。如上例，研究该市的商业企业的发展，只要是该市的商业企业就应该包括在该总体内，而不考虑它是国有的还是个体的，规模大还是规模小，盈利还是亏损。

2. 大量性

总体的大量性是指形成一个统计总体必须要有足够多的总体单位数。一个个体是不能被称为总体的。这是因为，统计对总体数量特征的研究，目的是探索和揭示现象的规律，而现象的规律只有通过大量观察才能显示出来。由于个别单位受某些偶然因素的影响，表现在数量上会存在不同程度的差异，总体的大量性则可以使个别单位因偶然因素产生的数量差异相互抵消，从而显示出总体的本质和规律。只有满足大量性的要求，才能真实地反映现象总体的特征及其发展变化的规律。

一个统计总体中所包含的个别单位，有时其数量是无法计量的，如宇宙中星球的个数，这样的总体称为无限总体；有时是可以计量的，如一个企业或公司的职工人数，这样的总体称为有限总体。社会经济现象一般都是有限总体。统计总体是否有限，对统计调查方法的确定十分重要。显然，对无限总体就不能采用全面调查方法，而对有限总体则既可以用全面调查方法，也可以用非全面调查的方法。当然，即使是有限总体也应该根据现实需要和可能来确定统计调查方法，只要是调查单位足够多就符合大量性的要求了。

3. 差异性

总体的差异性是指构成总体的个体，在某一方面具有相同的性质，但在其他方面则存在着一定的差异。例如，某班的全体学生构成一个统计总体，这是因为他们在“所在班级”这个问题的回答上，具备相同答案。但事实上，每一位同学都有着自己的身高、体重、外貌、性格、家庭地址等不同的特征，这些不同的地方，就构成了总体单位间的差异性。统计总体的这种差异性，形成了统计分析的基础和前提。

（二）样本

样本是从总体中抽取的一部分元素的集合，构成样本的元素的数目称为样本量。抽样的目的是根据样本提供的信息推断总体的特征。比如，从某市的小学生中随机抽取 1 000 名学生进行健康状况调查，这 1 000 名小学生就构成了一个样本，然后根据这 1 000 名学生的健康状况去推断整个城市小学生的健康状况。

（三）总体单位

构成统计总体的个别事物或个体，称作总体单位，它是构成总体的基本单位，也是统计研究内容的具体承担者。

根据统计研究的目的和任务不同，构成统计总体的总体单位也不尽相同。总体单位可以是人，如一个职工；可以是物，如一台设备；也可以是企事业单位，如一个公司；还可以是一个事件、状况、长度、时间等。

总体单位存在一定的计量形式。许多单位以自然单位来表示，如人口以“人”为单位，家庭以“户”为单位，汽车以“辆”为单位等，它们都是不能再细分的整数单位。而有的单位是以物理计量单位来表示的，如时间、长度、面积、容积等，就可以再加以细分，计量单位可大可小。例如统计企业的主营业务收入，则其计量单位可用“万元”，也可用“元”来表现。统计农业产品数量，则其计量单位可以是“吨”，也可以是“千克”，等等。这种总体单位的表现形式从理论上来说，可以根据统计观察所需要的精度进行多层次的细分。

统计总体和总体单位的确定是由统计研究目的和任务决定的。因此，总体和总体单位的确定不是一成不变的，当统计研究目的和任务发生变化时，总体和总体单位必将随之而发生变化，甚至可能会出现二者的换位。

（四）标志

1. 标志的意义

标志，全称统计标志，是说明总体单位(个体)特征或属性的名称。如学生的身高、体重、性别，企业的收入、规模、经济性质等。每个总体单位从不同角度去观察，都具有许多特征，如将职工作为总体单位，他们都具有性别、文化程度、民族、职业、年龄、工龄、工资收入等特征；将企业作为总体单位，它们都具有所属行业、职工人数、占地面积、生产能力、经营收入、上缴税收、成本、利润等特征。

总体单位是标志的载体。统计研究往往从登记标志开始，进而去反映总体的数量特征，因而标志成为统计研究的起点。所以，总体单位的标志是一个重要的概念，统计就是通过各个总体单位的标志值的汇总综合得出所要研究的社会经济现象总体的综合数量特征的。

2. 标志表现

标志表现是标志所反映的总体单位质或量的特征的具体体现。如某受调查者的性别是男性，某学生的体重是 50 千克，某单位的经济性质是股份制企业等。任何一项统计工作，首先要掌握的是现象总体的各个总体单位在特定的时间、地点、条件下实际发生的情况。因此，标志的具体表现便是统计最为关心的问题。如果说标志就是统计所要调查的项目，那么标志表现则是调查所得的结果。总体单位是标志的承担者，而标志表现则是标志的实际体现。

3. 标志的分类

标志按其性质不同可分为品质标志和数量标志。品质标志是说明总体单位属性特征的名称，一般用文字表现。如人口的性别、民族、文化程度；企业的经济类型、行业、地址等；数量标志则是说明总体单位的数量特征的名称，一般用数值表现。如人口的年龄，学生的学习成绩，企业的利润、产量等。数量标志的标志表现称为标志值，例如，某人的年龄 20 岁、学习成绩 80 分，某企业利润 500 万元等。这些都体现了总体单位在具体时间、地点、条件下实际变动的结果。

标志按其标志表现有无差异可分为不变标志和可变标志。不变标志指总体中各总体单位在某个标志的具体表现上都相同。例如，调查某一工业企业职工情况时，该企业所有职工是总体，其每一职工是总体单位，每一职工的“工作单位”就是不变标志。不变标志体现了总体的同质性，同时也确定了总体的空间范围。可变标志指总体中各总体单位在某一标志的具体表现上不尽相同。例如，学生的学习成绩、企业的利润等。可变标志的存在是统计研究的前提条件。只有不变标志而缺乏可变标志所构成的总体是无法进行统计研究的。

二、参数和统计量

（一）参数

参数是用来描述总体特征的概括性数字度量，它反映了总体的某种数量特征。研究者所关心的参数通常有总体平均数、总体标准差、总体比例等；参数一般用希腊字母表示，如μ、σ、π等。作为参数，其指标值通常是确定的、唯一的，是由总体各单位的标志值或标志属性决定的，但与此同时也是一个未知的常数。一般情况要进行抽样，根据样本计算出某些值，然后估计总体参数。

（二）统计量

统计量是用来描述样本特征的概括性数字度量，它是根据样本数据计算出来的一个量，由于抽样是随机的，因此统计量是样本的函数。研究者所关心的统计量主要有样本平均数、样本标准差、样本比例等；样本统计量通常用英文字母来表示，如S、P等。样本量是已知的或可计算获得的，从总体中随机抽样可获得样本，以样本为基础、通过统计推断（参数估计、假设检验）可获得对总体的认识。

三、变量

变量是说明现象某种数量特征的概念。其特点是从一次观察到下一次观察结果会呈现出差别或变化。按照这个定义，指标名称和标志都是变量，如"商业销售额""受教育程度""产品的质量等级"等都是变量。变量的具体数字就是变量值。统计数据就是统计变量的某些取值。变量可以分为以下几种类型。

（一）分类变量

分类变量说明事物类别的一个名称，其取值是分类数据。如"性别"就是一个分类变量，其变量值为"男"或"女"；"行业"也是一个分类变量，其变量值可以为"零售业""旅游业""汽车制造业"等。

（二）顺序变量

顺序变量是说明事物有序类别的一个名称，其取值是顺序数据。如学生百米赛跑排名次，速度最快的定为第1名，次快的定为第2名，以此类推，所得1,2,3,…，就是顺序变量。又如学历的高低，从小到大依次为小学，初中，高中等。

（三）数值型变量

数值型变量是说明事物数字特征的一个名称，其取值是数值型数据。变量按其变量值是否连续，通常分为离散型变量和连续型变量。离散型变量，也称为离散变量，是指可以按一定顺序一一列举其整数变量值，且两个相邻整数变量值之间不可能存在其他数值的变量。例如，企业数、设备数、学生人数等都是离散变量。连续型变量，也称为连续变量，是指其变量值不能一一列举，任何相邻整数变量值之间存在无限多个变量值的变量。连续变量在一定的区间内可取任意值，如职工的月工资额、职工工龄、设备利用率等。

四、统计指标与指标体系

（一）统计指标

1. 统计指标的意义

统计指标简称指标，它说明总体现象数量特征的概念和具体数值。统计指标显示总体共同的属性和特征，但由于各单位所处的条件不同，因此各单位所属特征的具体表现通常也是不相同的，因此，我们需要通过统计调查，登记并汇总计算得出表明现象总体数量特征的数字资料，才能获得对统计指标的完整的认识。例如，“我国 2015 年国内生产总值为 676 708 亿元”就是一个完整的统计指标，它一般包括指标名称、指标数值、空间范围、时间、计量单位和计算方法六个构成因素。在统计设计阶段，统计指标是说明总体现象的数量特征的名称。例如，“2016 年全国的国内生产总值”，它不含数值，只有名称，因为其指标数值尚待统计。这并不影响统计指标的完整性。当然，设计统计指标的最终目的还是取得相应的指标数值。

统计指标是统计中常用的重要概念，无论是统计研究，还是统计实践活动，自始至终都是围绕着设计统计指标、汇总形成统计指标、正确应用统计指标反映总体数量特征。统计指标虽然依照客观实际具有不同类型，但其共同作用表现为：从认识的角度，统计指标是以具体数值来反映社会经济现象的现状、变化的特征规律及一般的数量关系；从社会管理和科学研究的角度，统计指标是制定政策、管理国民经济、进行科学研究的事实依据。

2. 统计指标的特点

统计指标具有以下两个方面的特点。

（1）可量性。统计指标是一定的社会经济范畴的具体表现，具有可量性的特点。所谓可量性是指客观存在的现象的大小、多少可以实际进行计量。统计指标是离不开数量的，凡是不能直接表现为数量的，都不能称为统计指标。可量性是社会经济现象的范畴转化为指标的前提，只有那种在性质上属于同类，而在数量上又可量的大量社会经济现象，才能成为统计指标反映和研究的对象。

（2）综合性。统计指标既是同质总体大量个别单位的总体，又是个别单位标志值的差异的综合结果。它作为总体的数量特征综合反映各总体单位的一般规模和水平。例如，以某城市物流企业为统计总体，统计其企业数、经营收入、上缴税收、职工平均工资收入等指标。当通过统计调查，进而通过汇总综合得出这些指标后，从这些指标所反映的情况看不到企业规模的差异，职工们劳动效率和工资水平的差异也被忽略了，显示的是该城市物流企业的整体情况和职工们的一般收入水平。可见，统计指标的形成必然经历从个别到整体的过程。通过个别单位数量差异的抽象化，来体现总体各单位的综合数量特征。

3. 统计指标的分类

统计指标按其性质不同可分为数量指标和质量指标。数量指标是反映总体绝对数量多少的总量指标，包括标志总量和总体单位总量，一般用绝对数表示；质量指标是反映总体相对水平和总体单位平均水平的统计指标，一般用相对数和平均数表示。

统计指标按其作用和表现形式不同，分为总量指标、相对指标和平均指标。总量指标是反映社会经济现象的绝对数量的综合指标，用以表明现象在一定时间、地点、条件下所达到的规模、水平或工作量；相对指标是反映社会经济现象相对关系的综合指标，用以表明现象的比例、结构、速度、强度等;平均指标则是反映社会经济现象的集中趋势的综合指标,用以表明各单位某一数量特征的一般水平。

统计指标按其计量单位不同分为实物指标、价值指标和劳动指标。实物指标是以实物计量单位表现的统计指标,用来反映事物的使用价值量。价值指标又称为货币指标,是以货币计量单位表现的统计指标,反映事物的价值量。劳动指标是以劳动时间表现的统计指标。

由于统计指标反映一定社会经济范畴的内容,因此,统计指标的确定,一方面必须和经济学理论对范畴所做的一般概括相符合,要以经济理论为指导,设置科学的统计指标;另一方面,统计指标又必须是对社会经济范畴的进一步具体化,以确切地反映社会经济现象的数量关系。例如,政治经济学对劳动生产率这个经济范畴作了一般的概括说明,即劳动生产率是表明单位劳动时间所创造的使用价值。但把劳动生产率当作一个统计指标时,就必须明确规定其劳动时间,是指工人的劳动时间,还是企业全体职工的劳动时间,即确定是工人劳动生产率还是全员劳动生产率。

(二)指标体系

社会经济现象总体存在着多个互相联系的方面,不同的社会经济现象总体之间也存在着各种各样的联系。由于某一单个指标只能反映总体某一个特定的数量特征,很明显,采用某一个指标说明现象总体的数量特征,有着明显的局限性。要反映客观现象各方面的数量特征,需要将一系列相互联系的统计指标有机地结合起来进行分析研究,描述事物发展变化的全过程,就要设置统计指标体系。

统计指标体系是由一系列相互联系的统计指标所构成的整体。它说明所研究的社会经济现象各方面的相互依存和相互制约的关系。例如,为了全面反映工业企业生产经营的全貌,有必要设置产量、生产能力、收入、成本、税金、产品品种和质量、职工人数、劳动工资、劳动生产率、原材料、设备、资金等方面组成的工业企业统计指标体系。再如,为了完整反映我国人口的有关情况,为党政领导部门制定政策、经济决策提供理论依据,就必须设置全国人口总数,按性别、民族、年龄、工种、地区等划分的人口数及其构成,人口的平均年龄等人口统计指标体系。

一般来讲,统计指标体系分为两大类,基本统计指标体系和专题统计指标体系。基本统计指标体系一般分为三个层次:最高层是反映整个国民经济和社会发展的统计指标体系;中间层是各部门和各地区的统计指标体系;最基层是各企业和事业单位的统计指标体系。专题统计指标体系是针对某一社会经济问题而制定的统计指标体系,如经济效益指标体系、人民物质文化生活水平指标体系、商品价格指标体系、财政金融统计指标体系等。

国民经济和社会发展的统计指标体系是最主要的指标体系。以它为中心组成了一个既有分工又有联系的统计指标体系。在对社会经济现象进行了解、研究、评价和判断时,要使用配套的、口径和范围一致的、互相衔接的统计指标体系。

本章小结

本章主要阐述了从总体上研究统计的一般问题,内容包括统计产生和发展、统计的含义及其关系,统计学的研究对象,统计研究的基本方法,统计学的基本概念,统计设计的意义等。

1. 统计学思想远古即存。在统计学的发展过程中，主要的学派有政治算术学派、国势学派、数理统计学派、社会统计学派等。

2. 统计的职能。统计具有信息、咨询和监督三大职能。

3. 统计的含义。现代统计一词有三种含义，即统计工作、统计资料和统计学。

4. 统计学的研究对象。统计学的研究对象是社会经济现象总体的数量特征和数量关系，并通过这些数量关系反映社会经济现象的规律性。其特点归纳起来有数量性、总体性和具体性。

5. 统计研究的基本方法。统计研究的基本方法有：大量观察法、统计分组法、综合指标法、归纳推断法和统计模型法。

6. 统计的基本范畴。统计总体，简称总体，指客观存在的，在同一性质的基础上结合起来的许多个别事物的整体。构成统计总体的个别事物或个体，称作总体单位，它是构成总体的基本单位，也是统计研究内容的具体承担者。标志是说明总体单位特征的名称。它可分为数量标志、品质标志、不变标志和可变标志。标志的具体表现称为标志表现。可变的数量标志称为变量，其具体表现称为变量值。统计指标说明总体现象数量特征的概念和具体数值。它可分为数量指标和质量指标、总量指标、相对指标和平均指标、实物指标、价值指标和劳动指标。而统计指标体系则是由一系列相互联系的统计指标所构成的整体。

统计术语

统计/统计学　statistics

统计工作　statistical operation

统计资料　statistical data

理论统计学　theoretical statistics

应用统计学　applied statistics

描述统计学　descriptive statistics

推断统计学　inferential statistics

总体　population

变量　variable

连续性变量　continuous variable

离散性变量　discrete variable

标志　mark

统计指标　statistical indicator

思考与练习

一、判断题

1. 社会经济统计的研究对象是社会经济现象的各个方面。（　）

2. 人口的平均寿命是数量标志。（　）

3. 统计一词包含统计工作、统计资料、统计学三种涵义。（　）

4. 社会经济统计学的研究对象是社会经济现象的数量方面，但它在具体研究时也离不开对现象质的认识。（　）

5. 统计的工作过程分为统计设计、统计调查、统计整理、统计分析。（　）

6. 统计职能有统计信息、统计咨询和统计监督，其中统计监督是最基本的职能。（　）

7. 人口普查中，全国总人口数是统计总体。（　）

8. 统计的基本方法有：大量观察法、统计分组法、综合指标法、归纳推断法和统计模型法。（　　）

9. 统计调查过程中采用的大量观察法，是指必须对研究对象的所有单位进行调查。（　　）

10. 总体的同质性是指总体中的各个单位在所有标志表现上都相同。（　　）

11. 标志通常分为品质标志和数量标志两种。（　　）

12. 对某市工程技术人员进行普查，该市工程技术人员的工资收入水平是数量标志。（　　）

13. 品质标志说明总体单位的属性特征，质量指标反映现象的相对水平或工作质量，二者都不能用数值表示。（　　）

14. 某一职工的收入水平和全部职工的收入水平，都可以称为统计指标。（　　）

15. 品质标志表明单位属性方面的特征，其标志表现只能用文字来表现，所以品质标志不能转化为统计指标。（　　）

16. 某一职工的民族在标志的分类上属于品质标志，职工的平均工资在指标的分类上属于质量指标。（　　）

17. 统计指标和数量标志都可以用数值表示，所以二者反映的内容是相同的。（　　）

18. 总体单位是标志的承担者，标志是依附于总体单位的。（　　）

19. 因为统计指标都是用数值表示的，所以数量标志就是统计指标。（　　）

20. 数量指标的表现形式是绝对数，质量指标的表现形式是相对数和平均数。（　　）

二、单项选择题

1. 某学院2010级全部大学生的平均年龄为19.76岁，这是（　　）。

A. 数量标志　　B. 数量指标　　C. 品质标志　　D. 质量指标

2. 社会经济统计的研究对象是（　　）。

A. 抽象的数量特征和数量关系

B. 社会经济现象的规律性

C. 社会经济现象的数量特征和数量关系　D. 社会经济统计认识过程的规律和方法

3. 统计实践指的是（　　）。

A. 统计工作　　B. 统计资料　　C. 统计学　　D. 统计理论

4. 要了解100名学生的学习情况，则总体单位是（　　）。

A. 100名学生　　B. 每一名学生

C. 100名学生的学习成绩　　D. 每一名学生的学习成绩

5. 对某地区工业企业职工情况进行研究，统计总体是（　　）。

A. 每个工业企业　　B. 该地区全部工业企业

C. 每个工业企业的全部职工　　D. 该地区全部工业企业的全部职工

6. 构成统计总体的个别事物称为（　　）。

A. 调查单位　　B. 标志值　　C. 品质标志　　D. 总体单位

7. 对某城市工业企业未安装设备进行普查，总体单位是（　　）。

A. 工业企业全部未安装设备　　B. 工业企业每一台未安装设备

C. 每个工业企业的未安装设备　　D. 每一个工业企业

8. 工业企业的设备台数、销售收入是(　　)。

A. 连续变量　　B. 离散变量

C. 前者是连续变量、后者是离散变量　　D. 前者是离散变量、后者是连续变量

9. 离散变量可以(　　)。

A. 被无限分割,无法一一列举

B. 通常取整数,范围较小时可按一定次序一一列举

C. 连续取值,取非整数

D. 用间断取值,无法一一列举

10. 标志是说明总体单位特征的名称(　　)。

A. 它有品质标志值和数量标志值两类　　B. 品质标志具有标志值

C. 数量标志具有标志值　　D. 品质标志和数量标志都具有标志值

11. 下列指标中属于质量指标的是(　　)。

A. 总产值　　B. 合格率　　C. 总成本　　D. 人口数

12. 数量指标的表现形式是(　　)。

A. 绝对数　　B. 相对数　　C. 平均数　　D. 小数

13. 总体的变异性是指(　　)。

A. 总体之间有差异

B. 总体单位之间在某一标志表现上有差异

C. 总体随时间变化而变化

D. 不同的总体单位就是差异

14. 几位学生的某门课成绩分别是60分、75分、86分、89分、95分,"学生成绩"是(　　)。

A. 品质标志　　B. 数量标志　　C. 标志值　　D. 数量指标

15. 在全国人口普查中(　　)。

A. 男性是品质标志　　B. 人的年龄是变量

C. 人口的平均寿命是数量标志　　D. 全国人口是统计指标

16. 下列指标中属于质量指标的是(　　)。

A. 社会总产值　　B. 人口总数　　C. 产品总成本　　D. 产品合格率

17. 指标是说明总体特征的,标志是说明总体单位特征的,(　　)。

A. 标志和指标之间的关系是固定不变的　　B. 标志和指标之间的关系是可以变化的

C. 标志和指标都是可以用数值表示的　　D. 只有指标才可以用数值表示

18. 统计指标按所反映的数量特点不同可以分为数量指标和质量指标两种。其中质量指标的表现形式可以是(　　)。

A. 绝对数　　B. 相对数　　C. 总量指标　　D. 货币指标

19. 在(　　)第八届全国人大常委会第十九次会议审议通过"关于修改《中华人民共和国统计法》的决定"。

A. 1983年　　B. 1984年　　C. 1996年　　D. 2000年

20. 将公司200名员工的工资加起来除以200,这是(　　)。

A. 对200个标志求平均数　　B. 对200个变量求平均数

C. 对200个变量值求平均数　　D. 对200指标求平均数

三、多项选择题

1. 社会经济统计研究对象的特点有(　　)。

A. 数量性　B. 总体性　C. 社会性　D. 具体性

E. 大量性

2. 统计一词,有三层含义,即(　)。

A. 统计工作　B. 统计实践　C. 统计资料　D. 统计学

E. 统计监督

3. 统计总体具有(　　)特点。

A. 同质性　B. 数量性　C. 差异性　D. 大量性

E. 具体性

4. 下列指标中属于质量指标的有(　　)。

A. 人均 GDP　B. 人口平均寿命　C. 物价指数

D. 城镇登记失业率　E. 第三产业增加值

5. 在全国人口普查中(　　)。

A. 全国人口总数是统计总体　B. 男性是品质标志表现

C. 人的年龄是变量　D. 每一户是总体单位

E. 人口的平均年龄是统计指标

6. 统计研究运用各种专门方法,包括(　　)。

A. 大量观察法　B. 统计分组法

C. 综合指标法　D. 统计模型法

E. 归纳推断法

7. 总体、总体单位、标志、指标间的相互关系表现为(　)

A. 没有总体单位就没有总体,总体单位离不开总体而存在

B. 总体单位是标志的承担者

C. 统计指标的数值来源于标志

D. 指标是说明总体特征的,标志是说明总体单位特征的

E. 指标和标志都是用数值表示的

8. 下列变量中属于离散变量的有(　　)。

A. 车床台数　B. 学生人数　C. 耕地面积　D. 粮食产量

E. 汽车产量

9. 要了解某地区的就业情况(　　)。

A. 全部成年人是研究的总体　B. 成年人口总数是统计指标

C. 成年人口就业率是统计标志　D. 反映每个人特征的职业是数量指标

E. 某人职业是教师是标志表现

10. 国家统计的职能有(　　)。

A. 信息职能　B. 咨询职能　C. 监督职能　D. 决策职能

E. 协调职能

11. 在工业经济普查中(　　)

A. 工业企业总数是统计总体　B. 每一个工业企业是总体单位

C. 固定资产总额是统计指标　　D. 机器台数是连续变量

E. 职工人数是离散变量

12. 下列各项中,属于统计指标的有(　　)。

A. 2010 年全国人均国内生产总值　　B. 某台机床使用年限

C. 某市年供水量　　D. 某地区原煤生产量

E. 某学员平均成绩

13. 下列统计指标中,属于质量指标的有(　　)。

A. 工资总额　　B. 单位产品成本　　C. 出勤人数　　D. 人口密度

E. 合格品率

14. 下列各项中,属于连续型变量的有(　　)。

A. 基本建设投资额　　B. 岛屿个数

C. 国民生产总值　　D. 居民生活费用价格指数

E. 就业人口数

四、简答题

1. 统计一词有哪几种含义? 它们之间有何关系?

2. 统计部门要对某市商业企业经营情况进行统计,请指出其中的总体、总体单位、标志和指标。

3. 举例说明标志与标志表现的区别。

4. 什么是变量和变量值? 什么是连续变量、离散变量?

5. 品质标志与质量指标有何不同? 品质标志可否汇总为质量指标?

五、应用能力训练

1. 以班为单位,每一个班里组织 3～5 个学习小组,自选课题确定调查目的并开展统计调查,列出在此目的下的统计总体、总体单位,同时列出标志、品质标志、数量标志、不变标志、可变标志、标志表现,变量、连续变量、离散变量,变量值,统计指标、数量指标、质量指标、总量指标、相对指标、平均指标、实物指标、价值指标和劳动指标,并尝试列出一套指标体系。

2. 列出下列表中各总体的总体单位、数量标志(2 个)和品质标志(2 个)。

总　　体	总体单位	数量标志	品质标志
全国人口			
大学生			
公司全体员工			
假期中销售的计算机			
北京发生的交通事故			
全部酒店			
全部手机			
"两会"期间代表们所提议案			
图书馆的藏书			

3. 请指出下表中的调查对象、调查单位和填报单位。

调 查 内 容	调查对象	调查单位	填报单位
大学生视力调查			
商业网点商品销售情况调查			
城镇居民生活水平调查			
物流企业汽车调查			
民航货运情况调查			
居民住房调查			
消费品物价调查			
农产品销售渠道调查			
电视机质量情况调查			

六、案例分析题

泰勒与铁锹作业

1989年，科学管理之父泰勒在贝特莱汉姆钢铁厂工作的时候，对铁锹作业的工作效率产生了兴趣。当时，有600多名工人正用铁锹铲铁矿石和煤。泰勒想：铁锹的重量为几磅时工人感到最省力，并能达到最佳的工作效率呢？他决定研究一下这个问题。为此他选出两名工人，通过改变铁锹的重量来仔细观察并记录每天的实际工作量。

结果发现，当每铁锹的重量为38磅时每天的工作量是25吨，34磅时是30吨，于是，他得出作业效率随着铁锹重量的减轻越来越高的结论。但是当铁锹的重量下降到21～22磅以下时，工作效率反而下降。

由此，他认为矿石重量较重应使用小锹，而煤较轻应使用大锹，当每铁锹的重量为21～22磅时为最好。他合理地安排了600名工人的工作量，取得了成功。这样，费用由以前的每吨0.072美元降低到0.033美元，每年节省了8万美元的费用。

思考：

1. 泰勒用到的研究方法是什么？
2. 结合案例谈谈统计工作在社会管理中起到了哪些作用。

统计数据的收集与调查

【学习目的】

(1) 了解统计数据收集的含义、要求和分类。

(2) 掌握统计数据的间接来源和直接来源。

(3) 重点掌握统计数据的调查方法,能根据数据的特点和统计的要求运用不同的抽样方法。

(4) 熟悉统计数据收集方法的使用,能进行数据收集的实践。

(5) 了解统计数据存在的误差,了解常见的误差类别,理解误差控制的内容。

第一节 统计数据收集的意义

人们喜欢居住在大城市还是小城镇?上班出行喜欢乘坐公交还是地铁?喜欢吃甜豆花的人多还是喜欢吃咸豆花的人多?这些社会问题往往会引起研究者的兴趣,如果要探寻问题的答案,应该围绕问题的核心进行统计数据的收集,进而从数据的现象中透析本质。

一、统计数据收集的含义与要求

(一) 统计数据收集的含义

统计数据收集又称为统计调查,是根据统计研究的目的和任务,运用科学的调查方法,有组织、有计划地向客观实际收集资料的工作过程。例如,要研究国民经济的发展情况,就要收集构成国民经济的各个部门、行业、各个要素的方方面面的实际资料;要研究某一个企业的经营情况,就要收集反映该企业生产经营状况的实际资料;要研究某大学财务管理专业的招生情况,就要收集历年来该大学财务管理专业的招生计划、招生人数、生源结构等实际资料。

统计调查所收集的资料有两种情况，一种是直接向调查单位收集的未经加工、整理的资料，一般称为原始资料，或称为初级资料；另一种是根据研究目的，收集经初步加工、整理过的，来源于别人调查和科学实验的结果，在一定程度上能够说明总体特征的资料，一般称为次级资料，或称为第二手资料。统计调查一般指的是对原始资料的收集工作。

（二）统计调查工作的要求

统计调查是统计工作的基础环节。所有的统计计算和统计研究都是在原始资料的收集基础上建立起来的。统计调查阶段的工作质量的高低，直接影响到统计整理和分析结果的可靠性、真实性，决定着整个统计的工作质量，关系到能否确切地反映客观实际，得出正确的结论。《中华人民共和国统计法》的第一条中明确提出，真实性、准确性、完整性和及时性是统计工作的基本要求。

1. 真实性与准确性

真实性是指统计收集的资料要符合客观实际情况。准确性是统计资料的核心价值，统计资料贵在真实，祸在虚假。统计资料是客观实践的反映，是决策的依据，统计资料必须真实地反映客观实际。统计资料不实、信息不准、统计资料作假，势必会影响宏观国民经济和微观企业的经营决策、经济社会发展质量及人民群众生活水平，统计咨询、统计监督工作就不可能做好。保证统计资料的真实性，对于经济社会的发展至关重要。

2. 完整性

完整性是指按照统计调查制度规定，统计资料是全面、充分的，是对其提供的全部信息的综合反映。

3. 及时性

及时性是指统计调查工作必须及时进行，在统计方案规定的时间内及时收集各种统计调查资料，并及时上报，以满足各方面的需要。

统计数据具有很强的时效性，如果统计工作不及时，或收集到的资料没有及时传递，即使统计资料相当准确、可靠，也难以发挥它的作用，成为令人生厌的“雨后送伞”。及时性关系到统计工作的全局，任何工作的延迟都会影响下一步的工作和全部的工作。

二、统计调查的分类

统计研究对象的复杂性和统计研究目的的针对性，决定了统计调查方法的多样性，根据不同的调查对象和调查目的，有必要采取不同的统计调查方式与方法，而不同的统计调查方法，又具有不同的特点和作用，因此，应该从不同的角度将众多统计调查方法进行分类。

（一）全面调查和非全面调查

统计调查按调查对象包括的范围不同，分为全面调查和非全面调查。

全面调查是对构成调查对象的所有总体单位，一一进行调查登记的一种调查方法。全面统计报表和普查，都是全面调查。例如，为了研究我国人口数量、性别比例、不同民族的人口构成、年龄结构、地区结构、受教育程度、收入水平等人口问题而进行的第七次人口普查，就属于全面调查。全面调查能够掌握比较全面的、完整的统计资料，了解总体单位的全貌，但它需要花费较多的人力、物力和财力，操作难度较大，一般应慎重进行。

非全面调查是对被研究对象中的一部分单位进行调查登记的一种调查方法。重点调查、抽样调查、典型调查及非全面统计报表等均属于非全面调查。例如,为了了解某城市居民的收入水平,并不需要对该城市的全部居民进行调查,只需收集该城市中各个收入层次的一部分居民的有关资料,就可以得出该城市居民的生活水平了。再如,要掌握某批大量生产的产品的质量,也不需要对这批产品进行逐一的质量检验,只需抽出必要的一部分进行检验即可。非全面调查的调查单位少,可以用较少的时间和人力调查较多的内容,并能推算和说明全面情况,收到事半功倍的效果。其缺点是掌握的资料不够齐全,调查结果有时不够准确。

(二) 经常性调查和一次性调查

统计调查按调查登记的时间是否连续,分为经常性调查和一次性调查。

经常性调查是指随着调查对象的发展变化,连续不断地进行调查登记的方法。通过经常性调查可以了解事物在一定时期内发生、发展的全部过程。例如,商业企业每天对销售量、销售额的登记,单位每天对员工的出勤进行统计,气象部门每天对气象数据的测量等,都属于经常性调查。经常性调查并不是要求每天进行调查,对有些现象定期或不定期地登记(时间间隔不超过一年)也属于经常性调查。经常性调查都属于定期调查。

一次性调查是指间隔一定时间,一般是相当长一段时间进行一次的统计调查方法。该调查方式可用以了解经济现象在一定时点上的状态。一次性调查可以定期进行,如企业每年年末都要统计其资金占用额,这就属于定期调查。一次性调查也可以不定期进行,例如中华人民共和国成立后,先后于 1953 年、1964 年和 1982 年举行过 3 次人口普查,1990 年人口普查是第四次全国人口普查,前三次人口普查是不定期的一次性调查。根据《中华人民共和国统计法实施细则》和国务院的决定,自 1990 年开始改为定期一次性调查,即每十年一次,在年号末位逢"0"年份举行,如 2000 年进行第五次人口普查,2010 年进行第六次人口普查,2020 年进行第七次人口普查,下一次人口普查将于 2030 年进行。

(三) 定期统计报表和专门调查

统计调查按调查的组织形式分类,分为定期统计报表制度和专门调查。

定期统计报表制度是一种按国家有关法规的规定,自上而下统一布置、自下而上提供统计资料的一种统计调查方法。统计报表属于经常性调查。它以一定的原始资料为基础,按照统一的表式、统一的指标、统一的报送时间和报送程序进行填报,是一种严格的报告制度。统计报表在我国的统计工作中占有重要地位,它是我国统计部门和各业务管理部门获取全面而系统的统计资料的一种重要方式,是一种基层单位和各级组织向上级和国家报告工作情况的报告制度。统计报表主要以定期报表为主,如工业、商业、交通等部门的统计报表。

专门调查是为了研究某些专门问题,由进行调查的单位专门组织的登记和调查。专门调查属于一次性调查,包括普查、重点调查、抽样调查和典型调查。专门调查灵活多样、适应性强,既可针对某专项内容进行,又可弥补统计报表的不足。

第二节 统计数据的来源

一般地,从研究者获取统计数据的渠道来看,可以将统计数据的来源分为两类。一类是数据的间接来源,即数据是由别人通过调查或实验的方式收集的,研究者只是找到它们并加以使用,对此我们称为数据的间接来源。另一类是研究者通过自己的调查或实验活动直接获得一手数据，对此我们称为数据的直接来源。

例如，为说明新冠病毒疫情对我国经济的影响，研究者引用了国家统计局通报的社会消费品零售总额的指标数值，同时通过网络问卷调查获得了部分居民对商品价格波动的评价信息，前者是数据的间接来源，后者则是数据的直接来源。

一、统计数据的间接来源

在进行科学研究的过程中，出于对研究的整体性、历史性、权威性等方面的考虑，研究者一般会使用间接来源的数据。如果与研究内容有关的原信息已经存在，研究者只是对这些原信息重新加工、整理，使之成为进行统计分析可以使用的数据，则把它们称为间接来源的数据，也可以叫作二手资料。比如研究者不能亲自去测量长白山的面积，但可以在吉林省长白山保护开发区委员会的官网上了解到长白山区域总面积是 19.64 万公顷；研究者也很难直接观察人体内部神经系统的分布和运作，但可以从医学书籍、医学文献中了解到人体内部神经系统的分布和运作到底是怎样的。

从间接来源收集的范围看，这些数据可以取自企业外部，也可以取自企业内部。数据取自企业外部的主要渠道有：统计部门和各级政府部门公布的有关资料，如定期发布的统计公报，定期出版的各类统计年鉴；各类经济信息中心、信息咨询机构、专业调查机构、行业协会和联合会提供的市场信息和行业发展的数据情报；各类专业期刊、报纸、图书所提供的文献资料；各种会议，如博览会、展销会、交易会及专业性、学术性研讨会上交流的有关资料；从互联网或图书馆查阅到的相关资料等。取自企业内部的资料，如果就经济活动而言，则主要包括企业的业务资料，如与业务经营活动有关的各种单据、记录；经营活动过程中的各种统计报表；各种财务、会计核算和分析资料等。

这种间接来源的数据的优点表现为：收集方式简单，采集数据的成本低，收集耗费的时间短，并且间接来源的数据的作用也非常广泛，除了分析所要研究的问题，这些资料还可以提供研究问题的背景，帮助研究者更好地定义问题，检验和回答某些假设和疑问，寻找研究问题的思路和途径。因此，收集间接来源的数据是研究者首先考虑并采用的。但是，间接来源的数据存在很大的局限性，研究者在使用时要保持谨慎的态度。因为间接来源的数据往往是从宏观角度呈现的，不是为特定的研究问题而产生的，所以在研究的具体性方面可能是有欠缺的，如资料的微观度不够、统计口径有差异、数据滞后等。因此，在使用间接来源的数据前，需要进行评估。

对间接来源的数据进行评估，需考虑以下特征。

(1) 资料的数据收集者。数据收集者的实力和社会信誉度会影响到数据资料的权威性。例如，对于国家范围的宏观数据，与某些民间专业调查机构相比，政府有关部门公布的数据可信度更高。

(2) 数据的收集方法。收集数据的方法是多种的，采用不同方法所采集到的数据，其解释力和说服力都是不同的。例如，如果数据收集过程中采用了错误的抽样方法，数据的质量显然是缺乏科学性的。

(3) 数据的收集时间。过时的数据，其说服力自然会受到质疑。例如，使用 2019 年的成都市的固定资产投资增长率并不能说明 2020 年的投资结构优化情况。

另外，使用间接来源的数据，要注意数据的含义、计算口径和计算方法，避免错用、误用、滥用。在引用时，应注明数据的来源，以尊重他人的劳动成果。

二、统计数据的直接来源

虽然间接来源的数据具有收集方便、数据采集快、采集成本低等优点，但对一个特定的研究问题而言，间接来源的数据的主要缺陷是针对性不够，所以仅仅靠间接来源的数据还不能回答研究所提出的问题，这时就要通过研究者自己调查和实验的方法获得直接来源的数据。直接来源的数据又称为一手资料。其中，通过调查方法获得的数据称为调查数据，通过实验方法得到的数据称为实验数据。例如，要了解某市某企业面临的风险因素，外部环境中的风险因素可采用市政府发布的统计数据来说明，内部环境中的风险因素就必须由企业自身通过调查分析得到。

调查通常是针对社会现象的，本章将以调查数据作为重点进行描述。例如，经济学家通过收集经济现象的数据来分析经济形势、某种经济现象的发展趋势、经济现象之间的相互联系和影响；社会学家通过收集有关人们的数据以了解人类行为；管理学家通过收集生产、经营活动的有关数据以分析生产过程的协调性和效率。

调查数据通常取自有限总体，即总体所包含的个体单位是有限的。如果调查针对总体中的所有个体单位进行，就把这种调查称为普查或全面调查。普查数据具有信息全面、完整的特点，对普查数据的全面分析和深入挖掘是统计分析的重要内容。当总体是容易描述的有限整体时，对普查数据的全面分析和深入挖掘是统计分析的重要内容。但是，当总体是无限的或者全面调查难度较大时，进行普查将是一项很大的工程，由于普查涉及的范围广，接受调查的单位多，所以耗时、费力，调查的成本也非常高，因此不可能经常进行。事实上，研究人员所面临的经常是样本数据，如何从总体中抽取出一个有效的样本，就成为统计研究中必须要考虑的一个问题。

实验数据许多是针对自然现象的。实验是一种特别的调查与观察活动，因为几乎每一项实验都同时伴随着调查与观察行为。例如，化学家通过实验了解不同元素结合后产生的变化，农学家通过实验了解水分、温度对农作物产量的影响，医学家通过实验验证新药的疗效。心理学、教育学的实验大多是针对自然现象的，其研究中大量使用实验方法获取所需要的数据。实验作为收集数据的一种科学的方法也被广泛运用到社会科学中。如管理学中改变商品包装、改变产品价格、改进商品陈列，以及进行的新产品实验等。

第三节　统计调查方案与调查问卷的设计

一、统计调查方案

统计调查方案即统计调查的工作计划。为了使统计调查顺利进行，在组织调查之前，必须首先设计一个周密的调查方案。统计调查方案包括以下五项基本内容。

（一）确定调查目的与任务

确定调查目的与任务，是制订统计调查方案的首要问题。所谓调查目的与任务，就是指为什么要进行调查，调查要解决什么问题。只有调查目的与任务确定，才能据此确定调查对象、调查单位和应采用的调查方式方法,才能做到有的放矢,节约人力,缩短调查时间,提高调查资料的时效性。例如,根据国家统计局《第七次全国人口普查方案》,第七次全国人口普查的目的是"全面查清我国人口数量、结构、分布、城乡住房等方面情况,为完善人口发展战略和政策体系,促进人口长期均衡发展,推动经济高质量发展,开启全面建设社会主义现代化国家新征程,向第二个百年奋斗目标进军,提供科学准确的统计信息支持"。

(二)确定调查对象和调查单位

调查对象是指要调查的那些社会经济现象的总体,它由性质相同的许多调查单位所组成。调查单位就是构成社会现象总体的个体,也就是在调查对象中所要调查的具体单位,是调查登记的标志承担者。需要注意的是,调查对象和调查单位一定要根据调查的目的和任务来确定。因为只有明确了调查目的和任务,才能使我们知道所要研究的总体的界限,从而避免由于总体界限不清而导致调查工作中产生重复、遗漏。明确了调查对象和单位,才知道去哪里做调查和向谁收集资料。

需要指出,在统计调查中调查单位和报告单位存在联系和区别。报告单位是负责提交调查资料的单位。报告单位与调查单位是两个不同的概念。调查单位是调查内容的承担者,有时也可以是报告单位,有时却不是。例如,对某企业员工经济收入情况进行调查,则调查对象是该企业的全体员工,调查单位是其中的每一位员工,填报单位通常也是每一位员工,在这里,填报单位和调查单位是一致的。但如果要了解某企业各车间的生产设备的运行情况,调查对象是该企业的全部生产设备,调查单位是其中的每一台设备,但填报单位却不能是每一台设备,而只能是每一个车间。

(三)确定调查项目和调查表

调查项目就是调查中所要登记的调查单位的特征,是调查单位所承担的基本标志。调查项目确定的正确与否,决定了整个调查工作的成败。选择的调查项目是调查目的和任务所需要并且确实能够取得资料的项目。确定调查项目所要解决的问题是:向调查单位调查什么。反映调查单位特征的标志是多种多样的,在调查中确定哪些调查项目,应根据调查目的和调查单位的特点而定。调查项目的确定要紧紧围绕调查目的,从现象之间的相互联系中,从现象的过去、现在和未来发展等方面出发,做周详的考虑。

将反映调查单位特征的调查项目,按一定的顺序排列在一定的表格上,就构成了调查表,调查表是调查方案的核心部分,它是容纳调查项目、收集原始资料的基本工具。利用调查表进行调查,不仅能够条理清晰地填写需要收集的资料,还便于调查结束后对资料进行汇总整理。

(四)确定调查时间和调查期限

调查时间包括两个方面的含义:即调查资料所属的时间和调查期限。首先是调查资料所属的时间。如果所调查的是时期现象,就要明确规定资料反映的起止时间,即调查对象从何年何月何日起到何年何月何日止的资料;如果所要调查的是时点现象,就要明确确定统一的标准时点,例如,我国第七次全国人口普查,其普查的标准时点是2020年11月1日零时。其次是指调查期限,即整个调查工作的时限,包括收集资料及报送资料的整个工作所需要的时间。如某企业进行职工人数调查,从9月1日起进行登记,至9月20日结束,则9月1日就是调查的标准时点,9月1日至20日的20天就是调查工作期限。为了保证资料的及时

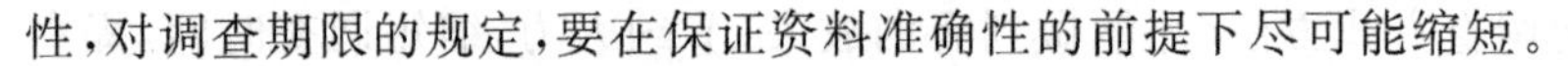

性，对调查期限的规定，要在保证资料准确性的前提下尽可能缩短。

（五）确定调查工作的组织实施计划

为了保证整个统计调查工作顺利进行，在调查方案中还应该有一个周密考虑的组织实施计划。其主要内容应包括：调查的领导机构和办事机构；调查人员的组织；调查资料报送办法；调查前的准备工作，包括宣传、干部培训、调查文件的准备、调查经费的预算和开支办法、调查方案的传达布置、试点及其他工作等。

二、调查问卷的设计

调查问卷是调查者根据调查目的和要求设计的，是由一系列问题、备选答案、说明及代码表组成的一种调查方式。它是用来收集数据、获取信息的一种工具。目前，这种方法已应用于我国各个领域，并被纳入统计制度范畴。

调查问卷质量的高低，直接影响到统计数据的质量和分析结论。一份设计优良的调查问卷应该能有效地用来收集数据、获取信息，尽可能减少误差和矛盾，并能减少收集和处理数据所花费的费用和时间。

（一）调查问卷的设计要求

调查问卷的基本要求主要有以下几点。

（1）调查问卷的主题必须突出。问卷题目的拟定应围绕调查的主题。问卷中的问题应该符合调查的信息需求，目的明确、重点突出。

（2）问题的表述必须清楚、准确、易于理解。调查问卷中要尽量避免使用专业术语及不规范的简称，应使被调查者能够无误地加以回答。问卷中语气要亲切，使被调查者易于理解、愿意回答。

（3）问题的排列顺序要符合逻辑。调查问卷中问题的排列要有一定的逻辑顺序，符合被调查者的思维方式，层次分明。一般应先易后难，先简后繁，先问事实、后问态度和意向方面的问题，能引起被调查者兴趣的问题放在前面，这样可引起他们回答问卷的兴趣。对于一些较敏感的问题可放在问卷的最后，以利于调查的顺利进行，以免引起被调查者的反感，影响被调查者的回答。

（4）避免诱导性提问。问卷中提出的问题不能带有倾向性，而应保持中立。诱导性问题能误导被调查者并影响调查结果。有强烈暗示性答案的问题，容易诱导被调查者选择并非自己真实的答案和想法，如“很多人认为购买房产是最有效的投资方式，你认为如何？”

（5）避免使用双重否定。问卷中应避免使用双重否定的句子结构，因为被调查者可能不知道他们是应该回答同意还是应该回答不同意。例如“你赞不赞成国家关于商店不允许出售香烟给未成年人的规定？”

（6）尽量避免敏感性问题。敏感性问题是指被调查者不愿意让别人知道答案的问题。例如，个人收入问题、个人存款数量问题、个人生活问题、政治倾向问题等。问卷中要尽量避免提敏感性问题或容易引起人们反感的问题。对于这类问题，被调查者可能会拒绝回答，或者采用虚报、瞒报的方法来应付回答，从而影响整个调查的质量。

当然，如果采用匿名问卷的方式，被调查者愿意回答这些问题的可能性就高很多。

（二）调查问卷的基本结构

调查问卷的主要内容是关于调查事项的若干问题和答案，但仅有这些内容是不够的。一份完整的调查问卷，通常由调查问卷的题目、说明信（封面信）、被调查者的基本情况、调查事项的问题和答案、填写说明和解释（指导语）五个部分组成的。

1. 调查问卷的题目

调查问卷的题目是问卷的主题。题目非常重要，应该准确、醒目、突出，要能准确而概括地表达问卷的性质和内容；观点新颖，句式构成上富有吸引力和感染力；言简意赅，明确具体；不要给被调查者以不良的心理刺激。

2. 说明信

说明信一般放在问卷的开头，是致被调查者的一封短信。这是调查者与被调查者的沟通媒介，目的是让被调查者了解调查的意义，引起被调查者足够的重视和兴趣，争取他们的支持与合作。说明信要说明调查者的身份，调查的中心内容及要达到的目的，选择原则和方法，调查结果的使用和依法保密的措施与承诺等，有时还需要将奖励的方式、方法及奖金、奖品等有关问题叙述清楚。说明信必须态度诚恳，口吻亲切，以打消被调查者的疑虑，取得真实的资料。访问式问卷与自填式问卷的说明信有所不同，前者还应有对调查员的具体要求。写好说明信，取得被调查者的合作与支持，是问卷调查取得成功的保证。

3. 被调查者的基本情况

被调查者的基本情况是对调查资料进行分类研究的基本依据。一般而言，被调查者包括两大类，一类是个人，另一类是单位。如果被调查者是个人，则其基本情况包括姓名、性别、民族、年龄、文化程度、职业、职务或技术职称、个人或家庭的收入等项目；如果被调查者是单位，则其基本情况包括单位名称、经济类型、行业类别、职工人数、单位规模、资产等项目。如果采用不记名调查，被调查者的姓名可在基本情况中省略。

4. 调查事项的问题和答案

调查事项的问题和答案是调查问卷最主要、最基本的组成部分，调查资料的收集主要是通过这一部分来完成的，它也是使用问卷的目的所在。这一部分设计质量的高低，关系到该调查有无价值和价值的大小。通常在这一部分既提出问题，又给出回答方式。问题从形式上看，有开放式与封闭式之分；从内容上看，又有背景问题、行为问题、态度问题与解释性问题之别。问题的内容取决于设想目的和设想项目，比较容易确定。这里仅就问题的形式予以阐述。

1）开放式问题

开放式问题只提出问题，不提供任何具体的答案，由被调查者根据自己的具体想法自由填写答案，设计时应在问题之后留足够大的空白以便回答。

例如，下面的问题就是开放式问题。

A. 你喜欢什么样的工作？

B. 你喜欢看什么题材的电视剧？

C. 你对个人住房有何要求？

D. 你对未来收入有何期望？

E. 你对物价上涨有何看法？

开放式问题的优点是：问题比较灵活，适合于收集深层次的信息。一般来说，欲了解被调查者的真实呼声，或对某一问题的看法、感受、要求、评价等，均宜采用开放式问题提问。开放式问题能扩展答案的范围，可为被调查者提供自我表达的机会。被调查者使用自己的语言来回答问题，可以充分按个人的想法与方式发表意见而不受任何限制。因此，开放式问题所收集到的资料往往比较生动，信息量大。通过开放式问题往往能收集到调查者未考虑到或忽略的信息，因此适合于潜在答案类型较多的问题，有利于被调查者充分发挥自己的主观能动性。

开放式问题的缺点是：答案各异、复杂多样，有时甚至出现答非所问的情况，给调查后的资料整理、分类、汇总带来一定的困难；描述性的回答较多，难以定量处理；受被调查者表述能力的影响较大，由此会造成一些调查误差。

2）封闭式问题

封闭式问题是在提出问题的同时，给出问题的若干可能答案，由被调查者从中根据自己的实际情况进行选择。

封闭式问题的回答方式主要有：两项选择、多项选择、排序选择、等级评定和双向列联等。

（1）两项选择法。两项选择题的答案只有两项，被调查者任选其一，是封闭式问题中最简单的一种。

例如，你家已经买了商品房了吗？（　　）　　A. 买了　　B. 尚未购买

再如，你的性别是：（　　）　　A. 男　　B. 女

两项选择的特点是：被调查者容易回答，调查后的数据处理方便。但两项选择只限于对简单问题的调查，对于既不肯定，又不否定的答案就无法采用。

例如，你是否打算近期买一套商品房？答案就可能有多种，如"是""否""未想好"等。

（2）多项选择法。多项选择法是列出三个或三个以上的答案，由被调查者从中选择。根据选择答案的多少不同，有以下三种选择类型。

第一，单项选择。单项选择只要求被调查者选择其中一项答案。

例如，请问你的月收入是多少？（　　）

A. 1 000 元以下　　B. 1 000～3 000 元

C. 3 001～5 000 元　　D. 5 001～8 000 元

E. 8 001～10 000 元　　F. 10 000 元以上

第二，多项选择。多项选择要求被调查者选择两个或两个以上的答案。被调查者可以在所给出的答案中，选出自己认为合适的答案，数量不限。

例如，你购买电视机的时候，品牌的选择是受哪些因素影响的？（　　）

A. 广告　　B. 亲朋好友的推荐

C. 自己的感受　　D. 推销人员的宣传

E. 价格因素　　F. 其他原因

第三，限选。限选题要在问卷上注明被调查者可任选几项。

例如，你认为购买商品房时，考虑因素中最重要的是哪些？（可任选三项）（　　）

A. 质量　　B. 环境　　C. 价格

D. 朝向　　E. 房屋的结构　　F. 开发商的信誉

（3）排序选择法。排序选择法是在给出的多个选项中由被调查者对所选答案根据自己

的答案进行排序的方法。

例如,你大学毕业确定就业单位时考虑的因素有哪些?(按考虑因素的先后顺序排序)

A. 是否专业对口(　　)　　B. 工资收入(　　)

C. 发展空间(　　)　　D. 单位是否在大城市(　　)

E. 与父母家的距离(　　)　　F. 企业团队层次(　　)

这种方法不仅可以反映所要调查的内容,而且可以反映被调查者对某一问题的态度或倾向。

(4) 等级评定法。等级评定法是列出不同等级的答案,答案由表示不同等级的形容词组成,由被调查者选择。

例如,你对我们企业新研制的化妆品品牌,看法如何?(　　)

A. 很好　　B. 较好　　C. 一般

D. 较差　　E. 很差　　F. 无看法

在等级评定中,常用的等级形容词有:非常满意,满意,较满意,不满意,很不满意;非常喜欢,比较喜欢,喜欢,无所谓,不喜欢等。

(5) 双向列联法。此种方法是将两类不同的问题综合到一起,通过表格来表现,又称列表评定法或列表调查法。表的横行为一类问题,通常为评定主体;表的纵栏为另一类问题,通常为评定要素、说明、评定项目。此方法可以反映两方面因素的综合作用,提供单一类问题无法提供的信息,还可以节省问卷的篇幅。

例如,请你在下表中赞同的项目对应的空格内画"√"或打分。

银行名称	赞同的项目				
	服务热情	态度和蔼	环境干净	等候时间短	操作规范
工商银行					
建设银行					
农业银行					
中国银行					
交通银行					

封闭式回答方式的优点是:问题清楚具体,应答者容易回答,节约回答时间,材料可信度较高,答案标准,整齐划一,填写方便,容易整理,适于定量分析。

封闭式回答方式的缺点是:由于事先规定了备选答案,应答者的创造性受到制约,不利于发现新问题;对比较复杂的问题或不太清楚的问题,很难把答案设计周全,如有缺陷,被调查者就难以正确回答,从而影响调查质量。因此,在设计封闭式问题的答案时,要尽可能列出给定问题的所有可能答案,避免遗漏。

为了克服封闭式问题的缺陷,也可采用半封闭式回答方式。半封闭式问题是指在对一个问题的回答中,既有封闭式又有开放式。常见形式是先进行封闭式问题的选择,然后进行开放式问题的选择。

例如,您最喜欢的运动项目是什么?

A. 走路　　D. 球类运动　　C. 游泳

D. 跳绳　　　　　　　　E. 体操　　　　　　　　F. 其他(请用文字说明)

为了使计算机能对问卷进行定量分析,往往需要对调查事项的问题和答案进行编码,即用事先规定的“代号”(阿拉伯数字)来表示某些事物及其不同状态的信息。开放式问题一般在问卷回收后再进行编码,因为开放式问题的答案情况只有在问卷回收后才知道。封闭式问题一般采取预编码,即在问卷设计的同时进行编码工作。编码应尽量做到准确、唯一和简短。

5. 填写说明和解释

填写说明和解释包括填写问卷的要求、调查项目的含义、被调查者应注意的事项等,其目的在于明确填写问卷的要求和方法。

除了上述五个基本部分以外,问卷的最后也可以写上几句话,表示对被调查者的感谢,或征求被调查者对问卷设计和问卷调查的意见和感受。如果是访问式问卷,还可以加上作业证明的记载,其主要内容包括调查人员姓名、调查时间、作业完成情况。这可以明确调查人员的责任,并有利于检查、修正调查资料。

(三) 调查问卷设计的程序

调查问卷设计的程序一般来说有以下步骤。

1. 根据调查目的确定调查资料

根据调查主题的要求,研究调查内容,初步列出调查主题所需要的全部信息,从中分析哪些是主要信息,哪些是次要信息,哪些是可要可不要的信息,然后删除不必要的信息。再分析哪些信息通过问卷调查来取得,以及需要向谁进行调查等,最后明确调查的对象、时间和地点。

2. 分析调查对象的特征

根据上一步骤所拟定的调查对象群体,分析他们的社会环境、行为习惯、文化水平、理解能力等基本特征,并根据这些特征来拟定问题。

3. 参考以前的问卷

参考相同或相似主题的其他调查所使用过的问卷,可为将要调查的问题打下良好的基础。在某些情况下,如不同时期数据的比较,可以使用同样的问题,但要注意总体、概念是否一致。

4. 草拟编排问题

编排问题是问卷设计中的关键。在设计时要考虑以下因素。

(1) 数据的收集方法。问题用什么方式提出取决于数据的收集方法。调查问卷的长度也取决于数据的收集方法。调查人员面访问卷最长,自填式问卷稍短,电话访问问卷最短。自填式和调查人员面访可以使用更多的选项。

(2) 考虑被调查者的特点。普通公众的调查问卷所问的问题要能为被调查者理解,最好不要采用专业性较强的语言表达方式;专业人员的调查问卷,所问的问题可以使用专业语言。

(3) 每个问题必须有其写入问卷的理由,尽可能列出最合适的问题。

(4) 必要时需加以注释、说明,这样可以帮助被调查者准确地回答问题,提高问卷调查的质量。

5. 审议、测试、定稿

这一步是指对初步设计的问卷认真审议，从中发现问题并加以更正；然后选择小部分群体进行问卷测试，以确保调查的质量；最后定稿印制，并进行正式问卷调查。

第四节　统计数据调查的方式方法

统计调查是有组织地收集各种统计资料的工作。明确调查的目的，确定调查对象和调查表，规定调查时间和地点等，是统计资料整理和分析的前提。所以，只有科学地确定统计调查的方式方法，才能保证统计调查获得反映客观实际的材料。

对于统计数据的调查，统计学家通常会采取抽样或者非抽样的方法。抽样方式涉及样本选取的问题，可以采取概率或者非概率的抽样方式。一方面，不同的研究问题对样本的要求会有所差别。例如，如果研究顾客的满意度，样本就应当来自该产品的用户，而如果要了解消费者对该产品的购买意愿，样本就应当取自所有潜在的购买者。所以，进行什么样的抽样设计首先取决于研究目的。另一方面，抽样方法的设计还取决于调查费用与估计精度，一个好的样本应具有最好的性能价格比，即在相同调查费用的条件下，获得数据的估计精度最高，或在相同估计精度的条件下，调查费用最低。

一、概率抽样与非概率抽样

（一）概率抽样

概率抽样(probability sampling)也称随机抽样，是指遵循随机原则进行的抽样，总体中每个单位都有一定的机会被选入样本。

概率抽样必须按一定的概率以随机原则抽取样本。所谓一定的概率指的是使每个单位都有相同的机会被抽中；而随机原则就是在抽取样本时，排除调查者主观因素的影响和其他系统性因素的影响来抽取调查单位，最后哪些个体被抽中，哪些不被抽中，由偶然因素决定。

需要注意的是随机抽样和随便抽样的区别：随机抽样有严格的科学含义，可以用概率来描述，而随便抽样则带有主观的因素。随机抽样与随便抽样的本质区别在于，是否按照给定的抽样概率，通过一定的随机化程序抽取样本单元。例如，要在一个学校内抽取100名同学作为样本，若采用随机原则，就需要事先收集全校每名同学的学号，通过一定的随机化程序，如使用随机数字表，抽取出样本，这样可以保证这个学校里的每名同学都有一定的机会被选中。而如果调查人员站在学校门口，将最先走出学校的100名同学选为样本，这就是随便而不是随机，这种方法不能使这个学校里的每名同学都有一定的机会被选中，已经走出学校外的同学不可能被选中，在调查时段不外出的同学也没有机会被选中。

对于概率抽样而言，每个单位被抽中的概率是已知的，或是可以计算出来的。考虑到当用样本对总体目标量进行估计时，每个样本单位被抽中的概率的计算非常重要。需要提及的是，概率抽样与等概率抽样是两个不同的概念。当我们谈到概率抽样时，是指总体中的每个单位都有一定的非零概率被抽中，单位之间被抽中的概率可以相等，也可以不等。若是前者，称为等概率抽样；若是后者，称为不等概率抽样。

调查实践中常见的概率抽样有以下几种。

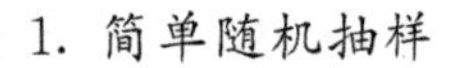

1. 简单随机抽样

简单随机抽样(simple random sampling)是统计中最基本的抽样方法,是其他抽样方法的基础。这种方法的突出特点是简单、直观,在抽样框完整时,可以直接从中抽取样本,由于抽选样本单位的概率相同,用样本统计量对目标量进行估计及计算估计量误差都比较方便。

进行简单随机抽样需要先构建抽样框,抽样框(sampling frame)通常包括所有总体单位的信息,如某行业的企业名录、某个大学的学生名册或某个小区的住户门牌号码等。构建抽样框的意义不仅在于提供备选单位的名单以供抽选,它还是计算各个单位入样概率的依据。

简单随机抽样就是从包括总体 N 个单位的抽样框中随机地、一个个地抽取 n 个单位作为样本,每个单位的入样概率是相等的。抽样的随机性是通过抽样的随机化程序体现的,实施随机化程序可以使用随机数字表,也可以使用能产生符合要求的随机数序列的计算机程序。如 Excel 中的 RANDOM 函数就是产生随机数的简易程序。下面列举两种简单随机抽样的方法。

方法一:总体单位个数 N 的位数是几,就在随机数字表中随机抽取几列。如 $N=596$,要抽取 $n=5$ 的样本,这时 N 是 3 位数,则在随机数字表中随机抽取 3 列,顺序往下,选出头 5 个 001～596 互不相同的数,如果这 3 列随机数字不够,可另选其他 3 列继续,直到抽满所需的 n 个单元为止。

方法二:有时方法一的执行效率可能不高,通常是在首位数小于 5 的时候,容易选出大于首位数的数字,弃用率较高。假设 $N=367$,首位数是 3,比较小。如果按方法一,在随机数字表中 001～367 的范围内抽选,有许多数就会大于 367,例如在随机数字表中抽到 486,在 001～367 范围之外,只能弃用,重新选择。这时可采用余数入样的方法,486 除以 367 商为 1,余数为 119,则第 119 个单位被抽中。如果在随机数字表中抽到 999,999÷367 的商为 2,余数为 265,则第 265 个单位被抽中,以此类推。

随机数字表,是由 0～9 的数字随机排列(没有任何规律的)的表格,表中有各自独立的数字 2 500 个,从左到右横排为行,从上至下竖排为列。在使用随机数字表时,为克服可能的个人习惯,增加随机性,使用随机数字表的页号及起始点应该由随机数产生。如随意翻开一页,闭上眼睛,将铅笔随意扔到页面上,将铅笔尖所指的数字作为页号,同样的方法可以用于产生起始行号和起始列号。

简单随机抽样在实际应用中也存在局限性:首先,抽样框必须包含所有总体单位的名单,当 N 很大时,构造这样的抽样框并不容易;其次,简单随机抽样法抽出的单位较分散,给实施调查增加了困难;最后,这种方法没有利用其他辅助信息以提高估计的效率。所以,在规模较大的调查中,很少直接采用简单随机抽样,一般是把这种方法和其他抽样方法结合起来使用。

2. 分层抽样

分层抽样(stratified sampling),也称为类型抽样,是将抽样单位按某种特征或某种规则划分为不同的层(或称不同的类型),然后从不同的层中独立、随机地抽取样本。将各层的样本结合起来,对总体的目标量进行估计。分层抽样有许多优点,例如,这种抽样方法保证了样本中包含有各种特征的抽样单位,样本的结构与总体的结构比较相近,可以提高估计的精度;分层抽样在一定条件下为组织实施调查提供了方便(当层是按已有类别进行划分时);分层抽样既可以对总体参数进行估计，也可以对各层的目标量进行估计等。这些优点使分层抽样在实践中得到了广泛的应用。

例如，研究者需要对某大学的经济管理学院的 1 500 名同学进行公共课满意度调查，抽取样本容量为 180 人的样本。研究者提前了解到，该校经济管理学院分为财务管理、金融、市场营销、连锁经营管理和物流管理 5 个专业，决定以专业类别为层进行抽样，每个专业的人数及抽样人数如表 2-1 所示。

表 2-1　某大学经济管理学院分层抽样统计表　　单位：人

项目	财务管理	金融	市场营销	连锁经营管理	物流管理	总计
总体	500	300	300	250	150	1 500
样本	60	36	36	30	18	180

3. 系统抽样

系统抽样（systematic sampling），也称为等距抽样或机械抽样，是将总体中的所有单位（抽样单位）按一定顺序排列，在规定的范围内随机抽取一个单位作为初始单位，然后按事先制定好的规则确定其他样本单位。典型的系统抽样是先从数字 $1 \sim k$ 中随机抽取一个数字 r 作为初始单位，以后依次取 $r+k, r+2k, \cdots$，可以把系统抽样看成是将总体内的单位按顺序分成 k 群，用相同的概率抽取出一群的方法。

例如：有 1～100 共 100 个数，按从低到高排列，随机抽取一个数，比如 2，为初始单位，每 10 个数抽取一个，抽到数有：2、12、22、32、42、52、62、72、82、92，每个数抽取的概率为十分之一。

系统抽样的主要优点是操作简便，如果有其他辅助信息，对总体内的单位进行有组织的排列，可以有效地提高估计的精度。系统抽样的局限性是对估计量方差的估计比较困难。该方法在调查实践中有广泛的应用。

4. 整群抽样

整群抽样（cluster sampling），也称为集团抽样，是将总体中若干个单位合并为组，这样的组称为群或子群。抽样时直接抽取群，然后对选中群中的所有单位全部实施调查。

例如，研究者需要对某乡居民的个人收入进行调查，经事先了解，该乡共有 30 000 人，行政区域划分为 30 个村，研究者决定使用整群抽样方法对该乡进行抽样，从村名单中随机抽取 3 个村作为群，对抽中的 3 个村中的所有居民全部实施调查，如图 2-1 所示。

与简单随机抽样相比，整群抽样的特点在于：抽取样本时只需要群的抽样框，而不必要求抽样框包括所有单位，这就大大简化了编制抽样框的工作量。其次，群通常由那些地理位置邻近的或隶属于同一系统的单位所构成，调查的地点相对集中，从而节省了调查费用，方便了调查的实施。整群抽样的主要缺陷是估计的精度较差，因为同一群内的单位或多或少有些相似，在样本量相同的条件下，整群抽样的抽样误差通常比较大。一般说来，要得到与简单随机抽样相同的精度，采用整群抽样需要增加基本调查单位，并且要求群是总体的缩影，结构上接近。

5. 多阶段抽样

多阶段抽样（multi-stage sampling）采用类似整群抽样的方法，首先抽取子群，但并不是调查群内的所有单位，而是再进一步抽样，从选中的群中抽取出若干个单位进行调查。因为

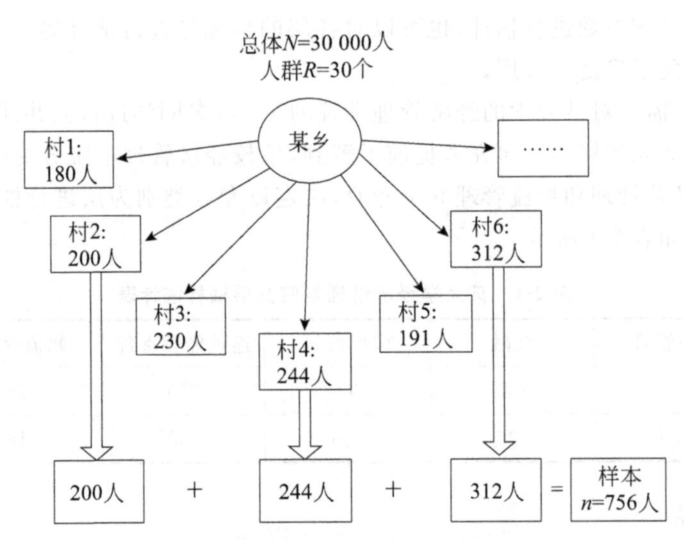

图 2-1 某乡居民收入整群抽样调查示意图

取得这些接受调查的单位需要两个步骤，所以将这种抽样方式称为二阶段抽样。这里，群是初级抽样单位，第二阶段抽取的是最终抽样单位。将这种方法继续延伸推广，使抽样的阶段数增多，就称为多阶段抽样。

例如，研究者要对全国期刊订阅者进行抽样调查，第一阶段抽取初级单位为区（地级市以上城市的市辖区）、县（包括县级市等），第二阶段抽取二级单位为街道、乡、镇，第三阶段抽取三级单位为居委会、村委会，第四阶段抽取四级单位为家庭户，第五阶段抽取五级单位为个人，接受调查的最终单位就是五阶段抽样。同样的方法还可以定义更多阶段抽样。不过，即便是大规模的抽样调查，抽取样本的阶段也应当尽可能少。因为每增加一个抽样阶段就会增添一份估计误差，用样本对总体进行估计也就更加复杂。

多阶段抽样具有整群抽样的优点，它保证了样本相对集中，从而节约了调查费用；不需要包含所有低阶段抽样单位的抽样框；由于实行再抽样，使调查单位涉及更广的范围。因此，在较大规模的抽样调查中，多阶段抽样是经常采用的方法。

（二）非概率抽样

非概率抽样（non-probability sampling）又称不等概率抽样或非随机抽样，指研究者根据一定主观标准抽取样本，令总体中每个个体的被抽取不是依据其本身的机会，而是完全决定于调研者的意愿。

当研究者对总体具有较好的了解时可以采用非概率抽样方法，或是总体过于庞大、复杂，采用概率方法有困难时，同样可以采用非概率抽样，来避免概率抽样中容易抽到实际无法实施或"差"的样本，从而避免影响样本对总体的代表度。

非概率抽样的缺点是样本不具有推断总体的功能，因为它不是严格按随机抽样原则来抽取样本，所以失去了大数定律的存在基础，也就无法确定抽样误差，无法精确地从数量上说明样本的统计值在多大程度上适合于总体。但是非概率抽样方法能较好地反映某类群体的特征，是一种快速、简易且节省的数据收集方法。

非概率抽样方法的方式有许多种，可以归为以下几种类型。

1. 方便抽样

方便抽样(convenience sampling)是指调查过程中调查人员依据方便的原则，自行确定作为样本的单位。最常见的方便抽样方法是偶遇抽样法，即研究者将在某一时间和环境中所遇到的每一总体单位均作为样本成员。“街头拦人法”就是一种偶遇抽样法。例如，调查人员在商场、地铁、街头等公共场所进行拦截式的调查；厂家在出售产品的柜台前对路过的顾客进行调查等。

方便抽样的优点是容易实施，调查成本低。有时某些调查对被调查者来说是具有敏感性的、不愉快的、麻烦的，方便抽样就能保证调查样本采用的都是自愿被调查者的有效信息。但这种抽样方式也有明显的缺点。例如，样本单位的确定带有随意性，因此，方便样本无法代表有明确定义的总体，将方便样本的特征作为总体的特征是没有任何意义的。因此，如果研究的目的是对总体有关的参数进行推断，使用方便样本是不合适的。但在科学研究中，使用方便样本可以产生一些想法及对研究主题的初步认识，或建立假设。

2. 判断抽样

判断抽样(judgment sampling)是另一种比较方便的抽样方式，是指研究人员根据经验、判断和对研究对象的了解，有目的地选择一些单位作为样本进行抽样的方法。

例如，某奶粉生产企业欲了解消费者对奶粉成分的需求，常以专家判断方法挑选“年轻母亲”这种具有代表性的群体进行调查，因为她们购买奶粉的数量较大，对奶粉的成分有更高的要求，通过她们可以了解消费者购买奶粉时的意向。

判断抽样是主观的，因此样本选择的好坏取决于调研者的判断、经验、专业程度和创造性。这种方式的抽样成本比较低，也容易操作，但由于样本是人为确定的，没有依据随机的原则，因而调查结果仍不能用于对总体有关参数进行估计。

3. 自愿样本

自愿样本指被调查者自愿参加，成为样本中的一分子，向调查人员提供有关信息。例如，被调查者自愿参与报刊和互联网上刊登的调查问卷活动，向某类节目拨打热线电话等，都属于自愿样本。

自愿样本与抽样的随机性无关，样本的组成往往集中于某类特定的人群，尤其集中于对该调查活动感兴趣的人群，因此，这种样本对总体的估计可能是偏颇的。我们不能依据样本的信息对总体的状况进行估计，但自愿样本可以给研究者提供许多有价值的信息，可以反映某类群体的一般看法。

4. 滚雪球抽样

滚雪球抽样(snowball sampling)往往用于对稀少群体的调查。研究者首先以若干个具有所需特征的人为第一批调查对象，对其实施调查之后，依靠他们提供认识的合格的调查对象作为第二批调查对象，再由这些人提供第三批调查对象……以此类推，这个过程持续下去，就会形成滚雪球效应，样本如同滚雪球般由小变大。

例如，欲对盲盒爱好者进行某项调查，调查人员首先找到若干名盲盒爱好者，然后通过他们找到更多的盲盒爱好者。滚雪球抽样也属于非概率抽样，因为与随机抽取的被调查者相比，被推荐的被调查者在许多方面与推荐他们的那些人更为相似。

滚雪球抽样的主要优点是容易找到属于特定群体的被调查者，调查的成本也比较低。它适合对特定群体进行资料的收集和研究。滚雪球抽样多用于总体单位的信息不足或观察

性研究的情况。这种抽样中有些个体最后仍无法找到，或者因为被调查者漏而不提，两者都可能造成误差。

5. 配额抽样

配额抽样(quota sampling)类似于概率抽样中的分层抽样，在市场调查中有广泛的应用。但因为在抽取具体样本单位时并不是依据随机原则，所以它属于非概率抽样。它是首先将总体中的所有单位按一定的类别(变量)分为若干类，然后在每个类中再采用方便抽样或判断抽样的方式选取样本单位。这种抽样方式操作容易，而且可以保证总体中不同类别的单位都能包括在所抽的样本中，使得样本在结构上与总体类似。在配额抽样中，可以按单一变量控制，也可以按交叉变量控制。表 2-2 和表 2-3 是单一变量控制的例子，表 2-4 是交叉变量控制的例子。

表 2-2　单一变量控制配额分配表 1

性别	人数
男	250
女	250
合计	500

表 2-3　单一变量控制配额分配表 2

年级	人数
大一	150
大二	150
大三	100
大四	100
合　计	500

表 2-4　交叉变量控制配额分配表

年级	男	女	年级合计
大一	70	80	150
大二	75	75	150
大三	55	45	100
大四	50	50	100
合　计	250	250	500

实际上，配额抽样属于先事先确定每层的样本量，然后在每层中以判断抽样的方法选取抽样个体；费用不高，易于实施，能满足总体比例的要求。交叉变量配额控制可以保证样本的分布更为均匀，但实际操作的难度可能比单一变量配额控制要大一些。

(三) 概率与非概率抽样的比较

概率抽样与非概率抽样是性质不同的两类抽样方式，研究者在调查中采用哪一类抽样方式取决于多种因素，包括研究问题的性质、要说明的问题、调查对象的特征、调查费用、时间等。

概率抽样的特点是依据随机原则抽选样本，可以依据样本信息计算估计量误差，得到总体参数的置信区间，从而得到对总体目标量进行推断的可靠程度。另外，也可以按照要求的精确度，计算满足特定精度要求所需要的样本量。所有这些都为统计估计结果的评估提供了有力的依据。如果调查的目的在于掌握研究对象总体的数量特征，得到总体参数的置信区间，就应当使用概率抽样的方法。当然，概率抽样的技术含量更高，无论是选取样本还是

对调查数据进行分析，都要求有一定程度的统计专业能力，其调查的管理成本也比非概率抽样高。

非概率抽样的特点是不依据随机原则抽选样本，操作简便、时效快、成本低，而且对于抽样中的统计专业技术要求不是很高。非概率抽样更适合探索性的研究，调查的结果用于初步认识研究对象，为更深入的数量分析做准备。非概率抽样也适合市场调查中的概念测试，如产品包装测试、广告测试等。由于非概率抽样不是依据随机原则抽选样本，样本统计量的分布是不确切的，因而无法使用样本的结果对总体相应的参数进行推断。

企业在实际研究的过程中，往往把概率抽样和非概率抽样相结合，发挥各自的特点，取长补短，相辅相成，以此满足研究中的复杂需求。

二、非抽样方式收集统计数据

随着社会主义市场经济体制的建立和发展，面对多种经济成分、多种经济类型、多种经营方式等复杂多样的调查对象，在经济结构复杂化和利益主体多元化的格局下，企业需要充分考虑各种调查方法的特点和局限性，总结统计调查的实践经验，借鉴国际上成功的做法，按照建立社会主义市场经济体制的要求，在数据收集的方法上进行一系列的改革。《中华人民共和国统计法》第二章第十六条中明确规定：搜集、整理统计资料，应当以周期性普查为基础，以经常性抽样调查为主体，综合运用全面调查、重点调查等方法，并充分利用行政记录等资料。重大国情国力普查由国务院统一领导，国务院和地方人民政府组织统计机构和有关部门共同实施。

（一）统计报表

1. 统计报表制度及其种类

统计报表制度是基层单位（或下级单位）按照国家或上级部门颁发的统一的表式、统一的指标项目、统一的报送时间和报送程序，自下而上地逐级定期报告统计资料的制度。这种以表格形式提供统计资料的书面报告方式，称为统计报表。

统计报表制度是国家对国民经济实行宏观调控和业务指导而建立的统计报告制度。国家或有关部门通过统计报表可以获得国民经济和社会发展的基本统计资料。

统计报表所包含的范围比较全面、项目比较系统、分组比较齐全、指标的内容和调查周期相对稳定，目前它是我国统计调查中收集统计资料的主要方式。

按照不同的角度，统计报表可进行各种分类。

统计报表按调查范围，可分为全面统计报表和非全面统计报表。全面统计报表要求调查对象中的每一个单位都要填报。非全面统计报表只要求调查对象的一部分单位填报。

统计报表按报送周期长短，可分为日报、周报、旬报、月报、季报和半年报、年报。其中，年报是总结全年经济活动的报表，其内容全面、指标多、分组细，是制订计划、发布公报的重要依据，是最主要、最常用的统计报表。

统计报表按实施范围，可分为国家统计报表、部门统计报表和地方统计报表。

统计报表按填报单位可分为基层报表和综合报表。

2. 统计报表的内容

（1）表式

表式是指统计报表的具体格式。不同的调查任务有不同的格式，但基本都由三个部分组成，即表头（包括报表标题、表号、报表期别、填报单位、制表单位、计量单位等），表身（具体填报的数据和资料）和表脚（包括备注、填表人签章、审核人或负责人签章等）。

（2）填表说明

填表说明包括调查目的、要求和办法，统计范围，分组体系，各种统计目录，指标解释，报送日期，报送方式等，它可使填报单位明确填报任务和填报方法。

（3）统计报表的资料来源

统计报表的资料来源于基层单位的原始记录。从原始记录到统计报表，中间还经过统计台账和企业内部报表。统计台账和企业内部报表属于次级资料。原始记录、统计台账、企业内部报表和统计报表之间联系密切，逐层递进。

原始记录是基层单位通过一定的表格形式，对生产经营活动的具体内容和状况所进行的最初的数字和文字记载，具有广泛性、群众性、经常性和具体性。如企业的产品产量、工人的出勤和工时记录、库存物资收付记录等。设置原始记录时，应遵循切合实际、统一协调、简明通俗、容易操作的设计原则，这样才能保证原始记录的准确可靠。

统计台账是基层单位根据统计报表的要求和基层经营管理的需要，按时间顺序设置的一种系统积累统计资料的表册。统计台账能把分散的、不断发生的原始记录积累起来，使其条理化、系统化，这样既有利于及时地填报统计报表，又可保证统计报表的质量。

企业内部报表是基层单位编制的用以反映企业内部车间或班组一定时期内生产、劳动、设备、原材料和财务成本的情况及综合成果的报表，是编制企业统计报表、制订计划、指导生产的依据。

（二）普查

1. 普查的含义

普查是为了某一特定的目的专门组织的一次性全面调查。一般用来调查属于一定时点状态的重要社会经济现象，如人口普查、经济普查等。有些客观现象不需要或不可能进行经常性调查，但需要掌握它的准确情况，这时就可以采用普查的方式收集资料。普查可以取得某些社会经济现象不宜或不需要通过统计报表去收集的比较准确的全面统计资料，以弄清一个国家主要的国情、国力，作为制定重要政策和长期发展规划的依据。普查是一种重要的调查方式，世界各国在进行本国的国情国力调查时，都采用普查的方式来完成。

2. 普查的特点

（1）一次性。普查一般用来收集属于一定时点的现象的总量，这些时点现象的数量在短期内往往变动不大，不必做连续登记，只需间隔一段较长时间进行一次性的调查。而普查的规模大、指标多、任务重，耗费大量人力、物力和时间，不可能进行经常性调查，只能采用一次性调查。

（2）时点性。普查的对象主要是时点现象。每次普查都有标准时点。例如，2020 年全国第七次人口普查的标准时点就确定为 2020 年 11 月 1 日零时。当然，普查也不排斥收集某些时期现象的资料。

（3）全面性。普查对象范围广，调查内容详细，比其他任何方式的调查更能掌握全面、详尽的统计资料，具有重要的分析价值。例如，我国在 2018 年进行的全国第四次经济普查的普查对象是我国境内从事第二产业和第三产业活动的全部法人单位、产业活动单位和个体经营户。普查主要内容包括单位基本情况、组织结构、人员工资、财务状况、能源生产与消费情况、生产能力、生产经营和服务活动、固定资产投资、研发活动、信息化和电子商务交易情况等，根据不同普查对象，分别设置了一套表单位普查表、非一套表单位普查表、个体经营户普查表和部门普查表。

3. 普查的组织形式

普查的组织形式有两种：一种是自上而下成立专门普查机构，并由这个机构组织普查队伍对调查单位进行直接登记，例如人口普查等；另一种是在各单位的会计统计和业务核算资料、报表资料的基础上，结合实际盘点和实际观察进行调查登记，自下而上由被调查单位自行填报调查表格，并逐级上报来实施普查的形式，例如我国的物资库存普查和牲畜普查，便是后一种方式。这种方式也仍需要组织普查的领导机构，配备专门人员对普查工作进行组织领导。

4. 普查的实施原则

普查因涉及面广，工作量大，需要动员大量的人力、物力和财力，管理成本较高，所以普查不宜经常进行。只有在研究对于国民经济和社会发展具有重大决定意义的问题时，才有可能和必要组织普查。

普查的组织原则如下。

(1) 规定统一的普查标准时间。即普查资料的所属时间，以避免收集资料的重复或遗漏。

(2) 确定统一的普查期限。在普查范围内的各调查单位应尽可能同时进行调查，并尽可能在最短期限内完成，以便在方法上、步调上取得一致，以保证调查资料的真实性和及时性。

(3) 统一规定普查的项目和指标。普查项目一经统一规定，就不能任意改变或增减，以免影响汇总综合，降低调查资料的质量。

(4) 同类普查应尽量按照一定的周期进行。普查可以不定期进行，但某些重要的普查，应尽可能按照一定的周期进行，这样便于历次调查资料进行动态对比，也便于尽早做好普查的各项准备工作。例如，2004 年开展了第一次全国经济普查，它是以前的工业普查、第三产业普查和基本单位普查的合并，并且纳入了建筑业普查，以后经济普查每五年一次，调查的标准时间为逢 3 和 8 的年份。

（三）重点调查

1. 重点调查的意义

重点调查是在全部调查单位中，只选择一部分重点单位进行调查，借以了解总体基本情况的一种非全面调查。所谓重点单位，是指这样一些单位，其数目在全部单位数中只占很小的比重，但其调查的标志值在总体的标志总量中却占很大的比重，通过对这部分单位进行调查，就能够从数量上反映出总体的基本情况。要了解我国原油生产的产量情况，只需要对大庆油田、胜利油田和中原油田等几个大油田进行调查，就能及时掌握全国原油产量的基本情况。因为这些重点原油生产企业在全国原油企业中虽然是少数，但它们的产量却占有很大的比重，足以反映我国原油生产的基本情况。可见，采用重点调查要比全面调查节省人力、物力和时间，能及时了解掌握调查对象的基本情况。因此，当总体中确实存在重点单位时，进行重点调查是比较适宜的。

2. 重点单位的选择

正确选择重点单位,是组织重点调查的关键。重点单位不是固定不变的,随着调查任务、调查对象、调查时间的不同会有所变化。因此,要随着情况的变化而随时调整重点单位。选择重点单位的一般原则是:选出的重点单位要尽可能少,而它们的指标值在总体指标中所占的比重要尽可能大。其次,要求选中的单位,其管理制度必须健全完善,统计工作扎实,这样才能及时提供详细准确的资料。

(四) 典型调查

1. 典型调查的意义

典型调查是在调查对象中有意识地选取若干具有典型意义的或有代表性的单位进行的一种非全面调查。这种调查方法是对调查对象进行周密的、深入的、详细的观察,找出有普遍意义的或有规律性的结论,从个别中了解一般,从个性中了解共性的一种调查方法。

2. 典型调查的特点

典型调查是深入细致的调查。典型调查的范围小,调查单位少,因而调查标志可以多一些,可以用来调查研究比较复杂的专门问题,特别是对于一些刚出现尚未形成规律性的现象,通过对典型单位做深入细致的调查,进行深挖式的剖析,可以得出现象未来发展变化的规律和趋势。

调查单位的选取具有主观性。调查单位是根据调查目的和任务,在对调查总体进行初步分析的基础上,有意识地选择出来的。因此,典型调查能最充分、最有代表性地体现出调查对象的共性,确切反映调查单位的一般情况。

调查的内容具有很大的灵活性。根据需要,调查既可以从事物的数量方面,也可以从事物的质量方面进行研究。搞好典型调查的关键,是正确选择典型单位,保证其有充分的代表性。典型单位的多少,要根据调查对象的特点来确定。调查对象的各单位之间差异较小,发展比较均衡,可选择一个或若干个典型单位进行"解剖麻雀"式的调查;如果调查对象的各单位之间差异较大,发展很不均衡,或者研究的问题比较复杂,可采取"划类选典"式的调查,从各种类型中选取少数典型单位进行调查。

上述非抽样的数据调查方式各有其不同特点和作用,但同时也各有局限性和不足之处,我们应扬长避短,灵活运用,发挥统计调查的最大作用,达到事半功倍的目的。

三、收集统计数据的基本方法

确定了数据的来源和调查方式后,还需要更具体地确定样本数据的收集方法,不同的调查情景、不同的受访对象,都需要用到不同的统计数据的具体调查方法,从而更好地从样本单位得到所需要的数据。

收集统计数据可以采用不同的方法,主要有以下几种。

(一) 自填式

自填式是指在没有调查员现场协助的情况下由被调查者自己填写,完成调查问卷。把问卷递送给被调查者的方法有很多,在传统媒体传播时代,调查员可以亲自分发、通过邮寄方式,或把问卷刊登在报刊上方便被调查者填写;而在今天,调查员分发问卷的方式更加多样,也更加快捷,可以通过网络上的电子邮件进行分发,或者通过社交媒体平台如微信、QQ

发送等方式，或者通过移动端上的信息流广告向用户弹出（图 2-2）等。由于被调查者在填答问卷时调查员一般不在现场，对于问卷的疑问无人解答，所以这种方法要求调查人问卷结构严谨，有清楚的说明，让被调查者一看就知道如何完成问卷。与其他调查方式相比，自填式问卷应有制作详细、形象友好的说明，必要时可在问卷上提供调查人员的联系电话或者社交媒体联系方式，以便被调查者遇到疑问时与调查人员联络。

图 2-2　抖音平台向用户推送的信息流广告式的调查问卷

自填式方法通常要求被调查者具有一定的文化素养和接受调查的主动意向，可以读懂问卷，能自行正确理解调查问卷中的问题并进行回答。与其他收集数据的方式相比，调查组织者对自填式方法的管理相对容易，只要把问卷正确地送到合适的被调查者手中即可。自填式的调查成本也是最低的，增大样本量对调查费用的影响很小，所以可以进行大范围的调查。这种方式也有利于被调查者，他们可以选择自由、方便的时间填答问卷，可以参考有关记录而不必依靠记忆回答。由于填写问卷时调查员不在场，因而自填式方法可以在一定程度上减少被调查者回答敏感问题的压力。

自填式方法的弱点也是明显的。首先，问卷的回收率比较低，因为被调查者往往不够重视，在完成问卷方面没有压力，放弃不产生成本，没有积分、礼物等问卷福利，所以可能忽略不答。同时，由于不重视，被调查者也容易把问卷丢失和遗忘。所以采用自填式方法时，通常需要做很多跟踪回访工作以取得较高的回收率。其次，自填式方法不适合结构复杂的问卷，因为许多被调查者不会认真阅读填写问卷的指南，如果问题中出现跳答、转答这样的问题，被调查者往往出现回答错误。而如果问卷中不使用跳答、转答这样的技术手段，研究人员可能就无法收集到最合适的所需信息。因此，自填式方法对调查的内容会有所局限。此外，自填式方法的调查周期通常都比较长，调查人员需要对问卷的递送和回收方法进行仔细的研究和选择。最后，对于在数据收集过程中出现的问题，因为调查员不在场，所以一般难以及时采取调改措施。

（二）面访式

面访式是指现场调查中调查员与被调查者面对面，调查员提问、被调查者回答这种调查方式。面访式的主要优点是，由于是面对面的交流，调查人员参与调查现场，通过实时交流的方式可以激发被调查者的参与意识，对不愿意参与的被访者进行说服，由此提高调查的回答率。调查员可以在现场解释问卷，回答被调查者的问题，同时对被调查者的回答进行鉴别和澄清，提高调查数据的质量，并且可以对识字率低的群体实施调查。由于调查问卷是由经过培训的调查员所控制的，所以在问卷设计中可以采用更多的技术手段，使得调查问题的组合更科学、合理。

在面访调查中，还可以借助其他调查工具（图片、照片、卡片、实物等）以丰富调查内容。面访式的数据收集方法还有一个优点，即它能对数据收集所花费的时间进行调节，如果数据收集进度较慢，需要加快速度，就可以雇用更多的调查员，而这在使用自填式方法时是不可能的。

面访式方法的缺点主要有以下几个方面。首先，调查的成本比较高，因为要有调查员的培训费用、调查员的工资、送给被调查者的小礼品和调查员的交通费用等，而且调查费用与样本量关系十分密切，所以在增大样本量的调查中，研究人员面临着巨大的成本压力。其次，面访这种收集数据的方式在调查过程的质量控制方面有一定难度，调查的数据质量与调查员的专业能力有直接关系。当大量调查员参与调查时，如何保证高质量的现场操作是一个很重要的问题。最后，对于敏感问题，除非对调查员进行角色筛选，对调查员的访谈技巧进行专门的技术培训，否则在面对面的条件下，被调查者通常不会像在自填式方法下那样放松地提供真实信息。

（三）电话式

电话式是指调查人员通过打电话的方式向被调查者实施调查。电话调查的最大特点是速度快，能够在很短的时间内完成调查。电话调查特别适合样本单位所处地理位置非常分散的情况，因为不需要支付调查员的交通费，数据收集的成本大大下降。电话调查对调查员也是安全的，他们不必在晚上走访偏僻的居民区。而在面访调查中，这些都是不可避免的。在电话调查中，对访问过程的控制也比较容易，因为调查员的工作地点都在一起，调查中遇到的问题可以得到及时处理和解决，调查督导对访问实施监听也很容易。目前，这方面的技术正在向计算机辅助电话调查（computer assisted telephone interview，CATI）方向发展。

CATI 系统把计算机与电话访问连接起来。调查的问卷被输入计算机，调查员在计算机屏幕前操作，随机样本的抽选由计算机完成，由计算机进行自动拨号，调查员将调查结果（用鼠标单击选项）输入计算机，设计的程序可以对录入的结果进行逻辑审核，从而保证数据的合理性。可以在调查过程中得到即时的调查结果统计，从而发现样本结构、样本分布等有关问题，并及时采取相应措施，使得样本的组成更为合理。对于无人接听，或对方因为忙而无法接受调查等特殊情况，CATI 系统可以自动记录下来，并在适当的时候向调查人员作出提示，对这些样本单位进行重新调查。目前在发达国家，使用 CATI 系统已经成为数据收集的最主要方法。我国在 10 年前已经开始使用 CATI 系统进行调查。

2011 年 10 月 26 日，为拓展统计服务工作新领域，内蒙古自治区统计局社情民意调查中心正式成立，同时开通全国统一 12340 电访专线。内蒙古自治区统计局社情民意调查中心配备 60 个电话访问席位，形成了经过严格训练的调查项目管理队伍，有项目管理策划员、调查方案和问卷设计员、调查结果分析员、网络管理员、访问督导监听员 10 余人，有 1 000 多名在册电话访问员队伍。社情民意调查主要通过国际上通用的计算机辅助电话调查系统 CATI 进行。CATI 是由计算机、电话、访问员三种资源组成的调查访问系统。中心的调查方式主要是电话访问。社情民意调查工作围绕百姓关心的热点、领导关切的重点、社会关注的焦点等问题，多层次、多角度的为党政领导和相关部门提供真实可信的社情民意调查数据。

电话调查也有一定的局限性。因为电话调查的工具是电话，如果被调查者没有电话，调查将无法实施，所以在电话使用率不高的地区，电话调查这种方式就受到限制。另外，使用电话进行访问的时间不能太长。人们不愿意通过电话进行冗长的交谈，在被访者对调查的内容不感兴趣时更是如此。同时，电话调查所使用的问卷要简单，如果问卷答案的选项过长、过多，被调查者听了后面忘了前面，不仅延缓调查进度，被调查者还很容易挂断电话。最后，与面访式相比，电话调查由于不是面对面的交流，在被调查者不愿意接受调查时要说服他们就更为困难。

（四）收集数据方法的选择

收集数据的不同方法各有特点，在选择数据收集方法时，需要考虑以下几个问题。

1. 抽样框中的有关信息

抽样框中的有关信息是影响方法选择的一个因素。如果抽样框中没有通信地址，就不能将自填式问卷寄给被调查者；如果没有计算机随机数字拨号系统，又没有电话号码的抽样框，电话调查的样本就难以产生，电话访问就无法使用。

2. 目标总体的特征

目标总体的特征也会影响数据收集方法。目标总体的特征表现在多个方面。例如，如果总体的识字率很低，对问卷的理解有困难，就不宜使用自填式方法。样本的地理分布也很重要，如果样本单位分布很广，地域跨度大，进行面访调查的交通费用就会很高。调查过程的管理和质量监控实施起来也不容易。

3. 调查问题的内容

调查问题的内容也会影响数据收集。面访调查比较适合复杂的问题，因为调查员可以在现场对模糊的问题进行解释和澄清，并判断被访者对问题是否真正理解，调查问卷的设计也可以采用更多技术，如跳答、转答等，使收集的数据满足研究的要求。如果调查涉及敏感问题，那么使用匿名的数据收集方法，如自填式或电话调查可能更合适。

4. 有形辅助物的使用

有形辅助物的使用对调查常常是有帮助或是必要的，例如在调查期间显示产品、产品的广告等，在一些市场调查中，有时还需要被调查者试用产品，然后接受调查。在这些情况下。面访是最合适的方法。采用邮寄问卷的自填式调查方法也可以有一些效果，因为可以随问卷同时邮寄有关调查内容的图片。但电话调查中对有形辅助物的使用就受到限制。

5. 实施调查的资源

实施调查的资源会对收集数据的方法产生重大影响。这些资源包括经费预算、人员、调查设备和调查所需时间。面访调查的费用是最高的，需要支付调查员的劳务费、调查交通费、被访者的礼品费等，还要找到能够满足调查需要的一定数量的调查员。如果使用计算机辅助电话调查，就需要有计算机设备和 CATI 操作系统。

6. 管理与控制

有些数据收集方法比另一些方法更容易管理。例如，在电话调查中，调查员通常集中在调查中心一起工作，因此，管理和控制相对简单。而面访调查中调查员分散、独立地工作，对他们的管理与控制就有一定难度。

7. 质量要求

质量要求也是确定数据收集方法的一个重要因素。如果调查员是经过考核选拔出来的，有较好的素质和责任心，并经过专门的培训，这时面访调查就能够有效地减少被访者的回答误差。例如，对于调查中所使用的概念，调查员能够给出清晰无误的解释；有经验的调查员还可以对被访者回答的真实性作出判断，并使用调查询问的相关技术进行澄清，以保证高质量的数据。回答率也是影响数据质量的一个重要方面。由于面访具有面对面交流的有利条件，所以一般而言，面访式的回答率最高，而自填式的回答率最低。但面访式的调查成本也是最高的。自填式的调查成本最低。

三种收集数据方法的特点如表 2-5 所示。

表 2-5　收集数据不同方法的特点比较

项　　目	收 集 方 法		
	自填式	面访式	电话式
调查时间	慢	中等	快
调查费用	低	高	低
问卷难度	要求容易	可以复杂	要求容易
有形辅助物的使用	中等利用	充分利用	无法利用
调查过程控制	简单	复杂	容易
调查员作用的发挥	无法发挥	充分发挥	一般发挥
问答率	最低	较高	一般

其实并没有哪种方法是十全十美的。因此，在选择数据收集方法时，要根据调查所需信息的性质、调查对象的特点、对数据质量和回答率的要求、预算费用和时间要求等多方面因素综合而定。同时，各种方法并不是相互排斥的，相反在许多方面恰恰可以相互补充。因此，在一项调研活动中将各种方法结合起来使用是不错的选择。例如，对被选中的调查单位首先采用网络问卷，让受访者自填，对没有返回问卷的受访者，再进行电话追访或面访。

第五节　统计数据的误差

数据的误差是指通过调查收集到的数据与研究对象真实结果之间的差异。数据在统计的过程中，由于收集方法的不同、调查人员水平的高低及被调查者的问题，会产生不同类型的误差。常见的数据的误差有两类：抽样误差和非抽样误差。

一、抽样误差

抽样误差(sampling error)是由抽样的随机性引起的样本结果与总体值之间的差异。在概率抽样中，我们依据随机原则抽取样本，可能抽中由这样一些单位组成的样本，也可能抽中由另外一些单位组成的样本。根据不同的样本，可以得到不同的观测结果。

例如，班级 100 名同学中有 60 名男同学和 40 名女同学，现在随机抽取 10 名同学为样本，由于随机的原因未必都能抽到 6 名男同学和 4 名女同学，使得样本指标与总体指标之间存在绝对离差，这就是抽样误差。

二、非抽样误差

非抽样误差（non-sampling error）是相对抽样误差而言的，是指除抽样误差之外的，由其他原因引起的样本观察结果与真值之间存在的差异。抽样误差是一种随机的误差，只存在于概率抽样中；非抽样误差则不同，无论是概率抽样、非概率抽样，还是在全面调查中，都有可能产生非抽样误差。非抽样误差有以下几种类型。

（一）抽样框误差

抽样框误差是因不准确或不完整的抽样框而引起的误差。从包含抽样误差的抽样框中抽取的样本有时无法正确地代表调研目标的实际情况，这就存在抽样框误差。在概率抽样中需要根据抽样框抽取样本。抽样框是有关总体全部单位的名录，在地域抽样中，抽样框可以是地图。一个好的抽样框应该是，抽样框中的单位和研究总体中的单位有一一对应的关系。比如要抽查某市所有零售企业的销售状况，假如事先知道该市零售企业规模的分布情况，就可以根据这个分布比例采用分层抽样的方法。如果分布比例是正确的，那么分层抽样的精度要高于简单随机抽样，而如果比例不正确，那么误差更大。

构造一个好的抽样框是抽样设计中的一项重要内容。在调查对象确定后，通常可以选取不同的资料构造抽样框。例如，对成都市所有零售企业的销售状况进行的调查，如果对全成都的零售商业网点进行调查，就必须采用辅助样框，即在国有集体企业零售企业的样框之外，增加一个私营和外资零售企业的样框，把两个样框合在一起进行抽样。辅助样框最大的问题是抽样目标会重叠，它可能既隶属于主样框又隶属于辅助样框，该目标总体被选中的可能性就增大。

（二）回答误差

回答误差是指被调查者在接受调查时给出的回答与真实情况不符。导致回答误差的原因有多种，主要有理解误差、记忆误差和有意识误差。

1. 理解误差

不同的接受调查者对调查问题的理解不同，每个人都按自己的理解回答，大家的标准不一致，由此造成理解误差。

由于一些频率词的出现，如“经常”“偶尔”“有时”等，由于没有一个具体的界定，每个人对这些词的理解也是不一样的，这就会造成理解的误差。

假如奶茶店在对学生喝奶茶的情况进行调查时，询问被调查者这样一个问题：

你经常喝奶茶吗？

（1）从来不喝

（2）偶尔喝

（3）有时喝

（4）经常喝

（5）天天喝

接受调查者，对于这几个选项的理解是不同的，有的人可能一周喝1～3次奶茶，他认为属于偶尔喝，有的人同样一周喝1～3次奶茶，他认为属于有时喝或者经常喝。这说明在进行调查时要尽可能地描述准确，将问题量化，尽量避免出现频率词或者“少许”“适量”等量化不清的词，这样才能够使调查更加准确。

为了减少由于频率词出现的误差，对于上述问卷修改如下。

你经常喝奶茶吗？

（1）从来不喝

（2）一周1次

（3）一周2～3次

（4）一周4～5次

（5）每天1次

这样量化之后，被调查者对问题的理解就唯一了，就有可能减少理解误差。

2. 记忆误差

有时，调查的问题是关于一段时期内的现象或事实，需要被调查者回忆。需要回忆的时间间隔越久，回忆的数据就可能越不准确。所以，缩短调查所涉及的时间间隔可以减少记忆误差。

3. 有意识误差

当调查的问题比较敏感，被调查者不愿意回答，迫于各种原因又必须回答时，就可能会提供一个不真实的数字。产生有意识误差的动因大致有两种：一种是调查问题涉及个人隐私，被调查者不愿意告知，所以造假；另一种是受利益驱动，进行数字造假。有意识误差比记忆误差的危害要大。

（三）无回答误差

无回答误差是指在调查中由于各种原因，调查人员没能够从入选样本的单元处获得所需要的信息，由于数据缺失造成估计量的偏误。这种情况一般发生在以人为调查对象的时候。无回答误差是一种重要的非抽样误差，对调查数据的质量起着重要影响。由于这种现象十分普遍，对估计量的危害也比较大，所以国际上对这方面的讨论一直比较激烈，目前这种讨论仍在继续。无回答产生于不同的情况，据此可以对无回答进行不同的分类。

从内容上看，可以分为单元无回答和项目无回答。单元无回答指被调查单元没有参与或拒绝接受调查，他们交的是一份白卷。项目无回答指被调查单元虽然接受调查，但对其中的一些调查项目没有回答。与单元无回答相比，项目无回答或多或少地提供了一些信息。

从性质上看，可以分为有意无回答和无意无回答。有意无回答常常与调查内容有关，例如对调查内容敏感，或涉及个人隐私不愿意回答。无意无回答通常与调查内容无关，之所以出现是由于其他原因造成的，如被调查者生病或很忙，无法接受调查等。有意无回答对数据质量的影响很大，回答者和无回答者之间往往存在系统性差异。这种无回答不仅减少了有效样本量，造成估计量方差增大，而且会带来估计偏倚。无意无回答可以看成是随机的，这种无回答虽然会造成估计量方差增大，但通常认为不会带来估计偏倚。当然，如果无回答产生于某个群体，而该群体与其他群体在目标变量方面存在数量差异，那么即便是无意无回答，也会造成估计量的偏倚。例如，调查居民的旅游开支，不在家的人可能恰恰是经常外出旅游的。虽然这是无意无回答，但却会造成有偏估计。

无回答的系统性误差令人头疼。解决的途径主要有两个方面：一方面是预防，即在调查前做好各方面的准备工作，尽量把无回答降到最低程度；另一方面，当无回答出现后，分析无回答产生的原因,采取一些补救措施。例如,在无回答单位中再抽取一个样本,实施更有力的调查,并以此作为无回答层的代表,和回答层的数据结合起来对总体进行估计。

(四)调查员误差

调查员误差是指由于调查员的原因而产生的调查误差。例如,调查员粗心大意,在记录调查结果时出现错误记录的情况,或者由于调查员在听、理解和记忆被调查者时产生的误差。例如,被调查者给出的是中性的回答(还未确定或者有些犹豫),但调查员错误地默认成了肯定的回答。调查员误差还可能来自调查中的诱导,而调查员本人或许并没有意识到。例如,在调查过程中调查员有意无意地流露出对调查选项的看法或倾向,调查员的表情变化、语气变化、语速变化都可能对被调查者产生某种影响。

(五)测量误差

在测量时,测量结果与实际值之间的差值叫误差。真实值或称真值是客观存在的,是在一定时间及空间条件下体现事物的真实数值,但很难确切表达。测得值是测量所得的结果。这两者之间总是或多或少存在一定的差异,就是测量误差。

如果调查与测量工具有关,则很有可能产生测量误差。例如,学校在进行实训室建设的时候,需要测量场地的实际面积,第一次拿着卷尺去测量时测量加上计算所得的面积为178平方米,第二次拿着红外线测量仪去测量的面积为181平方米,拿着不同工具进行测量时所得的结果也不尽相同。调查有时采用观察、记数的方式进行。例如,在调查学校超市的客流量时,调查员站在学校超市门口查点进出的顾客;在调查汽车流量时,查点过往的车辆,谁都不能保证这种查点不会出现错误。

三、误差的控制

如何有效地控制各种误差,提高数据的质量,这是研究人员和现场调查人员面临的挑战。

抽样误差是由抽样的随机性带来的,只要采用概率抽样,抽样误差就不可避免。但好在抽样误差是可以计算的。在对特定问题的研究中,研究人员对抽样误差有一个可以容忍的限度。例如,某生产车间用抽检的方法检验产品的质量,对总体合格品率估计的误差不超过±2%,这个±2%就是允许的抽样误差。允许的抽样误差是多大,取决于对数据精度的要求。一旦这个误差确定下来,就可以采用相应的措施进行控制。进行控制的一个主要方法是改变样本量。

非抽样误差与抽取样本的随机性无关,因而在概率抽样和非概率抽样中都会存在(但抽样框误差仅在概率抽样中存在)。有很多原因会造成非抽样误差,因此控制起来比较困难。

如果采用概率抽样,就需要抽样框,抽样框误差就可能出现。在有些情况下,抽样人员对这个问题不够重视,使用了不太好的抽样框。其实,对同一个调查问题,有时可以构造不同的抽样框。例如,对学校教师进行抽样调查,以了解他们对教情、学情的看法,抽样框可以是教师的名单,可以是教师工号,可以是教师的电话号码。不同的抽样框,其质量可能会有所差别,通过认真分析可以选择出比较好的抽样框。此外,构造抽样框还需要广泛地收集有关信息,对抽样框进行改进。例如,把两个抽样框结合起来,以弥补抽样框覆盖不全的缺陷。

一份好的调查问卷可以有效地减少调查误差。问卷中题目的类型、提问的方式、使用的词汇、问题的组合等，都可能会对被调查者产生哪怕是十分微小的影响，而大量微小影响的累加是不可忽视的。做好问卷设计是减少非抽样误差的一个方面。

非抽样误差控制的重要方面是调查过程的质量控制。这包括：调查员的挑选，调查员的培训，督导员的调查专业水平，对调查过程进行控制的具体措施，对调查结果进行的检验、评估，对现场调查人员进行奖惩的制度，等等。

本章小结

1. 统计调查就是根据统计研究的目的和任务，运用科学的调查方法，有组织、有计划地向客观实际收集各种原始资料的工作过程。它是统计工作的基础环节，要求做到准确性、及时性和完整性。

2. 统计数据的来源分为两类：一类是数据的间接来源，即数据是由别人通过调查或实验的方式收集的，研究者只是找到它们并加以使用；另一类是直接来源，是研究者通过自己的调查或实验活动直接获得的一手数据。

3. 统计调查是有组织地收集各种统计资料的工作。明确调查的目的，确定调查对象和调查表，规定调查时间和地点等，是统计资料整理和分析的前提。对于统计数据的调查，统计学家通常会采取抽样或者非抽样的方法。常见的抽样调查方法包括简单随机抽样、分层抽样、系统抽样、整群抽样和多阶段抽样；常见的非抽样调查方法包括方便抽样、判断抽样、自愿样本、滚雪球抽样和配额抽样。

4. 常用的非抽样收集数据方法包括：统计报表、普查、重点调查和典型调查。

5. 收集统计数据的基本方法包括：自填式、面访式和电话式。

6. 数据的误差是指通过调查收集到的数据与研究对象真实结果之间的差异。常见的数据的误差有两类：抽样误差和非抽样误差。

统计术语

统计调查　statistical survey	报告单位　report unit
非全面调查　sampling	普查　census
调查方案　survey programmer	统计报表　statistical report forms
调查表　survey questionnaire	抽样调查　sampling survey
调查单位　survey unit	典型调查　representative sampling

思考与练习

一、判断题

1. 全面调查和非全面调查是根据调查结果所得的资料是否全面来划分的。（　）

2. 数据的间接来源，即数据是由别人通过调查或实验的方式收集的，研究者只是找到它们并加以使用。（　）

3. 如果研究顾客的满意度，样本就应当来自该产品的用户。（　）

4. 对全国各大型钢铁生产基地的生产情况进行调查，以掌握全国钢铁生产的基本情况，这种调查属于重点调查。（　）

5. 我国经济普查今后每十年进行两次，它是一种经常性调查方法。（　）

6. 重点调查中的重点单位是根据统计调查时间，当前的工作重点来确定的。（　）

7. 如果调查时间间隔相等，这种调查就叫经常性调查。（　）

8. 滚雪球抽样往往用于对大众群体的调查。（　）

9. 随机抽样就是按照研究者的方便随便抽取样本。（　）

10. 非抽样误差是一种随机的误差，只存在于概率抽样中。（　）

二、单项选择题

1. 连续调查与一次性调查的划分依据是（　）。
　A. 调查的组织形式　B. 调查的时间是否连续、定期
　C. 调查单位包括的范围是否全面　D. 调查资料的来源

2. 下列属于全面调查的是（　）。
　A. 经济普查　B. 消费者满意度调查
　C. 洗发水试用调查　D. 网民年龄结构调查

3. 采用间接来源的数据作为研究依据，不是因为（　）。
　A. 耗费的时间短　B. 收集方式简单
　C. 采集数据成本低　D. 数据的针对性比较强

4. 下列选项中属于概率抽样的是（　）。
　A. 分布抽样　B. 系统抽样
　C. 自愿样本　D. 判断抽样

5. 滚雪球抽样的特点不包括（　）。
　A. 调查成本低　B. 适合对特定群体进行调查
　C. 适用于总体单位信息不足　D. 依据随机原则

6. 从一批袋装奶粉中随机抽取 100 包进行质量检验，这种调查是（　）。
　A. 普查　B. 重点调查　C. 抽样调查　D. 典型调查

7. 统计报表按实施范围分为（　）。
　A. 国家统计报表、部门统计报表和地方统计报表
　B. 基层报表和综合报表
　C. 日报、周报、和旬报
　D. 月报、季报和半年报、年报

8. 调查首钢等几家大型钢铁生产企业，以了解我国钢铁生产的基本情况，这种调查属于（　）。
　A. 普查　B. 重点调查　C. 抽样调查　D. 典型调查

9. 有意识地选取若干个商场，调查其在春节期间的商品销售情况，这种调查属于（　）。
　A. 普查　B. 重点调查　C. 抽样调查　D. 典型调查

10. 下列属于抽样误差的有（　）。
　A. 随机抽样产生的误差　B. 理解误差
　C. 无回答误差　D. 记忆误差

三、多项选择题

1. 我国统计调查的方法有(　　)。

　A. 概率抽样　B. 分层抽样　C. 多阶段抽样　D. 配额抽样
　E. 滚雪球抽样

2. 下列选项中属于我国统计调查工作的基本要求的是(　　)。

　A. 真实性　B. 完整性　C. 准确性　D. 及时性
　E. 全面性

3. 属于一次性调查的有(　　)。

　A. 人口普查　B. 企业存货占用资金额调查
　C. 职工家庭收支变化调查　D. 单位产品成本变动调查
　E. 大中型基本建设项目投资效果调查

4. 普查的特点包括(　　)。

　A. 一次性　B. 时点性　C. 全面性　D. 针对性
　E. 经常性

5. 下列调查中，属于一次性调查的有(　　)。

　A. 人口普查　B. 职工家庭收支情况调查
　C. 第三产业做作业人数调查　D. 公司利润调查
　E. 银行存款余额调查

6. 下列说法正确的有(　　)。

　A. 普查属于一次性调查
　B. 抽样调查的调查单位的确定具有客观性
　C. 典型调查的调查单位的确定具有主观性
　D. 抽样调查中抽样误差不可避免
　E. 重点调查的重点单位是社会信誉高的单位

7. 普查属于(　　)。

　A. 全面调查　B. 非全面调查　C. 经常性调查　D. 一次性调查
　E. 专门调查

8. 非抽样误差的质量控制包括(　　)。

　A. 调查员的挑选和培训
　B. 督导员的调查专业水平
　C. 对调查过程进行控制的具体措施
　D. 对调查结果进行的检验、评估
　E. 对现场调查人员进行奖惩的制度

9. 统计报表的资料来源有(　　)。

　A. 原始记录　B. 调查问卷
　C. 基层单位内部报表　D. 基层单位统计报表
　E. 统计台账

10. 电话调查的局限性包括(　　)。

　A. 有些地区电话使用率不高　B. 被调查者容易挂断电话

C. 人们不愿意进行冗长的交谈　　D. 问卷可以设计得很复杂

E. 被调查者可以放松地提供真实信息

四、简答题

1. 什么是统计调查？统计调查是怎么分类的？

2. 统计数据的两种来源分别是什么？

3. 什么是统计报表制度？其资料来源有哪些？

4. 试述随机抽样和非随机抽样的区别。

5. 常见的非抽样误差有哪些？

五、应用能力训练

我国第七次人口普查的标准时间是2020年11月1日零时。指出下列人口数是否应予以登记？为什么？

(1) 11月8日进行登记时，得知某住户家庭新出生一对双胞胎，其中一个于10月31日23时55分出生，另一个于11月1月零时零3分出生。

(2) 11月8日有三对年轻人举行婚礼，其中有两人于10月5日已办理了结婚登记手续，有两人的结婚手续于11月2日刚办完，另外两人还未办手续，这几人的婚姻情况在普查表中如何登记？

(3) 11月7日登记时，得知某人于10月31日上午去世。

(4) 一名司机在11月2日下午左右发生车祸死亡。

(5) 一名美国华侨回国定居，国籍未变动。

(6) 某医院一名医生出国援助已三年。

(7) 一对夫妇已于10月31日办好在美国定居的手续。

(8) 11月2日某地区迁来新住户，该家庭共有3人，户口关系未迁入，这个家庭的人口数是否应登记在该地区？

六、案例分析题

网红直播对消费者购买意愿的影响及其机制研究

为了对网红直播对消费者购买意愿的影响及其机制进行研究，研究者陈密以质性研究和定量研究相结合的方式，构建了网红直播对消费者决策影响的理论框架。研究中，研究一通过深度访谈，归纳出消费者关注网红的信息源特性，并将其划分为可信性、专业性、互动性和吸引力4个维度；研究二通过大数据Python爬虫技术抓取了网红直播弹幕，并借助模糊层次评价法对网红信息源特性进行了评价和权重统计，进一步支持了研究一的结论。

研究一：为了解网红自身的哪些因素会刺激消费者的购买意图，研究一进行了探索性研究，主要包括消费者深度访谈和消费者报告等相关材料的质性分析，借助Nvivo 10软件进行辅助编码和分析。Nvivo 10软件通过导入中文访谈文本，将无结构的、非数值性的资料进行索引、搜寻及理论化，提高研究者统计分析效率。

在访谈过程中，要求受访者详细叙述，受到网红哪些因素影响，进而对其宣传的产品产生关注。本研究旨在明确网红营销中，网红哪些特质因素是消费者最关注的，进而激发消费者购买意愿。本研究采用非程序化结构访谈的方式，根据研究题目，精心设计访谈提纲，主要包括如下问题。

(1) 请您谈谈，网红自身的哪些因素会影响您对其所宣传产品产生关注。

(2) 请您详细叙述,您在什么情况下会购买网红直播推荐的产品等。

深度访谈地点安排在咖啡厅,受访者共计55名,将受访者的年龄限定在40岁以下且经常观看网红直播的群体,其中男性15人,女性40人,年龄分布在18～40岁,收入分布在2 000～13 000元。访谈时间30～45分钟,访谈者由本研究团队成员担任。通过对全部访谈内容和录音进行整理,形成了90 000余字的访谈记录。

研究二:本研究采用Python数据爬虫技术,对网红平台直播弹幕进行抓取,并用配对的方式进行模糊归类,进一步验证消费者除关注产品本身特性外,还通过感知网红特性(可信性、专业性、互动性和吸引力)来了解其推广的产品。

用Python数据爬虫从直播网站抓取网红直播弹幕,抓取对象为当红美妆主播江酱、扇子和四美坊,共计抓取21 455条评论,历时18天。随后进行如下处理:①对抓取文本数据进行去重,并过滤掉没有实际意义的弹幕,筛选掉文本太短无法进行分析的弹幕;②对抓取到的弹幕进行分词处理,找出其中的高频词和名词短语,并量化赋予评分;③将找出的名词和名词短语纳入评价体系,并用递推的方法统计各层级的权重,得出每个特征层面的评分、出现次数和权重,并计算出一级维度的评分和总出现次数,再由二级构念的相关信息推算出一级构念,从而得出总体的评价结果。

资料来源:陈密.网红直播带货对消费者购买意愿的影响研究[D].广州:华南理工大学,2020.

思考:

1. 文中收集资料的来源是什么?
2. 文中调查数据的抽样方法分别属于哪种?
3. 扫描下方二维码,完成网红直播带货对大学生消费行为影响因素的调查问卷。

网红直播带货对
大学生消费行为
影响因素调查问卷

第三章 统计数据的整理与图表展示

【学习目的】

(1) 掌握统计整理、统计分组、分配数列及统计表等的含义和内容。

(2) 重点掌握统计分组的方法,在分组的基础上进行次数分配数列的编制。

(3) 学会用统计表和统计图来表现统计资料。

案例导入

不同原因引起的寿命损失

统计研究表明,某种原因会使寿命减少。我们用三种方式来描述统计研究的结果。

第一种方式是用文字描述。比如,未结婚的男性寿命会减少 3 500 天,女性则减少 1 600 天;吸烟的男性寿命会减少 2 250 天,女性则减少 800 天;饮酒会使寿命减少 130 天;超重 30%会使寿命减少 1 300 天;滥用药物会使寿命减少 90 天……

第二种方式是用表格来描述不同原因引起的寿命减少的天数(见表 3-1)。

表 3-1 不同原因引起的寿命损失统计表

原　　因	寿命减少的天数/天	原　　因	寿命减少的天数/天
未结婚(男性)	3 500	超重 20%	900
惯用左手	3 285	吸烟(女性)	800
吸烟(男性)	2 250	抽雪茄	300
未结婚(女性)	1 600	危险工作:事故	300
超重 30%	1 300	交通事故	200

续表

原　　因	寿命减少的天数/天	原　　因	寿命减少的天数/天
饮酒	130	自然放射性	8
滥用药物	90	喝咖啡	6
一般工作:事故	71	医疗 X 射线	6

第三种方式是用图形来描述这些结果(见图 3-1)。

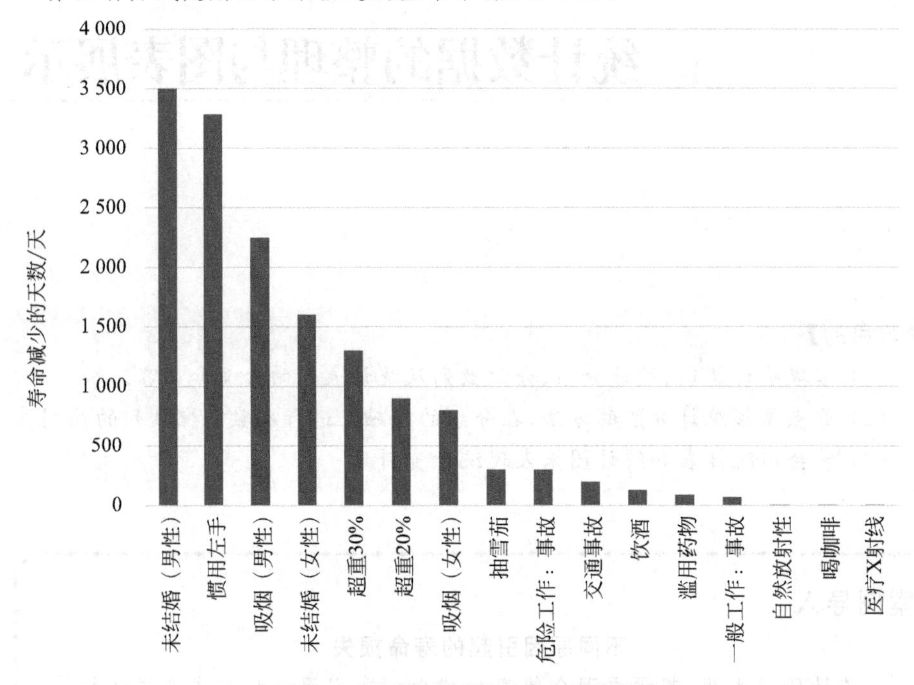

图 3-1　不同原因引起的寿命损失统计图

比较上述三种方式。你认为哪种方式最好?

通过统计调查获取的数据,往往是原始凌乱和不系统的,要经过统计整理后,现象总体的数量特征才能充分地显示出来。本章就将介绍统计整理的步骤和方法,以及数据展示的方法。

第一节　统计数据整理的意义和步骤

一、统计数据整理的意义

统计数据整理,就是根据统计研究目的和任务的要求,对统计调查阶段所收集到的大量原始资料进行加工与汇总,使其系统化、条理化、科学化,最后形成能够反映现象总体综合特征的统计资料的工作过程。对于已整理过的初级资料进行再整理,也属于统计整理范畴。

通过统计调查所收集到的统计资料,只是反映总体单位的、分散的、不系统的、凌乱的原始资料,所反映的问题常常是现象的表面,不能深刻揭示现象的本质,更不能从量的方面反映现象发展变化的规律性,于是就有必要对统计调查所获得的原始资料进行科学的整理。统计数据整理就是人们对社会现象从感性认识上升到理性认识的过渡阶段,是统计工作中一个十分重要的中间环节,它既是统计调查的继续和深入,又是统计分析的基础和前提,起着承前启后的重要作用。因此,统计整理的质量不仅直接关系到调查资料能否发挥其应有的作用,而且直接影响到统计分析和统计预测能否得出正确的结论。

二、统计数据整理的步骤

统计整理的基本工作步骤如下。

(1) 统计数据的预处理。在对调查资料进行汇总整理前,应对原始调查资料按照统计调查开始前提出的要求进行预处理。

(2) 进行统计分类或者分组。按照整理的要求选择最能说明现象本质特征的分类或者分组标志对原始资料进行科学的统计分组。

(3) 进行汇总加工,编制分配数列。按统计分组的要求对统计调查单位的项目进行分组汇总,并在此基础上加以全面汇总,计算出综合指标,编制分配数列,使之能反映调查对象的全貌。

(4) 统计数据的展示。将汇总整理后所得的结果采用恰当的统计表格或统计图形简明扼要、形象生动地表达出来。

(5) 将统计资料进行系统积累。

第二节　统计数据的预处理

统计数据的预处理是在数据分类或分组之前所做的必要处理,内容包括数据的审核、筛选、排序等。

一、统计资料整理前的审核

在着手汇总统计资料前,必须对调查所得到的统计资料进行认真的检查,以保证统计汇总工作的质量。统计资料审核的主要任务是检查统计资料的完整性、及时性和正确性。检查统计资料的完整性主要是检查应调查的个体是否有遗漏,所有的调查项目是否填写齐全等。及时性审核主要是检查是否按规定时间报送。检查资料的正确性主要是检查统计调查所取得的资料是否有错误,是否存在异常值等。对于异常值要仔细鉴别,如果异常值属于记录时的错误,在分析之前应予以纠正;如果异常值是一个正确的值,则应予以保留。正确性审核还要检查调查资料中各项指标统计的范围、口径、计算单位、计算方法等是否符合要求。

统计资料正确性的检查方法,一般分为逻辑检查和计算检查。

逻辑检查,指从逻辑上判断统计资料是否合理,查看各个项目之间有无互相矛盾之处。例如,检查某市各企业填报的期末全部职工人数及其工资收入资料时发现,某企业全部职工年末人数为 5 000 人,工资总额为 1 000 000 元,推断即知,该企业全部职工月平均工资收入才 200 元,这违反了该市的最低工资收入标准,不合逻辑,显然存在错误,应该进行更正。

计算检查,是从各项目数字的计算结果上检查调查资料是否正确。例如,各项目相加之总和是否等于合计数,出现在不同表格中的同一指标数值是否一致等。

对于通过其他渠道取得的二手数据,应着重审核数据的适用性和时效性。二手数据可以来自多种渠道,有些可能是为特定目的通过专门调查而取得的,或者是已经按特定目的的需要做了加工整理。对于使用者来说,首先应弄清楚数据的来源、数据的口径及有关的背景材料,以便确定这些数据是否符合分析研究的需要,不能盲目地生搬硬套。此外,还要对数据的时效性进行审核,对于时效性较强的问题,如果所取得的数据过于滞后,就可能失去了研究的意义。

在检查统计资料的过程中,如发现问题,应分别情况及时处理,以便在对资料进行汇总前消灭差错。

二、数据筛选

数据筛选(data filter)是根据需要找出符合特定条件的某类数据。比如,在众多企业中找出商品销售收入在 1 000 万元以上的企业;在众多学生中找出考试成绩在 90 分以上的学生(见图 3-2)等。数据筛选的目的,首先是提高之前收集存储的相关数据的可用性,更利于后期数据的计算与分析。数据的价值在于其所能够反映的信息。然而在收集数据的时候,多数情况下并没有能够完全考虑到未来的可能的用途,只是尽可能地多收集数据。其次,更深层次地获得数据所包含的信息,可能需要将不同的数据源汇总在一起,从中提取所需要的数据,然而这就需要解决可能出现的不同数据源中数据结构相异、相同数据不同名称或者不同表示等问题。可以说,数据筛选的最终目的就是为数据挖掘做准备的。

数据筛选包括数据抽取、数据清理、数据加载三个部分。数据抽取的主要任务就是要把不同数据源中的数据按照数据仓库中的数据格式转入数据仓库中,其主要任务就是统一数据格式。数据清理包含缺失数据处理、重复数据处理、异常数据处理及不一致数据整理四部分。这部分是直接处理数据的第一步,直接影响后续处理的结果,因此十分重要。数据加载到数据库的过程,分为全量加载和增量加载两种方式。全量加载是指全表删除后再进行数据加载的方式;增量加载是指目标表仅更新源表变化的数据。统计数据的筛选可借助计算机 Excel 功能完成。

三、数据排序

数据排序是指按一定顺序将数据排列,以便研究者通过浏览数据发现一些明显的特征或趋势,找到解决问题的线索。除此之外,排序还有助于对数据进行检查纠错,以及为重新归类或分组等提供方便。在某些场合,排序本身就是分析的目的之一。例如,了解究竟谁是中国汽车生产的三巨头,对于汽车生产厂商而言,不论其是合作伙伴还是竞争者,都是很有用的信息。美国的《财富》杂志每年都要在世界范围内排出 500 强企业,通过这一信息,企业不仅可以了解自己所处的位置,清楚自身的差距,还可以从一个侧面了解到竞争对手的状况,有助于有效制定企业的发展规划和战略目标。图 3-3 为按照 2019 GDP 主要目标及省份名降序排序的前后对比。

学号	数学成绩	语文成绩
1	46	62
2	57	67
3	62	72
4	63	65
5	64	62
6	66	54
7	67	71
8	69	67
9	72	77
10	73	78
11	73	80
12	74	74
13	76	78
14	77	80
15	78	81
16	78	68
17	78	78
18	79	84
19	79	83
20	81	86
21	81	78
22	82	85
23	83	88
24	84	80
25	84	86
26	84	78
27	85	89
28	85	88
29	86	84
30	87	88
31	88	90
32	88	87
33	89	92
34	89	90
35	90	87
36	92	96
37	94	94
38	96	97
39	99	99
40	53	53

学号	数学成绩	语文成绩
35	90	87
36	92	96
37	94	94
38	96	97
39	99	99

图 3-2　通过数据筛选筛出数学成绩在 90 分以上的学生

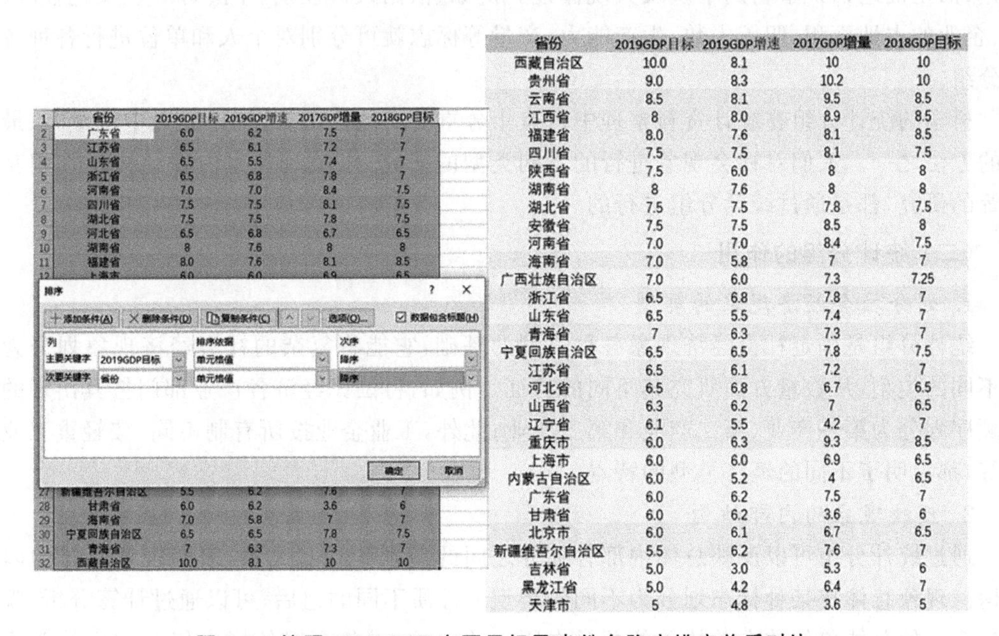

省份	2019GDP目标	2019GDP增速	2017GDP增量	2018GDP目标
西藏自治区	10.0	8.1	10	10
贵州省	9.0	8.3	10.2	10
云南省	8.5	8.1	9.5	8.5
江西省	8	8.0	8.9	8.5
福建省	8.0	7.6	8.1	8.5
四川省	7.5	7.5	8.1	7.5
陕西省	7.5	6.0	8	8
湖南省	8	7.6	8	8
湖北省	7.5	7.5	7.8	7.5
安徽省	7.5	7.5	8.5	8
河南省	7.0	7.0	8.4	7.5
海南省	7.0	5.8	7	7
广西壮族自治区	7.0	6.0	7.3	7.25
浙江省	6.5	6.8	7.8	7
山东省	6.5	5.5	7.4	7
青海省	7	6.3	7.3	7
宁夏回族自治区	6.5	6.5	7.8	7.5
江苏省	6.5	6.1	7.2	7
河北省	6.5	6.8	6.7	6.5
山西省	6.3	6.2	7	6.5
辽宁省	6.1	5.5	4.2	7
重庆市	6.0	6.3	9.3	8.5
上海市	6.0	6.0	6.9	6.5
内蒙古自治区	6.0	5.2	4	6.5
广东省	6.0	6.2	7.5	7
甘肃省	6.0	6.2	3.6	6
北京市	6.0	6.1	6.7	6.5
新疆维吾尔自治区	5.5	6.2	7.6	7
吉林省	5.0	3.0	5.3	6
黑龙江省	5.0	4.2	6.4	7
天津市	5	4.8	3.6	5

图 3-3　按照 2019 GDP 主要目标及省份名降序排序前后对比

对于分类数据，如果是字母型数据，排序则有升序、降序之分，但习惯上升序用得更多，因为升序与字母的自然排列相同。如果是汉字型数据，排序方式则很多，比如按汉字的首个拼音字母排列，这与字母型数据的排序完全一样；也可按姓氏笔画排序，其中也有笔画多少的升序、降序之分。交替运用不同方式排序，在汉字型数据的检查纠错过程中十分有用。

对于数值数据，排序只有两种，即递增和递减。设一组数据为 $x_1, x_2, \cdots, x_n$，递增排序后可表示为：$x_{(1)} < x_{(2)} < \cdots < x_{(n)}$；递减排序后可表示为：$x_{(1)} > x_{(2)} > \cdots > x_{(n)}$。排序后的数据也称为顺序统计量。无论是分类数据还是数值数据，排序均可借助 Excel 很容易地完成。

第三节　统计数据分组与分组方法

数据经过预处理后，可根据需要进一步分类或分组。

一、统计分组的意义与作用

（一）统计分组的意义

统计分组，就是根据统计研究的需要，按照某种标志将统计总体区分为若干个组成部分的一种统计方法。

统计总体的差异性是统计分组的依据。统计分组的做法对总体来说是“分”，而对总体单位来说却是“合”。对社会经济现象进行统计分组的根本目的，是把同质总体中的具有不同性质的单位分开，把性质相同的单位合并在一个组，保持各组内统计资料的一致性和组与组之间的统计资料的差异性，以便进一步运用各种统计方法，研究现象的数量表现和数量关系，从而正确地认识事物的本质及其规律性。例如，依据人口性别、年龄、民族、文化程度、职业、企业的占地面积、职工人数、生产能力、产量等标志就可分别对个人和单位进行各种各样的分组。

科学的统计分组在统计资料整理中占有十分重要的地位，它是统计研究中最重要、最基本的方法之一。人们对社会现象进行的不同类型的研究，以及对现象内容结构及其相互关系等的研究，都是通过统计分组进行的。

（二）统计分组的作用

1. 划分社会经济现象的类型

统计分组是确定社会经济现象各种类型的基础，它能将复杂的社会经济现象划分为各种不同的类型，从数量方面研究其不同的特征。例如，将国民经济各产业部门按其出现的先后顺序划分为第一产业、第二产业和第三产业；此外，工业企业按所有制不同、按轻重工业划分等，都说明了不同的经济类型的特点。

2. 反映现象的内部结构

通过统计分组可以反映总体内部各部分之间的差别和相互关系，表明现象总体的内部结构。现象总体按某种标志划分为不同的类型或性质不同的组后，可以通过计算分析，观察出各个组的总体单位数在总体单位总量中所占的比重，或各个组的标志值在相应的总体标志总量中所占的比重，进而了解现象总体的内部结构，反映现象总体的性质特征，研究现象发展变化的趋势及其规律性。

从表 3-2 中可以看出 2020 年全国人口数据及按年龄的分布情况，65 岁以上的老龄人口的比例达到了 13.5%，说明我国人口已经进入老龄化，政府应注意考虑有关老龄人口的政策与措施。

表 3-2　2020 年我国人口总数及其年龄构成情况统计表

指　　标	人口数/万人	构成比重/%
0～14 岁	25 061	17.9
15～64 岁	96 043	68.6
65 岁以上	18 901	13.5
全国人口总数/万人	140 005	100.00

资料来源：国家数据（国家统计局）.http://data.stats.gov.cn，2021-12-11.

3. 研究现象之间的依存关系

社会经济现象之间总是存在着相互联系、相互依存、相互制约的关系，通过统计分组，将总体单位的数量标志中的一个标志作为分组标志进行分组，分析其他标志与该分组标志的关系的变化情况，以此分析现象之间的数量关系。如收入和劳动生产率之间的关系、销售额与流通费用率之间的关系等。

从表 3-3 分组资料中看出，人均可支配收入的高低和人均消费支出有着较强的依存关系，人均可支配收入较高，则居民的消费能力较强，人均消费支出较高；反之，消费能力较低，则人均消费支出较低。

表 3-3　2020 年来我国部分地区人均可支配收入与人均消费支出统计表　　单位：元

地　　区	人均可支配收入	人均消费支出
上海	72 232	42 536
北京	69 434	38 903
浙江	52 397	31 295
天津	43 854	28 461
江苏	43 390	26 225
广东	41 029	28 492
福建	37 202	25 126
山东	32 886	20 940
辽宁	32 738	20 672

资料来源：国家数据（国家统计局）.http://data.stats.gov.cn，2021-12-11.

研究现象之间依存关系的方法多种多样，用统计分组法反映这种关系，将现象按影响因素分组，计算各组的平均指标或相对指标，可达到揭示其数量变化特征和规律的目的。

二、统计分组的种类

进行统计分组的依据或标准是分组标志。统计分组的关键是正确选择分组标志。例如，职工按收入分组、消费品物价按时间分组、人口按年龄分组、学生按学习成绩分组等，分组标志不同，所进行的分组也就不同，由此所得出的结论也就不同。由此可见，正确选择分组标志，是保证实现统计分组任务的关键，是统计研究获得正确结论的前提。

（一）按任务和作用不同分类

统计按照任务和作用不同，分为类型分组、结构分组和分析分组。

进行这些分组的目的，分别是划分社会经济类型、研究同类总体的结构和分析被研究现象总体诸标志之间的依存关系。

一般认为，现象总体按主要的品质标志分组，多属于类型分组，把所研究的对象划分若干个性质不同的组成部分。如把顾客按年龄分为少儿组、青年组、中年组和老年组；社会产品按经济类型、按部门、接轻重工业分组。

结构分组是在对总体分组的基础上计算出各组总体的比重，借此研究总体各部分的结构。类型分组与结构分组往往紧密地联系在一起，结构分组是类型分组的延续和深化。进行结构分组的现象总体相对来说同类较强，如全民所有制企业按产量计划完成程度、劳动生产率水平、职工人数、利税来分组。

分析分组是为研究现象诸标志之间依存关系而进行的分组。例如，为研究顾客的消费额与顾客年龄之间的依存关系，就要用分析分组的方法。分析分组的分组标志称为原因标志，与原因标志对应的标志称为结果标志。原因标志多是数量标志，也运用品质标志；结果标志一定是数量标志，而且要求计算为相对数和平均数。

（二）按分组标志的多少分类

统计分组按分组标志的多少分为简单分组和复合分组。

1. 简单分组

简单分组是指被研究现象只按某一个标志进行的分组。例如，根据国家统计局的实际做法，对我国各项税收按税种分组，分为增值税、消费税、关税、个人所得税、企业所得税等。

简单分组只反映总体某一方面的数量状态和结构特征，较容易被理解和接受，但它说明问题较单一，不能从多方面和多角度去反映现象的数量特征。

2. 复合分组

复合分组是指被研究现象按两个或两个以上的标志重叠进行的分组。即在按某一标志分组的基础上再按另一标志进行进一步的分组。例如，为了了解学生的年龄、性别等对高校学生学习方面的影响情况，对某校学生按学习成绩和性别两个标志进行的复合分组：

男生	女生
60 分以下	60 分以下
60～70 分	60～70 分
70～80 分	70～80 分
80～90 分	80～90 分
90 分以上	90 分以上

这样分组的结果就形成了几层重叠的组别。其特点是：可以从几个不同的角度了解总体内部的差别和关系，比简单分组更全面、更深入地研究问题。但在应用时要注意以下方面。

第一，复合分组的标志不宜过多。复合分组随着分组标志的增加，所分组数也会成倍增加，被分配到各组的总体单位就会更加分散，这样容易出现相同性质的总体单位被分到了不同的组中，违背了“组内同质性，组间差异性”原则，因而失去了通过分组来分析问题的意义。

第二，只有在总体包括的单位数很多的条件下，适当采取复合分组才有意义。

社会现象是复杂的，需要从各个方面进行观察和研究，以获得对事物全面的认识，这就需要采用相互联系、相互补充的多个分组标志对总体进行多种分组，即分组体系。例如，对人口总体进行统计研究，只有通过按性别、按年龄、按民族、按婚姻状况等多种分组形成的分组体系，才能对人口总体的自然构成有较深刻的认识。

（三）按分组标志的不同分类

统计按照分组标志的不同，分为品质分组和变量分组。

1. 品质分组

按品质标志分组时，分组的组数的多少，取决于两个因素：事物的特点与统计研究的任务。事物本身所具有的既定的属性，是确定组数的基本依据。例如，企业职工按工种分组、按文化程度分组、按性别分组；企业按行业分组、按规模分组，这些属性不易发生变动，因而对其进行的分组也较容易进行。但是，城乡界限的确定、工农业界限的划分、按经济成分分组等，就有一定的难度，通常的做法是根据分组任务的要求，经过事先的研究，由国家或主管部门规定统一的划分标准，编制出统一的分类目录。表 3-4 对我国 2020 年末人口按性别进行了分组。

表 3-4　2020 年年末我国人口的性别构成统计表

性　别	人口数/万人	占总人口的比重/%
男	71 527	51.1
女	68 478	48.9
合　计	140 005	100

资料来源：国家数据(国家统计局).http://data.stats.gov.cn,2021-12-11.

2. 变量分组

数量标志是说明总体单位数量特征的，一般用数量来具体表现的标志。变量分组又叫数量标志分组，是统计分组中最重要和最常用的内容。

变量分组按其变量值是否存在变动范围，可分为单项式分组和组距式分组两种。

单变量分组又称单项分组或单项式分组，其分组的特点是每一个组只有一个变量值。一般来说，当离散变量的变量值的变动范围不大，总体单位数也不多时，可考虑采用单项分组。例如，某地区妇女生育孩次数的统计，就可以采用单项分组：0,1,2,3,4,5。

组距式分组又称组距分组，它是以在一定范围内的变量值为一组而进行的统计分组。一般地，在进行变量分组时，恰遇离散变量且其变量值的变动范围较大，总体单位又多时,如果进行单项分组,则会造成组数太多,使各组的总体单位数相应较少,不利于反映总体分布的规律性,此时采用组距分组较为恰当。此外,由连续变量进行统计分组时,由于连续变量的变量值不能一一列举,单项分组会造成总体单位的遗漏,因而只能进行组距分组。

例如,要了解某班学生"统计学"的学习情况时,按考试成绩分组:60 分以下,60～70 分,70～80 分,80～90 分,90 分以上共五个组。

组距式分组假定变量值在各组内的分布是均匀的,而实际情况却未必如此,因此,采用组距式分组会使资料的真实性受到一定程度的影响。

$$组距=每组的最大值-该组的最小值 \tag{3-1}$$

在组距式分组中,各组的组距可以是相等的,也可以不相等。各组组距均相等的组距分组叫等距分组,见表 3-5。

表 3-5　某班学生"统计学"考试成绩表

学生考试成绩	人数/人	频率/%
60 分以下	2	4
60～70 分	10	20
70～80 分	18	36
80～90 分	15	30
90 分以上	5	10
合　计	50	100

各组组距不完全相等的叫异距分组,也称为不等距分组,见表 3-6。

表 3-6　某公司某月职工工资统计表

职工按月工资额分组/元	职工人数/人
3 000 以下	10
3 000～5 000	40
5 000～10 000	80
10 000～15 000	15
15 000 以上	5
合　计	150

一般说来,在标志值变动比较均匀的情况下,可采用等距分组,如学生按成绩分组、企业产品按合格率分组等。在标志值变动很不均匀,变动幅度较大时,采用不等距分组,更能反映现象本身的性质和特点。例如,从业人员的收入就应该采用不等距方式进行分组:2 000 元以下,2 000～5 000 元,5 000～8 000 元,8 000～15 000 元,15 000 元以上;再如,我国 2020 年第七次人口普查时,对于人口的年龄就是采用的不等距分组:0～14 岁,15～64 岁,65 岁以上。

组限是指组距式分组中每组的上限和下限。组距分组中每组的最大值又称为上限,最小值称为下限，故上述组距的公式一般表述如下：

$$组距=上限-下限 \tag{3-2}$$

组限的表示方法有两种，即重叠组限(又叫连续组限)和不重叠组限(又叫不连续组限)。一般情况下，离散型变量在进行组距式分组时相邻两组的上、下限可以不重合，即采用不重叠组限。例如，企业按职工人数分组：

100 以下

101～500

501～2 000

2 001～10 000

10 001 以上

在实际工作中，离散型变量进行的组距分组，对组限的表示方法并未作明确的要求，因此，上例也可用重叠组限来表示，即

100 以下

100～500

500～2 000

2 000～10 000

10 000 以上

连续型变量进行组距分组时，为避免出现部分标志值在汇总中被遗漏的情况，一般要求相邻两组的组限重叠，即连续变量在进行组距分组时，组限的表示方法只能采用重叠组限的方法。例如，企业按增加值分组(单位：万元)：

100 以下

100～1 000

1 000～5 000

5 000 以上

采用重叠组限的方式进行变量分组，进行汇总整理时通常把处于前、后两组上、下限相重合的总体单位统一划归后一组即下限所在组，即遵循所谓的“上限不在内原则”。

在组距分组中，凡出现“……以上”或“……以下”字样的组，一般是第一组和最后一组，叫开口组，开口组是组限不全的组。反之，第一组有下限，最后一组有上限，即组限齐全的组，称为闭口组。

组距分组掩盖了各组内的数据分布状况，为反映各组数据的一般水平，通常用组中值作为该组数据的一个代表值。组中值是组距分组中各组的上限和下限的中点数值。

组中值的计算公式如下：

$$组中值=\frac{上限+下限}{2} \tag{3-3}$$

使用组中值作为该组内数据的代表值时，必须假设各单位变量值在组内是均匀分布的，或者在组中值两侧呈对称分布。如果实际数据的分布不符合这一假设，用组中值作为一组数据的代表会有一定的误差。

需要注意的是，开口组组中值的确定是参照相邻组组距来确定的，即将相邻组组距作为本组组距以计算组中值。

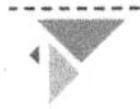

第四节 品质数据的整理与展示

在对数据进行整理时，有必要首先弄清所面对数据的具体类型。因为不同类型的数据所采取的处理方式和所适用的具体处理方法是不完全相同的。如果面对的是分类数据，则主要是做分类整理；如果面对的是数值型数据，则主要是做分组整理。品质数据包括分类数据和顺序数据，二者在整理和图形展示的方法上大多是相同的，但也有些微的差异。

一、分类数据的整理与展示

（一）分类数据的整理

分类数据本身就是对事物的一种分类，因此，在整理时首先列出所分的类别，然后计算出每一类别的频数、频率或比例、比率等，即可形成一张频数分布表，最后根据需要选择适当的图形进行展示，目的是对数据及其特征有一个初步的了解。

频数(frequency)是落在某一特定类别或组中的数据个数。把各个类别及落在其中的相应频数全部列出，并用表格形式表现出来，称为频数分布表(frequency distribution)。针对一个分类变量生成的频数分布表称为简单频数表；根据两个分类变量生成的频数分布表称为列联表或交叉表。

例如，某调查公司对部分超市进行调查，根据调查员随机对240名顾客购买饮料的记录，原始数据十分杂乱，通过整理后得出如表3-7所示的频数分布表。

表3-7 不同类型饮料和顾客统计表

序　　号	饮料类型	顾客人数/人
1	碳酸饮料	46
2	矿泉水	81
3	茶饮料	44
4	含乳饮料	20
5	果蔬饮料	34
6	酒精饮料	15
合　　计		240

这里的“饮料类型”就是分类变量，不同的类型就是变量值或标志值。

表3-7只反映了“饮料类型”这一个分类变量，所以它是简单频数表，而表3-8则是根据“饮料类型”和“顾客性别”两个分类变量生成的一个交叉频数表(列联表)。

表3-8 不同类型饮料和顾客统计表

序号	饮料类型	顾客性别/人		顾客总人数/人
		男	女	
1	碳酸饮料	30	16	46
2	矿泉水	60	21	81

续表

序号	饮料类型	顾客性别/人		顾客总人数/人
		男	女	
3	茶饮料	20	24	44
4	含乳饮料	2	18	20
5	果蔬饮料	9	25	34
6	酒精饮料	13	2	15
合　计		134	106	240

对于定性数据，除用频数分布表进行描述外，还可以用比例、百分比、比率等统计量进行描述。

比例(proportion)也称构成比，是一个计算分析范围(样本或总体)中各个部分的数据与全部数据之比，通常用于反映样本(或总体)的构成或结构。例如，某校全部学生中女生所占比例，或男生所占比例；成绩不及格学生占全部学生人数的比例等。

百分比(percentage)是将比例乘以100得到的数值，用%表示。如某班女生人数占全部学生人数的30%；全校本届毕业生一次就业百分比为95%等。

比率(ratio)是计算分析范围(样本或总体)中不同类别数据之间的比值。例如，某专业男生与女生人数的比率是1.8(或180%)；某企业上年度流动比率是2.2(流动资产合计/流动负债合计)等。需要注意的是，由于比率不是部分与整体之间的对比关系，因而比值可能大于1。

(二) 分类数据的展示

上面介绍了如何建立频数分布表来反映分类数据的频数分布。如果用图形来显示频数分布，就会更形象和直观。一张好的统计图表，往往胜过冗长的文字表述，它具有鲜明直观、形象生动、通俗易懂、一目了然、易读易记、印象深刻的特点。绘制什么样的图形取决于数据的类型。对于分类数据或按不同类别记录的其他数据，展示的图形主要有条形图、帕累托图、饼图、环形图等。

1. 条形图

条形图(bar chart)是用条形的高度或长短来表示数据多少的图形。条形图可以横置或纵置。纵置时也可以称为柱形图。此外，对于一个分类变量，可以绘制简单条形图；对于两个分类变量，则可以绘制堆积条形图，如图3-1所示(不同原因引起的寿命损失统计图)。图中横轴代表各种原因，纵轴给出了寿命减少的天数。

2. 帕累托图

帕累托图(Pareto chart)是以意大利经济学家帕累托(V. Pareto)的名字命名的。该图是按各类别出现的频数多少排序后绘制的条形图。通过对条形的排序，容易看出哪类数据出现的多，哪类数据出现的少。以表3-5某班学生"统计学"考试成绩统计情况为例，绘制帕累托图，如图3-4所示。图3-4左侧的纵轴给出了人数，右侧的纵轴给出了人数累计百分比。

3. 饼图

饼图(pie chart)是用圆形及圆内扇形的度数来表示数值大小的图形，它主要用于表示

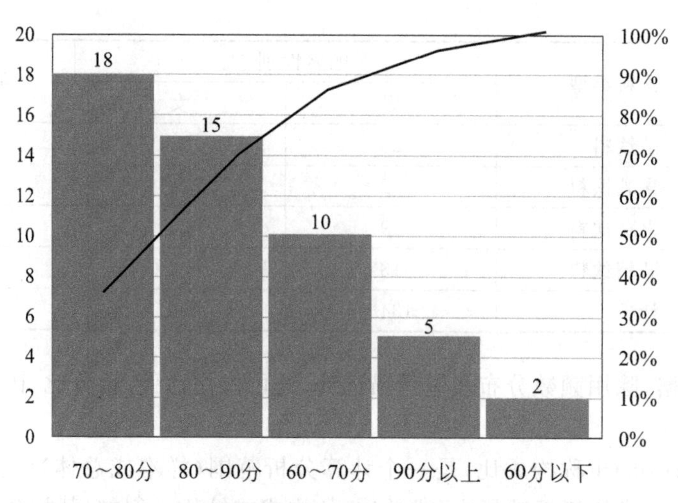

图 3-4　某班学生统计学考试成绩的帕累托图

一个样本(或总体)中各组成部分的数据占全部数据的比例,对于研究结构性问题十分有用。图 3-5 就是说明某商业企业某年 10 月销售商品的饼图,它形象地表明了该商业企业销售商品中,食品和衣着类有较大比重,从而说明了人们的消费观念。

4. 环形图

饼图只能显示一个样本各部分所占的比例。如果想比较该企业这一年当中不同月份商品的构成状况,可以绘制环形图(doughnut chart)。它用一个环表示一个样本的构成,多个样本构成的多个环嵌套在一起,主要用于展示两个或多个分类的构成。图 3-6 就是说明某商业企业某年 10 月、11 月销售商品的环形图,它形象地表明了该商业企业销售商品中不同时间的变化情况。

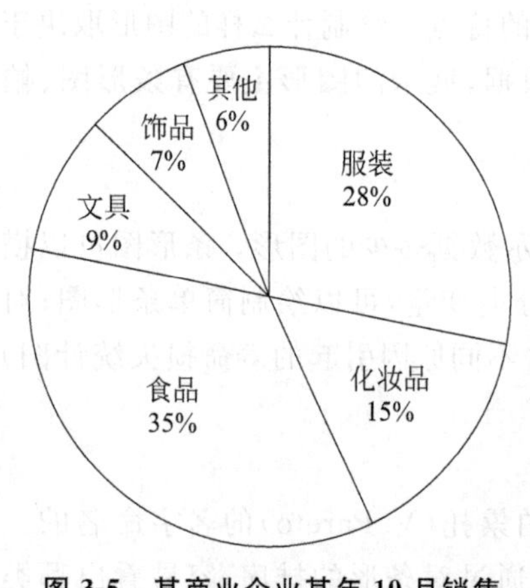

图 3-5　某商业企业某年 10 月销售商品的结构

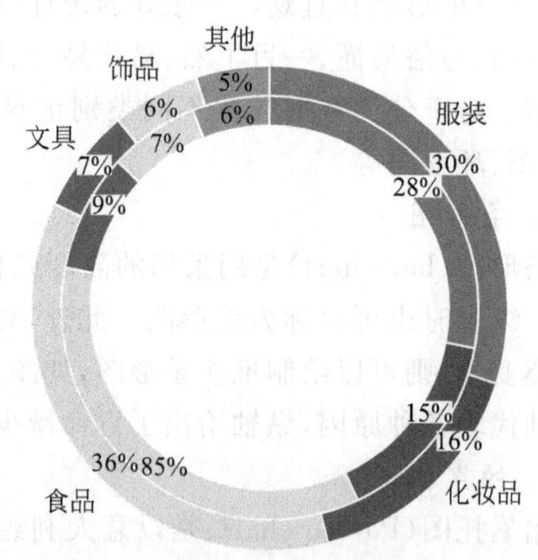

图 3-6　某商业企业某年 10 月、11 月销售商品的结构

二、顺序数据的整理与展示

上面介绍的分类数据的频数分布表和展示方法,如频数、比例、百分比、比率、条形图和饼图等，也都适用于对顺序数据的整理与展示。但一些适用于顺序数据的整理和展示方法，并不适用于分类数据。对于顺序数据，除了可使用上面的整理和展示技术，还可以计算累计频数和累计频率（百分比）。

（一）累计频数和累计频率

累计频数(cumulative frequencies)是将各有序类别或组的频数逐级累加起来得到的频数，频数的累计方法有两种：一是从类别顺序的开始一方向类别顺序的最后一方累加频数（数值型分组数据则是从变量值小的一方向变量值大的一方累加频数），称为向上累计；二是从类别顺序的最后一方向类别顺序的开始一方累加频数（数值型分组数据则是从变量值大的一方向变量值小的一方累加频数），称为前下累计。通过累计频数，可以很容易看出某一类别（或数值）以下或某一类别（或数值）以上的频数之和。

累计频率或累计百分比是将各有序类别或组的百分比逐级累加起来，它也有向上累计和向下累计两种方法，如表 3-9 所示。

表 3-9　某企业销售人员销售额完成情况统计表

销售额完成情况/%	频数/人	频率/%	向上累计		向下累计	
			频数/人	频率/%	频数/人	频率/%
80～90	3	10	3	10	30	100
90～100	3	10	6	20	27	90
100～110	12	40	18	60	24	80
110～120	9	30	27	90	12	40
120～130	3	10	30	100	3	10
合　计	30	100	—	—	—	—

（二）顺序数据的展示

根据累计频数或累计频率，可以绘制累计频数分布或频率图。例如，根据表 3-9 的数据绘制的累计分布图，如图 3-7 和图 3-8 所示。

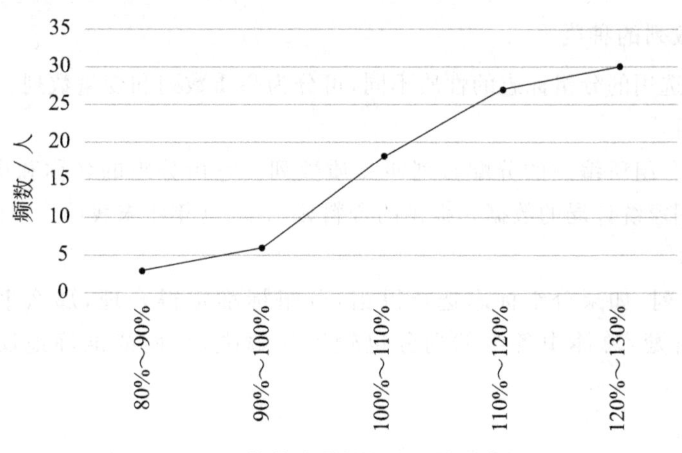

图 3-7　销售人员的向上累计分布图

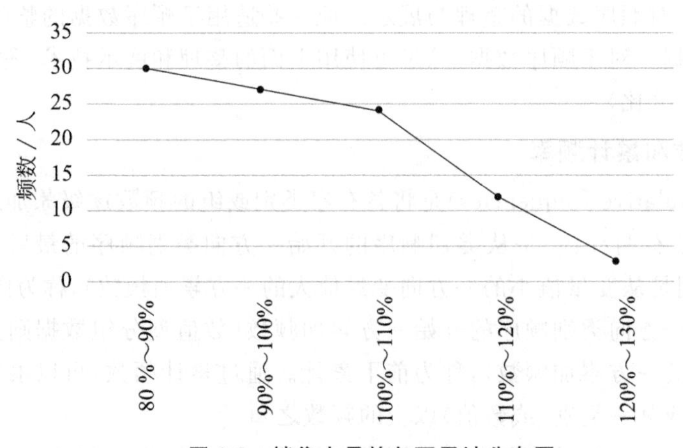

图 3-8 销售人员的向下累计分布图

第五节 数值型数据的整理与展示

一、统计数据的分配数列

（一）分配数列的意义

分配数列，也称次数分布或次数分配，是统计资料经过对某一标志分组后按一定的分组顺序，列出各组的总体单位数，形成一个反映总体单位在各组间分配情况的统计数列。分布在各组的总体单位数叫次数，又称频数；各组次数与总次数之比叫比率，又称频率。

分配数列是进行统计分析的重要基础，是统计资料整理的一种重要形式和结果。它可以表明总体的分布特征及内部结构情况，并可据此研究总体某一标志的平均水平及其变动的规律性。

分配数列的构成必须同时具备两个要素：一是按分组标志划分的各类型组；二是分配于各组的总体单位数。

（二）分配数列的种类

分配数列按选用的分组标志的性质不同，可分为品质数列和变量数列。

1. 品质数列

按品质标志分组所编制的分配数列叫品质数列。它由分组的名称和次数两个要素构成。例如，根据国家统计局的数据库提供的资料显示 2020 年年末我国人口的性别构成统计表，如表 3-4 所示。

对于品质数列，如果分组标志选择得当，分组标准定得合理，那么事物性质的差异表现得也比较清楚，总体中各组的划分也较容易解决，从而能准确地反映总体的分布特征。

2. 变量数列

按数量标志分组形成的分配数列称为变量数列。

变量数列按照变量类型的不同，可分为离散变量数列和连续变量数列。离散变量是指可以按一定顺序一一列举其整数变量值，且两个相邻整数变量值之间不可能存在其他变量值的变量，如企业数、设备数、学生人数等；连续变量是指其变量值不能一一列举，任何相邻整数变量值之间存在无限多个变量值的变量，如职工的月收入额、人口的年龄、学生的学习成绩、企业的利润率等。

变量数列按其变量值是否存在变动范围，可分为单项式变量数列和组距式变量数列两种。

单项式变量数列又称单项数列或单变量数列，是现象总体按采用单项式分组后形成的变量数列，见表 3-10。

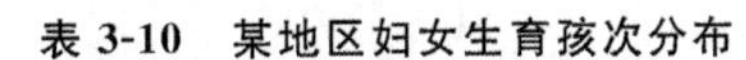
表 3-10 某地区妇女生育孩次分布

生育孩次数/次	比重/%
0	20
1	75
2	3
3	1.2
4	0.7
5	0.1
合 计	100

组距式变量数列又称为组距数列，是采用组距式分组编制的变量数列。

（三）变量数列的编制与分布

1. 变量数列的编制方法

(1) 将原始资料按数字大小依次进行排列（使用计算机时不必排序）。

(2) 确定变量的类型和分组的方法（如单项式还是组距式分组）。

(3) 确定组数和组距。

(4) 确定组限及其表示方法。

(5) 汇总各组的次数，并计算频率。

【例 3-1】 某车间 30 名工人某日加工的零件数量统计如下：

30 20 28 29 30 31 29 30 29 29 30 27 30 29 28 31 30 27 27 29 30 28 29 29 29 31 29 29 30 29

要求编制变量数列。

解：(1) 重新排序。将 30 位工人加工零件数量按照由小到大的顺序排列，排列结果如下：

27 27 27 28 28 28 29 29 29 29 29 29 29 29 29 29 29 30 30 30 31 30 30 30 30 30 31 31 31

(2) 确定变量的类型和分组的方法。由于该变量是离散变量，而且变动幅度从 27 到 31，变动范围不大，故可以采用单项式方法进行分组。

(3) 确定组数和组距。单项式分组不存在组距问题。组数为五组。即变量从 27 到 31 的变动范围中，每一个变量为一个组。

(4) 确定组限及其表示方法。单项分组不存在组限问题。

(5) 汇总各组的次数，并计算频率。将计算结果列入表 3-11。

表 3-11 某车间工人加工零件数量统计表

工人按加工零件数分组	工人人数/人	比重/%
27	3	10
28	3	10
29	12	40
30	9	30
31	3	10
合　计	30	100

【例 3-2】 某企业销售部 30 名推销员销售额的完成情况(%)如下：

98 102 82 106 108 112 109 108 87 125 113 105 116 99 107 115 104 129 85 119 102 106 117 93 111 107 123 114 116 103

根据以上资料，要求编制变量数列。

解：(1) 将原始资料依次重新排列如下：

82 85 87 93 98 99 102 102 103 104 105 106 106 107 107 108 108 109 111 112 113 114 115 116 116 117 119 123 125 129

(2) 确定变量类型和分组方法。由于销售额的完成情况属于连续变量，只能编制组距数列。

(3) 确定组数和组距。根据前面所学内容，组数太多或太少均是不可取的，组数为 5～15 组为宜，组距宜采用 5、10 或 10 的整数倍为好，并尽量采取等距分组。考虑到本例变量值的变动范围不是很大，变动也相对均匀，可以把 30 名推销员销售额的完成情况分为 5 组，并采用等距分组的方法，每组的组距定为 10%。

(4) 确定组限及其表示方法。

本例中的变量为连续变量，故其组限的表达方法只能采取连续组限的方法。

在确定组限时应该注意以下方面。

① 最小组的下限应该低于最小变量值。同理，最大组的上限应该高于最大变量值。

② 组限的确定应该有利于反映总体分布的规律性。

③ 如果组距为 5,10,…,100，则每组的下限最好是它们的倍数。

因此，本例中第一组的下限定为 80。

(5) 汇总各组的次数，并计算频率，见表 3-12。

表 3-12 某企业推销员销售额完成情况统计表

销售额完成情况/%	推销员人数/人	频率/%
80～90	3	10
90～100	3	10
100～110	12	40
110～120	9	30

续表

销售额完成情况/%	推销员人数/人	频率/%
120～130	3	10
合　计	30	100

2. 次数分布的主要类型

不同的社会经济现象会呈现出不同的次数分布。次数分布的主要类型有以下三种。

（1）钟形分布

钟形分布又称为正态分布，其分布的特征是“两头小，中间大”，所绘图形似一口古钟，如图 3-9 所示。

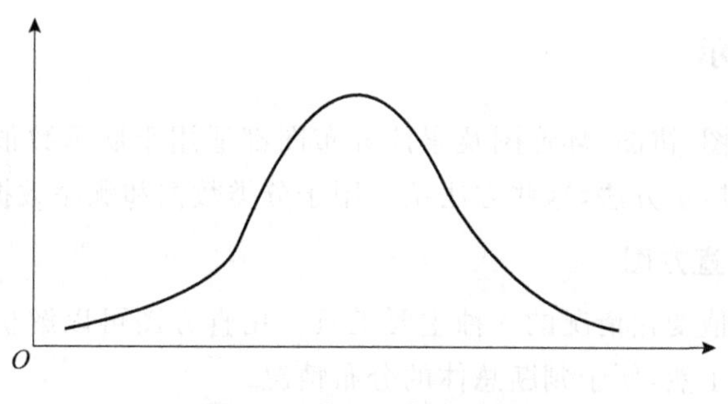

图 3-9　钟形分布示意图

从图 3-9 中可以看出，靠近中间的变量值分布的次数多，靠近两边的变量值分布的次数少。大多社会经济现象的次数分布都服从于这种分布，如职工工资收入、商品市场价格、学生学习成绩、居民家庭住房面积等现象。

（2）U 形分布

U 形分布，它的分布特征是“两头大，中间小”，所绘图形似一口倒置的古钟，所以又被称为倒钟形分布，如图 3-10 所示。

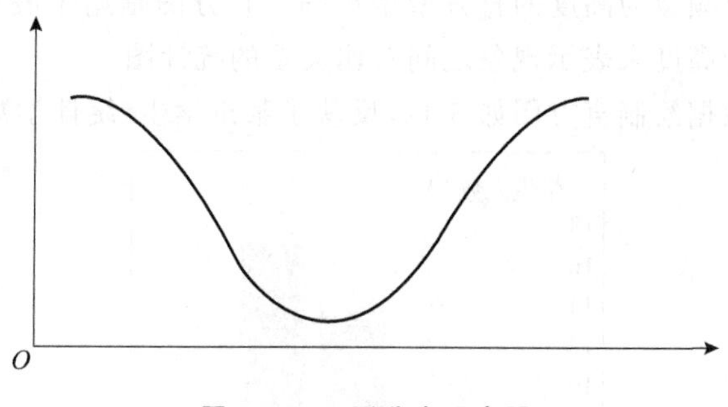

图 3-10　U 形分布示意图

从图 3-10 中可以看出，靠近中间的变量值分布的频数少，靠近两边的变量值分布的频数多。人口死亡现象按年龄分布就服从于该分布。

（3）J 形分布

J 形分布因其所绘图形似一条英文字母 J 的曲线而得名。J 形分布有正、反 J 形两种分布。正 J 形分布是次数随着变量值的增大而增多，如投资额按利润率大小分布。反 J 形分布是次数随着变量值的增多而减少，如单位成本按生产数量的分布，如图 3-11 所示。

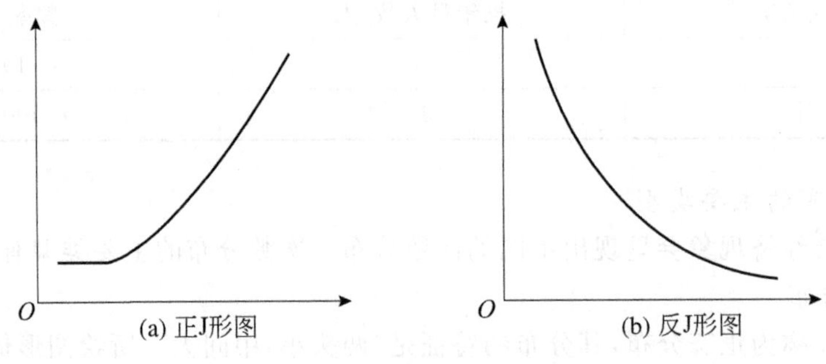

图 3-11 J 形分布示意图

二、统计数据的展示

前面介绍的条形图、饼图、环形图及累计分布图都适用于展示数值型数据。此外，数值型数据还有以下一些展示方法，这些方法不适用于分类数据和顺序数据。

（一）分组数据：直方图

直方图是表示数值变化情况的一种主要工具。用直方图可以解析出数值的规律性，对于资料分布状况一目了然，便于判断总体的分布情况。

【例 3-3】 某班 50 名学生的统计学考试成绩(分)为：

81	51	78	85	66	71	63	83	52	95
78	72	85	78	82	90	80	55	95	67
72	85	77	70	90	70	76	69	58	89
80	61	67	86	89	63	78	74	82	88
96	62	81	44	76	86	73	83	85	93

在制作直方图时，首先要对资料进行分组，通常按组距相等的原则确定组数和组距，再画成以组距为底边、以频数为高度的直方型矩形图。直方图是用于展示分组数据分布的一种图形，它是用矩形的高度来表示现象之间对比关系的统计图。

根据例 3－3 的数据绘制直方图如 3-12，反映了某班学生《统计学》成绩的分布情况。

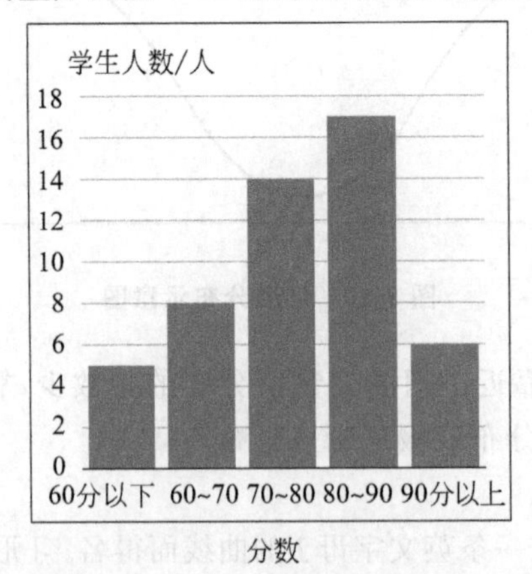

图 3-12 某班学生《统计学》成绩统计图

直方图和条形图外观比较相似,但两者却有着本质上的差异。具体表现为以下几点。

(1) 条形图的横轴只表示类的差异,却没有具体的坐标;而直方图的横轴则有真正的坐标,矩形的位置不可以随意移动。因此,条形图中矩形的宽度没有意义,而直方图中矩形的宽度则代表每一组的组距。

(2) 条形图中矩形之间既可以分离,也可以相接,其排列方式由绘图者决定;而直方图中柱形之间有无间隔则不是随意决定的,而是由每一组的区间位置决定的。

(3) 条形图的纵轴表示频数;而直方图的纵轴只有在等距分组的情形下才表示频数,在非等距分组的情形下表示的则是频数(或频率)密度。

(二) 未分组数据:茎叶图和箱线图

1. 茎叶图

茎叶图又称枝叶图,是反映原始数据分布的图形。它由茎和叶两部分构成,其图形是由数字组成的。通过茎叶图,可以看出数据的分布状态及数据的离散状况,比如,分布是否对称,数据是否集中,是否有离群点,等等。

绘制茎叶图的关键是设计好树茎。制作茎叶图时,首先把一个数字分成两部分,通常是以该组数据的高位数值作为树茎,而且叶上只保留该数值的最后一个数字。例如,125 分成 12|5,12 分成 1|2 等,前部分是树茎,后部分是树叶。树茎一经确定,树叶就自然地长在相应的树茎上了。

茎叶图是一个与直方图相类似的特殊工具,但又与直方图不同,茎叶图保留原始资料的信息,直方图则失去原始资料的信息。可以从茎叶图中统计出次数,计算出各数据段的频率或百分比,从而可以看出分布是否与正态分布或单峰偏态分布逼近。

【例 3-4】 有一组统计数据共 30 个,如下:

89　79　57　46　1　24　71　5　6　9　10　15　16　19　22　31　40　41　52　55　60　61　65　69　70　75　85　91　92　94

要求画出的茎叶图。

解:茎|叶

0 | 1 5 6 9

1 | 0 5 6 9

2 | 2 4

3 | 1

4 | 0 1 6

5 | 2 5 7

6 | 0 1 5 9

7 | 0 1 5 9

8 | 5 9

9 | 1 2 4

比如第二行的数字:

1 | 0 5 6 9

它们代表数据集中有 10、15、16 和 19 四个数字。可以这样理解:茎+叶=实际的数值,如 1|0 5 6 9 中茎值为 1,叶值为 0、5、6 和 9,共四个真实数值 10、15、16 和 19。其真实数值

计算方式：茎值连接叶值，也就是说当茎值是1，叶值是0时，连接起来就是真实数值10。

2．箱线图

箱线图是利用数据中的五个统计量：最小值、第一四分位数、中位数、第三四分位数与最大值来描述数据的一种方法，也可以从中粗略地看出数据是否具有对称性、分布的分散程度等信息，还可以进行多组数据分布特征的比较。

箱线图的绘制方法是：先找出一组数据的最大值、最小值、中位数和两个四分位数；然后连接两个四分位数画出箱子；再将最大值和最小值与箱子相连接，中位数在箱子中间。

【例3-5】 某研究者分别采用安慰剂、新药10mg、新药20mg治疗三个随机分组的肺炎病人，每组100例。治疗两周后测量最大呼气量，以每组测量后计算获得的 P_{100}、P_{75}、P_{50}、P_{25}、P_0（即最大值、75%百分位数、中位数、25%百分位数、最小值）绘制箱线图，如图3-13所示。

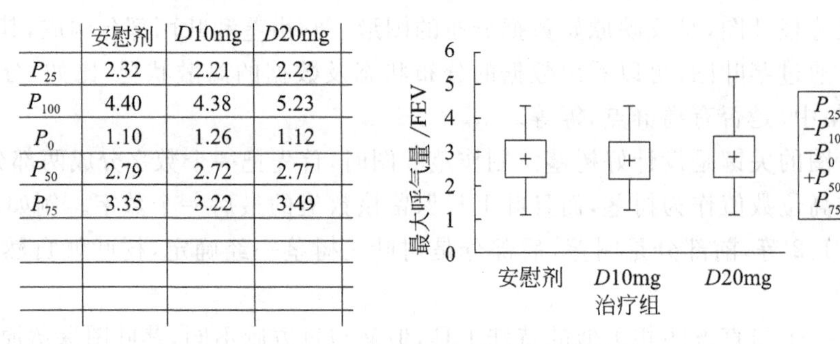

	安慰剂	D10mg	D20mg
P_{25}	2.32	2.21	2.23
P_{100}	4.40	4.38	5.23
P_0	1.10	1.26	1.12
P_{50}	2.79	2.72	2.77
P_{75}	3.35	3.22	3.49

图3-13　实验的五个统计值及箱线图

（三）时间序列数据：线形图

如果数值型数据是在不同时间取得的，可以绘制线形图。线形图是用曲线的升降来表示数值的大小和发展变化的图形。它反映总体次数分布规律，现象随时间变化的特征。曲线图分为动态曲线图、计划完成情况曲线图。

动态曲线图是反映不同时期发展水平变动的图形，从曲线的倾斜度还可以看出发展速度的快慢。例如，图3-14说明近十年来我国人口总数在不断增加，但是从2016年开始增长速度有所减缓。

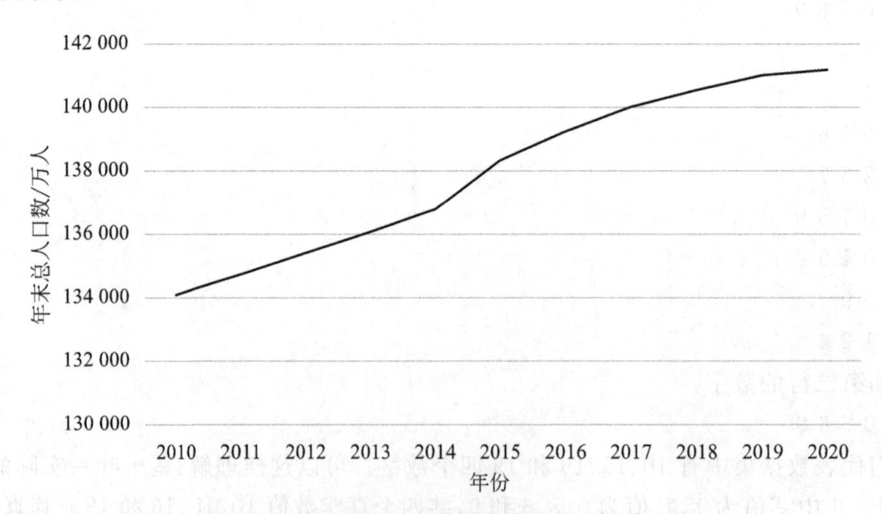

图3-14　2010—2020年我国年末总人口数统计图

计划完成曲线图是用不同线条来代表计划数和实际数，以反映计划完成情况的图形。示例如图 3-15 所示。

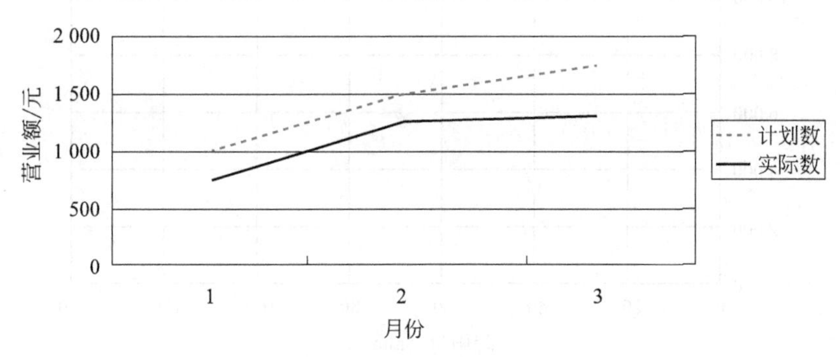

图 3-15　某物流企业营业额计划完成情况曲线图

（四）多变量数据的图示：散点图、气泡图、雷达图

上面介绍的一些图形描述的都是单变量数据。当有两个或两个以上变量时，可以采用多变量的展示方法，常见的有散点图、气泡图、雷达图等。

1. 散点图

散点图又称相关图，它是用直角坐标的 x 轴代表自变量，y 轴代表因变量，将两个变量间相对应的变量值用坐标点的形式描绘出来，用以表明相关点分布状况的图形。

【例 3-6】 小麦的单位面积产量与降雨量和温度等有一定关系。为了解它们之间的关系形态，收集到如表 3-13 所示的数据。试绘制小麦产量与降雨量的散点图，并分析它们之间的关系。

表 3-13　小麦产量与降雨量和温度的数据

温度/℃	降雨量/mm	产量/(kg/hm^2)
6	25	2 250
8	40	3 450
10	58	4 500
13	68	5 750
14	98	5 800
16	110	7 500
21	120	8 250

解：根据表 3-13 中的数据绘制的散点图如图 3-16 所示。

从图 3-16 可以看出，小麦产量与降雨量之间具有明显的线性关系，随着降雨量的增多，产量也随之增加。

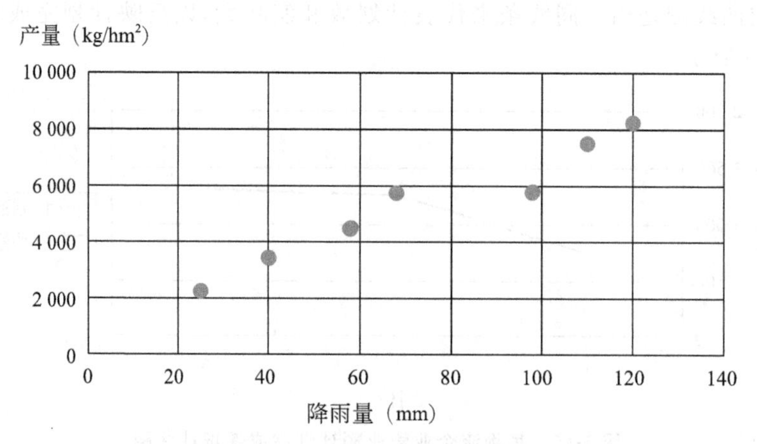

图 3-16 小麦产量与降雨量的散点图

2. 气泡图

气泡图可用于展示三个变量之间的关系。它与散点图类似，绘制时将一个变量放在横轴，另一个变量放在纵轴，第三个变量则用气泡的大小来表示。根据表 3-13 中的数据绘制的气泡图，如图 3-17 所示。

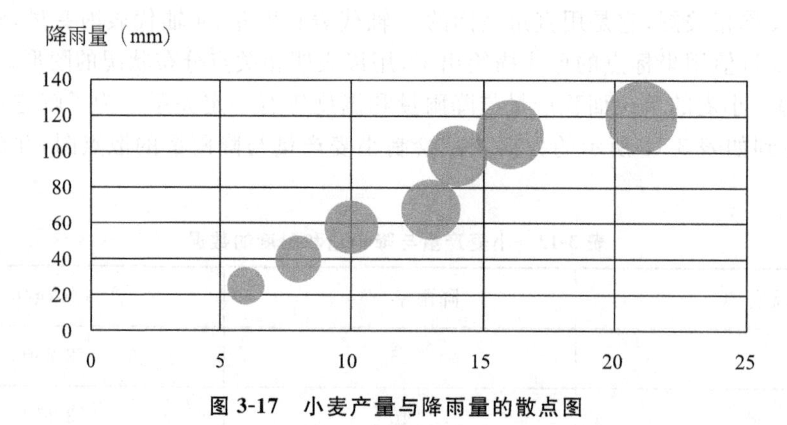

图 3-17 小麦产量与降雨量的散点图

从图 3-17 可以看出，随着气温的升高，降雨量也在增加；随着气温和降雨量的增加，小麦的产量也在提高(气泡在变大)。

3. 雷达图

雷达图是显示多个变量的常用图示方法，也称为蜘蛛图。设有 n 组样本 S_1，S_2，…，S_n，每个样本测得 P 个变量 X_1，X_2，…，X_p。要绘制这 P 个变量的雷达图，具体做法是：先画一个圆，然后将圆 P 等分，得到 P 个点，令这 P 个点分别对应 P 个变量，再将这 P 个点与圆心连线，得到 P 个辐射状的半径，这 P 个半径分别作为 P 个变量的坐标轴，每个变量值的大小由半径上的点到圆心的距离表示，再将同一样本的值在 P 个坐标上的点连线。这样，n 样本形成的 n 个多边形就是一张雷达图。

此外，利用雷达图可以研究多个样本之间的相似程度。根据表 3-14 中 2020 年我国四大直辖市部分经济指标统计表中的数据，绘制雷达图如图 3-18 所示。

表 3-14　2020 年我国四大直辖市部分经济指标统计表

指标 城市	生产总值/亿元	社会消费品零售总额/亿元	城镇居民人均可支配收入/元	常住人口总数/千人
北京市	36 102.6	13 716.4	69 434	12 868.8
上海市	38 700.58	15 932.5	76 437	24 870.9
天津市	14 083.73	4 956.73	47 659	13 866
重庆市	25 002.79	10 597.26	40 006	32 054.2

资料来源：国家统计局网站——国家统计局数据库。

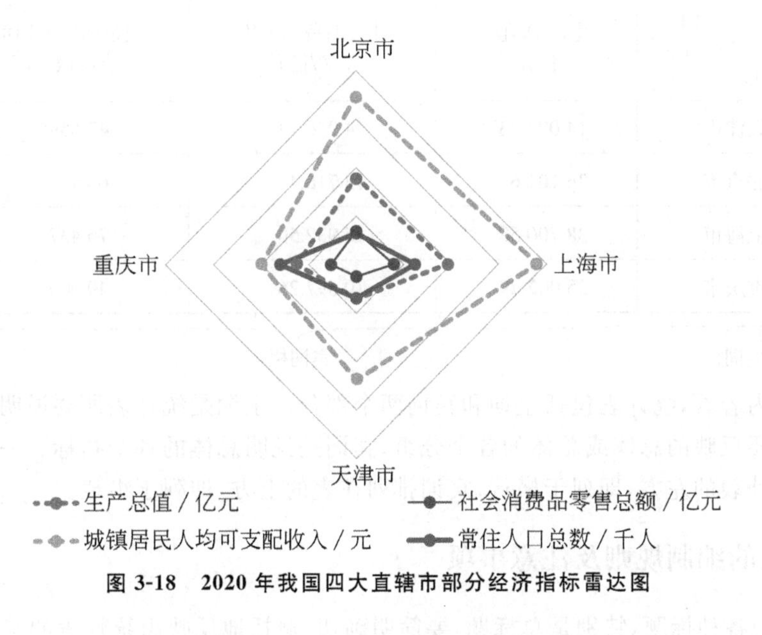

图 3-18　2020 年我国四大直辖市部分经济指标雷达图

第六节　统计表的设计

一、统计表的含义与意义

经过汇总整理后的统计资料，应按照规定要求填列在一定的表格内。统计表是用纵横交叉的线条来表现统计资料的表格。表现统计资料的常见方式中，统计表是最主要的形式之一。统计表能够将大量统计数字资料加以综合组织安排，使资料更加系统化、标准化，更加紧凑、简明、醒目和有条理，便于人们阅读、对照比较，说明问题清楚，从而更加容易发现现象之间的规律性。利用统计表还便于资料的汇总和审查，便于计算和分析。因此，统计表是统计分析的重要工具。

二、统计表的构成

从形式上看，统计表由四个部分组成，即总标题、横行标题、纵栏标题和数字资料。总标题为整个统计表的名称，用来简明扼要地说明全表的主要内容，一般列在表的上端中部；横行标题是表中各横行的名称，在统计表中通常用来表示各组的名称，它代表统计表所要说明的对象，一般列在表的左方；纵栏标题是表中各纵栏的名称，在统计表中通常用来表示统计指标的名称，一般列在表的上方；数字资料列在各横行标题与各纵栏标题交叉处，即统计表的右下方。统计表中任何一个数字的含义都由横行标题和纵栏标题共同说明。仍以表 3-14 为例，编制成表 3-15。

表3-15　2020年我国四大直辖市部分经济指标统计表

指标 / 城市	生产总值/亿元	社会消费品零售总额/亿元	城镇居民人均可支配收入/元
天津市	14 083.73	4 956.73	47 659
北京市	36 102.6	13 716.4	69 434
上海市	38 700.58	15 932.50	76 437
重庆市	25 002.79	10 597.26	40 006

从表的内容看，统计表包括主词和宾词两个部分。主词是统计表所要说明的对象，也就是统计表所要反映的总体或总体的各个分组；宾词是说明总体的各个指标。一般情况下，主词排列在统计表的左方，即列于横行；宾词排列在表的上方，即列于纵栏。

三、统计表的编制规则及注意事项

（1）表的各种标题，特别是总标题，要简明确切，概括地反映出统计表的基本内容，表明统计资料所属地点和时间。

（2）表中的横行标题各行，纵栏标题各栏一般按先局部后整体的原则排列。即先排列各个项目，后排列总体，当没有必要列出所有项目时，可先列总体，后列其中一部分项目。

（3）如果统计表的栏数较多，通常应加以编号，主词栏和计量单位各栏，一般用甲、乙、丙等文字编号；宾词栏各统计指标一般用 1、2、3 等数字编号。

（4）表中的数字要对准位数，填写整齐，当某项无数字时，用规定符号表示：如有的规定用“—”表示，当缺乏某资料时，有的规定用符号“…”表示；尤其对于用电子计算机汇总的统计表，填写的符号都有特殊的要求，必须按具体规定填写计量单位栏，若整个统计表只用一种计量单位时，可省去计量单位栏，将计量单位写在统计表的右上方。

（5）统计表的上、下横线一般用粗线条封口，左右两端不封口，即统计表采用“开口表”格式。

统计整理是根据统计研究任务的要求，对统计调查阶段所收集到的大量原始资料进行加工与汇总，使其系统化、条理化、科学化，最后形成能够反映现象总体综合特征的统计资料的统计工作过程。它是统计工作的中间环节，具有承上启下的重要作用。

统计数据的预处理是在数据分类或分组之前所做的必要处理，内容包括数据的审核、筛选、排序等。

数据经过预处理后，可根据需要进一步分类或分组。统计分组就是根据统计研究的需要，按照某种标志将统计总体区分为若干个组成部分的一种统计方法。分组标志是进行统计分组的依据或标准。正确选择分组标志是保证实现分组任务的关键。统计分组可分为数量标志分组和品质标志分组，简单分组和复合分组，类型分组、结构分组和分析分组。

在对数据进行整理时，首先要弄清所面对的是什么类型的数据，因为不同类型的数据所采取的处理方式和所适用的处理方法是不同的。对分类数据主要是做分类整理，对数值数据则主要是做分组整理。

对于分类数据或按不同类别记录的其他数据，绘制的图形主要有条形图、帕累托图、饼图、环形图等。对于顺序数据，除了可使用条形图、帕累托图、饼图、环形图等，还可以计算累计频数和累计频率（百分比）。

分配数列是统计资料经过对某一标志分组后按一定的分组顺序，列出各组的总体单位数，形成一个反映总体单位在各组中分配情况的数列，也称次数分配或次数分布。分配数列分为品质数列和变量数列。

对于数值型数据，除了使用条形图、饼图、环形图及累计分布图等之外，还可以用直方图、茎叶图、箱线图、线形图、散点图、气泡图、雷达图等图形进行展示。

统计表是以纵横交叉的线条所绘制的表格来表现统计资料的一种形式。统计表在形式上主要由总标题、横行标题、纵栏标题和数字资料四个部分组成；统计表在内容上主要由主词栏和宾词栏组成。

统计整理　statistical treatment

数据筛选　data filter

统计分组　statistical classification

组距　class interval

上限　upper limit

下限　lower limit

组中值　mid-value of class

频数　frequency

频数分布　frequency distribution

正态分布　normal distribution

统计表　statistical table

统计图　statistical graph

直方图　bar chart

曲线图　curvilinear chart

一、判断题

1. 离散变量只适合于单项式分组。 ( )

2. 凡是将总体按某个标志值分组所形成的数列，都叫变量数列。 ( )

3. 统计分组的关键是确定分组标志。 ( )

4. 组中值即组中数列中各组的组平均值。 ( )

5. 连续型变量只能编制组距式变量数列；离散型变量既能编制单项式数列，也能编制组距式数列。 ( )

6. 统计整理就是要把反映总体单位特征的大量原始资料转化为反映总体特征的统计指标。 ( )

7. 统计整理仅仅是对原始资料的整理。 ( )

8. 变量数列中的开口组无法计算组中值。 ( )

9. 两个简单分组并列起来就是复合分组。 ( )

10. 分配数列的中心思想是说明统计总体单位数在各组的分布状况。 ( )

11. 比例是计算分析范围(样本或总体)中不同类别数据之间的比值。 ( )

12. 由于比率不是部分与整体之间的对比关系，因而比值可能大于1。 ( )

13. 帕累托图用于表示一个样本(或总体)中各组成部分的数据占全部数据的比例，对于研究结构性问题十分有用。 ( )

14. 气泡图可用于展示三个变量之间的关系。它与散点图类似，绘制时将一个变量放在横轴，另一个变量放在纵轴，第三个变量则用气泡的大小来表示。 ( )

15. 直方图横轴上矩形的位置可以随意移动。 ( )

16. 条形图中矩形的宽度没有意义，而直方图中矩形的宽度则代表每一组的组距。 ( )

17. 箱线图可以粗略地看出数据是否具有对称性，分布的分散程度等信息，还可以进行多组数据分布特征的比较。 ( )

18. 数值型分组数据从变量值小的一方向变量值大的一方累加频数，称为前下累计。 ( )

19. 数据排序的目的是提高之前收集存储的相关数据的可用性，更利于后期数据的计算与分析。 ( )

20. 饼图主要用于表示一个样本(或总体)中各组成部分的数据占全部数据的比例，对于研究结构性问题十分有用。 ( )

二、单项选择题

1. 简单分组与复合分组的区别在于( )。

A. 某一总体的复杂程度不同　　B. 选择的分组标志的性质不同

C. 组数的多少不同　　D. 选择的分组标志的数量不同

2. 统计整理的核心是( )。

A. 审核统计资料　　B. 进行统计分组

C. 编制统计表　　D. 绘制统计图

3. 变量数列中，各组的频率之和应该(　　)。

A. 等于 1　　B. 等于 100　　C. 等于 10　　D. 小于 1

4. 统计分组的关键问题是(　　)。

A. 确定全距和组数　　B. 确定组数和组中值

C. 确定组距和组中值　　D. 确定分组标志和各组界限

5. 统计分组的目的是体现(　　)。

A. 组内同质性、组间同质性　　B. 组内差异性、组间差异性

C. 组内同质性、组间差异性　　D. 组内差异性、组间同质性

6. 统计整理的根本目的是(　　)。

A. 通过统计分组，研究现象的结构　　B. 通过汇总获得各项综合指标

C. 对调查资料进行审核　　D. 编制统计表格，绘制统计图形

7. 在统计分组时，凡遇到某单位的标志值刚好等于相邻两组的重叠组限时，(　　)。

A. 一般把此值归并到作为上限的那一组

B. 一般把此值归并到作为下限的那一组

C. 一般归并到上限所在组或下限所在组均可

D. 一般对此值单设一组

8. 下列属于数量标志分组的是(　　)。

A. 某物业管理企业职工按民族分组

B. 某交通运输企业职工按性别分组

C. 某纺织企业职工按年龄分组

D. 某外贸企业职工按职称分组

9. 次数分配数列是(　　)。

A. 按数量标志分组形成的数列　　B. 按品质标志分组形成的数列

C. 按统计指标分组形成的数列　　D. 按数量标志或品质标志分组形成的数列

10. 企业按资产总额分组(　　)。

A. 只能使用单项式分组

B. 只能使用组距式分组

C. 可以单项式分组，也可以组距式分组

D. 无法分组

11. 计算分析范围(样本或总体)中不同类别数据之间的比值是(　　)。

A. 比例　　B. 百分比　　C. 比率　　D. 频率

12. (　　)用直角坐标的 x 轴代表自变量，y 轴代表因变量，将两个变量间相对应的变量值用坐标点的形式描绘出来，用以表明各点分布状况的图形。

A. 直方图　　B. 相关图　　C. 气泡图　　D. 曲线图

13. 能够展示三个变量之间关系的图形是(　　)。

A. 直方图　　B. 相关图　　C. 气泡图　　D. 曲线图

14. 能够反映总体次数分布规律，现象随时间变化的特征的图形是(　　)。

A. 直方图　　B. 相关图　　C. 气泡图　　D. 曲线图

15. 可以反映数据的分布状态及数据的离散状况，比如，分布是否对称，数据是否集中，是否有离群点的图形是（　　）。

A. 直方图　B. 条形图　C. 雷达图　D. 茎叶图

16.（　　）在显示或对比各变量的数值总和时十分有用。

A. 直方图　B. 条形图　C. 雷达图　D. 茎叶图

17. 能够表示同类现象之间对比关系的图形是（　　）。

A. 相关图　B. 直方图　C. 气泡图　D. 曲线图

18. 对同类现象的数据在不同空间、不同时间上进行对比，需要使用（　　）。

A. 环形图　B. 直方图　C. 条形图　D. 相关图

19. 不能用来展示分类数据和顺序数据的是（　　）。

A. 环形图　B. 累计分布图　C. 条形图　D. 线形图

20.（　　）可以用来对同类现象的数据在不同空间、不同时间上进行对比。

A. 环形图　B. 立体直方图

C. 条形图　D. 雷达图

三、多项选择题

1. 在组距数列中，组中值（　　）。

A. 是上限和下限之间的中点数值　B. 用来代表各组的标志值的水平

C. 在开放式分组中无法确定　D. 就是组平均数

E. 在开放式组中，可以参照邻组的组距来确定

2. 统计分组的主要作用有（　　）。

A. 说明总体单位的数量特征　B. 反映总体的内部结构

C. 研究现象之间的依存关系　D. 划分现象的类型

E. 反映总体的基本情况

3. 指出下列分组中哪些是按品质标志进行的分组：（　　）。

A. 家庭按人口数量分组　B. 职工按工资水平分组

C. 创业按经济类型分组　D. 固定资产按用途分组

E. 人口按居住地分组

4. 从内容上看，所有的统计表都是由（　　）组成的。

A. 横行标题　B. 纵栏标题　C. 宾词　D. 主词

E. 数字资料

5. 统计表按主词分组的情况可以分为（　　）。

A. 简单表　B. 调查表　C. 分组表　D. 整理表

E. 复合表

6. 正确选择分组标志的原则是（　　）。

A. 要根据事物发展的规律选择分组标志

B. 选择最能体现事物本质特征的标志作为分组标志

C. 要根据研究目的和任务选择分组标志

D. 根据数量标志和品质标志不同来选择分组标志

E. 要结合现象的历史条件和经济条件来选择分组标志

7. 审核资料的内容包括对(　　)审核。

A. 资料的广泛性　　B. 资料的准确性

C. 资料的及时性　　D. 资料的完整性

E. 资料的规范性

8. 下列只能编制组距数列的有(　　)。

A. 家庭按拥有电视机数量分组　　B. 职工按月工资分组

C. 商场按营业额分组　　D. 城市按生产总值分组

E. 学生按每周上网时间分组

9. 次数分布的主要类型有(　　)。

A. A形分布　　B. U形分布　　C. J形分布　　D. WG形分布

E. 钟形分布

10. 分配数列由(　　)两部分构成。

A. 统计分组标志　　B. 按分组标志划分的各个组

C. 各组的总体　　D. 各组的总体单位数

E. 各组的总体单位

四、简答题

1. 什么是统计数据整理？它在统计工作过程中处于什么样的地位？
2. 统计资料审核包含哪些内容？
3. 何谓统计分组？它有哪些作用？
4. 统计分组有哪些分类？
5. 如何对分类数据进行整理和展示？
6. 何谓分配数列？它由哪几个方面构成内容？可以分成哪几个类型？
7. 什么是直方图？常见的直方图有哪些类型？
8. 什么是统计表？它在形式和内容上包括哪些方面？
9. 简述直方图和条形图的区别。

五、应用能力训练

1. 某学院经济管理专业某班学生的统计学考试成绩(分)为：

81	51	78	85	66	71	63	83	52	95
78	72	85	78	82	90	80	55	95	67
72	85	77	70	90	70	76	69	58	89
80	61	67	86	89	63	78	74	82	88
96	62	81	44	76	86	73	83	85	93

根据上述资料，完成下列要求：

(1) 编制组距数列，说明每一组的上限、下限、组中值。

(2) 说明为什么不能编制单项数列而要编制组距数列。

(3) 选择一个适当的图形，绘制该班统计学成绩的统计图。

2. 某百货公司连续40天的商品销售额(单位：万元)资料如下。

41	25	29	47	38	34	30	38	43	40
46	36	45	37	37	36	45	43	33	44

32 28 46 34 30 37 44 26 38 44

42 36 37 37 49 39 42 32 36 35

（1）根据上面的数据，应该进行单项式分组还是组距式分组？为什么？

（2）将上面的数据进行适当的分组。如果是组距式分组，列表说明每组的上限、下限和组中值。

（3）绘制频数分布的直方图和折线图。

第四章 统计数据的概括性度量

【学习目的】

(1) 理解总量指标的概念、作用和种类。

(2) 掌握相对指标的概念、类别和作用;重点掌握几种常用相对指标的计算方法。

(3) 掌握集中趋势指标(众数、中位数、四分位数、平均指标,如算术平均数、调和平均数、几何平均数等)的计算。

(4) 掌握离中趋势指标(异众比率、四分位差、极差、平均差、标准差及全距系数、平均差系数、标准分数、标准差系数)的计算,并且能熟练地运用离散程度指标对现象的均衡性、稳定性和平均指标代表性进行对比分析。

将调查得到的统计数据经过分组整理成分布数列后,数据的数量规律性就可以大致呈现在分布的类型上。但分布数列给予我们的只是一个大致的分布形状,还缺少代表性的数量特征值来精确地描述出不同的统计数据分布。作为统计数据的特征,可以从三个方面计算适当的指标来进行描述:一是数据分布的集中趋势;二是数据分布的离散程度;三是数据分布的形态。本章主要介绍数据分布的集中趋势和离散程度两个方面的测度方法。

第一节 总量指标的度量与分析

一、总量指标的意义与作用

(一) 总量指标的定义

总量指标(amounts indicator)又称统计绝对指标,或称统计绝对数,简称绝对数

(absolute number),是反映社会经济现象发展的总规模、总水平的综合指标。具体而言,它是反映客观事物现象总体在一定时间、地点条件下的总规模、总水平或工作总量的综合指标。例如,根据国家统计局2021年1月17日公布的数据:初步核算全国2021年末全国总人口141 260万人,与上年相比增加了48万人;全年国内生产总值114.367万亿元,再次突破百万亿大关;2021年全国税收收入164 490亿元,非税收入26 762亿元;国家外汇储备32 502亿美元,比上年增加336.44亿美元,比排名第二、第三、第四、第五的日本、瑞士、沙特、中国台湾加起来还要多;年末全国民用汽车保有量为3.02万辆(其中新能源汽车保有量为784万辆)。这些指标都是总量指标。

总量指标是最基本的统计指标,具有相应的计量单位,可以通过直接或间接的方式获取。它主要反映被研究对象在一定时期或时点的规模、水平或性质相同总体规模的数量差异,这里的研究对象既可以是一个国家或地区,也可以是一个部门或一个单位。例如,国家的人口总数、土地总面积、国民生产总值、进出口总额,某城市的在校学生数,某工厂的在册职工人数,等等。

(二)总量指标的作用

总量指标在社会经济统计中具有重要的作用,主要表现在以下几方面。

1. 总量指标是认识社会经济现象的起点

人们要想了解一个国家或一个地区的国民经济和社会发展状况,首先就要准确地掌握客观现象在一定时间、地点条件下的发展规模或水平,然后才能更深入地认识社会。例如,为了科学地指导国民经济和社会的协调发展,必须通过总量指标正确地反映社会主义再生产的基本条件和国民经济各部门的工作成果,即反映我国土地面积、人口和劳动资源、自然资源、国民财富、钢产量、工业总产值、粮食产量、农业总产值、国民收入额及教育文化等方面的发展状况。

2. 总量指标是实现宏观经济调控和企业经营管理的重要依据

一个国家或地区为更有效地指导经济建设,保持国民经济协调发展,必须了解和分析各部门之间的经济关系。它虽然可以用相对数、平均数来反映,但归根结底还是需要掌握各部门在各个不同时间的总量指标。因此,总量指标又是实现宏观经济调控和企业经营管理的基本指标。

3. 总量指标是计算相对指标和平均指标的基础

总量指标是统计整理汇总后,首先得到的能说明具体社会经济总量的综合性数字,是最基本的统计指标。相对指标和平均指标一般都是由两个有联系的总量指标相对比而计算出来的,它们是总量指标的派生指标。总量指标计算是否科学、合理、准确,将会直接影响相对指标和平均指标的准确性,也影响统计分析的准确性。例如,要计算男女性别比率,必须采用"男性人数""女性人数"这两个总量指标;要计算某单位职工劳动生产率,则用该单位"工业增加值"和"职工总人数"两个总量指标相除得到。

二、总量指标的种类

(一)按指标反映总体的内容分类

总量指标按指标反映总体的内容不同,分为总体单位总量和总体标志总量。

总体单位总量，即总体单位数是反映总体或总体各组单位的总量指标。它是总体内所有单位的合计数，主要用来说明总体本身规模的大小，它在总体中具有唯一性。如研究全国工业企业的生产经营状况时，全国工业企业数就是总体单位总量。

总体标志总量则是反映总体或总体各组标志值总和的总量指标。它是总体各单位某一标志值的总和，主要用来说明总体各单位某一标志值总量的大小。在同一总体可有多个标志总量。例如，当研究全国工业企业的生产经营状况时，全国工业企业的职工人数、工资总额、工业增加值和利税总额等，都是总体标志总量。

需要指出的是，一个总量指标究竟属于总体单位总量还是总体标志总量，并不是固定不变的，而是随着研究目的的不同和研究对象的变化而变化的。一个总量指标常常在一种情况下为总体标志总量，在另一种情况下则表现为总体单位总量。如上例的调查目的改为调查了解全国工业企业职工的工资水平，那么，全国工业企业的职工人数就不再是总体标志总量，而成了总体单位总量。明确总体单位总量和总体标志总量之间的差别，对计算和区分相对指标和平均指标具有重要的意义。

（二）按指标反应的时间状况不同分类

总量指标按指标反应的时间状况不同，分为时期指标和时点指标。

时期指标(period indicator)是反映社会经济现象在一定时期内发展变化过程总量的指标，如人口出生数、商品销售额、产品产量、产品产值、基本建设投资额等。

时点指标(point indicator)是反映社会经济现象在一定时点上状况的数量的指标，如人口数、设备台数、商品库存数、固定资产总额、房屋的居住面积、企业数等。

为了正确区分时期指标与时点指标，还需弄清它们各自的特点。

(1) 时期指标无重复计算，可以累加，说明较长时期内现象发生的总量。如年销售收入额是月销售收入额的累计数，表示年内各月销售收入额的总和；而时点指标有重复计算，除在空间上或计算过程中可相加外，一般相加无实际意义，如月末人口数之和不等于年末人口数。

(2) 时期指标数值的大小与时期长短有直接关系。在一般情况下时期越长数值越大。如年销售量必定大于年内某月销售量，但有些现象如利润等若出现负数，则可能出现时期越长数值越小的情况；而时点指标数值与时点间隔长短没有直接关系，如年末设备台数并不一定比年内某月月末设备台数多。

(3) 时期指标的数值一般通过连续登记取得；而时点指标的数值则通过间断登记取得。区分时期指标和时点指标决定了统计处理与应用上的不同，在运用时期和时点指标时，注意同一指标若从不同的角度考虑则总量指标的性质也不同。例如，年末人口数和年初人口数是时点指标，但年末人口数－年初人口数得到的年内人口净增数，则为时期指标。

三、总量指标的计量单位

总量指标数值是对各种具体社会经济现象计量的结果，它说明各种具体现象的规模和水平，不是抽象的数字，因此，它是具有计量单位的，有名数。根据总量指标所反映的社会经济现象的性质和内容，一般采用三种计量单位，即实物单位、货币单位和劳动单位。

（一）实物单位

实物单位是根据现象的自然属性和特点采用的计量单位。实物单位主要表现为自然单位、度量衡单位、标准实物单位、复合单位等。

自然单位是按照被研究现象的自然状况来度量其数量的一种计量单位，如人口以“人”为单位，汽车以“辆”为单位，计算机以“台”为单位进行计量。

度量衡单位是按照统一的度量衡制度的规定来度量其数量的一种计量单位，如煤炭以“吨”为单位，棉布以“尺”或“米”为单位，运输里程以“千米”为单位等。度量单位的采用主要是由于有些现象无法采用自然单位来表明其数量，如粮食、钢铁等；另外有些实物如鸡蛋等，虽然也可以采用自然单位，但不如用度量衡单位准确方便。

标准实物单位是按照统一折算标准来度量被研究现象数量的一种计量单位，如将各种不同含量的化肥，用折纯法折合成含量100％来计算其总量，将各种不同发热量的能源统一折合成 29.3 千焦/千克的标准煤单位计算其总量，等等。

复合单位是将两种计量单位结合在一起表示事物的数量的一种计量单位，如货物周转量用“吨/千米”来表示，发电量用 kW・h(千瓦时)表示。复合单位能准确地反映某些事物的具体数量和相应的效能。

用实物单位来计量的总量指标，称为实物指标。实物指标的优点是能直接反映产品的使用价值或现象的具体内容，因而能直接表明事物的规模水平。其缺点是综合能力较差，性质不同的计量单位或不同经济用途的实物量不能相加，无法进行汇总，因而不能反映复杂现象的总体规模和总水平。

（二）货币单位

货币单位是用货币来度量社会劳动成果、劳动消耗或社会财富的计量单位，如国内生产总值、社会商品零售额、产品成本、工资总额和商品进出口总额，等等。其计量的货币单位通常是以“元”“万元”“亿元”等。国际交往中使用的外国货币单位有美元、欧元等。不同国家或地区一般都有自己的货币名称和货币单位。

以货币单位作为计量事物数量的统计指标称为价值指标。价值指标的优点是使不能直接相加的实物数量过渡到能够直接加总，用以综合说明具有不同使用价值的产品总量或商品销售量等的总规模或总水平。它具有广泛的综合性和概括性，可以广泛应用于统计研究、计划管理和经济核算之中。价值指标的局限性在于它脱离了现象的物质内容，比较抽象。因此，在实际工作中，应注意把价值指标与实物指标结合起来使用，以便全面认识客观事物。

（三）劳动单位

劳动单位是以劳动过程中消耗的劳动时间来表示的计量单位。它反映劳动消耗量的大小，间接衡量劳动成果的多少，一般以“工时”“工日”“台时”“人工数”等表示。如工厂考核职工出勤情况，每天要登记出勤人数，把一个月的出勤人数汇总就不能用“人”来计量，而应用“工日”来计算。劳动量指标为成本核算、评价劳动时间利用程度和计算劳动生产率提供依据，也是企业编制生产计划和检查生产计划完成情况的依据。但由于各企业的定额水平不同，劳动量指标不适宜在各企业间进行汇总，往往只限于企业内部的业务核算。

四、总量指标的运用要求

总量指标的运用要求有以下三点。

（一）对总量指标的实质(如含义、范围等)要做严格的确定

正确统计总量指标的首要问题就是要明确规定每项总量指标的含义和范围。例如，要计算国内生产总值、工业增加值等总量指标，首先应清楚这些指标的含义、性质，才能据以确定统计范围、统计方法。要解决好这个问题，必须正确理解被研究现象的性质、含义，同时要熟悉相关方针政策和统计制度的有关规定，统一计算口径，正确计算出它们的总量。

（二）注意现象的同质性

在计算实物指标的总量时，只有同质现象才能计算。同质性是由事物的性质或用途决定的。例如，我们可以把各种煤炭如无烟煤、烟煤、褐煤等看作一类产品来计算它们的总量，但不能把煤炭与钢铁混合起来计算。

（三）每项指标要有统一的计量单位

具体核算总量指标时，究竟采用哪一种计量单位，要根据被研究现象的性质、特点及统计研究的目的而定，同时要注意与国家统一规定的计量单位一致，以便汇总并保证统计资料的准确性。

第二节　相对指标的度量与分析

总量指标虽然可以综合反映社会经济现象的规模、水平和工作总量，但由于现象总体的复杂性，仅根据总量指标是远远不够的，难以对客观现象作出正确的判断。如果要对事物做深入的了解，就需要对总体的组成和其各部分之间的数量关系进行分析、比较，这时就要借助于在总量指标的基础上产生的相对指标，利用相对指标来对事物进行判断、鉴别和比较，这是统计综合指标分析法的基本内容之一。

一、相对指标的含义、作用与表现形式

（一）相对指标的含义

相对指标(relative indicator)又称统计相对数，简称相对数(relative number)，是两个相互有联系的现象数值的比率，用以反映现象的发展程度、结构、强度、普遍程度或比例关系。例如，据国家统计局资料显示，全国 2021 年年末全国总人口 141 260 万人，全年出生人口 1 062 万人，人口出生率为 7.52‰，出生人口创下 1949 年以来新低，出生率则创下有记录以来最低水平。我国出生人口从 2017 年开始持续下降，2021 年出生人口已经是连续第 5 年下降，5 年的下降幅度高达 40%。2021 年全年国内生产总值 114.367 万亿元，按可比价格计算，比上年增长 8.1%。2021 年全国税收收入 164 490 亿元，同比增长 14%，非税收入 26 762 亿元，同比增长 5.9%。以上这些数据中，人口出生率、国内生产总值和税收增长率等都是相对指标。

相对指标在社会经济领域中是广泛存在的。相对指标就是把两个具体数值抽象化，通过这种抽象，我们可以对现象之间所存在的固有的联系进行更深入的认识。所以，借助于相对指标对社会经济现象进行比较分析，是统计分析的基本方法。

（二）相对指标的作用

1. 相对指标能够反映社会经济现象之间的数量对比关系

通过数量之间的对比，可以清楚地反映现象内部结构和现象之间的数量联系程度，可以

弥补总量指标的不足,使人们清楚了解现象的相对水平和普遍程度。例如,某企业去年实现利润 50 万元,今年实现 55 万元,则今年利润增长了 10%,这是总量指标不能说明的。

2. 相对指标能够使不能对比分析的统计指标找到比较基础

相对指标把社会经济现象的绝对差异抽象化,使那些不能对比分析的统计指标可以找到比较的基础。相对指标是将现象绝对数方面的差异加以抽象,这样就使原来不能直接对比的总量指标可以进行对比,使我们对现象之间所存在的固定的联系进行更深入的认识。例如,考察不同地区居民生活的富裕程度时,由于各地区客观条件不同,不能用总量指标直接对比,但如果都以各自的食品支出总额和消费支出总额指标作为依据,计算结构相对指标恩格尔系数,就可以进行比较和深入分析了。再如,不同类型、不同产品和不同条件的企业,它们的计划完成情况无法直接用总量指标进行比较,如果运用计划完成程度相对指标,就可以对企业生产经营成果作出合理评价,举例见表 4-1。

表 4-1 企业计划完成情况对比表

企　业	计划利润/万元	实际利润/万元	计划完成程度/%
甲企业	100	110	110
乙企业	50	58	116

根据表中资料可看出,甲、乙企业都超额完成了计划任务,但乙企业比甲企业完成计划情况好。

3. 相对指标可以说明总体内在的结构特征,为深入分析事物的性质提供依据

例如,计算一个地区不同经济类型的结构,可以说明该地区经济的性质。又如,计算一个地区的第一、二、三产业的比例,可以说明该地区社会经济现代化程度。

(三) 相对指标的表现形式

相对指标是子项指标数值与母项指标数值对比之后得到的一个比率,所以它的表现形式是相对数。由于分子和分母指标的社会经济内容的不同,从而使得相对指标数值的表现形式分为以下两类。

1. 有名数

有名数又称复名数,它是用分子与分母的双重单位计量表示,主要用于强度相对指标的计算与分析,表明事物的密度、强度和普遍程度等。例如,人口密度指标的计量单位为"人/平方公里",平均每位学生拥有的图书量为"册/人",家庭拥有私家车数为"辆/户",平均每人分摊的粮食产量为"千克/人"等。

2. 无名数

无名数是一种抽象化的数值,多数相对指标都用无名数表示,其表现形式一般为倍数和系数、成数、百分数、千分数、翻番数等。

(1) 倍数和系数。倍数和系数是将对比的基数抽象化为 1 而计算出来的相对指标。两个指标数值对比,分子数值大于分母数值时多用倍数表示。如果两个指标数值对比,分子数值和分母数值差别不大时一般用系数表示,如工资等级系数、固定资产的磨损系数等。

(2) 成数。成数是将对比的基数抽象化为 10 而计算出来的相对指标。基数分为 10 份,每份一成。例如:某地某年的棉花增产两成,即增产了十分之二。

(3) 百分数。百分数是将对比的基数抽象化为 100 而计算出来的相对指标，用符号% 表示，是相对指标最常用的一种形式。

(4) 千分数。千分数是将对比的基数抽象化为 1 000 而计算出来的相对指标，用符号‰ 表示。它适用于分子比分母数值小很多的情况，如人口增长率、人口出生率和存贷款利率等。

(5) 翻番数。当指一个数是另一个数的 $2m$ 倍时，则 m 是番数。例如，某地区 2020 工业增加值为 220 亿元，计划在 2022 年翻一番(即达到 440 亿元)，在 2025 年翻两番(即达到 880 亿元)，在 2030 年翻三番(即达到 1 760 亿元)。

二、相对指标的种类及计算方法

随着统计分析目的的不同，两个相互联系的指标数值对比，可以采取不同的比较标准(即对比的基础)，而对比所起的作用也有所不同，从而形成不同的相对指标。在实际工作中，相对指标一般有六种主要形式，即结构相对指标、比例相对指标、比较相对指标、强度相对指标、动态相对指标和计划完成程度相对指标。

(一) 结构相对指标

结构相对指标(structural relative index)也称为“结构相对数(structural relative number)”“比重(proportion)”。它是在分组的基础上，以总体单位作为比较标准，求出各组数量占总体总量的比重，借以反映总体内部结构的一种综合指标。一般用百分数、成数或系数表示。其计算公式如下：

$$结构相对数=\frac{各组总量}{总体总量}\times 100\% \tag{4-1}$$

研究社会经济现象总体时，不仅要掌握其总量，而且要揭示总体内部的组成数量表现，即要对总体内部的结构进行数量分析，进而更深入地认识现象的内部特征，显示现象内部的各部分特殊性质及其在总体中占有的地位，这就需要计算结构相对指标。因此，结构相对指标在统计分析中的应用也很广泛。表 4-2 是我国 2020 年第七次人口普查的年龄构成情况，其中各年龄结构人口数占总人口数的比重就是结构相对指标。

表 4-2　第七次人口普查的年龄构成情况表

项　目	人数/万人	所占比例/%
总人口	141 178	100
0～14 岁人口	25 341	17.95
15～60 岁人口	89 436	63.35
60～64 岁	7 341	5.2
65 岁及以上人口	19 060	13.35

资料来源：国家统计局网站。

值得注意的是，由于结构相对指标是总体各部分数值与总体全部数值之比，所以各部分所占的比重之和必定是100%或者 1。其分子、分母指标既可以是总体单位总量，也可以是总体标志总量，但分子、分母的位置不能互换。

结构相对指标在统计分析中应用非常广泛，常应用于消费结构分析。消费结构是指各类消费支出在总消费支出中所占的比重。19 世纪德国统计学家恩格尔通过对英国、法国、德国、比利时等国居民家庭收支进行分析研究，提出了恩格尔定律，即随着家庭收入的增加，家庭收入或总支出中用于食品方面的支出比重越来越小。反映这个定律的结构相对数，称为恩格尔系数。

$$\text{恩格尔系数}=\frac{\text{食品支出总额}}{\text{消费支出总额}}$$

将不同时期的结构相对指标进行对比，可以通过总体结构的变动，观察客观事物变化的进程。一般地说，事物的变化总是先从内部结构演变开始的，这种变化常常反映着事物发展由量变到质变的过程。只有掌握这一进程并加以分析，才能使我们认识事物发展的规律性。

（二）比例相对指标

比例相对指标(proportional relative index)是反映总体内部各个组成部分之间的数量对比关系的综合指标，用以分析总体范围内各个局部、各个分组之间的比例关系和协调平衡状态。它是同一总体中某一部分数值与另一部分数值静态对比的结果。其计算公式如下：

$$\text{比例相对指标}=\frac{\text{总体中某一部分数值}}{\text{总体中另一部分数值}}\times 100\% \tag{4-2}$$

比例相对指标计算结果通常以百分比来表示，还有以比较基数单位为 1，100，1 000 时被比较单位数是多少的形式来表示。例如，表 4-3 中的民族比即为比例相对指标。

表 4-3　历次普查总人口民族构成

普查年份	汉族/人	少数民族/人	民族比(以少数民族人数为 1)
1982 年	93 670	6 723	13.93
1990 年	104 248	9 120	11.43
2000 年	115 940	10 643	10.89
2010 年	122 084	11 197	10.90
2020 年	128 631	12 547	10.25

计算比例相对指标时一般用总量指标进行对比，而根据分析任务和提供资料的情况，也可以运用现象总体各部分的相对数和平均值进行对比。值得注意的是，比例相对指标的分子、分母应都属于同一总体内部，计算时分子、分母可以互换位置。利用比例相对指标可以分析国民经济中各种比例关系，调整不合理的比例，促使社会主义市场经济稳步协调发展。

（三）比较相对指标

比较相对指标(comparative index)就是将不同地区、单位或企业之间的同类指标数值作静态对比而得出的综合指标，表明同类事物在不同空间条件下的差异程度或相对状态。比较相对指标可以用百分数、倍数和系数表示。计算公式可以概括如下：

$$\text{比较相对指标}=\frac{\text{甲单位某指标数值}}{\text{乙单位同类指标数值}}\times 100\% \tag{4-3}$$

式中：分子与分母现象所属统计指标的含义、口径、计算方法和计量单位必须一致。

例如，我国 2020 年东部地区输出农民工为 10 124 万人，西部地区输出农民工为 8 034

万人，则东部地区输出农民工总人数是西部的1.26倍。

计算相对指标的要求是：对比的分子、分母必须是同质现象，而且在指标类型、时间、计算方法、计量单位等方面都必须具有可比性；同时，计算过程中其分子、分母可互换。

在实际工作中，运用比较相对指标对不同国家、不同地区、不同单位的同类指标对比，有助于揭露矛盾、找出差距、挖掘潜力，可以促进事物进一步发展。例如，可用各单位的技术经济指标与同类企业的先进水平对比，与国家规定质量标准对比，从而找出差距，为提高单位生产水平和管理水平提供依据。

（四）强度相对指标

强度相对指标（relative strength index）又称为强度相对数（relative strength），是两个性质不同，但有一定联系的总量指标对比的结果，用来分析不同事物之间的数量对比关系，表明现象的强度、密度和普遍程度的综合指标，常用来比较不同国家、地区或部门的经济实力或社会服务的水平。其计算公式如下：

$$\text{强度相对指标}=\frac{\text{某种现象总量指标数值}}{\text{另一有联系而性质不同的现象的总量指标数值}} \tag{4-4}$$

强度相对指标与其他相对指标的区别在于它不是同类现象指标的对比，如人口密度、人均收入、人均粮食产量等都属于强度相对指标。例如，人均国内生产总值就是国内生产总值与国内人口总数两个不同现象之比。表4-4为我国近年来人均国内生产总值（人均GDP）资料。

表4-4　我国人均国内生产总值统计表

年　份	GDP（国内生产总值/亿美元）	年平均人口数/万人	人均GDP/美元/人
2011	75 515	134 413	5 618
2012	85 322	135 069.5	6 316
2013	95 704	135 738	7 050
2014	104 757	136 427	7 678
2015	110 616	137 122	8 066
2016	112 333	137 866.5	8 147
2017	123 104	138 639.5	8 879
2018	138 948	139 273	9 976
2019	142 799	139 771.5	10 216
2020	147 227	140 591.5	10 500
2021	177 265	141 219	12 551

资料来源：国家统计局网站数据库及国家统计局网。

根据上表中国家统计局数据，2021年我国人均国内生产总值80 976元，按年平均汇率折算，达到12 551美元。按照国家统计局的说法，初步测算，2021年世界人均GDP约12 100美元，这意味着我国人均GDP已经超过世界平均水平。根据世界银行最新标准，高收入国家“门槛”提高到了人均国民总收入超过 12 695 美元，考虑到人均国内生产总值和人均国民总收入基本对应，我国人均 GDP 正接近高收入国家水平的下限，这具有里程碑意义。

强度相对指标通常是以双重计量单位表示，即复名数表示的，表 4-4 中的人均 GDP 的计量单位；也有一些强度相对指标是采用无名数，如人口出生率、人口死亡率采用千分数表示，经营费用率则用百分数表示。

由于强度相对指标的分子和分母可以互换，有时可以形成正指标和逆指标两种计算方法。强度相对指标数值的大小与现象的强度、密度和普遍程度成正比的是正指标；强度相对指标数值的大小与现象的强度、密度和普遍程度成反比的是逆指标。例如，在医疗卫生统计中，每千人拥有的医生数是正指标，每个医生所服务的人口数是逆指标。一般说来，正指标越大越好，逆指标越小越好。再如，将表 4-4 中 2020 年的分子、分母互换，则

$$每万元产值负担人口=\frac{140\ 591.5}{147\ 227}=0.955(人/万元)$$

上述结果表明，我国平均每万元国内生产总值要负担 0.955 人，这就是逆指标，该指标数值越大，表明强度越低；而 2020 年我国人均 GDP 为 10 500 元/人，这是正指标，该指标数值越大，表明强度越高。

不过，在实际工作中，并不是所有的强度相对指标都有正指标和逆指标之分。例如，人口出生率、人口死亡率等指标的分子、分母是不能互换的。因此，在计算和应用强度相对指标时，应根据研究目的、使用习惯及说明问题的难易程度来选择使用正指标或逆指标。

同时还需要注意的是，强度相对指标常带有“平均”或“分摊”的含义，但由于它的分子、分母分属两个不同总体，所以它和平均指标是存在区别的。

强度相对指标应用十分广泛，它可以反映一个国家、地区或部门的经济实力，也可以借助这种指标进行国家、地区之间的比较，确定发展不平衡和发展的差距。计算强度相对指标时必须注意社会经济现象之间的内在的、本质的联系，这样两个指标的对比才会有现实的经济意义。例如，人口数与土地面积相比能够说明人口的密度，但若用总销售额与土地面积相比就没有意义了。

（五）动态相对指标

动态相对指标(dynamic relative index)又称为动态相对数或发展速度，是将同一现象在不同时期的两个数值进行动态对比而得出的结果，表明现象在时间上发展变化的方向和变化程度。通常以百分数(%)或倍数表示。其计算公式如下：

$$动态相对指标=\frac{报告期指标数值}{基期指标数值}\times 100\% \tag{4-5}$$

通常把用来作为比较标准的时期称为“基期”，而把同基期对比的时期称为“报告期”或“计算期”。

【例 4-1】 2021 年 11 月 1 日零时，全国 31 个省、自治区、直辖市和现役军人的总人口为 141 178 万人，2000 年 11 月 1 日零时第五次全国人口普查的总人口为 126 583 万人，则

$$动态相对指标=\frac{141\ 178}{126\ 583}\times 100\%=111.529\ 98\%$$

计算结果表明，我国 2021 年的人口数是 2000 年的 111.53%，比 2000 年增长了 11.53%。动态相对指标对于分析研究社会经济现象的发展变化过程具有重要意义，将在第七章予以详细讲述。

（六）计划完成程度相对指标

1. 计划完成程度指标的含义与基本公式

计划完成程度相对指标(relative indicators of planned completion)，简称计划完成程度指标(plan completion indicators)、计划完成百分比(percentage of planned completion)，它是社会经济现象在某时期内实际完成数值与计划任务数值对比的结果。一般用百分数来表示，用以检查和监督计划的执行情况。其计算公式如下：

$$\text{计划完成程度相对指标}=\frac{\text{实际完成数}}{\text{计划任务数}}\times 100\% \tag{4-6}$$

式中：分母是原定的计划指标；分子是计划执行过程中或执行过程结束后统计出来的实际完成数。一般要求在指标含义、计算口径、计算方法、计量单位、空间范围等方面一致。但分子与分母也就是实际完成数与计划任务数所包含的时期长短既可以是相同的，也可以是不同的，两者对比的意义有所区别。

2. 计划完成程度指标计算结果的评价标准

(1) 对于越大越优的现象：有的计划完成程度指标是以下限的方式给出的，主要是一些成果性指标，如销售收入、利润额等，这时计算的计划完成程度指标应以大于或等于 100%为好，大于 100%表明超额完成计划，等于 100%表明完成计划，而小于 100%则表明未完成计划。

(2) 对于越小越优的现象：有的计划完成程度指标是以上限的方式给出的，主要是一些支出性(或消耗性)指标，如产品成本、原材料消耗等，此时计算的计划完成程度指标应以小于 100%为好，小于 100%表明超额完成计划，等于 100%表明完成计划，而大于 100%则表明未完成计划。

3. 计划完成程度指标的计算方法

计划完成数是计算计划完成程度的基数，由于计划任务数下达的表现形式不同，可以把计划任务规定为绝对指标，也可以规定为相对指标或平均指标，因此计划完成程度相对指标在计算形式上有以下几种不同的计算方法。

1) 当计划完成任务数为绝对数时

这是计算计划完成程度指标的基本方法。

(1) 短期计划完成情况检查。可以有两种不同算法表示其计划完成的不同方面。

① 计划完成数与实际数是同期的，例如某计划数与该期实际数对比，说明某一时期计划执行的结果。

【例 4-2】 某零售企业 2021 年商品销售额计划为 1 000 万元，实际完成 1 200 万元，则

$$\text{销售额计划完成程度}=\frac{1\,200}{1\,000}\times 100\%=120\%$$

② 计划完成数与实际数是不同时期的，这时可计算计划时期某一段累计完成数占全计划的百分比，即进行进度计划完成的计算与分析。其计算公式为如下：

$$\text{计划完成程度指标}=\frac{\text{累计至报告期止实际完成数}}{\text{全期计划完成数}}\times 100\% \tag{4-7}$$

【例 4-3】 某企业某年的计划销售额为 2.0 亿元，该年上半年实际实现销售额为 1.3 亿元，则计算截止到该年上半年的计划执行进度如下：

$$计划完成程度指标=\frac{1.3}{2.0}\times 100\%=65\%$$

这说明该企业上半年完成了全年计划的 65%。

(2) 长期计划完成情况检查。根据任务规定的要求和方法不同，检查长期计划的完成情况有以下两种方法。

① 累计法。在长期计划中，计划指标是按计划期内各年总和来规定任务时，则采用累计法计算。如固定资产投资、造林、新增生产能力等计划指标，其计算公式如下：

$$计划完成程度指标=\frac{计划期全期累计实际完成数}{计划期累计计划数}\times 100\% \tag{4-8}$$

【例 4-4】 某地区“十三五”规划规定五年累计完成固定资产投资额为 300 亿元，实际执行情况如表 4-5 所示。

表 4-5 某地区“十三五”期间固定资产投资完成情况

年　份	一年	二年	三年	四年	五年			
					第一季度	第二季度	第三季度	第四季度
实际完成投资额/亿元	53	55	61	65	21	21	24	30

$$计划完成程度=\frac{53+55+61+65+21+21+24+30}{300}\times 100\%=110\%$$

超计划投资额 30 亿元，即 330－300＝30(亿元)。

结果表明该地区固定资产投资超额完成计划 10%，超额 30 亿元。

利用累计法检查长期计划执行情况时，将计划全部时间减去自计划执行之日起至累计实际数量已达到计划任务的时间，剩下的时间即为提前完成任务的时间。如例 4-4 中，该地区“十三五”规划固定资产投资总额从执行计划的第一年开始累计至第五年第三季度止，实际完成投资额已达 300 亿元(53＋55＋61＋65＋21＋21＋24＝300)，说明提前一个季度完成了五年计划的投资任务。

② 水平法。在长期计划中，如果计划任务(指标)按期末那一年规定应达到的水平规定，则采用水平法。一般地，哪一期达到了计划数，哪一期就完成了计划。如人口、产值、总量、商品的流转额等计划均可采用水平法进行计算与检查，其计算公式如下：

$$计划完成程度指标=\frac{计划期末实际完成的水平}{计划规定期末应达到的水平}\times 100\% \tag{4-9}$$

【例 4-5】 某地区五年计划规定最后一年的钢产量达到 1 000 万吨，实际执行情况见表 4-6。

表 4-6 某地区钢产量五年计划执行情况

项　目	第一年	第二年	第三年		第四年				第五年			
			上半年	下半年	一季	二季	三季	四季	一季	二季	三季	四季
钢产量/万吨	780	800	400	450	220	230	240	250	250	260	268	275

$$计划完成程度=\frac{250+260+268+275}{1\ 000}\times100\%=105.3\%$$

计算结果表明:超额完成产量计划 53 万吨,即 1 053－1 000＝53(万吨)。

利用水平法检查长期执行情况时,也可计算提前完成计划的时间,计算时可根据连续一年时间(不论是否在一个日历年度,只要连续 12 个月即可)的实际数和计划数规定最后一年的数量相比较来确定。达到计划规定最后一年的计划水平,往后推算所剩余的时间即为提前完成计划的时间。如上例,钢产量从第四年第三季度算起到第五年第二季度末至连续 12 个月的钢产量为 1 000 万吨,达到了计划规定的水平,说明提前两个季度完成了计划任务。

2）当计划完成任务数为相对数时

在实际工作中,计划任务有时是用计划完成提高或降低百分比的形式来表示的。这时计算计划完成指标就不能直接用实际提高或降低的百分数除以计划提高或降低的百分数,还要考虑基期的基数(100％)。其计算公式如下:

$$计划完成程度指标=\frac{100\%+实际提高率}{100\%+计划提高率}\times100\% \tag{4-10}$$

或

$$计划完成程度指标=\frac{100\%-实际降低率}{100\%-计划降低率}\times100\% \tag{4-11}$$

【例 4-6】 某企业计划劳动生产率比上年提高 5％,实际提高了 7％,则该企业劳动生产率提高计划完成相对指标如下:

$$计划完成程度=\frac{100\%+7\%}{100\%+5\%}\times100\%=\frac{107\%}{105\%}\times100\%=102\%$$

计算结果表明,该企业劳动生产率提高计划完成程度为 102％,超额完成计划 2％。

【例 4-7】 又如,某工业企业 2008 年规定甲产品单位成本比上年降低 5％,实际降低了 7％,则该企业甲产品单位成本降低率计划完成程度如下:

$$计划完成程度=\frac{100\%-7\%}{100\%-5\%}\times100\%=\frac{93\%}{95\%}\times100\%=97.7\%$$

计算结果表明,该企业甲产品实际单位成本比计划任务多降低了 2.3％。

以上介绍的这六种相对指标从不同的角度出发,运用不同的对比方法,对两个同类指标数值进行静态的或动态的比较,对总体各部分之间的关系进行数量分析,对两个不同总体之间的联系程度和比例作比较,是统计中常用的基本数量分析方法之一。

三、相对指标的应用原则

统计相对指标是一种抽象化的指标数值,是对现象进行对比分析的一个重要手段,要使这种对比分析准确地、深刻地反映出现象之间的联系,充分发挥统计相对指标在统计分析中的作用,在计算和应用相对指标时应该遵循以下的原则。

(一) 可比性原则

相对指标是两个有关的指标数值之比,对比结果的正确性,直接取决于两个指标数值的可比性。如果违反可比性这一基本原则计算相对指标,就会失去其实际意义,导致不正确的结论。

指标的可比性,是指对比的指标在含义、内容、范围、时间、空间和计算方法等口径方面是否协调一致，相互适应。如果各个时期的统计数字因行政区划、组织机构、隶属关系的变更，或因统计制度方法的改变不能直接对比的，就应以报告期的口径为准，调整基期的数字。许多用金额表示的价值指标，由于价格的变动，各期的数字进行对比，不能反映实际的发展变化程度，一般要按不变价格换算，以消除价格变动的影响。

（二）定性分析与定量分析相结合的原则

计算对比指标数值的方法是简便易行的，但要正确地计算和运用相对数，还要注重定性分析与定量分析相结合的原则。因为事物之间的对比分析，必须是同类型的指标，只有通过统计分组，才能确定被研究现象的同质总体，便于同类现象之间的对比分析。这说明要在确定事物性质的基础上，再进行数量上的比较或分析，而统计分组在一定意义上也是一种统计的定性分类或分析。即使是同一种相对指标在不同地区或不同时间进行比较时，也必须先对现象的性质进行分析，判断是否具有可比性。同时，通过定性分析，可以确定两个指标数值的对比是否合理。

例如，将不识字人口数与全部人口数对比来计算文盲率，显然是不合理的，因为其中包括未达学龄的人数和不到接受初中文化教育年龄的人数在内，不能如实反映文盲人数在相应的人口数中所占的比重。通常计算文盲率的公式如下：

$$文盲率=\frac{15\text{ 岁以上不识字人口数}}{15\text{ 岁以上全部人口数}}\times 100\%$$

（三）相对指标和总量指标结合运用的原则

绝大多数的相对量指标都是两个有关的总量指标数值之比，用抽象化的比值来表明事物之间对比关系的程度，而不能反映事物在绝对量方面的差别，其 50%不一定大，万分之一不一定小。因此在一般情况下，相对指标离开了据以形成对比关系的总量指标，就不能深入地说明问题，而必须将相对指标和绝对指标结合应用才能真正反映出事物的本质特征。

关于这一点，马克思曾明确指出："如果一个工人每星期的工资是 2 先令，后来他的工资提高到 4 先令，那么工资水平就提高了 100%……所以不应当为工资水平提高的动听的百分比所迷惑。我们必须经常这样问：原来的工资数是多少？"

（四）各种相对指标综合应用的原则

各种相对指标的具体作用不同，都是从不同的侧面来说明所研究的问题。为了全面而深入地说明现象及其发展过程的规律性，应该根据统计研究的目的，综合应用各种相对指标。例如，为了研究工业生产情况，既要利用生产计划的完成情况指标，又要计算生产发展的动态相对数和强度相对数。又如，分析生产计划的执行情况，有必要全面分析总产值计划、品种计划、劳动生产率计划和成本计划等完成情况。

此外，把几种相对指标结合起来运用，可以比较、分析现象变动中的相互关系，更好地阐明现象之间的发展变化情况。由此可见，综合运用结构相对数、比较相对数、动态相对数等多种相对指标，有助于我们剖析事物变动中的相互关系及其后果。

第三节　集中趋势指标的度量与分析

通过统计调查和统计整理形成的统计成果是大量杂乱无序的数据，通过对这些数据的分布特征进行分析，可以找到数据背后隐藏的社会经济现象的规律。

统计认识社会经济现象总体的特征主要是通过一系列指标来表现的。统计指标从其反映总体特征角度看，可归纳为描述数据分布集中趋势的指标和描述数据分布离中趋势的指标两大类。

集中趋势(central tendency)是指一组数据向其中心值靠拢的程度，它反映了数据中心点的位置所在。反映集中趋势的统计指标有众数、中位数、分位数、平均数等。其中众数主要反映分类数据的集中趋势，中位数和分位数主要反映顺序数据，平均数则反映数值型数据。一般来说，分类数据属于较低层次的数据，数值型数据属于较高层次的数据，顺序数据则居中。需要注意的是，低层次数据的集中趋势测度值适用于高层次的测量数据，高层次数据的集中趋势测度值并不适用于低层次的测量数据，即众数可用于测度分类数据、顺序数据和数值型数据，中位数和分位数可用于测度顺序数据和数值型数据，但不能用于测度分类数据，而平均数只能用于测度数值型数据，不能用于测度分类数据和顺序数据。本节将从统计数据的不同类型出发，从低层次的测量数据开始逐步介绍集中趋势的各个测度值。

一、众数

众数(mode)是指在总体中出现次数最多的那个变量值，用 M_o 表示。它也是总体中最普遍的变量值，是总体各单位一般水平的代表值，反映现象的集中趋势。众数主要用于测度分类数据的集中趋势，也可作为顺序数据及数值型数据集中趋势的测度值。由于众数是根据标志值出现次数的多少来确定的，一般情况下，只有在数据较大的情况下众数才有意义。由于众数不需要通过全部变量值来计算，其值的大小主要由变量值所处的位置来决定，因此称其为位置平均数，显然位置平均数不受极端变量值的影响。

众数的确定可以根据所掌握的统计资料分为如下几种情况。

（一）根据分类数据计算众数

例如，某调查公司通过对部分超市的调查，根据调查员随机对 240 名顾客购买饮料的记录，得出统计表见表 4-7。

表 4-7　不同类型饮料和顾客统计表

序　　号	饮 料 类 型	顾客人数/人
1	碳酸饮料	46
2	矿泉水	81
3	茶饮料	44
4	含乳饮料	20
5	果蔬饮料	34
6	酒精饮料	15
合　　计		240

这里的变量为“饮料类型”，这是个分类变量，不同的类型就是变量值。在所调查的 240 人中，购买矿泉水的人数最多，为 81 人，因此众数为“矿泉水”为一类型，即 M_o＝矿泉水。

这就是说，可以用“矿泉水”作为“饮料类型”这一变量的一个概括性度量，当然对这一变量的代表性需要进一步分析。

（二）根据顺序数据计算众数

已知某地为了掌握居民对住房情况的满意度情况，由当地统计部门对本地区两个较有代表性的城市进行了相关调查，两城市分别调查了 1 000 户居民，调查结果如表 4-8 所示。

表 4-8 不同城市居民对住房状况的评价统计表

序 号	回答类别	城 市		
		A 城市/户	B 城市/户	总计/户
1	非常不满意	80	66	148
2	不满意	459	406	865
3	一般	298	306	604
4	满意	105	152	257
5	非常满意	58	70	126
总 计		1 000	1 000	2 000

这里的变量为“回答类别”，这是个顺序变量。在所调查的 2 000 户居民中，认为“不满意”的家庭数最多，为 865 户，因此众数为“不满意”为一类别，即 M_o＝不满意。即可用“不满意”作为“回答类别”这一变量的概括性度量。

（三）根据数值型数据计算众数

1. 单项数列条件下确定众数

统计资料为单项数列确定众数，只需找到数列中出现次数最多的变量值即可。

【例 4-8】 某商场成年男鞋销售情况如表 4-9 所示，试用众数确定该商场成年男鞋的平均号码。

表 4-9 某商场成年男鞋销售情况统计表

男鞋号码	销售量/百双
39	4
40	8
41	25
42	16
43	7
合 计	60

根据观察，41 码的男鞋销售量最多，所以该商场销售的男鞋平均号码为 41 码。

2. 组距数列条件下计算众数

统计资料为组距数列计算众数分为两步：第一步，先根据单项数列确定众数的方法，确定众数所在组；第二步，利用下列公式计算众数值。计算公式分为下限公式和上限公式。

下限公式如下：

$$M_o = L + \frac{\Delta_1}{\Delta_1 + \Delta_2} \times i \tag{4-12}$$

上限公式如下：

$$M_o = U - \frac{\Delta_2}{\Delta_1 + \Delta_2} \times i \tag{4-13}$$

式中：M_o表示众数；L 表示众数所在组的下限；U 表示众数所在组的上限；Δ_1表示众数组次数与下一组（L 方向邻近组）次数之差；Δ_2表示众数组次数与上一组（U 方向邻近组）次数之差；i 表示众数组的组距。

通过上述公式计算出来的众数是近似值。

【例 4-9】 2021 年某地大学生月消费支出调查资料如表 4-10 所示。

表 4-10　某地大学生月消费支出情况统计表

月消费额/元	组中值/元	调查人数/人
500 以下	250	20
500～1 000	750	180
1 000～1 500	1 250	530
1 500～2 000	1 750	200
2 000～2 500	2 250	50
2 500～3 000	2 750	18
3 000 以上	3 250	2
合　计	—	1 000

解:第一步,确定众数所在组。通过观察 1 000～1 500 元分组出现的次数为 530 次,是所有分组中最多的,故 1 000～1 500 元分组为众数所在组。

第二步,利用公式近似计算众数。

下限公式:

$$M_o = L + \frac{\Delta_1}{\Delta_1 + \Delta_2} \times i = 1\ 000 + \frac{530 - 180}{(530 - 180) + (530 - 200)} \times 500 = 1\ 257.35(\text{元})$$

上限公式:

$$M_o = U - \frac{\Delta_2}{\Delta_1 + \Delta_2} \times i = 1\ 500 - \frac{530 - 200}{(530 - 180) + (530 - 200)} \times 500 = 1\ 257.35(\text{元})$$

利用众数计算平均指标要注意把握众数的如下特点。

(1) 众数是一个位置代表值,它不受极端值的影响。

(2) 在数值型数据中,众数的确定适用于总体单位数较多,并有明显集中趋势的统计数列。

(3) 数值型数据若为非等距数列,则需要把它转换为等距数列,方可运用上述公式进行计算。

(4) 若统计资料中出现众数所在组在两个以上,众数的计算就没有实际意义了。

众数示意图如图 4-1 表示。

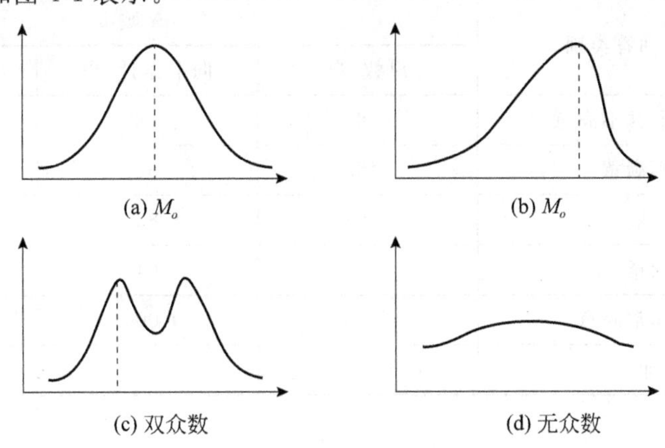

图 4-1　众数示意图

二、中位数和分位数

在一组数据中,可以找出处在某个位置上的数据,这些位置上的数据是相应的分位数,一般包括中位数、四分位数、十分位数和百分位数等。

(一) 中位数(M_e)

中位数(median)是一组数据进行排序后处于中间位置上的变量值。具体地,它是将总体各单位的变量值按大小顺序排列起来,处于中间位置的那个单位的变量值即是中位数。显然,中位数将全部变量值等分成两个部分,每部分包含50%的数据,一部分比中位数小,一部分比中位数大。中位数主要用于测度顺序数据的集中趋势,当然也适用于测度数值型数据的集中趋势,但不适用于分类数据。

中位数和众数都是根据总体各单位标志值在统计资料中所处的位置来确定的平均指标,一般统称为位置平均数。

1. 在顺序数据条件下确定中位数

计算与确定中位数,先需要将统计总体中各变量值按大小排序,找出位于中间位置的变量值,这个变量值就是中位数。

中位数的确定公式如下:

$$\text{中位数位置}=\frac{n+1}{2} \tag{4-14}$$

设排序后的标志值为:$x_1\ x_2\ x_3,\cdots,x_n$,则中位数可以按下面两种情况来确定。

(1) 当 n 为奇数时,M_e 为第 $x_{\frac{n+1}{2}}$ 个标志值。

(2) 当 n 为偶数时,从理论上讲,M_e 应该在第 $x_{\frac{n}{2}}$ 和第 $x_{\frac{n+1}{2}}$ 个标志值的中间,因此可以用下面的公式计算这种情况下的中位数。

$$M_e=\frac{x_{\frac{n}{2}}+x_{\frac{n}{2}+1}}{2} \tag{4-15}$$

【例 4-10】 根据表 4-11 和表 4-12 的数据,计算 A、B 城市家庭对住房状况评价的中位数。

表 4-11 不同城市居民对住房状况的评价统计表

序号	回答类别	A 城市		
		户数/户	向上累计/户	向下累计/户
1	非常不满意	80	80	1 000
2	不满意	459	539	920
3	一般	298	837	461
4	满意	105	942	163
5	非常满意	58	1 000	58
总计		1 000	—	—

表 4-12　不同城市居民对住房状况的评价统计表

序号	回答类别	B城市		
		户数/户	向上累计/户	向下累计/户
1	非常不满意	66	66	1 000
2	不满意	406	472	934
3	一般	306	778	528
4	满意	152	930	222
5	非常满意	70	1 000	70
总　计		1 000	—	—

解:表 4-11 是顺序数据,变量为“回答类别”,其中的五个选项即为变量值。由于变量值本身就是排序的,根据中位数的确定公式有:

$$中位数位置=\frac{n+1}{2}=\frac{1\,000+1}{2}=500.5$$

根据资料,找出向上累计或向下累计数据中,包含数据 500.5 且最接近该数据的累计数所对应的变量值就是中位数。

根据表 4-11 资料,向上累计或向下累计数据中,包含数据 500.5 且最接近该数据的累计数分别为 539 和 920,于是这两个数据对应的变量值(回答类别)为“不满意”,于是,得出结论,“不满意”就是 A 城市居民对住房状况的评价统计中的中位数。

根据表 4-12 资料,向上累计或向下累计数据中,包含数据 500.5 且最接近该数据的累计数分别为 778 和 528,于是这两个数据对应的变量值(回答类别)为“一般”,于是,得出结论,“一般”就是 B 城市居民对住房状况的评价统计中的中位数。

2. 根据数值型数据确定和计算中位数

根据数值型数据确定和计算中位数,根据统计资料的情况可分为下面三种情况。

1) 由未分组资料确定中位数

【例 4-11】　在某公司员工中随机抽取了 9 个小组,调查得到每个员工的人均月绩效工资数据如下(单位:元),要求计算人均月绩效工资的中位数。

1 500　750　780　1 080　850　960　2 000　1 250　1 630

解:先将上面的数据重新排序,结果如下。

750　780　850　960　1 080　1 250　1 500　1 630　2 000

$$中位数的位置=\frac{n+1}{2}=\frac{9+1}{2}=5$$

所以,中位数为第 5 个数据,即 1 080 元。

【例 4-12】　试计算 1 2 3 4 5 6 标志值的中位数。

解:
$$M_e=\frac{x_{\frac{n}{2}}+x_{\frac{n}{2}+1}}{2}=\frac{3+4}{2}=3.5$$

2) 由单项式数列确定中位数

该类统计资料可利用下列公式计算出中位数。

(1) 当 $\sum f$ 为奇数时：

$$M_e = x_{\frac{\sum f+1}{2}} \tag{4-16}$$

(2) 当 $\sum f$ 为偶数时：

$$M_e = \frac{x_{\frac{\sum f}{2}} + x_{\frac{\sum f}{2}+1}}{2} \tag{4-17}$$

【例 4-13】 本校某班学生年龄统计资料如表 4-13 所示。

表 4-13 某班学生年龄累计数计算表

按年龄分组/岁	人数/人	向上累计	向下累计
19	2	2	50
20	11	13	48
21	24	37	37
22	12	49	13
23	1	50	1
合 计	50	50	50

根据中位数计算公式，可以计算出该班学生年龄的中位数为

$$M_e = \frac{x_{\frac{\sum f}{2}} + x_{\frac{\sum f}{2}+1}}{2} = \frac{x_{25} + x_{26}}{2} = \frac{21+21}{2} = 21(\text{岁})$$

这里需要注意的是第 25 位和第 26 位同学的年龄需要对单项式分组的统计资料进行向上累计或向下累计来予以确定。上例中通过向上累计或向下累计找到了第 25 位和第 26 位同学的年龄都应该在 21 岁分组中。

3）由组距式资料确定中位数

如果统计资料进行了组距式分组，此时确定中位数，需要分为两个步骤：第一步，先确定中位数所在组，即第 $\frac{\sum f}{2}$ 标志值所在组；第二步，利用下限公式或上限公式近似计算中位数。

下限公式：

$$M_e = L + \frac{\frac{\sum f}{2} - S_{m-1}}{f_m} \times i \tag{4-18}$$

上限公式：

$$M_e = U - \frac{\frac{\sum f}{2} - S_{m+1}}{f_m} \times i \tag{4-19}$$

式中：M_e 表示中位数；L 表示中位数所在组的下限；U 表示中位数所在组的上限；S_{m-1} 表示中位数所在组前面各组的累积频数；S_{m+1} 表示中位数所在组后面各组的累积频数，f 表示中位数所在组的频数；i 表示中位数所在组的组距。

【例 4-14】 仍以表 4-10 某地大学生月消费支出调查资料为例，计算中位数如表 4-14 所示。

表 4-14　某地大学生 2021 年消费支出情况统计表

月消费额/元	调查人数/人	向上累计	向下累计
500 以下	20	20	1 000
500～1 000	180	200	980
1 000～1 500	530	730	800
1 500～2 000	200	930	270
2 000～2 500	50	980	70
2 500～3 000	18	998	20
3 000 以上	2	1 000	2
合　计	1 000	—	—

解：第一步，确定中位数所在组，根据公式

$$\frac{\sum f}{2}=\frac{1\ 000}{2}=500$$

即第 500 位同学消费所在组为中位数所在组。再通过对组距式分组资料的向上累计或向下累计知道，第 500 位同学消费所在组是 1 000～1 500 元组。

第二步，利用公式计算中位数。

下限公式：

$$M_e=L+\frac{\frac{\sum f}{2}-S_{m-1}}{f_m}\times i=1\ 000+\frac{500-200}{530}\times 500=1\ 283.02(\text{元})$$

上限公式：

$$M_e=U-\frac{\frac{\sum f}{2}-S_{m+1}}{f_m}\times i=1\ 500-\frac{500-270}{530}\times 500=1\ 283.02(\text{元})$$

中位数的应用特点如下。

(1) 中位数属于位置平均数，它处于频数分布的中点。

(2) 中位数不受极端值、开口组的影响，所以当总体单位标志值分布十分偏斜时，用中位数进行集中趋势分析较好。社会经济统计中，对只能用等级、名次等表示的社会经济现象一般也用中位数代表其平均水平。中位数在研究收入分配时很有用。

(3) 中位数的测定要将标志值按大小顺序排列，如果资料不全则无法确定。

(二) 四分位数

中位数从中间点将全部数据分为两部分，又可称为二分位数。与中位数类似的还有四分位数(quartile)、十分位数(decile)和百分位数(percentile)等。它们分别是用 3 个点、9 个点和 99 个点将数据 4 等分、10 等分和 100 等分后各分位点上的值。这里只介绍四分位数

的计算。

四分位数也称四分位点，它是一组数据排序后处于25%和75%位置上的值。四分位数通过3个点将全部数据等分为4部分，其中每部分包含25%的数据。很显然，中间的四分位数就是中位数。因此，通常所说的四分位数是指处在25%位置上的数值（称为下四分位数 the lower quartile）和处在75%位置上的数值（称为上四分位数 the upper quartile）。与中位数的计算方法类似，根据未分组数据计算四分位数时，首先对数据进行排序，然后确定四分位数所在的位置，该位置上的数值就是四分位数。

设下四分位数为 Q_L，上四分位数为 Q_U，根据定义，中位数的计算方法如下：

$$Q_L\text{位置}=\frac{n}{4} \tag{4-20}$$

$$Q_U\text{位置}=\frac{3n}{4} \tag{4-21}$$

如果位置是整数，四分位数就是该位置对应的值；如果是在0.5的位置上，则取该位置两侧值的平均数；如果是在0.25或0.75的位置上，则四分位数等于该位置的下侧值加上按比例分摊位置两侧数值的差值。

【例4-15】 根据例4-11中某公司9个小组的员工的人均月绩效工资数据，计算人均月绩效工资的四分位数。

1 500　750　780　1 080　850　960　2 000　1 250　1 630

解：第一步，同样需要先将上面的数据重新排序，排序结果如下。

750　780　850　960　1 080　1 250　1 500　1 630　200

第二步，根据公式(4-20)和公式(4-21)有：

$$Q_L\text{位置}=\frac{n}{4}=\frac{9}{4}=2.25$$

即 Q_L 在第2个数值780和第3个数值850之间0.25的位置上，因此：

$$Q_L=780+(850-780)\times 0.25=797.5(\text{元})$$

$$Q_U\text{位置}=\frac{3n}{4}=\frac{3\times 9}{4}=6.75$$

即 Q_U 在第6个数值(1 250)和第7个数值(1 500)之间0.75的位置上，因此：

$$Q_U=1\,250+(1\,500-1\,250)\times 0.75=1\,437.5(\text{元})$$

根据四分位数的计算结果，可以粗略地说，排序数据中至少25%的数据将小于或等于 Q_L，而至少75%的数据将大于或等于 Q_U。由于 Q_L 和 Q_U 之间包含了50%的数据，因此，就例4-15而言，可以说大约有一半的员工人均月绩效工资在 Q_L 和 Q_U 之间。

三、平均数

平均数(mean)即平均指标，又称为统计平均数或均值，是用以反映社会经济现象总体各单位某一数量标志值（变量值）在一定时间、地点条件下所达到的一般水平的综合指标。

平均数在统计学中具有十分重要的地位。反映总体集中趋势的代表值指标即最为常用的指标是统计平均数。因为从变量值的分布情况来看，多数现象的次数分布服从正态分布，即“两头小，中间大”特征。一般地，其很大、很小的变量值次数较少，而靠近中心值的变量值次数多，这个中心值就是平均指标，它反映着总体各单位变量的集中趋势。平均数一般只用于数值型数据的计算与分析。

例如，某班学生统计学数据与分析基础课程的平均成绩；2021 年我国人均收入；我国近十年房价的平均增长速度等。可见，平均指标代表了各单位标志值的一般水平，是对同质总体内各单位数量的差异进行抽象概括，其中个别标志值的偶然性被相互抵消，从而反映出总体分布的集中趋势。

平均指标在实际应用中具有十分重要的作用和意义，主要表现在以下三个方面。

(1) 判断统计数据分布的一般水平。这是平均指标的本质属性，平均指标的其他属性和作用都是在其基础上衍生出来的。

(2) 反映统计数据在不同时间和空间上的变化规律。通过平均指标在不同时间和空间上的对比分析，可以表现社会经济现象在不同条件下的差异和现象的发展过程、趋势及其变动规律。例如，某沿海发达地区 2017—2021 年职工月平均工资资料如表 4-15 所示，反映了该地区职工平均工资不断增长的趋势。

表 4-15　某地区近几年职工平均月工资统计表　　单位：元

年份	2017 年	2018 年	2019 年	2020 年	2021 年
国有单位	16 729	19 313	22 112	26 620	31 005
城镇集体单位	9 814	11 283	13 014	15 595	18 338
其他单位	16 259	18 244	20 755	24 058	28 387
合　计	16 024	18 364	21 001	24 932	29 229

再如，通过对 2021 年我国东部、中部和西部人均 GDP 指标的比较，可以发现 2021 年我国东部、中部和西部经济发展水平的分布规律；通过对四川省近 30 年的人均 GDP 指标的比较，可以发现四川省近 30 年的经济发展规律。

(3) 其他统计指标的计算基础。在统计指标的计算中经常要以平均指标作为计算基础，如平均差、标准差、方差、相关系数等。

取得平均指标值的方法通常有两种：一是从总体各单位变量值中抽象出有一般水平的量，这个量不是各个单位的具体变量值，但又要反映总体各单位的一般水平，这种平均数称为数值平均数；二是先将总体各单位的变量值按一定顺序排列，然后取某一位置的变量值来反映总体各单位的一般水平，通常把这个特殊位置上的数值看作是平均数，称作位置平均数。

统计平均数可分为位置平均数和数值平均数。位置平均数是根据变量值所处的位置来决定其均值大小的统计平均指标，主要包括众数、中位数和四分位数等。数值平均数是根据各单位数量标志值计算而得的，主要包括算术平均数、调和平均数和几何平均数等。

(一) 算术平均数

算术平均数(arithmetic mean)也称均值(mean)，是平均指标中最常用、最基本的一种平均指标，其基本计算形式是用总体的单位总量去除总体标志总量。算术平均数的基本计算公式如下：

$$\text{算术平均数}=\frac{\text{总体标志总量}}{\text{总体单位总量}} \tag{4-22}$$

在社会经济现象中，总体的标志总量常是总体单位标志值的算术总和。例如，工人工资总额是各个工人工资的总和；粮食总产量是各块地播种面积产量的总和等。在掌握了标志总量和总体单位数的资料后，就可以按照公式(4-22)来进行计算和分析了。

例如，某企业某月的总产量为 25 000 件，工人总数为 100 人，则该企业工人的月平均产量如下：

$$\text{月平均产量}=\frac{\text{本月总产量}}{\text{本月工人总人数}}=\frac{25\ 000}{100}=250(\text{件/人})$$

必须指出，平均指标和强度相对指标都是比值，二者在计算方法和计算结果的含义方面，存在相近似的地方，例如，两者都有“平均”与“分摊”的含义，也都采用复名数进行表示，因而很容易被混淆。因此，在计算和运用平均指标与强度相对指标时，必须注意二者的区别。第一，平均指标是在同质总体中进行计算和比较的，而强度相对指标则是在两个具有联系的现象之间进行计算和分析的，其分子和分母属于两个总体；第二，强度相对指标的分子和分母虽然有联系，但在数量上没有依存关系，联系不够密切。在平均指标的计算中，其分子标志总量将随着分母单位总量的变动而变动，子项依存于母项，说明它们之间不仅存在经济联系，而且联系十分密切，达到了一一对应的程度。例如，全国人均钢铁产量指标中，分子是全国钢铁总产量，分母是全国人口数，由于钢铁产量不是全国人口生产的结果，它与全国人口数没有依存关系，属于强度相对指标，而钢铁企业工人的人均钢铁产量，其分子是钢铁总产量，分母则是生产这些钢铁的工人的人数，分子、分母属同一总体，因而该指标是平均指标。因此，在利用基本公式计算算术平均数时，要特别注意子项(总体的标志总量)与母项(总体的单位总量)在总体范围上的可比性，强调二者必须属于同一总体。

在具体计算算术平均数时，由于掌握的资料有未进行分组和已经进行分组两种情况，算术平均数的计算又可以分为简单算术平均数和加权算术平均数。

1. 简单算术平均数

简单算术平均数(simple arithmetic mean)是在资料未进行分组时，将总体各单位的每一个标志值一一加总得到标志总量，然后除以单位总量所求出的平均指标，其计算公式如下：

$$\overline{x}=\frac{x_1+x_2+x_3+\cdots+x_n}{n}=\frac{\sum x}{n} \tag{4-23}$$

式中：$\overline{x}$ 表示总体平均指标；x 表示总体中各标志值；n 表示总体中各标志值的数量，$\sum$ 表示求和。

【例 4-16】 有 6 名学生的统计数据与分析基础考试成绩分别为 81、82、85、89、92、93 分，试计算该 6 名同学的平均考试成绩。

解：该 6 名同学的平均考试成绩为

$$\overline{x}=\frac{x_1+x_2+x_3+\cdots+x_n}{n}=\frac{\sum x}{n}$$

$$\overline{x}=\frac{82+82+85+89+92+93}{6}\approx 87(\text{分})$$

简单算术平均数只受到一个因素的影响，即受总体中各标志值大小的影响。

2. 加权算术平均数

加权算术平均数(weighted mean)是在统计调查资料已经整理分组的条件下，计算平均指标的一种形式，它是先以各组的单位数乘以各组标志值求得各组的标志总量，再将各组标志总量相加求出总体单位总量，最后用总体标志总量除以总体单位总量求出平均数。

计算加权算术平均数有两种情况：一是根据单项式变量数列计算；二是根据组距式变量数列进行计算。

1) 单项数列计算算术平均数

其计算公式如下：

$$\overline{x}=\frac{x_1f_1+x_2f_2+x_3f_3+\cdots+x_nf_3}{f_1+f_2+f_3+\cdots+f_n}=\frac{\sum xf}{\sum f} \tag{4-24}$$

式中：$\overline{x}$，x，n，$\sum$ 等符号的意义同公式(4-23)所述；f 表示总体中各组标志值出现的次数(权重)。

【例 4-17】 表 4-16 是某企业 9 月某生产车间工人日产量统计表，试计算该车间 9 月的人均日产量。

表 4-16　某生产车间工人日产量统计表

日产量 x/件	工人数 f(绝对权重)	相对权重
1 000	50	0.19
2 000	200	0.77
3 000	10	0.04
合　计	260	1.00

解：该车间 9 月的人均日产量为

$$\overline{x}=\frac{x_1f_1+x_2f_2+x_3f_3+\cdots+x_nf_3}{f_1+f_2+f_3+\cdots+f_n}=\frac{\sum xf}{\sum f}$$

$$\overline{x}=\frac{1\ 000\times50+2\ 000\times200+3\ 000\times10}{50+200+10}=\frac{480\ 000}{260}=1\ 846(\text{件})$$

在例 4-17 中，该车间 9 月的各组日产量发生改变或者各组日产量的工人数发生改变，其平均指标都会发生改变。

由上例可见，加权算术平均数不但受到总体中各标志值大小的影响，还受到各组中标志值出现次数的影响。次数多的标志值对平均数的影响要大一些，次数少的标志值对平均数的影响相应要小一些。标志值次数的多少，对平均指标值的大小有权衡轻重的影响作用，所以称其为权重(weight)。

权重有绝对权重和相对权重两种。绝对权重就是各组中标志值出现的次数，相对权重可以由绝对权重计算而得。其计算公式如下：

$$相对权重=\frac{各组标志值出现的次数}{总体中所有标志值出现的次数}=\frac{f_i}{\sum f_i} \tag{4-25}$$

【例 4-18】 上例中第一组日产量为 1 000 件的绝对权重为 50，相对权重为$\frac{50}{260}=0.19$。其他各组日产量的相对权重同理可得。

利用相对权重计算平均指标的公式如下：

$$\overline{x}=\sum x_i f_i \tag{4-26}$$

式中：$\overline{x}$ 表示总体平均指标；x_i表示各组标志值；f_i表示各组标志值的相对权重。

上例中，利用相对权重计算平均指标的过程如下：

$$\overline{x}=\sum x_i f_i=1\ 000\times0.19+2\ 000\times0.77+3\ 000\times0.04=1\ 846(件)$$

各组标志值的相对权重之和为 1。

2）组距数列条件下计算算术平均数

在实际工作中各组标志值往往不是一个具体的数值，而是一个数值区间，这时需要先对各组数值区间计算出组中值，以组中值作为该组的标志值进入后期平均指标的计算。

顾名思义，组中值就是一组标志值中居于中间的那个数值。组中值的计算很简单，分为两种情况，一是闭口组组中值的计算，二是开口组组中值的计算。

【例 4-19】 某居民小区抽查 60 户居民家庭，调查得其月基本生活费支出分组资料如表 4-17 所示。

表 4-17　某小区居民家庭月基本生活费支出统计表

组别	生活费支出/元	组中值 x	户数 f/人	支出总额 xf/元
1	800 以下	700	6	4 200
2	800～1 000	900	14	12 600
3	1 000～1 200	1 100	26	28 600
4	1 200～1 500	1 350	10	13 500
5	1 500 以上	1 650	4	6 600
合　计	—	—	60	65 500

该例中，各组标志值（支出分组）不是一个具体的数值，而是一个数值区间。

其中支出分组 800～1 000（元）；1 000～1 200（元）；1 200～1 500（元）（即 2、3、4 组）为闭口组，即各组有上限标志值和下限标志值。其组中值的计算公式如下：

$$组中值=\frac{上限+下限}{2} \tag{4-27}$$

支出分组 800（元）以下（即第 1 组）和 1 500（元）以上（即第 2 组）为开口组，即各组缺少上限标志值或者下限标志值。800（元）以下组缺少下限标志值，1 500（元）以上组缺少上限标志值。其组中值的计算公式如下：

$$缺下限标志值的组中值=上限-\frac{邻组组距}{2} \tag{4-28}$$

$$\text{缺上限标志值的组中值} = \text{下限} + \frac{\text{邻组组距}}{2} \tag{4-29}$$

因此，例 4-19 中组中值的计算过程如表 4-18 所示。

表 4-18　组中值计算表

组　　别	基本生活费支出/元	组中值 x
1	800 以下	800－200/2＝700
2	800～1 000	(800＋1 000)/2＝900
3	1 000～1 200	(1 000＋1 200)/2＝1 100
4	1 200～1 500	(1 200＋1 500)/2＝1 350
5	1 500 以上	1 500＋300/2＝1 650

第 1 组的邻近组为第 2 组，第 2 组的组距是 1 000－800＝200(元)；第 5 组的邻近组是第 4 组，第 4 组的组距是 1 500－1 200＝300(元)。

上例中，该小区 60 户居民家庭的月平均基本生活费支出如下：

$$\overline{x} = \frac{x_1 f_1 + x_2 f_2 + x_3 f_3 + \cdots + x_n f_3}{f_1 + f_2 + f_3 + \cdots + f_n} = \frac{\sum xf}{\sum f}$$

$$= \frac{700 \times 6 + 900 \times 14 + 1\,100 \times 26 + 1\,350 \times 10 + 1\,650 \times 4}{6 + 14 + 26 + 10 + 4} = \frac{65\,500}{60} = 1\,091.67(\text{元})$$

算术平均数的数学性质如下。

(1) 算术平均数与总体单位数的乘积等于各总体单位标志值的总和。即

$$n\,\overline{x} = \sum x_n$$

(2) 各总体单位标志值与算术平均数离差之和等于 0，即

$$\sum (x_n - \overline{x}) = 0 \text{ 或 } \sum (x_n - \overline{x}) f_n = 0$$

各组标志值对算术平均数的偏差$(x_n - \overline{x})$叫离差。

(3) 各总体单位标志值与算术平均数离差平方和为最小，即

$$\sum (x_n - \overline{x})^2 = \text{最小值}$$

(二) 调和平均数

调和平均数(harman 或 harmonic mean 或 harmonic average)是总体中各个标志值的倒数的算术平均数的倒数，又称为倒数平均数。根据所掌握的资料不同，调和平均数有简单调和平均数和加权调和平均数两种。

1. 简单调和平均数

统计资料未进行分组计算的调和平均数称为简单调和平均数。其计算公式如下：

$$\overline{x_h} = \frac{1}{\dfrac{\sum \dfrac{1}{x}}{n}} = \frac{n}{\sum \dfrac{1}{x}} \tag{4-30}$$

式中：$\overline{x_h}$ 表示简单调和平均数；x，n 意义同公式(4-23)所述。

【例 4-20】 有一种蔬菜，早晨的价格每千克 0.5 元，中午 0.2 元，晚上 0.1 元。如果早、中、晚各买 1 元钱的蔬菜，则当天所买的蔬菜平均价格是多少？

解：$\overline{x_h}=\dfrac{1}{\dfrac{\sum\frac{1}{x}}{n}}=\dfrac{n}{\sum\frac{1}{x}}=\dfrac{1}{\dfrac{\frac{1}{0.5}+\frac{1}{0.2}+\frac{1}{0.1}}{3}}=\dfrac{3}{\frac{1}{0.5}+\frac{1}{0.2}+\frac{1}{0.1}}=0.18(\text{元})$

2. 加权调和平均数

统计资料已经进行分组计算的调和平均数称为加权调和平均数。其计算公式如下：

$$\overline{x_h}=\frac{1}{\dfrac{\sum\frac{1}{x}m}{\sum m}}=\frac{\sum m}{\sum\frac{1}{x}m} \tag{4-31}$$

式中：$\overline{x_h}$，x，n 意义同公式(4-23)所述；m 表示组标志值的权重。

【例 4-21】 某商店 A、B、C 三种钢笔的价格和销售额资料如表 4-19 所示，试计算该商店三种钢笔售出的平均价格。

表 4-19　某商店钢笔销售情况统计表

钢笔名称	价格 x/元	销售额 m/元	m/x
A	20	5 800	290
B	36	19 800	560
C	50	3 400	68
合　计	—	2 900	908

解：

$$\overline{x_h}=\frac{1}{\dfrac{\sum\frac{1}{x}m}{\sum m}}=\frac{\sum m}{\sum\frac{1}{x}m}=\frac{2\ 900}{908}=31.94(\text{元})$$

调和平均数和算术平均数的数学性质基本相同，同一资料采用两种方法计算结果也相同。采用算术平均数还是调和平均数仅仅是因为已知的统计资料的不同。由于已知条件不同，因而造成计算的程序和计算公式的外形不同。一般当统计资料反映的是计算公式的分母时，采用算术平均数计算平均指标；当统计资料反映的是计算公式的分子时，采用调和平均数计算平均指标。

因此，通常我们将调和平均数称作算术平均数的变形。

（三）几何平均数

几何平均数(geometric mean)是总体内 n 个变值连乘积开 n 次方的方根。它是描述社会经济现象发展的平均比率和平均速度最适用的一种统计方法。

凡是标志值的连乘积等于总比率或总速度的场合都适宜采用几何平均法计算平均比率或平均速度。

几何平均数根据统计资料是否分组分为简单几何平均数和加权几何平均数两种。

1. 简单几何平均数($\overline{x_g}$)

简单几何平均数适用于未经分组的统计资料计算平均比率和平均速度。简单几何平均数是 n 个标志值(比率)连乘积的 n 次方根,计算公式如下:

$$\overline{x_g}=\sqrt[n]{x_1\cdot x_2\cdot\cdots\cdot x_n}=\sqrt[n]{\prod x} \tag{4-32}$$

【例 4-22】 某机械厂生产的机床要经过四个连续作业车间才能完成。2021 年一季度第一车间铸造产品的合格率为 95%,第二车间粗加工产品的合格率为 93%,第三车间精加工产品的合格率为 90%,第四车间组装的合格率为 86%,求该企业四个车间的平均产品合格率。

解: $\overline{x_g}=\sqrt[n]{x_1\cdot x_2\cdot\cdots\cdot x_n}=\sqrt[n]{\prod x}=\sqrt[4]{95\%\times93\%\times90\%\times86\%}=90.94\%$

2. 加权几何平均数

加权几何平均数适用于已经分组的统计资料计算平均比率和平均速度。加权几何平均数的计算公式如下:

$$\overline{x_g}=\sqrt[\sum f]{x_1^{\ f_1}x_2^{\ f_2}\cdots x_n^{\ f_n}}=\sqrt[\sum f]{\prod x_n^{\ f_n}} \tag{4-33}$$

【例 4-23】 某笔银行贷款期限为 10 年,年息按复利计算,年利率及有关资料如表 4-20 所示,求平均年利率。

表 4-20　银行贷款利率与本利率统计表

年利率/%	年数 f/年	本利率 x/%	x^f
6	2	106	1.123 6
7	5	107	1.402 6
8	2	108	1.166 4
9	1	109	1.09
合计	10	—	—

解:

平均本利率如下:

$$\begin{aligned}\overline{x_g}&=\sqrt[\sum f]{x_1^{\ f_1}x_2^{\ f_2}\cdots x_n^{\ f_n}}=\sqrt[\sum f]{\prod x_n^{\ f_n}}\\&=\sqrt[10]{1.06^2\times1.07^5\times1.08^2\times1.09^1}\\&=1.072\end{aligned}$$

平均年利率如下:

$$1.072-1=7.2\%$$

几何平均数在应用的时候有一定的局限性:第一,几何平均数受极端标志值的影响。如果被平均的标志值中某一标志值为零,则计算结果为零;如果被平均的标志值中某一标志值为负数,则计算出的几何平均数就会为负数或虚数。第二,几何平均数应用范围较小,主要适用于计算统计资料的标志值呈等比数列或接近等比数列的平均指标。

四、众数、中位数与平均数的关系及其应用场合

众数、中位数和平均数是集中趋势的三个主要测度值,它们具有不同的特点和应用场合。

（一）众数、中位数和平均数的关系

从分布的角度看，众数始终是一组数据分布的最高峰值，中位数是处于一组数据正中间位置上的数值，而平均数则是全部数据的算术平均。因此，对于具有单峰分布的大多数数据而言，众数、中位数和平均数之间具有以下关系：如果数据分布是对称的，众数(M_e)、中位数(M_o)和平均数($\overline{x}$)必定完全相等，即 $M_e = M_o = \overline{x}$；如果数据是左偏分布，说明数据存在极小值，必然拉动平均数向极小值方向靠拢，而众数和中位数由于是位置平均数，是位置代表值，不受极端变量值的影响，因此三者的关系表现为 $M_o > M_e > \overline{x}$；如果数据是右偏分布，说明数据存在极大值，必然拉动平均数向极大值一方靠拢，因此三者关系表现为 $M_o < M_e < \overline{x}$。上述关系如图 4-2 表示。

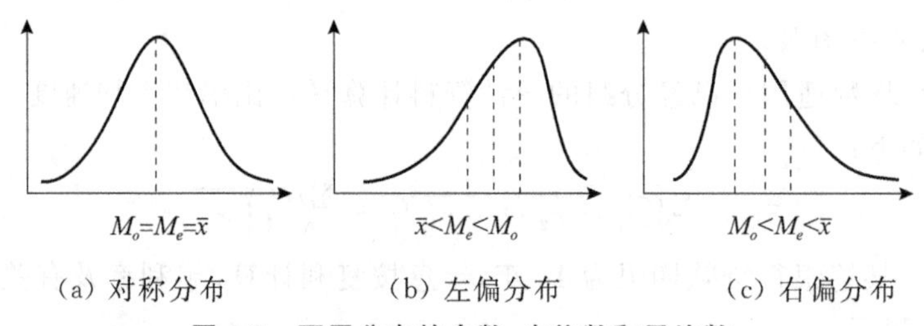

图 4-2　不同分布的众数、中位数和平均数

（二）众数、中位数和平均数的特点与应用场合

掌握众数、中位数和平均数的特点，有助于在实际应用中选择合理的测度值来描述数据分布的集中趋势。

众数是一组数据分布的峰值，不受极端值的影响。其缺点是具有不唯一性，一组数据可能有一个众数，也可能有两个或多个众数，也可能没有众数。众数只有在数据量较多时才有实际计算意义，当数据量较少时，不宜使用众数。众数最适合运用的情况是作为分类数据的集中趋势的测度值。

中位数是一组数据中间位置上的值，不受极端值的影响。当一组数据的分布偏斜程度较大时，使用中位数也许是一个好的选择。中位数最适合运用的情况是作为顺序数据的集中趋势的测度值。

平均数的计算只适合于数值型数据，在计算集中趋势值的过程中它考虑到了全部数据的影响。因而它是数值型数据计算集中趋势应用最广泛也是最核心的集中趋势指标。

在数值型数据中计算集中趋势的代表值时，当数据分布呈对称分布或接近对称分布时，众数、中位数和平均数三个代表值相等或接近相等，这时则应选择平均数作为集中趋势的代表值。但平均数的主要缺点是易受数据极端值的影响，对于偏态分布的数据，平均数的代表性较差。因此，当数据分布为偏态分布时，特别是偏斜程度较大时，可以考虑选择中位数或众数，这时它们的代表性要比平均数好。

五、应用集中趋势分析指标应注意的问题

（一）集中趋势指标只能应用于同质总体中

所谓同质就是所研究的对象总体各单位在某一标志上性质是相同的，只有同质总体计算，其集中趋势指标才有意义。

（二）根据统计资料的实际情况，灵活运用不同的计算方法

如果所提供的资料中，极端值非常明显，宜采用位置平均数作为变量的集中趋势指标，这样可以消除极值对结果的影响。如果所提供的资料是算术平均数基本公式分母的直接资料，而不是分子的直接资料，应采用算术平均数计算集中趋势指标；如果所提供的资料是算术平均数基本公式分子的直接资料，而不是分母的直接资料，应采用调和平均数计算集中趋势指标。如果所提供的资料未进行分组，则采用简单平均数计算集中趋势指标；如果所提供的资料已经进行分组，则采用加权平均数计算集中趋势指标。

（三）把集中趋势指标与离散程度指标结合起来

集中趋势指标描述变量值的集中趋势，散程度指标是描述变量值的离中趋势。把两者结合起来可以更加完整地反映统计总体的客观情况。

第四节　离散程度测度值的度量与分析

集中趋势测度值，包括数值平均数和位置平均数，它们都是现象一般水平的代表值，反映了现象分布的集中趋势。但是，仅仅用集中趋势指标来描述现象的特征是不够的。

例如，某班学生有两个学习小组，其统计数据与分析基础课程期末成绩如下。

第一小组：51，65，69，75，81，87，94，95，96，97

第二小组：74，76，78，79，82，82，83，84，86，86

这两个小组的平均成绩均为81分，但两组成绩的分散程度却不同。第二小组的成绩比较集中、整齐，即差异较小，从而用平均成绩81分来表示代表性较好；第一小组的成绩比较分散，参差不齐，变动较大，用平均成绩81分作为代表，其代表性较差。统计平均指标在反映总体分布一般水平的同时，也掩盖了各变量值的差异性。数据的离散程度指标恰好弥补了这方面的不足。因此，掌握了数据的集中趋势指标的计算方法后，有必要学习数据的离中趋势测度值。

数据的离中趋势又称为离散程度，是数据分布的另一个重要特征，它反映的是各变量值远离其中心值的程度。数据的离散程度越大，集中趋势的测度值对该组数据的代表性就越差；离散程度越小，其代表性就越好。

数据的离散程度测度值也称为数据的离散程度指标或变异指标，它是和集中趋势指标相联系的一种综合指标。

集中趋势指标将总体各变量值之间的差异抽象化，从一个侧面反映各变量值的集中趋势和程度。离散程度指标则从另一个侧面反映各变量值的差别大小、变动范围和离散程度。二者分别反映同一总体在数量上的集中趋势与离散趋势，两者相辅相成，有助于科学全面地描述客观现象特征，反映现象总体的数量规律。

离散程度指标具有十分重要的作用。

（1）离散程度指标反映变量值分布的离散程度。这是离散程度指标的本质属性。一般而言，离散程度指标越大，变量值分布的离散程度就大；离散程度指标越小，变量值分布的离散程度就小。

（2）变异指标可以说明平均数代表性的大小。平均指标代表性的高低，主要取决于各变量值之间的差异程度。一般而言,变异指标越大,平均指标的代表性就小;变异指标越小,平均指标的代表性就大。

(3) 离散程度指标可以反映社会经济活动过程的稳定性、节奏性和均衡性。离散程度指标在产品质量控制、投资风险分析、分配管理等经济活动中经常被采用。一般而言,变异指标越大,社会经济活动过程的稳定性、节奏性和均衡性就越差;离散程度指标越小,社会经济活动过程的稳定性、节奏性和均衡性就越好。

描述数据离散程度采用的测度值,根据数据类型的不同主要有异众比率、四分位差、极差、平均差、方差和标准差及测度相对离散程度的离散系数等。

一、分类数据:异众比率

异众比率(variation ratio)是非众数组的频数占总频数的比例,用 V_r 表示。其计算公式如下:

$$V_r=\frac{\sum f_i-f_m}{\sum f_i}=1-\frac{f_m}{\sum f_i} \tag{4-34}$$

式中:$\sum f_i$ 是变量值的总频数(总体单位总数);f_m 为众数所在组的频数。

异众比率主要用于衡量众数对一组数据的代表程度。异众比率越大,说明非众数组的频数占总频数的比重越大,众数的代表性越差;异众比率越小,说明非众数组的频数占总频数的比重越小,众数组的代表性越好。异众比率主要适合测度分类数据的离散程度,当然,也可以计算异众比率来说明顺序数据和数值型数据中众数的代表性高低。

【例 4-24】 仍然采用前面学习众数时的表 4-7 中的数据,来说明异众比率的计算与运用方法。

根据公式(4-34)得

$$V_r=\frac{\sum f_i-f_m}{\sum f_i}=\frac{240-81}{240}=1-0.3375=0.6625$$

说明在调查的 240 人中,购买其他类型饮料的人数占了 66.25%,异众比率比较大。因此,用“矿泉水”来代表消费者购买饮料类型的代表性不是很好。

二、顺序数据:四分位差

四分位差(quartile deviation)也称为内距或四分间距(inter-quartile range),它是上四分位数与下四分位数之差,用 Q_d 表示。其计算公式如下:

$$Q_d=Q_U-Q_L \tag{4-35}$$

四分位差反映了中间 50%的数据的离散程度,数值越小,说明中间的数据越集中;数值越大,说明中间的数据越分散。四分位差不受极值的影响。此外,由于中位数处于数据的中间位置,因此,四分位差的大小在一定程度上说明了中位数对一组数据的代表程度。四分位差主要用于测度顺序数据的离散程度,也可用于数值型数据,但不适合分类数据。

【例 4-25】 根据例 4-15 中 9 个班级学生月消费支出的数据,计算人均月消费支出的四分位差。

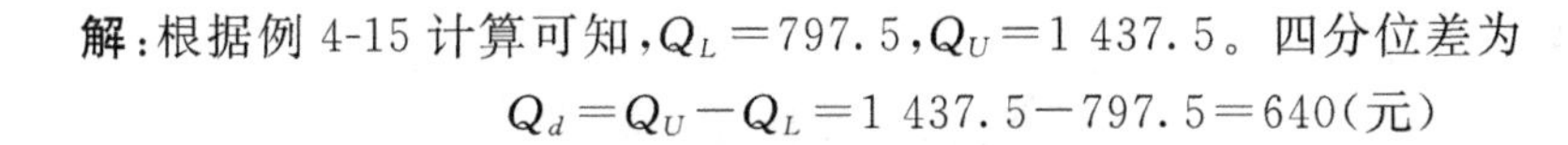

解：根据例 4-15 计算可知，$Q_L = 797.5$，$Q_U = 1\,437.5$。四分位差为

$$Q_d = Q_U - Q_L = 1\,437.5 - 797.5 = 640(\text{元})$$

三、数值型数据：方差和标准差

测度数值型数据离散程度的方法主要有极差、平均差、方差与标准差等，其中最常用的是方差和标准差。

（一）极差（*R*）

极差(range)又称为全距，是一组数据中最大值和最小值之差，反映该组数据的变动范围，一般用 R 表示。其计算公式如下：

$$\text{极差} = \text{最大变量值} - \text{最小变量值}$$

即

$$R = x_{\max} - x_{\min} \tag{4-36}$$

式中：R 表示极差；$x_{\max}$ 表示最大变量值；$x_{\min}$ 表示最小变量值。

对于已经分组(闭口组)的统计数据可以采用以下公式近似计算极差：

$$R = U_{\max} - L_{\min} \tag{4-37}$$

式中：R 表示极差；$U_{\max}$ 表示最大组的上限；$L_{\min}$ 表示最小组的下限。

【例 4-26】 某电子有限公司某年 1—12 月生产的金属基覆铜板长度资料如表 4-21 所示，试计算其平均长度和全年极差。

表 4-21　某电子有限公司金属基覆铜板长度资料统计表

月份	1	2	3	4	5	6	7	8	9	10	11	12
长度/米	152	163	220	273	358	372	366	359	335	327	310	302

解：按月平均金属基覆铜板的长度为

$$\overline{x} = \frac{\sum x}{n} = \frac{3\,537}{12} = 294.75(\text{米})$$

全年极差为　　　　$R = x_{\max} - x_{\min} = 372 - 152 = 220(\text{米})$

上例中若对每天的生产资料进行整理分析，我们可以形成每月的平均长度和极差。通过对这两个指标进行分析，可以对企业生产过程进行定量描述，从而对该企业生产进行科学管理。

极差是描述数据离散程度最简单的测度值，计算简单，易于理解。极差在实际工作中适用于度量变化比较稳定的现象的离中趋势，常用于检查工业产品质量等。但它容易受极端值的影响。由于极差只是利用了一组数据两端的信息，只反映了两个极端变量值的差距，未考虑其他可能大量的中间数据的变异情况，不能反映出中间数据的分散状况，尤其是变量值中出现异常值时，极差就不能确切反映变量值的变动情况。开口组由于没有最大变量值或最小变量值，所以无法计算极差。因此，很多情况下，极差无法准确地描述数据的离散程度。

（二）平均差（M_d）

平均差(mean deviation 或 average deviation)也称平均绝对离差(mean absolute deviation)，是总体中各变量值与其平均数的离差绝对值的算术平均数，用 M_d 或 $A.D$ 表示。根据掌握的资料是否为分组资料，可分为简单平均差和加权平均差两种。

1. 简单平均差

$$M_d = \frac{\sum |x - \overline{x}|}{n} \tag{4-38}$$

简单平均差在资料未分组或变量值数列的次数完全相等时采用。

【例 4-27】 某电子有限公司三个工作组日生产金属基覆铜板的长度资料如表 4-22 所示，通过计算已知甲、乙、丙组工人生产的金属基覆铜板的平均长度分别为 50 米、500 米、5 000 米，试计算三个工作组的平均差。

表 4-22 某电子有限公司金属基覆铜板的长度资料统计表

甲组/米	50	50	50	50	50
乙组/分米	490	510	500	520	480
丙组/厘米	4 900	4 700	5 000	5 100	5 300

三组工人生产的金属基覆铜板的平均差分别为

$$M_{d甲} = \frac{|50-50|+|50-50|+|50-50|+|50-50|+|50-50|}{5} = 0(米)$$

$$M_{d乙} = \frac{|500-490|+|500-510|+|500-500|+|500-520|+|500-480|}{5}$$

$$= 12(分米)$$

$$M_{d丙} = \frac{|5\,000-4\,900|+|5\,000-4\,700|+|5\,000-5\,000|+|5\,000-5\,100|+|5\,000-5\,300|}{5}$$

$$= 160(厘米)$$

2. 加权平均差

当掌握的资料经过加工整理的分布数列，此时，由于已知数据已分组，故计算过程中应考虑数据权数的影响，即应该进行加权，其加权公式如下：

$$M_d = \frac{\sum |x - \overline{x}| f}{\sum f} = \sum |x - \overline{x}| \cdot \frac{f}{\sum f} \tag{4-39}$$

【例 4-28】 表 4-23 是某销售公司电脑销售情况，试计算平均差(算术平均数 458 台)。

表 4-23 某公司计算机销售量平均差计算表

销售量/台	组中值(x)	员工人数(f)	$\lvert x-\overline{x}\rvert$	$\lvert x-\overline{x}\rvert f$
300 以下	250	80	208	16 640
300～400	350	180	108	19 440
400～500	450	430	8	3 440
500～600	550	220	92	20 420
600～700	650	70	192	13 440
700 以上	750	20	292	5 840
合 计		1 000	—	79 040

$$M_d=\frac{\sum|x-\overline{x}|f}{\sum f}=\sum|x-\overline{x}|\cdot\frac{f}{\sum f}=\frac{79\ 040}{1\ 000}=79.04(\text{元})$$

平均差以平均数为中心，考虑了统计总体中全部变量值的差异，反映了每个数据与平均数的平均差异，能较为准确地反映统计总体中各变量值的平均变异程度。其实际意义比较清楚，容易理解。平均差越大，说明数据的离散程度越高；反之，则说明数据的离散程度越低。不过，为了避免离差之和等于零而无法计算平均差这一问题，平均差在计算时对离差取了绝对值，以离差的绝对值之和来表示总离差，这给计算带来了不便，导致很多情况下无法计算平均差，因而在实际中较少运用平均差。

（三）方差与标准差

方差(variance)是各变量值与其平均数离差平方的平均数。它在数学处理上通过平方的办法消去离差的正负号，然后再进行平均。总体方差一般用 σ^2，样本方差一般用 s^2 表示。

标准差(standard deviation)是方差的平方根，又称均方差，一般用 σ(总体标准差)或 s(样本标准差)表示。

方差(或标准差)能较好地反映出数据的离散程度，是变异诸指标中最科学和最准确地反映数据差异情况的离散程度测度指标，因而其应用最广泛。其含义与平均差基本相同，也是各个变量值对其算术平均数的平均离差，但在数学处理上有所不同。平均差是利用绝对值来消除离差的正负号，方差(或标准差)是利用平方的方法来消除离差的正负号。比较起来，方差(或标准差)在数学处理上比平均差优越，应用过程中基本没有不方便的情况，且方差的方根要正负两个数据，也比较客观地反映了数据离差的正负情况。所以，测定总体各单位数量变量值的平均离差通常以方差(或标准差)为标准。

标准差利用平方的方法来消除离差的正负号，因而对离差平方计算平均数以后还要开平方。那么，标准差就成为方差的平方根，故又称为均方差。计算标准差时，首先要计算出各个变量值对算术平均数的离差，再把各项离差加以平方，然后计算这些离差平方的算术平均数，最后再把这个平均数开平方。

根据掌握的统计资料是否分组，标准差的计算分为简单和加权两种公式。

根据未分组资料计算简单标准差：

$$\sigma=\sqrt{\frac{\sum(x-\overline{x})^2}{n}} \tag{4-40}$$

根据分组资料计算加权标准差：

$$\sigma=\sqrt{\frac{\sum(x-\overline{x})^2f}{\sum f}} \tag{4-41}$$

【例 4-29】 仍采用表 4-24 某公司计算机销售情况为例计算标准差和方差。

表 4-24　某公司计算机销售量标准差和方差计算表

销售量/台	组中值(x)	员工人数(f)	$(x-\overline{x})$	$(x-\overline{x})^2$	$(x-\overline{x})^2f$
300 以下	250	80	−208	43 264	3 461 120
300～400	350	180	−108	11 664	2 099 520
400～500	450	430	−8	64	27 520

续表

销售量/台	组中值(x)	员工人数(f)	$(x-\overline{x})$	$(x-\overline{x})^2$	$(x-\overline{x})^2f$
500～600	550	220	92	8 464	1 862 080
600～700	650	70	192	36 864	2 580 480
700 以上	750	20	292	85 264	1 705 280
合　计	—	1 000	—	—	11 736 000

解：

$$\sigma=\sqrt{\frac{\sum(x-\overline{x})^2f}{\sum f}}=\sqrt{\frac{11\ 736\ 000}{1\ 000}}=108.33(\text{元})$$

于是

$$\sigma^2=11\ 736\ \text{元}$$

（四）相对位置的度量

有了平均数和标准差之后，可以计算一组数据中各个数据的标准分数，以测度每个数据在该组数据中的相对位置，并可以用它来判断一组数据是否有离群数据。

1. 标准分数

标准分数(standard score)是变量值与其平均数的离差除以标准差后得到的数值，也称标准化值或 z 分数。

设标准分数为 z，则有

$$z=\frac{x_i-\overline{x}}{s} \tag{4-42}$$

该公式也即人们常用的统计标准化公式，在对多个具有不同量纲的变量进行处理时，常常需要对各变量值进行标准化处理。

标准分数给出了一组数据中各数据的相对位置，如果某个数据的标准分数为－2.5，意味着该数据比平均数低 2.5 个标准差。

【例 4-30】 根据例 4-11 某公司员工的人均月绩效工资数据，要求计算人均月绩效工资的标准分数。

解：根据已知数据计算得：$\overline{x}=1\ 200$，$s=431.68$。由公式(4-42)得每个员工人均月绩效工资标准分数，如表 4-25 所示。

表 4-25　某公司员工人均月绩效工资的标准分数

小组编号	人均月绩效工资/元	标准分数
1	1 500	0.695
2	750	－1.042
3	780	－0.973
4	1 080	－0.278
5	850	－0.811
6	960	－0.556

续表

小组编号	人均月绩效工资/元	标准分数
7	2 000	1.853
8	1 250	0.116
9	1 630	0.996

由表 4-25 可知，绩效工资最低的小组其人均月绩效工资比平均数低 1.042 个标准差；则绩效工资最高的小组其人均月绩效工资比平均数高 1.853 个标准差。

标准分数具有平均数为 0、标准差为 1 的特性。实际上，z 分数只是将原始数据进行了线性变换，它并没有改变一个数据在该组数据中的位置，也没有改变该组数据分布的形状，而只是将该组数据变为平均数为 0、标准差为 1。

【例 4-31】 一组数据为 25，28，31，34，37，40，43，其平均数是 34，标准差为 6，其标准分数变换情况如表 4-26 所示。

表 4-26　标准分数变换表

原始数据	25	28	31	34	37	40	43
减去平均数 34 后	−9	−6	−3	0	3	6	9
除以标准差 6 后	−1.5	−1.0	−0.5	0	0.5	1.0	1.5

2. 经验法则

当一组数据呈对称分布时，经验法则表明：

- 约有 68%的数据在平均数±1 个标准差的范围之内。
- 约有 95%的数据在平均数±2 个标准差的范围之内。
- 约有 99%的数据在平均数±3 个标准差的范围之内。

根据表 4-25 的计算结果，在平均数±1 个标准差范围内，即 1 200±431.68(=768.32，1 631.68)，共有 7 个班级，占班级总数的 77.78%；在平均数±2 个标准差范围内，即 1 200±2×431.68(=336.64，2 063.36)，共有 9 个班级，占班级总数的 100%，没有数据在±2 个标准差之外。

由此可知，一组数据低于或高于平均数 3 个标准差的数据很少见。也就是说，在平均数±3 个标准差的范围内几乎涵盖了全部数据，而在±3 个标准差之外的数据，统计上称为离群点(outlier)。并不是所有的数据都有离群点的，比如，9 个班级的人均月消费支出就没有离群点。

3. 切比雪夫不等式(Chebyshev's inequality)

经验法则适合于对称分布的数据分析。事实上，大多数社会经济现象的数据都不是对称分布，此时，经验法则就不再适用。可使用切比雪夫不等式进行分析，它对任何分布形态的数据都适用。切比雪夫不等式强调的是“下限”，即“所占比例至少是多少”，对于任意分布形态的数据，根据切比雪夫不等式，至少有$(1-1/k^2)$的数据落在$\pm k$ 个标准差之内。其中 k 是大于 1 的任意值，可以不是整数。对于 $k=2,3,4$，该不等式的含义如下：

- 约有 75%的数据在平均数±2 个标准差的范围之内。

· 约有 89%的数据在平均数±3 个标准差的范围之内。
· 约有 94%的数据在平均数±4 个标准差的范围之内。

四、相对离散程度：离散系数

方差和标准差是反映离散程度最常用的绝对值指标，其数据的大小一方面受原变量值自身水平高低的影响，也就是与变量的平均数大小有直接关系，变量值绝对水平高，离散程度的测度值自然也就大；变量值绝对水平低的，其离散程度的测度值就随之较小。另一方面，它们与原变量值的计量单位相同。采用不同计量单位计量的变量值，其离散程度的测度值也会不同。因此，对于平均水平不同或计量单位不同的不同组别的变量值，不能用离散程度指标直接比较其离散程度。在计算出离散程度指标后，还需要将其变量值水平高低和计量单位不同对离散程度产生的影响消除，然后计算与分析数据的离散程度，这就需要计算离散系数。

离散系数(coefficient of variation)也称为变异系数，它是一组数据的离散程度指标与其相应的平均数之比的结果，表示现象离散程度的高低。其计算公式如下：

$$V=\frac{\text{离散程度指标}}{\overline{x}}\times 100\% \tag{4-43}$$

根据离散程度指标的不同，它又可进一步分为全距系数、平均差系数和标准差系数。

（一）全距系数(V_R)

全距系数，又称为极差系数，是一组数据的全距值与其相应的平均数对比的结果，反映该组数据离散的相对程度。其计算公式如下：

$$V_R=\frac{R}{\overline{x}}\times 100\% \tag{4-44}$$

【例 4-32】 仍用例 4-27 某电子有限公司三个工作组相关资料(数据见表 4-22)，试计算三个工作组工人生产的金属基覆铜板的全距系数。

通过计算，三组工人生产的金属基覆铜板的平均长度、全距及全距系数如表 4-27 所示。

表 4-27 某电子有限公司金属基覆铜板的长度资料有关指标计算表

指标 分组	$\overline{x}$	R	V_R
甲组/米	50	0	0
乙组/分米	500	40	8%
丙组/厘米	5 000	500	10%

该例中，三组工人生产的金属基覆铜板的平均长度都是 50 米。甲组工人的生产稳定性最好，其平均值也最有代表性。

（二）平均差系数(V_d或$V_{A.D}$)

平均差系数，是一组数据计算出的平均差值与其相应的平均数对比的结果，反映该组数据离散的相对程度。其计算公式如下：

$$V_d = \frac{M_d}{\bar{x}} \times 100\% \tag{4-45}$$

【例 4-33】 根据例 4-27 中三组工人生产的金属基覆铜板的平均数和平均差资料，可计算得出其平均差系数分别如下：

$$V_{d甲} = \frac{0}{50} = 0$$

$$V_{d乙} = \frac{12}{500} = 2.4\%$$

$$V_{d丙} = \frac{160}{5\ 000} = 3.2\%$$

从平均差系数的计算结果也看出，甲组工人的生产稳定性最好，其平均值也最有代表性；丙组工人的生产稳定性最差，其平均值的代表性也最差。

（三）标准差系数（V_σ）

标准差系数，是一组数据的标准差值与其相应的平均数之比的结果，表示现象离散程度的高低。标准差系数是离散系数中最常用也是最准确的测度值。其计算公式如下：

$$V_\sigma = \frac{\sigma}{\bar{x}} \times 100\% \tag{4-46}$$

【例 4-34】 仍采用某公司计算机销售量资料（资料见例 4-29 和表 4-24）。

计算该公司计算机销售量的标准差系数如下：

$$V_\sigma = \frac{\sigma}{\bar{x}} \times 100\% = \frac{108.33}{458} \times 100\% = 23.65\%$$

在运用离散程度指标时要注意以下几点。

(1) 把变异指标和平均指标结合起来，准确描述统计数据特征。在统计工作中，变异指标和平均指标相互补充，相互支撑。平均指标说明统计总体某一数量特征的一般水平和普遍性，变异指标可以说明平均指标的代表性大小。因此，只有把变异指标和平均指标结合起来才能客观反映统计资料中变量值的分布特征。

(2) 把变异指标的绝对指标和相对指标结合起来。当不同的统计总体其平均值相等时，可以用绝对指标比较它们的离散程度。而离散程度相对指标消除了不同统计总体中变量值平均水平高低的影响和不同计量单位的影响。因此，即使是不同的统计总体在某一特征上的数值变量值有不等的平均值或不同单位，都可以用相对指标来比较它们的离散程度。

(3) 根据统计资料是否分组，离散指标也有简单变异指标和加权变异指标两种，注意两者不同的计算公式和应用场合。

本章小结

1. 总量指标又称统计绝对数，它是反映社会经济现象发展的总规模、总水平的综合指标。它既是认识社会经济现象的起点，又是进行经济管理的主要依据，同时还是计算相对指标和平均指标的基础。总量指标的种类包括总体单位总量和总体标志总量；时期指标和时点指标。总量指标的计量单位一般采用实物单位、货币单位和劳动时间单位。

2. 相对指标是两个相互有联系的现象数量的比率，用以反映现象的发展程度、结构、强度、普遍程度或比例关系。相对指标为人们深入认识事物发展状况提供客观依据，使不能直接对比的现象找到可以比较的基础。常用的相对指标包括结构相对指标、比例相对指标、比较相对指标、强度相对指标、动态相对指标和计划完成程度相对指标等六种种类。

3. 集中趋势是指一组数据向某一中心值靠拢的程度，它反映了数据中心点的位置所在。反映集中趋势的统计指标有众数、中位数、分位数、平均数等。众数主要反映分类数据的集中趋势，中位数和分位数主要反映顺序数据，平均数则反映数值型数据。低层次数据的集中趋势测度值适用于高层次的测量数据，高层次数据的集中趋势测度值并不适用于低层次的测量数据。

4. 众数是指在总体中频率分布出现次数最多或频率最高的那个标志值，或者说是总体中最普遍的标志值。中位数是将总体各单位的标志值按大小顺序排列起来，处于中间位置的标志值。根据统计资料的分组情况和标志值的个数，众数和中位数有不同的计算方法。

5. 平均指标是在数值型数据中使用的测定集中趋势的度量指标，它代表了各单位标志值的一般水平，是对同质总体内各单位数量的差异进行抽象概括，其中个别标志值的偶然性被相互抵消，从而反映出总体分布的集中趋势。平均指标分为数值平均数和位置平均数。数值平均数包括算术平均数、调和平均数和几何平均数；位置平均数包括众数和中位数。

6. 算术平均数是平均指标中最常用、最基本的一种平均指标，它是统计总体中标志总量和单位总量的比值。调和平均数是总体中各个变量值的倒数的算术平均数的倒数，又称为倒数平均数。几何平均数是总体内 n 个标志值连乘积开 n 次方根，凡是标志值的连乘积等于总比率或总速度的场合都适宜用几何平均法计算平均比率或平均速度。根据统计资料是否分组，算术平均数、调和平均数、几何平均数分为简单和加权两种计算公式。

7. 数据的离散程度是反映各变量值远离其中心值程度的测度指标。离散程度指标可以反映变量值分布的离散程度，可以说明平均数代表性的大小，还可以反映社会经济活动过程的稳定性、节奏性和均衡性。根据数据类型的不同，数据的离散程度指标主要有异众比率、四分位差、极差、平均差、方差和标准差及测度相对离散程度的标准分数和离散系数等。

8. 异众比率是指非众数组的频数占总频数的比例，主要用于衡量众数对一组数据的代表程度。它主要适合测度分类数据的离散程度。

9. 四分位差也称为内距或四分间距，它是上四分位数与下四分位数之差，在一定程度上说明了中位数对一组数据的代表程度。

10. 极差又称为全距，是一组数据中最大值和最小值之差，反映该组数据的变动范围。它计算简单，易于理解，常用于检查工业产品质量等。但它容易受极端值的影响。

11. 平均差也称平均绝对离差，是总体中各变量值与其平均数的离差绝对值的算术平均数。计算公式分为简单计算和加权计算公式。由于其计算不便，实际中较少运用。

12. 方差是各变量值与其平均数离差平方的平均数。标准差是方差的平方根，又称均方差。方差与标准差的含义与平均差基本相同，也是各个变量值对其算术平均数的平均离差，由于方差(或标准差)在数学处理上比平均差优越，应用过程中基本没有不方便的情况，也比较客观地反映了数据离差的正负情况。所以，测定总体各单位数量变量值的平均离差通常以方差(或标准差)为标准。根据掌握的统计资料是否分组，标准差的计算分为简单和加权两种公式。

13. 标准分数是变量值与其平均数的离差除以标准差后得到的数值，也称标准化值或 z 分数。它给出了一组数据中各数据的相对位置。

14. 离散系数也称为变异系数，它是一组数据的离散程度指标与其相应的平均数之比的结果，表示现象离散程度的高低。离散系数分为全距系数、平均差系数和标准差系数。标准差系数是一组数据的标准差值与其相应的平均数之比的结果，是离散系数中最常用也是最准确的测度值。

统计术语

统计指标　statistical indicator
总量指标　amounts indicator
绝对数　absolute number
时期指标　period indicator
时点指标　point indicator
相对指标　relative indicator
相对数　relative number
结构相对指标　structural relative index
结构相对数　structural relative number
比重　proportion
比例相对指标　proportional relative index
比较相对指标　comparative index
动态相对指标　dynamic relative index
强度相对指标　relative strength index
　　severity rate
计划完成相对指标　relative indicators of planned completion
计划完成程度指标　plan completion indicators
计划完成百分数　percentage of planned completion
集中趋势　central tendency
众数　mode
中位数　median
四分位数　quartile
上四分位数　the upper quartile
下四分位数　the lower quartile
十分位数　decile
百分位数　percentile
统计平均数　median average
均值　mean
算术平均数　arithmetic mean
简单算术平均数　simple arithmetic mean
加权算术平均数　weighted mean
权数　weight
调和平均数　harmonic mean
　　harmonic average
　　harmean
几何平均数　geometric mean
异众比率　variation ratio
四分位差　quartile deviation
全距　range
离差　deviation from mean
平均差　mean deviation
　　mean absolute deviation
　　mean difference
　　average deviation
标准差　standard deviation
方差　variance
标准分数　standard score
离群点　outlier
切比雪夫不等式　Chebyshev's inequality
离散系数　coefficient of variation

思考与练习

一、判断题

1. 总体单位总量和总体标志总量,可以随研究对象的变化而发生变化。 ( )

2. 同一个总体,时期指标值的大小与时期长短成正比,时点指标值的大小与时点间隔成反比。 ( )

3. 人均国民生产总值是一个总量指标。 ( )

4. 全国粮食总产量与全国人口对比计算的人均粮食产量是平均指标。 ( )

5. 某工厂月末在册职工人数属于时点指标。 ( )

6. 用总体部分数值与总体全部数值对比得到的相对指标,说明总体内部的组成状况,这个相对指标是比例相对指标。 ( )

7. 国民收入中积累额与消费额之比为 1∶3,这是一个比较相对指标。 ( )

8. 2021 年某工业产品产量比去年增长的百分比,是一个结构相对指标。 ( )

9. 某企业生产某种产品的单位成本,计划在上年的基础上降低 2%,实际降低了 3%,则该企业差一个百分点,没有完成计划任务。 ( )

10. 某地区通过调查得知该地区每万人中拥有 46 名医生。该指标是一个强度相对指标。 ( )

11. 低层次数据的集中趋势测度值可以适用于高层次的测量数据。所以,众数可以用来测度分类数据、顺序数据和数值型数据的集中趋势。 ( )

12. 高层次数据的集中趋势测度值适用于低层次的测量数据。所以,算术平均数可以用来测度分类数据、顺序数据和数值型数据的集中趋势。 ( )

13. 一组数据中出现最多的变量值为中位数。 ( )

14. 中位数不可以用于测度分类数据的集中趋势,但可以用来测度数值型数据的集中趋势。 ( )

15. 众数和中位数都属于平均数,因此它们的取值都要受到总体内各变量值大小的影响。 ( )

16. 只有在数据量较大的情况下,计算和确定众数才具有实际意义。 ( )

17. 众数和中位数都属于位置代表值,因此它们的不受数据中极端值的影响。 ( )

18. 中位数也即二分位数,在研究收入分配时很有用。 ( )

19. 当一组数据的分布偏斜程度较大时,使用中位数也许是一个好的选择。 ( )

20. 平均指标中最常用、最基本的一种平均指标是几何平均数。 ( )

21. 权数对算术平均数的影响作用取决于权数本身绝对值的大小。 ( )

22. 算术平均数的大小,只受总体各单位标志值大小的影响。 ( )

23. 凡是标志值的连乘积等于总比率或总速度的场合都适宜用几何平均法计算平均比率或平均速度。 ( )

24. 当数据分布呈对称或接近对称分布时,适宜选择平均数作为集中趋势的代表值。当数据分布为偏态分布且偏斜程度较大时,适合选择众数和中位数作为集中趋势的代表值。 ( )

25. 变量数列的分布呈左偏分布时，则有：众数＞中位数＞算术平均数。（　　）

26. 离散指标既反映了统计资料中各标志值的共性，又反映了它们之间的差异性。（　　）

27. 异众比率是描述中位数代表性高低的离散程度指标。（　　）

28. 四分位差在一定程度上说明了中位数对一组数据的代表程度。所以，它主要用于测度顺序数据条件下中位数的离散程度。（　　）

29. 平均差反映了每个数据与平均数的平均差异程度，所以它是离散程度指标中最科学的指标。（　　）

30. 总体中各变量值之间的差异程度越大，标准差系数就越小。（　　）

二、单项选择题

1. 直接反映总体规模大小的综合指标是（　　）。

A. 变异指标　B. 总量指标　C. 相对指标　D. 平均指标

2. 总量指标按反映时间状况的不同，分为（　　）。

A. 数量指标和质量指标　B. 时期指标和时点指标

C. 总体单位总量和总体标志总量　D. 实物指标和价值指标

3. 下列统计指标中不属于总量指标的是（　　）。

A. 工资总额　B. 商品库存量

C. 商业网点密度　D. 进出口总额

4. 某商场销售洗衣机，2021 年共销售 6 000 台，年底库存 50 台，这两个指标是（　　）。

A. 时期指标　B. 时点指标

C. 前者是时期指标，后者是时点指标　D. 前者是时点指标，后者是时期指标

5. 将对比的基数抽象为 10，则计算出来的相对数称为（　　）。

A. 倍数　B. 百分数　C. 系数　D. 成数

6. 某厂 2020 年完成产值 2 000 万元，2021 年计划增长 10%，实际完成 2 310 万元，超额完成计划（　　）。

A. 5.5%　B. 5%　C. 115.5%　D. 15.5%

7. 某单位 2022 年 6 月份职工的出勤率为 95%，这个指标是（　　）。

A. 结构相对指标　B. 比较相对指标

C. 强度相对指标　D. 计划完成程度相对指标

8. 计算结构相对指标时，总体各部分数值与总体数值对比求得的比重之和（　　）。

A. 小于 100%　B. 大于 100%

C. 等于 100%　D. 小于或大于 100%

9. 如果计划任务数是五年计划中规定最后一年应达到的水平，则计算计划完成程度相对指标可采用（　　）。

A. 累计法　B. 水平法　C. 简单平均法　D. 加权平均法

10. 某企业的工人劳动生产率，计划提高 5%，实际提高了 10%，则提高劳动生产率的计划完成提高程度为（　　）。

A. $10\%-5\%$　B. 110%　C. $\frac{110\%}{105\%}-100\%$　D. $\frac{105\%}{110\%}-100\%$

11. 简单算术平均数只受到一个因素，即(　　)的影响。

A. 总体中各标志值大小　　B. 总体中组标志值权重

C. 总体中各标志值的个数　　D. 总体中总体中个标志值的单位

12. 在工资(元)分组：2 000 以下、2 000～3 000、3 000～8 000、8 000～20 000、20 000 以上中，20 000 以上组的组中值是(　　)。

A. 20 000　　B. 25 000　　C. 26 000　　D. 50 000

13. 一般计算平均比率或平均速度用(　　)。

A. 算数平均数　　B. 几何平均数

C. 中位数　　D. 众数

14. 一组数据中出现频数最多的变量值称为(　　)。

A. 众数　　B. 中位数　　C. 四分位数　　D. 平均数

15. 下列关于众数的描述，不正确的是(　　)。

A. 一组数据可能存在多个众数　　B. 众数主要适用于分类数据

C. 一组数据中众数是唯一的　　D. 众数不受极端值影响

16. 一组数据中处于中间位置的变量值称为(　　)。

A. 众数　　B. 中位数　　C. 四分位数　　D. 平均数

17. 一组数据排序后处于 25% 和 75% 位置上的值称为(　　)。

A. 众数　　B. 中位数　　C. 四分位数　　D. 平均数

18. 当 $M_0 > M_e > \bar{x}$ 时，统计资料的变量呈(　　)分布。

A. 正态分布　　B. 非正态分布　　C. 右偏分布　　D. 左偏分布

19. 加权算术平均数的大小(　　)。

A. 受各组次数 f 的影响最大

B. 受各组标志值 X 的影响最大

C. 只受各组标志值 X 的影响

D. 受各组次数 f 和各组标志值 X 的共同影响

20. 当(　　)时，加权算术平均数可以等于简单算术平均数。

A. 各组次数递增　　B. 各组次数大致相等

C. 各组次数相等　　D. 各组次数不相等

21. 非众数组的频数占总频数的比例称为(　　)。

A. 异众比率　　B. 离散系数　　C. 平均差　　D. 标准差

22. 反映统计资料中变量值变动范围的绝对值的是(　　)。

A. 极差　　B. 平均差　　C. 标准差　　D. 方差

23. 一组数据的最大值与最小值之差称为(　　)。

A. 平均差　　B. 标准差　　C. 极差　　D. 四分位差

24. 各变量值与其平均数的离差的平方的平均数称为(　　)。

A. 极差　　B. 平均差　　C. 标准差　　D. 方差

25. 离中趋势指标中，最容易受极端值影响的是(　　)。

A. 极差　　B. 平均差

C. 标准差　　D. 标准差系数

26. 在统计工作中最常用和最重要的标志变异指标是(　　)。

A. 极差　　B. 四分位差　　C. 平均差　　D. 标准差

27. 变量值与其平均数的离差除以标准差后的值称为(　　)。

A. 标准分数　　B. 离散系数　　C. 方差　　D. 标准差

28. 如果一个数据的标准分数为-2,表明该数据(　　)。

A. 比平均数高出 2 个标准差　　B. 比平均数低 2 个标准差

C. 等于 2 倍的平均数　　D. 等于 2 倍的标准差

29. 离散系数的主要用途是(　　)。

A. 反映一组数据的离散程度　　B. 反映一组数据的平均水平

C. 比较多组数据的离散程度　　D. 比较多组数据的平均水平

30. 在比较两组数据的离散程度时,不能直接比较它们的标准差,因为两组数据的(　　)。

A. 标准差不同　　B. 方差不同

C. 数据个数不同　　D. 计量单位不同

三、多项选择题

1. 为研究某地工业企业总体的状况,经对企业调查资料汇总,得到该地区工业企业 2021 年 12 月 31 日职工总数为 110 万人。这一职工总数指标是(　　)。

A. 总量指标　　B. 总体单位总量指标

C. 总体标志总量指标　　D. 时期指标

E. 时点指标

2. 时点指标的特点有(　　)。

A. 可以连续计数　　B. 只能间断计数

C. 数值的大小与时间长期有关　　D. 数值可以直接相加

E. 数值不能直接相加

3. 下列各项中属于时期指标的是(　　)。

A. 产品产量　　B. 商品库存量

C. 年底职工人数　　D. 年末设备台数

E. 工资总数

4. 相对指标的表现形式主要有(　　)。

A. 有名数　　B. 倍数　　C. 成数　　D. 百分数

E. 千分数

5. 下列指标中的结构相对指标是(　　)。

A. 国有制企业职工占总数的比重

B. 某工业产品产量比上年增长的百分比

C. 大学生占全部学生的比重

D. 中间投入占总产出的比重

E. 某年人均消费额

6. 下列指标中强度相对指标是(　　)。

A. 人口密度　　B. 平均每人占有粮食产量

C. 人口自然增长率　　D. 人均每国内生产总值
E. 生产工人劳动生产率

7. 在相对指标中，分子和分母可以互换的指标有(　　)。
A. 强度相对指标　　B. 动态相对指标
C. 结构相对指标　　D. 比较相对指标
E. 计划完成程度相对指标　　F. 比例相对指标

8. 可以测度顺序数据和数值型数据的集中趋势值的指标是(　　)。
A. 众数　　B. 中位数　　C. 四分位数　　D. 算术平均数
E. 几何平均数

9. 下列说法中正确的是(　　)。
A. 低层次数据的集中趋势测度值适用于高层次的测量数据
B. 高层次数据的集中趋势测度值不适用于低层次的测量数据
C. 低层次数据的集中趋势测度值不适用于高层次的测量数据
D. 高层次数据的集中趋势测度值适用于低层次的测量数据
E. 所有数据的测度值适用于所有层次的测量数据

10. 不受极端变量值影响的集中趋势测度值有(　　)。
A. 众数　　B. 中位数　　C. 算术平均数
D. 调和平均数　　E. 几何平均数

11. 四分位数包括(　　)。
A. 众数　　B. 中位数　　C. 下四分位数
D. 上四分位数　　E. 标准分数

12. 下列关于调和平均数的说法准确的是(　　)。
A. 调和平均数和算术平均数的数学性质基本相同，同一资料计算结果也相同
B. 一般当统计资料反映的是计算公式的分母时采用调和平均数计算平均指标
C. 一般当统计资料反映的是计算公式的分子时采用调和平均数计算平均指标
D. 通常我们将调和平均数称作算术平均数的变形
E. 它是位置平均数

13. 平均指标的作用有(　　)。
A. 判断统计数据分布的一般水平
B. 反映统计数据在时间维度和空间维度上的变化规律
C. 其他统计指标的计算基础
D. 判断统计数据分布的离散程度
E. 可以说明众数的代表性高低

14. 易受极端值影响的指标有(　　)。
A. 位置平均数　　B. 算术平均数　　C. 调和平均数　　D. 异众比率
E. 极差

15. 计算平均指标时，根据统计资料是否分组可以分为(　　)的计算。
A. 数值平均数　　B. 位置平均数　　C. 简单平均数　　D. 加权平均数
E. 开方计算法

16. 加权算术平均数受到(　　)的影响。
   A. 总体中各标志值的大小　　B. 总体中各组标志值出现的次数
   C. 总体中个标志值的单位　　D. 总体中标志值组数的多少
   E. 总体变量值差异程度
17. 当总体单位标志值分布十分偏斜时,用(　　)进行集中趋势分析较好。
   A. 算术平均数　B. 几何平均数　C. 中位数　D. 众数
   E. 调和平均数
18. 几何平均数在应用的时候有一定的局限性,表现在如下几个方面(　　)。
   A. 几何平均数受极端变量值的影响
   B. 如果被平均的变量值中某一标志值为零,则计算结果为零
   C. 如果被平均的变量值中某数为负,则计算出的几何平均数就会为负数或虚数
   D. 几何平均数主要适用于计算统计数据呈等比数列或接近等比数列的平均指标
   E. 几何平均数在现象处于对称分布时不适用
19. 当比较不同统计总体某一不同单位数量特征的差异时,采用(　　)较为合适。
   A. 极差　B. 标准差　C. 全距系数　D. 标准差系数
   E. 异众比率
20. 离散程度指标的作用体现在(　　)。
   A. 可以反映总体单位变量值分布的离散程度
   B. 可以说明平均数代表性的大小
   C. 可以反映社会经济活动过程的稳当性、节奏性和均衡性
   D. 可以反映总体单位变量值分布的集中程度
   E. 可以说明现象的高低层次

四、简答题

1. 什么是总量指标?它在社会经济统计中有何作用?计算总量指标有哪些要求?
2. 什么是相对指标?它有哪几种形式?有什么作用?
3. 结构相对指标、比例相对指标和比较相对指标有何不同的特点?试举例说明。
4. 强度相对指标与其他相对指标的区别是什么?
5. "如果计划完成情况相对指标大于100%,则肯定完成了计划任务"这句话正确吗?为什么?
6. 计算和应用相对指标应注意哪些问题?
7. 2020年全国农民工总量28 560万人,比上年减少517万人,下降1.8%。省内就业农民工占外出农民工的比重为58.4%,比上年提高1.5个百分点。从输出地看,东部地区输出农民工10 124万人,比上年减少292万人,下降2.8%,占农民工总量的35.4%;在东部地区务工人数减少最多,中西部地区吸纳就业的农民工继续增加。

请问:以上诸指标中哪些是总量指标?哪些是相对指标?并指出它们分别属于什么相对指标。

8. 一组数据中的分布特征可以从哪几个方面进行测度?
9. 简述众数、中位数和平均数的特点和应用场合。
10. 怎样理解平均数在统计学中的地位?

11. 简述异众比率、四分位差、方差或标准差的应用场合。

12. 标准分数有哪些用途?

13. 简述计算离散系数的必要性。

五、应用能力训练

1. 某工业企业2020年某产品单位成本为520元,2021年计划规定单位成本比上年降低7%,实际比去年降低了8.5%,试确定2021年单位成本的计划数和实际数,并计算2021年企业该产品单位成本降低率计划完成程度指标。

2. 甲乙两地区2021年主要农产品产量资料如下表所示。

农产品类别	甲地区/万吨	乙地区/万吨
粮食	260	210
油料	4	16
棉花	3	4
水果	45	22

2021年甲乙两地区的人口数分别为1 800万人和1 400万人。

要求:根据上述资料,对两地区的总量指标和强度相对指标进行对比,求出各自的比较相对指标,并进行分析。

3. 下表列出了我国人口和土地面积的资料(数据来源于中华人民共和国国家统计局:《第七次全国人口普查公报》和《第六次全国人口普查公报》)。国土面积960万平方公里。

单位:万人

项　　目	2010年	2020年
人口总数	133 972	141 178
男	68 685	68 844
女	65 287	72 334

请根据资料计算出全部可能的相对指标,并指出它们属于哪一种相对指标。

4. 试根据某企业员工每日加工零件资料,计算该企业员工的日加工零件数量。

按日加工零件分组/件	员工人数/人
65	10
70	25
75	40
80	18
85	7

5. 某公司下属10个企业,某年产品合格率资料如下表所示。

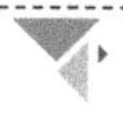

合格率/%	企　业　数	产品总量/件
70～80	2	34 000
80～90	3	70 000
90～100	5	36 000
合　计	10	140 000

要求：计算该企业产品的平均合格率。

6. 某市场上有三种鸡蛋，每公斤分别为 16 元、18 元、20 元，试计算：

(1) 各买 10 公斤，平均每公斤多少钱？

(2) 各买 10 元，平均每公斤多少钱？

7. 某企业生产一种产品需顺次经过四个程序，这四个程序的废品率分别为 1.2%、1.5%、1.3%和 1.8%，该企业生产的平均废品率是多少？

8. 某大学学生月生活费支出的抽样调查资料如下表所示。

生活费支出/元	学生人数/人
900 以下	7
900～1 100	10
1 100～1 300	21
1 300～1 500	16
1 500～1 700	5
1 700～1 900	2
1 900 以上	1

试计算该学校学生月生活费支出的算术平均数、众数和中位数，并判断该学校学生月生活费支出的分布特点。

9. 一家汽车 4S 店有 10 名销售人员，其 3 月份销售汽车数量(单位：辆)排序后如下：

2　4　7　10　10　10　12　12　14　15

要求：

(1) 计算汽车销售量的众数、中位数和平均数；

(2) 计算销售量的四分位数；

(3) 计算销售量的标准差；

(4) 说明汽车销售量的分布特征。

10. 在两个大学分别随机抽取 60 个学生，调查后得到其每月用于上网支出的数据如下表所示。

甲　学　校		乙　学　校	
网费支出额/元	学生人数/人	网费支出额/元	学生人数/人
300	3	280	3

续表

甲　学　校		乙　学　校	
350	9	320	10
380	15	380	24
400	23	420	18
460	7	500	1
510	3	620	4
合　计	60	合　计	60

试根据上述资料计算说明哪所学校的网络使用费更具代表性。

11. 某企业的甲乙两个车间生产同种 LED 灯，抽查其耐用时间的分组资料如下表所示。

耐用时间/月	抽查 LED 灯数/只	
	甲车间	乙车间
48 以下	3	3
48～60	7	8
60～72	9	10
72～84	10	10
84～96	8	7
96 以上	3	2
合　计	40	40

(1) 哪个车间生产的 LED 灯耐用时间长？

(2) 哪个车间生产的 LED 灯耐用时间差异较大？

12. 两商场销售员销售收入的资料如下表所示。

商　　场	销售员平均销售收入/万元	标准差/万元
甲商场	16 000	600
乙商场	8 000	400

试问：哪一个商场的销售员销售收入更有代表性？

13. 一种产品需要人工组装，现有三种可供选择的组装方法。为检验哪种方法更恰当，随机抽取 15 个工人，让他们分别用三种方法组装，分别在相同时间内组装后的产品产量如下表所示。

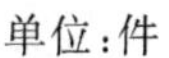

单位:件

方法 A	方法 B	方法 C
164	129	125
167	130	126
168	129	126
165	130	127
170	131	126
165	130	128
164	129	127
168	127	126
164	128	127
162	128	127
163	127	125
166	128	126
167	128	116
166	125	126
165	132	125

要求：

(1) 你准备采用哪些指标来评价组装方法的优劣?

(2) 如果让你选择一种方法,你会作出怎样的选择? 试说明理由。

第五章 数据的抽样推断与假设检验

【学习目的】

本章的学习目的在于认识抽样推断的作用，理解抽样推断的基本概念、基本内容和抽样推断的基本原则，掌握抽样误差的种类及计算方法。本章的学习要求如下。

（1）理解什么是抽样误差，以及抽样误差的特点和使用环境。

（2）重点掌握抽样误差的表现形式及其计算方法。

（3）掌握抽样推断的基本方法。

（4）掌握点估计的方法；理解点估计的优良性准则；掌握区间估计的计算方法。

（5）掌握假设检验的基本原理和总体均值的假设检验的计算方法。

第一节　抽样推断概述

一、抽样推断的概念、特点与作用

（一）抽样推断的含义

抽样推断(sampling deduction)是指按照随机的原则从全部对象（总体）中抽取一部分单位（样本）进行观察，并依据获得的数据对全部研究对象的数量特征作出具有一定可靠性的估计判断，从而达到通过样本的信息对总体的数量特征进行科学估计与推断的一种方法（这里主要是指随机抽样调查）。抽样推断包括抽样调查与统计推断两部分。抽样调查是一个非全面调查，它是按照随机的原则从总体中抽出部分单位进行调查，目的是推断总体；统计推断是根据抽样调查所获得的样本信息，对总体的数量特征作出具有一定可靠程度的估计和推断。抽样推断所产生的误差是可以计算并可以加以控制的。

例如，想了解市民对公共交通的满意程度，理论上应对每个市民都进行调查，询问他们的满意度，这样的调查可得到准确的结论。但一个城市居民人数有几十万或几百万，做全面调查成本太高，所以通常的做法是，随机抽取一部分市民，对部分市民进行调查，然后根据这些调查数据，对所有市民对公共交通的满意情况进行合理的推断。

（二）抽样推断的特点

抽样推断的特点，归纳起来有以下几点。

第一，抽样推断是一种由部分推算整体的研究方法。虽然认识总体的数量特征是目的，但在实际生活中人们通常只能掌握部分的实际资料，在认识上就形成了全局与局部的矛盾。这种矛盾在现实中是大量存在的。例如，要了解某一品种棉花纤维的长度，一般不可能对每根纤维都进行检测；又如要了解某种种子的发芽率，通常也不可能对所有的种子都进行催芽试验；城市居民家庭收支、民意测验等，也难以开展挨家挨户的调查。如果在方法上不能解决这个问题，那么统计的认识活动就会受到限制，统计科学也很难得到发展。抽样推断原理解决了这一矛盾，它科学地论证了样本指标和相应的总体参数之间存在着内在联系，而且两者的误差分布也是有规律可循的，这就有效地提供了通过实际调查所得到的部分信息，以此推断总体数量特征的方法，大大提高了统计分析的认识能力。

第二，抽样推断建立在随机抽样的基础上。所谓随机原则，就是总体中样本单位的中选或不中选不受主观因素的影响，每个单位都有相等的中选可能性，最终哪些单位被告抽中，哪些单位不被抽中，由偶然因素决定。按随机原则抽取样本单位，是抽样推断的前提。坚持随机原则，就有更大的可能性使所抽取的样本保持和总体类似的结构，使样本成为真正的总体“缩影”。当然，坚持随机原则并不意味着不发挥人们对客观事物已有的认识作用。充分利用已有的辅助信息，改善抽样调查的组织形式，减少抽样估计的误差，正是抽样调查所要考虑的。

第三，抽样推断运用概率估计的方法。利用样本指标来估计总体参数，在数学上运用不确定的概率估计的方法，而非确定的数学分析方法。概率估计的基本思路是，抽取样本并根据实际观察所取得的数据，计算一定的抽样指标并用其来代表相应的总体指标究竟可能性有多大，或者说抽样指标与总体指标之间误差不超过一定范围的可能性有多大。如果估计的准确性和可靠性都达到了允许的要求，就可以用该抽样指标作为总体指标的估计值，否则就要改善抽样组织，重新进行抽样，直到符合要求为止。

第四，抽样推断的误差可以事先计算，并加以控制。抽样推断是以部分资料推算全体，虽然也存在一定的误差，但与其他统计估算不同，它的抽样误差范围可以事先通过有关资料加以计算，并且能够采取各种组织措施来控制这一误差的范围，保证抽样推断的结果达到一定的可靠程度。

（三）抽样推断的作用

随着抽样理论和技术的不断发展，抽样推断发挥着日益重要的作用，具体表现在以下几个方面。

第一，对那些不可能进行全面调查或很难进行全面调查的问题，应该采用抽样推断的方法。例如，对那些具有破坏性或消耗性的产品进行质量检验，像炮弹的杀伤半径的检验、灯泡的使用寿命的检验、电视机抗震能力试验、罐头食品的卫生检查等,都是不可能进行全面调查的,只能采用抽样推断的方法。另外,对于无限总体或总体的范围过大时,就很难进行全面调查。例如,江河湖海中的鱼尾数、大气或海洋的污染情况等,都属于这种情况。

第二,对那些不便于、不需要采用全面调查的问题可以采用抽样推断的方法。某些理论上可以进行全面调查的现象,采用抽样推断可以达到事半功倍的效果。例如,要了解全国城乡居民的家庭收入状况,从理论上讲这是有限总体,可以挨门逐户进行全面调查,但是调查范围太大,调查单位太多,实际上难以办到,缺乏可操作性,也没有必要。

采用抽样推断既可以节省人力、物力、费用和时间,提高调查结果的时效性,又能达到和全面调查同样的目的和效果。

第三,抽样推断可以用来检验和修正全面调查资料。全面调查的调查单位多、涉及面广,参加推断汇总的人员也多,水平不齐,因而发生登记误差和计算性误差的可能性就大。在全面调查结束后,选择一定范围进行抽样推断,可以检验全面调查资料的质量,可以用抽样推断结果对全面调查资料进行修正,进一步提高全面调查资料的准确性。例如,人口普查后,可用抽样调查来检验其准确性,对其调查资料进行补充和修正。

第四,抽样推断方法可以用于工业生产过程中的质量控制。抽样推断不但广泛地用于生产结果的核算和估计,而且有效地应用于对成批或大量连续生产的工业产品在生产过程中进行质量控制,检查生产过程是否正常。根据抽样推断反映的产品质量信息,能够进一步分析生产过程是否失控,从而找出影响因素,以便及时采取措施,使生产能正常进行,防止出现不必要的损失。

第五,利用抽样推断的方法,可以对某种总体的假设进行检验,来判断这种假设的真伪,以决定取舍。由于事物的发展是复杂的、随机的和不确定的,因此,人们可以借助抽样推断,对某些未知总体的假设进行真伪判断,以此获得比较正确的决策。例如,新教学法的采用、新工艺新技术的改革、新医疗方法的使用等是否收到明显效果,须对未知的或不完全知道的总体作出一些假设,然后利用抽样推断的方法,根据实验材料对所做的假设进行检验,作出判断。

总之,抽样推断是一种科学实用的统计方法,在自然科学与社会科学领域都有着广泛的应用。

二、抽样推断的内容

抽样推断的前提是我们对总体的数量特征不了解或了解很少。而抽样推断的目的并不在于了解样本的数量特征,而在于掌握总体的有关指标,利用抽样推断方法去解决这类问题,可以有多种途径,因此抽样推断的主要内容也就有两个方面,即参数估计和假设检验。两者的基础是共同的,都是利用样本观察值所提供的信息,对总体做出估计或判断,但两者应用的角度有所不同,解决问题的着重点也有所区别。

(一)参数估计

根据所获得的样本数据,对所研究现象总体的数量特征(如总体的水平、结构、规模等数量特征)进行估计,这种推断方法称为总体参数的估计(parameter estimation)。例如,粮食产量抽样调查、居民家计抽样调查、产品质量抽样调查、民意抽样测验等都是属于参数估计的推断方法。

总体参数的估计是统计推断的中心内容，其基本思想是对不同的估计问题构造不同的函数，来反映部分单位与总体之间的主要关系信息，并舍弃无关的次要部分，利用其主要关系来对总体作出推算和分析。由于社会经济统计在绝大多数场合都要求对总体的各项综合指标作出客观的估计，而参数估计恰好能满足这一方面的要求，所以参数估计推断方法在实际工作中被广泛采用。参数估计包括许多内容，如确定估计值，确定估计的优良标准并加以判别，求估计值和被估计参数之间的误差范围，计算在一定误差范围内所作推断的可靠程度，等等。

（二）假设检验

假设检验（hypothesis testing）也称显著性检验（test of statistical significance），是用来判断样本与样本、样本与总体的差异是由抽样误差引起还是本质差别造成的统计推断方法。其基本原理是先对总体的特征作出某种假设，然后通过抽样研究的统计推理，对此假设应该被拒绝还是接受作出推断。例如，对某些生物现象进行抽样时，由于生物个体差异是客观存在的，以致差异个体也有被抽取到的概率，所以抽样误差不可避免，我们不能仅凭个别样本的值来下结论。当遇到两个或几个样本均数（或率）、样本均数（率）与已知总体均数（率）有大有小时，应当考虑到造成这种差别的原因有两种可能：一是这两个或几个样本均数（或率）来自同一总体，其差别仅仅由于抽样误差即偶然性所造成；二是这两个或几个样本均数（或率）来自不同的总体，即其差别不仅由抽样误差造成，而主要是由实验因素不同所引起的。假设检验的目的就在于排除抽样误差的影响，区分差别在统计上是否成立，并了解事件发生的概率。

在质量管理工作中经常遇到两者进行比较的情况，如采购原材料的验证，我们抽样所得到的数据在目标值两边波动，有时波动很大，这时你如何进行判定这些原料是否达到了我们规定的要求呢？再例如，你先后做了两批实验，得到两组数据，你想知道在这两批实验中合格率有无显著变化，怎么做呢？你可以使用假设检验这种统计方法，来比较你的数据，它可以告诉你两者是否相等，同时也可以告诉你，在你作出这样的结论时，你所承担的风险。假设检验的思想是，先假设两者相等，然后用统计的方法来计算验证你的假设是否正确。总而言之，假设检验是指根据经验或不成熟的认识，在对总体的有关分布函数、分布参数或数字特征等信息作出某种假设的前提下，为了确定该假设的正确性，而从总体中随机抽取部分单位，利用部分与总体之间的关系来对所提出的假设作出判断，以决定是否接受该假设的过程。

三、抽样推断中的基本概念

（一）总体和样本

总体（population），即全及总体，又称母体，它是指所要认识的，具有某种共同性质的许多单位的集合体。例如，研究全国农村居民的家庭收入情况，全部农村居民户就是所要研究的全及总体。全及总体的单位数反映总体的容量，用符号 N 来表示。

样本（sample），即样本总体或抽样总体，又称子样，是指从全及总体中按照随机原则抽取的一部分单位构成的集合体。它是统计对象中的一部分，它能反映出统计总体的基本特征。样本的单位数称为样本容量，通常用小写英文字母 n 来表示。由于样本总体是按随机原则抽取的，因而它本身也是一种随机变量。例如，要调查某种产品的质量，从生产的所有该种产品的 20 万件中随机抽取 10 000 件进行检验，则 200 000 件产品构成全及总体，$N=200\ 000$，10 000 件产品为样本总体，$n=10\ 000$。

根据样本容量 n 的多少，可以划分大样本和小样本。当 $n\geqslant 30$ 时，称为大样本。在社会经济现象的抽样调查中，绝大多数采取大样本；当 $n<30$ 时，称为小样本。样本总体的单位数远比全及总体的单位数少，n/N 称为抽样比例，通常是一个很小的数。在具体抽样工作中，应根据被研究对象的性质和具体的任务来确定抽样比例。随着样本容量的增大，样本对总体的代表性会越来越高，并且当样本单位数足够多时，样本平均数越接近总体平均数。

对于一次抽样调查，全及总体是唯一确定的，样本总体却是不确定的，一个全及总体可能抽出很多个样本总体，样本的个数和样本的容量有关，也和抽样的方法有关。

（二）变量总体和属性总体

根据研究内容不同，总体有变量总体和属性总体之分。如果每一个总体单位就所研究的标志可以取不同的量，此时的研究总体称为变量总体。如果有些现象总体就所研究的标志只表现为两种性质上的差异，例如，产品的质量表现为合格或不合格，观众对某一电视节目表现为收看或不收看，学生成绩表现为及格或不及格，等等，这些只表现为是或否、有或无的标志称为交替标志，也称为是非标志，此时的研究总体称为属性总体。

（三）总体指标和样本指标

1. 总体指标

无论对于总体还是样本都可以使用平均数、中位数、众数与标准差等量来描述它们的特征。在统计学中，当用它们来描述总体的特征时，称为全及指标。由于全及总体是唯一确定的，因此全及指标的数值是确定的，也是唯一的，它反映总体的某种属性或特征，也称为总体参数。因此，参数是总体的数量特征。对于某个总体来说，其参数是定值。但是在某一实际问题中，总体参数通常是未知的，这就需要通过样本数据所提供的总体的有关信息对参数进行推断。

一个总体常常有多个参数，这些参数从各个不同的角度反映总体分布的基本情况和特征。通常人们最关心的就是表示总体分布集中趋势和离散趋势的两个参数，即总体的均值、方差和标准差。

总体参数由于标志的性质不同计算方法也不同。

1）在变量总体条件下

平均数：

$$\overline{X}=\frac{\sum X}{N} \quad \text{（简单算术平均数）} \tag{5-1}$$

或

$$\overline{X}=\frac{\sum XF}{N} \quad \text{（加权算术平均数）} \tag{5-2}$$

方差：

$$\sigma^2=\frac{\sum (X-\overline{X})^2}{N} \quad \text{（简单式）} \tag{5-3}$$

或

$$\sigma^2=\frac{\sum(X-\overline{X})^2\cdot F}{\sum F}\quad（加权式）\tag{5-4}$$

标准差：

$$\sigma=\sqrt{\frac{\sum(X-\overline{X})^2}{N}}\quad（简单式）\tag{5-5}$$

或

$$\sigma=\sqrt{\frac{\sum(X-\overline{X})^2\cdot F}{\sum F}}\quad（加权式）\tag{5-6}$$

式中：X 为总体平均数；σ^2 为总体方差；σ 为总体标准差。

2）在属性总体条件下

对于总体中的属性标志，由于各单位标志表现不能用数量来表示，因此总体参数常以成数 P 来表示总体中具有某种性质的单位数在总体全部单位数中所占的比重，以 Q 表示总体中不具有某种性质的单位数在总体中所占的比重。

设在 N 个单位中，具有某种属性的总体单位数为 N_1，不具有某种属性的总体单位数为 N_0，$N_1+N_0=N$，则有

$$P=\frac{N_1}{N},\quad Q=\frac{N_0}{N}=\frac{N-N_1}{N}=1-P\tag{5-7}$$

式中：P、Q 代表总体成数。可以看出，同一总体两种成数之和等于1。

2. 样本指标

根据样本总体各单位标志值或属性特征计算的指标称为样本指标，也称为样本统计量。由于样本是随机变量，而统计量是样本变量的函数，所以统计量也是随机变量。统计量与总体参数相对应，有样本平均数（或样本成数）、样本标准差（或样本方差）等。统计量一方面表示样本本身的分布状况和特征，另一方面也是总体参数的估计量。

1）在变量总体条件下

平均数：

$$\overline{x}=\frac{\sum x}{n}\quad（简单算术平均数）\tag{5-8}$$

或

$$\overline{x}=\frac{\sum xf}{\sum f}\quad（加权算术平均数）\tag{5-9}$$

方差：

$$s^2=\frac{\sum(x-\overline{x})^2}{n}\quad（简单式）\tag{5-10}$$

或

$$s^2=\frac{\sum(x-\overline{x})^2f}{\sum f}\quad（加权式）\tag{5-11}$$

标准差：

$$s=\sqrt{\frac{\sum (x-\overline{x})^2}{n}} \quad （简单式） \tag{5-12}$$

或

$$s=\sqrt{\frac{\sum (x-\overline{x})^2 f}{\sum f}} \quad （加权式） \tag{5-13}$$

式中：n 为样本容量；s^2 为样本方差；s 为样本标准差。

2）在属性总体条件下

由于样本各单位的标志表现不能用数量表示，因此样本统计量通常以成数 p 来表示样本中具有某种性质的单位数在样本单位数中所占的比重，以 q 表示样本中不具有某种性质的单位数在样本中所占的比重。

设在样本 n 个单位中，具有某种属性的样本单位数为 n_1，不具有某种属性的样本单位数为 n_0，$n_1+n_0=n$，则

$$p=\frac{n_1}{n}, \quad q=\frac{n_0}{n}=\frac{n-n_1}{n}=1-p \tag{5-14}$$

式中：p、q 代表样本成数。可以看出，同一样本两种成数之和等于 1。

现将上述基本概念及其代表符号归纳于表 5-1。

表 5-1　常见总体指标和样本指标统计表

指　　标	全 及 指 标	样 本 指 标
单位数	N	n
平均数	$\overline{X}$	$\overline{x}$
成数	$P=\frac{N_1}{N}$　$Q=\frac{N_0}{N}$　$P+O=1$	$p=\frac{n_1}{n}$　$q=\frac{n_0}{n}$　$p+q=1$
方差	σ^2	s^2
标准差	σ	s

（四）重复抽样和不重复抽样

从抽样方法来看，抽样可以有重复抽样和不重复抽样两种。

1. 重复抽样

重复抽样是指从总体 N 个单位中，随机抽取一个样本单位，对其有关标志或标志表现进行登记之后又放回总体，第二次再从全部 N 个单位中抽取第二个样本单位，对其有关标志和标志表现登记之后再放回去，以此类推，直到抽够样本容量 n 为止。因此，重复抽样的样本是由 n 次相互独立的连续试验构成的，每次试验在完全相同的条件下进行，每个单位中选的机会在各次抽样中完全相等。例如，从总体 10 个单位中抽取 2 个单位为样本，抽取第一个样本单位时每个总体单位被抽中的机会为 1/10；抽取第二个样本单位时，每个总体单位被抽中的机会仍然是 1/10。可见，在重复抽样时：

（1）总体数目在抽样过程中始终不变（始终为 N）；

(2) 总体中各单位被抽中的可能性前后相同;

(3) 总体中各单位有被重复抽中的可能。

2. 不重复抽样

不重复抽样是从总体 N 个单位中,随机抽取一个样本单位,登记其标志之后不再放回总体,而是从剩下的总体($N-1$)个单位中抽取第二个样本单位,以此类推,最后从剩下的($N-n+1$)个单位中抽取第 n 个样本单位为止。因此,不重复抽样的样本也由 n 次连续抽选的结果构成,但连续 n 次抽选的结果不是相互独立的,每次抽取的结果都影响下一次抽取,因而每个单位的中选机会在各次抽样中是不相同的。例如,从总体 10 个单位中抽取 2 个单位为样本,抽取第一个样本单位时每个总体单位都有 1/10 的中选机会;而抽取第二个样本单位时,每个总体单位就有 1/9 的中选机会,因此每个总体单位在各次抽取时的中选机会是不同的。可见,在不重复抽样时:

(1) 总体数目在抽取过程中逐渐减少(每次减少 1);

(2) 总体中各单位被抽中的可能性前后不断变化;

(3) 总体中各单位没有被重复抽中的可能。

第二节　抽样误差

一、抽样误差的概念

用抽样指标来估计全及指标是否可行,关键问题在于抽样误差。抽样误差的大小表明抽样效果的好坏,如果误差超过了允许的限度,抽样调查就失去了意义,所以我们必须对抽样误差加以讨论。

在统计调查过程中所得出的统计数字与客观实际数量之间存在一定的差别,统称为统计误差。由于造成统计误差的原因不同,它可以分为登记性误差和代表性误差。

登记性误差是指在调查过程中,由于主客观原因的影响而引起的诸如测量错误、记录错误、计算错误、抄录错误及被调查者所报不实、遗漏或重复调查等原因而造成的误差。在一切调查中,都可能产生登记性误差。登记性误差可以通过提高调查人员的思想素质和业务水平,改进调查方法和组织工作,建立严格的工作责任制加以避免或降到最低限度。

代表性误差是由于样本各单位的结构不足以代表总体而引起的误差。代表性误差的发生有两种情况。一种情况是,由于违反抽样调查的随机原则,如有意多选较好的单位或较坏的单位进行调查。这样做,所据以计算的抽样指标必然会出现偏高或偏低的现象,造成系统性误差。系统性误差和登记性误差都属于思想、作风、技术问题,可以防止和避免,也可以采取措施将其减小到最小限度。另一种情况是,虽然遵守随机原则,但由于调查范围的非全面性及样本的随机性而产生的样本指标与总体指标之间的误差,称为随机(性)误差。

抽样误差(sampling error)是指由于随机抽样的偶然因素使样本结构不足以代表总体结构而引起的抽样指标与全及指标之间的离差。具体表现为样本平均数与总体平均数的绝对离差、样本成数与总体成数之间的绝对离差等。抽样误差是抽样调查所固有的,无法避免与消除,但可以运用数学方法计算其数量界限,并通过抽样设计程序控制其范围。

例如,某专业 100 名同学中有 60 名男同学和 40 名女同学,现在随机抽取 10 名同学为样本，由于随机的原因未必都能抽到6名男同学和4名女同学，使得利用样本计算的性别比例指标不能代表该专业全体同学的性别比例指标，而使样本指标与总体指标之间存在绝对离差，这就是抽样误差。

二、抽样误差的可靠程度

（一）概率度

概率度(Degree of Probability)是指在抽样分布中，用于衡量样本统计量与总体参数之间差异程度的指标，通常用z或t表示：当总体标准差已知且样本量较大时用z，总体标准差未知时常用t。它反映了样本统计量偏离总体参数的相对程度，通过概率度可以确定抽样误差的范围。

在标准正态分布中，概率度z值与相应的概率面积存在对应关系。比如双侧概率度$z_{\alpha/2}$，当$\alpha = 0.05$(即置信度为95%)时，$z_{\alpha/2}=1.96$；当$\alpha = 0.01$(置信度为99%)时，$z_{\alpha/2}=2.58$。在t分布中，t值的大小取决于自由度和给定的概率水平，自由度$df = n-1$(n为样本容量)，可通过查阅t分布表获取具体t值。

（二）置信度

置信度(Confidence Level)：也称为置信水平，是指总体参数落在样本统计量所构造的置信区间内的概率水平，常用百分数表示，如90%、95%、99%等。它表示了我们对所估计的抽样结果的可靠程度，是对抽样估计可靠性的一种度量。

置信度与置信区间紧密相关。以均值的置信区间为例，若计算出一个样本均值的95%置信区间为(a,b)，意味着在多次抽样并构造置信区间的情况下，大约有95%的置信区间会包含总体均值。

三、抽样误差的表现形式

（一）抽样实际误差

抽样实际误差是指在某一次具体的抽样调查中，由随机因素引起的样本指标与总体指标之间的离差，常用R表示。如样本平均数与总体平均数之间的绝对离差，样本成数与总体成数之间的绝对离差。但是在抽样中，由于总体指标数值是未知的，因此抽样实际误差是无法计算与测定的。同时，抽样实际误差仅仅是一系列可能出现的误差数值之一，因此，抽样实际误差不能概括所有可能产生的抽样误差。

（二）抽样平均误差

抽样平均误差就是样本平均数或样本成数的标准差，它反映样本平均数(或样本成数)与总体平均数(或总体成数)的平均误差程度，通常用μ表示。

由于样本是按随机原则抽取的，所以在同一总体中，按相同的抽样数目，可以抽出许多样本，而每次抽出的样本都可以计算出相应的样本平均数、样本成数和抽样误差。也就是说，理论上可以计算出很多个抽样误差，它们带有偶然性，有的可能是正误差，有的可能是负误差，有的绝对值可能大些，有的绝对值可能小些。为了用样本指标去推算总体指标，就需要计算这些抽样误差的平均数，这就是抽样平均误差，用以反映抽样误差的一般水平。

设以 μ 表示抽样平均数的抽样平均误差，y 表示抽样成数的抽样平均误差，M 表示样本的可能数目，则

$$\mu_{\bar{x}}=\sqrt{\frac{\sum(x-\overline{X})^2}{M}} \tag{5-15}$$

$$\mu_p=\sqrt{\frac{\sum(p-P)^2}{M}} \tag{5-16}$$

以上这些公式只是理论上计算抽样误差的公式，在实际操作中由于样本的可能数目很多，总体指标 X 或 P 也是未知的，故按上述公式来计算抽样平均误差实际上是不可能的。因此，抽样平均误差只能通过样本指标的标准差与总体标准差及样本单位数之间的关系来计算，另外还要考虑抽样组织形式和抽样方法。下面仅就纯随机抽样组织形式下的重复抽样和不重复抽样两种抽样方法的抽样平均误差的计算进行介绍。

1. 平均数的抽样平均误差

1）在简单随机重复抽样下

在简单随机重复抽样的条件下，抽样平均数的平均误差与总体的变异程度和样本容量大小两个因素有关。它们的具体关系如下：

$$\mu_{\bar{x}}=\sqrt{\frac{\sigma^2}{n}}=\frac{\sigma}{\sqrt{n}} \tag{5-17}$$

式中：σ 为总体标准差；σ^2 为总体方差；n 为样本单位数即样本容量。

由上式可以看出，抽样平均误差和总体标准差成正比，总体标准差越大，抽样平均误差越大；反之，总体标准差越小，抽样平均误差越小。抽样平均误差与样本单位数的平方根成反比。因此，要减小抽样平均误差，以提高样本指标的代表性，可以增大样本单位数 n。例如，抽样平均误差要减少 1/2，则样本单位数必须增大到 4 倍；抽样平均误差要减少到原来的 1/3，则样本的单位数就要增大到 9 倍。

2）在简单随机不重复抽样下

在简单随机不重复抽样条件下，抽样平均数的平均误差不但与总体的变异程度、样本容量有关，而且与总体单位数的多少有关。它们的关系如下：

$$\mu_{\bar{x}}=\sqrt{\frac{\sigma^2}{n}\cdot\frac{N-n}{N-1}} \tag{5-18}$$

式中：N 为总体单位数。

与重复抽样公式相比，不重复抽样误差等于重复抽样误差乘以修正因子$\left(\frac{N-n}{N-1}\right)$的平方根。由于这个修正因子总是小于 1，因而不重复抽样平均误差总是小于重复抽样平均误差。但在总体单位数 N 很大的情况下，这个因子十分接近于 1，两种抽样平均误差就相差很小，因而在实际工作中按不重复抽样方法进行抽样时，也往往简便地用重复抽样的公式来计算抽样平均误差。

另外，当 N 的值较大时，修正因子：

$$\frac{N-n}{N-1}=\frac{N-n}{N}=1-\frac{n}{N}$$

于是公式(5-18)可简化为

$$\mu_{\bar{x}}=\sqrt{\frac{\sigma^2}{n}\left(1-\frac{n}{N}\right)} \tag{5-19}$$

上面介绍的重复或不重复抽样条件下的抽样平均误差公式,都要在掌握总体标准差的数值后才能计算,而总体标准差一般是未知的。实际工作中可做以下处理。

第一,用样本标准差代替总体标准差,即用 s 代替 σ。只要抽样总体分布接近总体分布,样本标准差就相当接近总体标准差,不过样本标准差只能在抽样调查后方能计算。

第二,用历史数据代替。如果历史上做过同类型的全面调查或抽样调查,就用过去所掌握的总体标准差或样本标准差。但需要注意的是:一是要注意历史上总体变量变异程度与现实总体变量变异程度是否接近;二是要注意在若干个可供选择的历史数据中,应选取方差最大者,这样才能保证足够的样本容量,确保样本的代表性。

第三,用预先估计数据代替。例如,在农产品产量的抽样调查中,用农作物预计估计数据计算出总体方差。

第四,用小型试验抽样数据代替。若无历史数据,也无预计估计数据,但是又必须在抽样调查之前计算出抽样估计,可以在大规模正式抽样调查之前,进行一次小型的试验抽样来取得方差的数据。

【例 5-1】 某灯泡厂生产电灯泡 100 000 个,从中随机抽取 500 个测定其耐用时间,所得分组数据见表 5-2。

表 5-2 某灯泡厂灯泡耐用时间统计

按灯泡耐用时间分组/时	组中值(x)	灯泡个数(f)	xf	$(x-\bar{x})$	$(x-\bar{x})^2$	$(x-\bar{x})^2f$
850 以下	800	50	40 000	−222	49 284	2 464 200
850～950	900	100	90 000	−122	14 884	1 488 400
950～1 050	1 000	150	150 000	−22	484	72 600
1 050～1 150	1 100	110	121 000	78	6 084	669 240
1 150～1 250	1 200	70	84 000	178	31 684	2 217 880
1 250 以上	1 300	20	26 000	278	77 284	1 545 680
合计	—	500	511 000	—	—	8 458 000

解:已知 $n=500,N=100\ 000$。

灯泡平均耐用时数:

$$\bar{x}=\frac{\sum xf}{\sum f}=\frac{511\ 000}{500}=1\ 022(\text{时})$$

样本标准差:

$$s=\sqrt{\frac{\sum(x-\bar{x})^2f}{\sum f}}=\sqrt{\frac{8\ 458\ 000}{500}}=\sqrt{16\ 916}=130.06(\text{时})$$

按重复抽样的公式计算，抽样平均误差如下：

$$\mu_{\bar{x}}=\frac{s}{\sqrt{n}}=\frac{130.06}{\sqrt{500}}=5.82(\text{时})$$

按不重复抽样的公式计算，抽样平均误差如下：

$$\mu_{\bar{x}}=\sqrt{\frac{s^2}{n}\left(1-\frac{n}{N}\right)}=\sqrt{\frac{16\ 916}{500}\times\left(1-\frac{500}{100\ 000}\right)}=5.80(\text{时})$$

此例中，抽样平均误差的计算是用样本标准差代替总体标准差而得到的。可以看到，用重复抽样公式和不重复抽样公式计算的结果相差甚微。

2. 抽样成数的抽样平均误差

抽样成数的平均误差表明各样本成数和总体成数绝对离差的一般水平。由于总体成数可以表现为总体是非标志(0,1)分布的平均数，而且它的标准差可以从总体成数推算出来，前面已论证过：

$$\overline{X_p}=p \qquad (5\text{-}20)$$

$$\sigma_p=\sqrt{p(1-p)}$$

因此，从抽样平均数的抽样平均误差和总体标准差的关系中很容易推算出抽样成数平均误差的计算公式。

(1) 在简单随机重复抽样条件下

$$\mu_p=\sqrt{\frac{p(1-p)}{n}} \qquad (5\text{-}21)$$

式中：p 为总体成数；n 为样本单位数。

(2) 在简单随机不重复抽样条件下

$$\mu_p=\sqrt{\frac{p(1-p)}{n}\cdot\left(\frac{N-n}{N-1}\right)} \qquad (5\text{-}22)$$

在总体单位数 N 很大的情况下，μ_p 近似为

$$\mu_p=\sqrt{\frac{p(1-p)}{n}\cdot\left(1-\frac{n}{N}\right)} \qquad (5\text{-}23)$$

抽样成数的平均误差的计算方法与抽样平均数的平均误差的计算方法大致相同。在抽样成数平均误差公式中的 p 是总体的成数，一般也是未知的，这时一般采用实际的样本成数或已掌握的历史同类现象的相应成数来代替。

同时，抽样成数的总体方差有其特殊之处：当 $p=50\%$ 时，成数的方差 $p(1-p)$ 为最大值 0.25，也就是说，当两种表现的总体单位各占一半时，它的变异程度最大。因此，在没有总体方差或总体标准差时，可以用样本方差 s^2 代替总体方差，即用 $p(1-p)$ 代替 $P(1-P)$，或选用成数方差最大值 0.25 代替。

【例 5-2】 某电子元件厂生产某种电子元件，按以往正常的生产经验，产品中属一级品的占 60%。现在从 10 000 件电子元件中抽取 100 件检验，用以推断 10 000 件产品的一级品率，试计算一级品率的抽样平均误差。

解：根据已知条件，$p=60\%$。

在重复抽样条件下，一级品率的抽样成数的平均误差为

$$\mu_p=\sqrt{\frac{p(1-p)}{n}}=\sqrt{\frac{0.24}{100}}=4.90\%$$

在不重复抽样条件下，一级品率的抽样成数的平均误差为

$$\mu_p=\sqrt{\frac{p(1-p)}{n}\cdot\left(1-\frac{n}{N}\right)}=\sqrt{\frac{0.24}{100}\times\left(1-\frac{100}{10\ 000}\right)}=4.87\%$$

【例 5-3】 某电子元件厂对 5 000 只电器元件进行耐高温时间测试，从中随机抽取 2%，测得其样本合格率为 90 %，标准差为 3 小时。试计算抽样平均数的抽样平均误差和抽样成数的抽样平均误差。

解：已知 $N=5\ 000,\frac{n}{N}=2\%,p=90\%,s=3$。

在变量总体条件下，有以下结果。

① 重复抽样：

$$\mu_{\bar{x}}=\frac{s}{\sqrt{n}}=\frac{3}{\sqrt{5\ 000\times 2\%}}=0.3(\text{时})$$

② 不重复抽样：

$$\mu_{\bar{x}}=\sqrt{\frac{s^2}{n}\left(1-\frac{n}{N}\right)}=\sqrt{\frac{3^2}{100}\times(1-2\%)}=0.297(\text{时})$$

在属性总体条件下，有以下结果。

① 重复抽样：

$$\mu_p=\sqrt{\frac{p(1-p)}{n}}=\sqrt{\frac{0.9\times 0.1}{100}}=3\%$$

② 不重复抽样：

$$\mu_p=\sqrt{\frac{p(1-p)}{n}\left(1-\frac{n}{N}\right)}=\sqrt{\frac{0.9\times 0.1}{100}\times(1-2\%)}=2.97\%$$

（三）抽样极限误差

抽样极限误差是指在一定的概率保证程度下，抽样指标与总体指标之间误差的可能范围，也称为允许误差。它表明了样本统计量与总体参数之间的差异在多大范围内是可以被接受的。比如在调查一批产品的合格率时，通过抽样计算出的样本合格率与这批产品真实的总体合格率之间，在一定概率下所允许的最大误差范围就是抽样极限误差。

（1）均值的抽样极限误差

在重复抽样条件下，$\Delta_{\bar{x}}=z_{\alpha/2}\frac{\sigma}{\sqrt{n}}$。其中 $\Delta_{\bar{x}}$ 是均值的抽样极限误差，$z_{\alpha/2}$ 是与置信水平对应的标准正态分布的双侧分位数，δ 是总体标准差，n 是样本容量。

在不重复抽样条件下，$\Delta_{\bar{x}}=z_{\alpha/2}\frac{\sigma}{\sqrt{n}}\sqrt{\frac{N-n}{N-1}}$，这里 N 是总体容量。

（2）成数的抽样极限误差

在重复抽样条件下，$\Delta_p=z_{\alpha/2}\sqrt{\frac{p(1-p)}{n}}$，式中 Δ_p 是成数的抽样极限误差，p 是样本

成数。在不重复抽样条件下，$\Delta_p = z_{\alpha/2}\sqrt{\frac{p(1-p)}{n}}\sqrt{\frac{N-n}{N-1}}$。

四、影响抽样误差的因素

抽样理论研究和实践证明，影响抽样误差大小的因素主要有以下三个方面。

（一）总体各变量值 X 间差异的大小

总体各变量值 X 变动越大，抽样误差就越大；反之，总体各变量值 X 变动越小，抽样误差就越小。两者成正比关系的变化。例如，总体各单位标志值都相等，即标准差为零时，那么抽样指标就等于总量指标，抽样误差也就不存在了。这时每个单位都可作为代表，平均指标也无须计算了。

（二）样本单位数（样本容量）的多少

在其他条件不变的情况下，抽取的样本单位数越多，抽样误差越小；样本单位数越少，抽样误差越大。抽样误差的大小和样本单位数成相反关系的变化，这是因为抽样单位数越多，样本单位数在全及总体中的比例越高，抽样总体会越接近全及总体的基本特征，总体特征就越能在抽样总体中得到真实的反映。假定抽样单位数扩大到与总体单位数相等时，抽样调查就变成全面调查，抽样指标等于全及指标，实际上就不存在抽样误差。

（三）抽样方法

抽样方法不同，抽样误差也不同。一般来说，重复抽样的误差比不重复抽样的误差要大些。

（四）抽样组织的方式

抽样误差除了受上述因素影响外，还受不同的抽样组织方式的影响。抽样的组织方式包括简单随机抽样、类型抽样、机械抽样、整群抽样、多阶段抽样等。

（五）抽样组织的方式

抽样误差除了受上述因素影响外，还受不同的抽样组织方式的影响。抽样的组织方式包括简单随机抽样、类型抽样、机械抽样、整群抽样、多阶段抽样等。

第三节　抽样估计

一、点估计

（一）点估计的含义

点估计(point estimation)也叫定值估计，其基本特点是，根据总体指标的结构形式设计样本指标作为总体参数的估计量，并以样本指标的实际值作为相应总体参数的估计值。比如，用样本均值$\bar{x}$直接作为总体均值 μ 的估计值，用样本比例 p 直接作为总体比例 π 的估计值，用样本方差 s^2 直接作为总体方差 σ^2 的估计值，等等。假定要估计一个班学生考试成绩的平均分数，根据抽出的一个随机样本计算的平均分数为 70 分，用 70 分作为全班平均考试分数的一个估计值，这就是点估计。再比如，若要估计一批产品的合格率，抽样结果合格率为 95%,将 95%直接作为这批产品合格率的估计值,这也是一个点估计。

(二) 点估计优良性的判断准则

要估计总体指标,并非只能用一个样本指标,而可能有多个样本指标可供选择,即对于同一总体参数可能会有不同的估计量,究竟其中哪个估计量是总体参数的最优估计量呢?就需要掌握点估计优良性的判断准则。

1. 无偏性

无偏性(unbiasedness)即以抽样指标估计总体指标时,要求抽样指标值的平均数等于被估计的总体指标值本身。这就是说,虽然每一次的抽样指标和总体指标值之间都可能有误差,但在多次反复的估计中,各个抽样指标值的平均数应该等于所估计的总体指标值本身,即抽样指标的估计,平均来说是没有偏误的。例如,样本平均值 x 是总体平均值 X 的无偏估计量。

2. 一致性

一致性(consistency)也称相合性,是指以抽样指标估计总体指标时,要求当样本的单位数充分大时,抽样指标也充分地靠近总体指标。这就是说,随着样本单位数 n 的无限增加,抽样指标和未知的总体指标之差的绝对值小于任意小的数,它的可能性也趋近于必然性。

3. 有效性

有效性(efficiency)即以抽样指标估计总体指标要求作为优良估计量的方差应该比其他估计量的方差小。例如,用抽样平均数或总体某一变量值来估计总体平均数,虽然两者都是无偏的,而且在每一次估计中,两种估计量和总体平均数都可能有离差,但样本平均数更靠近于总体平均数的周围,平均来说其离差比较小。所以,对比说来,抽样平均数是更为有效的估计量。

点估计的方法简便易行,原理直观,常为实际工作所采用。但不足之处是没有表明抽样估计的误差,更没有表明误差在一定范围内的概率保证程度有多大。要解决这个问题,就必须采用区间估计方法。

二、区间估计

(一) 区间估计的含义

区间估计(interval estimation)是以一定的概率保证,根据样本指标估计总体指标的可能范围的一种估计方法。由于点估计量与总体的未知参数并不完全相等,所以它们之间必然存在着一定的误差,并且不能确知误差的大小、估计精度的高低,以及估计的可信程度等信息。为此,统计区间估计将考虑这些因素,即根据样本统计量及估计的可能误差,找出在一定保证程度下的估计区间。

由此可见,总体参数的区间估计必须同时具备估计值、抽样误差范围和概率保证程度三个要素。通俗地理解,抽样误差范围 Δ 表示区间估计范围的大小,决定估计的准确性。区间范围大说明估计精度低;区间范围小说明估计精度高。决定区间估计的可靠程度 $F(t)$,t 值大表示估计的可靠程度高;t 值小表示估计的可靠程度低。因此,当抽样平均误差 μ 一定时,随着区间估计可靠程度的提高,t 值越来越大,而估计的区间范围也随之增大,则估计的精度随之降低；反之，随着区间估计可靠程度的降低，t 值越来越小，而估计的区间范围也随之缩小，则估计的精度随之提高。

因此，对于一个具体的样本，提高了估计准确性的要求，必然就降低了估计的可靠性；同样，提高了估计可靠性的要求，也就必然降低了估计的准确性。

区间估计的可靠程度和精度是矛盾的，因此在抽样估计的时候，只能对其中的一个提出要求，以推求另一个要素的变动情况。

（二）区间估计的模式

总体参数的区间估计根据所给定的条件不同，总体平均数和总体成数有两种估计方法。下面分别举例说明。

1. 在允许误差条件下的区间估计模式

（1）抽取样本，计算抽样指标，如计算抽样平均数$\overline{x}$或抽样成数 p 作为相应总体指标的估计值，并计算样本标准差，以推算抽样平均误差。

（2）根据给定的抽样极限误差范围 Δ，估计总体指标的上限和下限。

（3）将抽样极限误差 Δ 除以抽样平均误差 μ，求出概率度，再根据 t 值查正态分布概率表求出相应的概率保证程度 $F(t)$，并对总体参数做区间估计。

【例 5-4】 对一批某型号的电子元件进行耐用性能检查，按重复随机抽样的资料分组列表如表 5-3 所示，要求估计耐用时数的允许误差范围 $\Delta x=10.5$ 小时，试估计该批电子元件的平均耐用时数。

表 5-3　某型号电子元件耐用时数分组统计

耐用时数/时	组中值 x	元件数量 f/件	xf	$(x-\overline{x})$	$(x-\overline{x})^2$	$(x-\overline{x})^2f$
900 以下	875	1	875	－180.5	32 580.25	32 580.25
900 ～ 950	925	2	1 850	－130.5	17 030.25	34 060.5
950～1 000	975	6	5 850	－80.5	6 480.25	38 881.5
1 000～1 050	1 025	35	35 875	－30.5	930.25	32 558.75
1 050～ 1 100	1 075	43	46 225	19.5	380.25	16 350.75
1 100～ 1 150	1 125	9	10 125	69.5	4 830.25	43 472.25
1 150～ 1 200	1 175	3	3 525	119.5	14 280.25	42 840.75
1 200 以上	1 225	1	1 225	169.5	28 730.25	28 730.25
合　计	—	100	105 550	—	—	269 475

（1）计算 $\overline{x}$ 、s、$\mu_{\overline{x}}$ ：

$$\overline{x}=\frac{\sum xf}{\sum f}=\frac{105\ 550}{100}=1\ 055.5(\text{时})$$

$$s=\sqrt{\frac{\sum (x-\overline{x})^2 f}{\sum f}}=51.91(\text{时})$$

在重复抽样条件下：

$$\mu_{\bar{x}}=\frac{s}{\sqrt{n}}=\frac{51.91}{\sqrt{100}}=5.191(\text{元})$$

(2) 根据给定的 $\Delta_{\bar{x}}=10.5$ 小时，计算总体平均数的上限和下限：

$$下限=\bar{x}-\Delta_{\bar{x}}=1\,055.5-10.5=1\,045(时)$$

$$上限=\bar{x}+\Delta_{\bar{x}}=1\,055.5+10.5=1\,066(时)$$

(3) 根据 $t=\frac{\Delta_{\bar{x}}}{\mu_{\bar{x}}}=\frac{10.5}{5.191}=2.02$，查正态分布概率表得概率 $F(t)=95.66\%$。

推断的结论是：以 95.66%的概率保证程度，估计该批电子元件的耐用时数为 1 045～1 066 小时。

【例 5-5】 仍用上例数据，设该厂的产品质量检验标准规定，元件耐用时数达到 1 000 小时以上为合格品，要求合格率估计的误差范围不超过 4%，试估计该批电子元件的合格率。

(1) 计算 p，S_p^2，μ_p（在重复抽样条件下）：

$$p=1-\frac{9}{100}=91\%$$

$$S_p^2=p(1-p)=0.91\times0.09=0.081\,9$$

$$\mu_p=\sqrt{\frac{p(1-p)}{n}}=\sqrt{\frac{0.081\,9}{100}}=2.86\%$$

(2) 根据该给定的 $\Delta_p=4\%$，求总体合格率的上下限：

$$下限=p-\Delta_p=91\%-4\%=87\%$$

$$上限=p+\Delta_p=91\%+4\%=95\%$$

(3) 根据 $t=\frac{\Delta_p}{\mu_p}=\frac{4\%}{2.86\%}=1.4$，查正态分布概率表得概率 $F(t)=83.85\%$。

通过计算得出如下估计：可以 83.85%的概率保证程度，估计该批电子元件的合格率为 87%～95%。

2. *在概率保证程度下的区间估计模式*

(1) 抽取样本，计算抽样指标，如计算抽样平均数 $\bar{x}$ 和抽样成数 p，作为总体指标的估计值，并计算样本标准差，以推算抽样平均误差。

(2) 根据给定的置信度 $F(t)$ 的要求，查正态分布概率表求得概率度 t 值。

(3) 根据概率度 t 和抽样平均误差 μ 推算抽样极限误差 Δ，并根据抽样极限误差求出被估计总体指标的上下限。

【例 5-6】 对我国某城市进行居民家庭人均旅游消费支出调查，随机抽取 400 户居民家庭，调查得知居民家庭人均年旅游消费支出为 550 元，标准差为 100 元，要求以 95%的概率保证程度，估计该市人均年旅游消费支出额。

(1) 根据抽样数据可知：样本每户年人均消费支出 $x=550$(元)，样本标准差 $s=100$(元)。

在重复抽样条件下：

$$\mu_{\bar{x}}=\frac{s}{\sqrt{n}}=\frac{100}{\sqrt{400}}=5(\text{元})$$

(2) 根据给定的概率保证程度 $F(t)=95\%$，查得正态分布概率表得 $t=1.96$。

(3) 计算 $\Delta_{\bar{x}}=t\mu_{\bar{x}}=1.96\times 5=9.80$(元)，则该市居民家庭年人均旅游消费支出额：

$$下限=\bar{x}-\Delta_{\bar{x}}=550-9.80=540.20(元)$$

$$上限=\bar{x}+\Delta_{\bar{x}}=550+9.80=559.80(元)$$

结论：以 95%的概率保证程度，估计该市居民家庭年人均旅游消费支出额为 540.20～559.80 元。

【例 5-7】 某市电视台为了解观众对某电视栏目的喜爱程度，在该市随机对 900 名居民进行调查，结果有 540 名居民喜欢该电视栏目，要求以 90%的概率保证程度，估计该市居民喜欢该电视栏目的比重。

(1) 根据抽样数据计算以下指标。

样本喜欢程度比重：

$$p=\frac{n_1}{n}=\frac{540}{900}=60\%$$

样本方差：

$$s_p^2=p(1-p)=0.6\times 0.4=0.24$$

按重复抽样的公式计算抽样平均误差：

$$\mu_p=\sqrt{\frac{p(1-p)}{n}}=\sqrt{\frac{0.24}{900}}=1.63\%$$

(2) 根据给定的置信度 $F(t)=90\%$，查正态分布概率表得概率度 $t=1.640$。

(3) 计算 $\Delta p=t\cdot Up=1.64\times 1.63\%=2.67\%$，则总体比率的上、下限为

$$下限=p-\Delta_p=60\%-2.67\%=57.33\%$$

$$上限=p+\Delta_p=60\%+2.67\%=62.67\%$$

结论：以概率 90%的保证程度，估计该市居民对此电视栏目喜爱的比率为 57.33%～62.67%。

(三) 对总体总量指标的推断

用样本指标推算总体总量指标的方法有直接换算法和修正系数法两种，这里只作简单介绍。

1. *直接换算法*

直接换算法是用样本平均数或成数，乘以全及总体单位数，直接推算出总体的总量指标的方法。直接换算法也分为点估计和区间估计两种。

点估计推算法不考虑抽样误差和推断的可靠程度，直接用样本平均数或样本成数乘以总体单位数，推算出总体总量指标。

例如，某地区种植水稻 2 800 公顷，抽取 10%进行抽样调查，测得平均公顷产量为 400 千克，按点估计法推算，可求得该地区水稻总产量为

$$400\times 2\,800=1\,120\,000(千克)$$

区间估计法是用样本平均数或成数，结合极限误差并以一定概率保证来推断总体总量指标所在的范围，计算公式如下：

$$N(\bar{x}-\Delta_{\bar{x}})\leqslant N\bar{X}\leqslant N(\bar{x}+\Delta_{\bar{x}})\tag{5-24}$$

$$N(p-\Delta_p)\leqslant Np\leqslant N(p+\Delta_p)\tag{5-25}$$

例如，在上例中，若极限误差为 15 千克，以 95.45%的概率保证，该地区的水稻总产量

的范围如下：

$$2\ 800\times(400-15)\leqslant N\overline{X}\leqslant 2\ 800\times(400+15)$$

$$1\ 078\ 000\leqslant N\overline{X}\leqslant 1\ 162\ 000$$

即在95.45%的概率保证下，该地区水稻总产量为1 078 000～1 162 000千克。

2. 修正系数法

修正系数法是用样本指标去修正全面统计数据的一种方法。在全面调查后，再从全及总体中抽取一部分单位进行复查，将抽样调查数据与全面调查数据对比，求出差错比率，用此对全面调查的数据进行修正。

例如，根据全面调查数据，已知某地区全部职工人数为842 562人。为核实这一数据，随机抽取部分单位进行调查，抽样结果为55 902人，而这部分单位全面调查结果为56 438人，由此可计算出差错比率为$\frac{55\ 902-56\ 438}{56\ 438}\times 100\%=-0.95\%$。根据这个差错比率可以去修正该地区全部职工人数的全面调查结果。修正后的该地区全部职工人数为834 558[842 562×(1－0.95%)]人。

这种方法应用较广，在人口普查中、日常统计工作中都可以用这种方法去核实和修订全面统计数据。

第四节　样本容量的确定

一、确定必要抽样数目的意义和原则

组织抽样调查的一项重要工作就是要确定合适的样本容量。样本容量直接关系到调查的精度、调查费用、调查时间、需要配合的人力物力等诸多方面。合适的样本容量称为必要的抽样数目。必要的抽样数目是指为了完成抽样调查任务，满足抽样调查的各项要求而科学计算的需要抽取的样本单位数，即样本单位数“n”的具体数值。

抽样推断的目的是用样本数据推断总体。抽样推断的基础是样本，而样本是按随机原则从全及总体中抽取一部分单位来组成的集合体。在遵从随机原则的条件下，样本容量究竟应该多大才合适呢？这是抽样调查中的一个至关重要的问题。首先，抽样单位数目太多会增加抽样组织的困难，造成人力、物力的浪费；抽样单位数目太少又会使误差增大，不能有效地反映总体情况，直接影响到抽样推断结果的准确性。其次，抽样推断的一个重要方面则是要求推断的结果能满足在一定可靠性的条件下，保证抽样误差不超过预先规定的范围。当可靠性要求已确定时，抽样误差的控制尤为重要。

抽样单位数目是影响抽样误差大小的重要因素，在其他条件相同时，可以用增加或减少抽样单位数目的方法来控制抽样误差的大小，以达到用最合适的抽样单位数满足抽样调查任务的要求。确定必要的抽样单位数n的一般原则是在保证达到预期的可靠程度和精度的要求下，抽取必要的抽样单位数。

二、影响必要抽样数目的因素

影响必要抽样数目的因素有以下几个方面。

(1) 总体各单位间的标志变异程度。总体方差越大,总体各单位的标志值相对比较分散,在其他条件不变的情况下,为了提高样本的代表性,就要多抽一些样本单位。当总体单位标志值相对比较集中时,就可以少抽一些单位。

(2) 抽样极限误差的大小。抽样极限误差增大,意味着推断的精确性要求降低,在其他条件不变的情况下,可以少抽些样本单位。反之,缩小抽样极限误差,就要增加必要的抽样数目。

(3) 调查结果的概率保证程度。在其他条件不变的情况下,对调查结果的概率保证程度要求越高,必要抽样数目应当越多;相反,概率保证程度要求越低,必要抽样数目相对可以少些。

(4) 抽取样本单位的方法。在其他条件不变的情况下,抽取样本的方法不同,必要抽样数目也就不同。一般地讲,在同样的条件下,重复抽样比不重复抽样所需要的样本单位数要多些。不过,总体单位数 N 很大时,二者的差异很小。所以为简便起见,实际中当总体单位数很大时,一般都按重复抽样公式计算必要的抽样数目。

此外,必要的抽样数目还要受抽样组织方式的影响。由于不同的抽样组织方式有不同的抽样误差,所以在误差要求相同的情况下,不同抽样组织方式所必需的抽样数目也不同。以下介绍的公式是简单随机抽样下确定必要抽样数目的公式,其他抽样组织方式下必要抽样数目的计算公式也可根据相应的误差公式来推导。

三、样本容量的确定

(一) 变量总体条件下的计算公式

1. 重复抽样条件下样本容量的确定

由于 $\Delta_{\bar{x}}=t\mu_{\bar{x}}$ 且 $\mu_{\bar{x}}=\sqrt{\frac{\sigma^2}{n}}$,可得

$$\Delta_{\bar{x}}=t\sqrt{\frac{\sigma^2}{n}}$$

所以

$$n=\frac{t^2\sigma^2}{\Delta_{\bar{x}}^2} \tag{5-26}$$

从上式可以看出,只要确定了抽样极限误差、总体标准差及概率度,就能确定必要样本容量。

2. 不重复抽样条件下样本容量的确定

由于 $\Delta_{\bar{x}}=t\mu_{\bar{x}}$ 且 $\mu_{\bar{x}}=\sqrt{\frac{\sigma^2}{n}\left(1-\frac{n}{N}\right)}$,于是

$$\Delta_{\bar{x}}=t\sqrt{\frac{\sigma^2}{n}\left(1-\frac{n}{N}\right)}$$

故有

$$n=\frac{Nt^2\sigma^2}{N\Delta_{\bar{x}}^2+t^2\sigma^2} \tag{5-27}$$

【例 5-8】 对某油田的 2 000 口油井的年产油量进行抽样调查。根据历史资料可知，油井年产油量的标准差为 200 吨，若要求抽样误差不超过 15 吨，概率保证程度为 95.45%，试求需要调查多少口油井。

解：

$$F(t)=95.45\%,\quad t=2$$

重复抽样条件下的必要样本容量：

$$n=\frac{t^2\sigma^2}{\Delta_{\bar{x}}^2}=\frac{2^2\times 200^2}{15^2}=711.11\approx 712(\text{口})$$

即在重复抽样条件下需要抽查 712 口油井。

不重复抽样条件下的必要样本容量：

$$n=\frac{Nt^2\sigma^2}{N\Delta_{\bar{x}}^2+t^2\sigma^2}=\frac{2\ 000\times 2^2\times 200^2}{2\ 000\times 15^2+2^2\times 200^2}=524.59\approx 525(\text{口})$$

即在不重复抽样条件下需要抽查 525 口油井。

（二）属性总体条件下的计算公式

1. 重复抽样条件下样本容量的确定

由于 $\Delta_p=t\mu_p$ 且 $\mu_p=\sqrt{\frac{p(1-p)}{n}}$，可得

$$\Delta_p=t\sqrt{\frac{p(1-p)}{n}} \tag{5-28}$$

$$n=\frac{t^2p(1-p)}{\Delta_p^2}$$

2. 不重复抽样条件下样本容量的确定

由于 $\Delta_p=t\mu_p$ 且 $\mu_p=\sqrt{\frac{p(1-p)}{n}\left(1-\frac{n}{N}\right)}$，可得

$$\Delta_p=t\sqrt{\frac{p(1-p)}{n}\left(1-\frac{n}{N}\right)} \tag{5-29}$$

$$n=\frac{Nt^2p(1-p)}{N\Delta_p^2+t^2p(1-p)}$$

【例 5-9】 某社区想通过抽样调查了解居民参加体育活动的比率，如果把误差范围设定在 5%，问：如果以 95%的置信度进行参数估计，需要多大的样本？

解：

$$F(t)=95\%,\quad t=1.96$$

重复抽样条件下的必要样本容量：

$$n=\frac{t^2p(1-p)}{\Delta_p^2}=\frac{1.96^2\times 0.5\times 0.5}{5\%^2}=384.16\approx 385(\text{人})$$

即以 95%的置信度进行参数估计，需要 385 人的样本容量。

现将以上公式进行整理，见表 5-4。

表 5-4　必要的样本容量计算表

抽样方法	变量总体(平均数)	属性总体(成数)
重复抽样	$n=\dfrac{t^2\sigma^2}{\Delta_x^2}$	$n=\dfrac{t^2p(1-p)}{\Delta_p^2}$
不重复抽样	$n=\dfrac{Nt^2\sigma^2}{N\Delta_{\bar{x}}^2+t^2\sigma^2}$	$n=\dfrac{Nt^2p(1-p)}{N\Delta_p^2+t^2p(1-p)}$

第五节　假设检验

一、假设检验的基本思想

首先，我们通过下面这个例子来阐明假设检验的基本思想。

例如，某品牌的奶粉厂商声称其生产的袋装奶粉每袋的平均质量是 150 克。现从市场上抽取简单随机样本 $n=100$ 袋，测得其平均重量为 $\bar{x}=149.8$ 克，样本标准差 $s=0.872$ 克。现在需要了解该厂商的袋装奶粉质量的期望值是否真如厂商所宣称的是 150 克。由于没有进行全面调查，所以总体参数的真实情况并不能确切把握。用例子中的数据来说，150 克只是对总体均值的假定值。造成样本平均数不等于 150 克的原因可能有两种：一种是随机因素，即因为抽样具有随机性，按抽取的样本计算的样本平均数有可能偏离总体的均值；另一种是系统性因素，即真实的总体均值本来就不等于 150 克，它反映了事物的本质差别。

所谓假设检验(hypothesis testing)，就是事先对总体的参数或总体分布形式作出一个假设，然后利用抽取的样本信息来判断这个假设(原假设)是否合理，即判断总体的真实情况与原假设是否存在显著的系统性差异，所以假设检验又被称为显著性检验。

二、原假设与备择假设

统计的语言是用一个等式或不等式表示问题的原假设。由统计数据得知，2019 年某地新生儿的平均体重为 3 150 克，现从 2020 年的新生儿中随机抽取 100 个，测得其平均体重为 3 170 克，问：2020 年的新生儿与 2019 年的新生儿相比，体重有无显著差异？从本例中，原假设采用等式的方式，即

$$H_0:\mu=3\ 150(\text{克})$$

这里 H_0 表示原假设(null hypothesis)。由于原假设的下标用 0 表示，所以有些教材中将此称为“零假设”。μ 是我们要检验的参数，即 2019 年新生儿总体体重的均值。该表达式提出的命题是，2020 年的新生儿与 2019 年的新生儿在体重上没有什么差异。显然，3 150 克是 2019 年新生儿总体的均值，是我们感兴趣的数值。如果用 μ_0 表示感兴趣的数值，原假设更一般的表达式如下：

$$H_0:\mu=\mu_0$$

或

$$H_0:\mu-\mu_0=0$$

尽管原假设陈述的是两个总体的均值相等，却并不表示它是既定的事实，仅是假设而

已。如果原假设不成立，就要拒绝原假设，而需要在另一个假设中作出选择，这个假设称为备择假设(alternative hypothesis)。在新生儿案例中，备择假设的表达式如下：

$$H_1:\mu \neq 3\ 150(\text{克})$$

H_1 表示备择假设，它意味着 2020 年的新生儿与 2019 年的新生儿在体重上有明显差异。备择假设更一般的表达式如下：

$$H_1:\mu \neq \mu_0$$

或

$$H_1:\mu - \mu_0 \neq 0$$

原假设与备择假设互斥，肯定原假设，意味着放弃备择假设；否定原假设，意味着接受备择假设。由于假设检验是围绕着对原假设是否成立而展开的，所以有些教材也把备择假设称为替换假设，表明当原假设不成立时的替换。

统计学中，我们通常把 α 称为显著性水平(significant level)。显著性水平是一个统计专有名词，在假设检验中，它的含义是当原假设正确时却被拒绝的概率或风险，其实这就是前面假设检验中犯弃真错误的概率，它是人们根据检验的要求确定的。通常取 $\alpha=0.05$ 或 $\alpha=0.01$，这表明，当作出接受原假设的决定时，其正确的概率为 95%或 99%。

三、假设检验中的两类错误

对于原假设提出的命题，我们需要作出判断，这种判断可以用“原假设正确”或“原假设错误”来表述。当然，这是依据样本提供的信心进行判断的，也就是由部分来推断总体。因而判断有可能正确，也有可能不正确，也就是说，我们面临着犯错误的可能，这个错误分两种类型。

(一) 第一类错误

拒绝了一个本来是真实的原假设称为犯第一类错误，简称“弃真”或“拒真”错误。例如，在销售产品时，厂方承诺产品的次品率小于 2%，这是真的。在卖方的保证下，买方进行了检验，结果小概率事件发生了，买方拒绝了这批产品。这时买方做出了错误的决策，犯了第一类错误。实际上样本导致原假设被拒绝的概率，就是假设检验的显著性水平，所以犯第一类错误的概率就是假设检验的显著性水平，即 $P(\text{拒绝}H_0/H_0\text{为真})=\alpha$。

(二) 第二类错误

接受了一个本来不是真实的原假设称为犯第二类错误，简称“采伪”或“取伪”错误。例如，产品在销售时，厂家承诺产品的次品率小于 2%，这是不真的。但买方在检验中，小概率事件没有发生，于是买方接受了这批不该接受的产品，这就犯了第二类错误。若记犯第二类错误的概率为 β，则有 $P(\text{接受}H_0/H_0\text{不真})=\beta$。

两类错误可以用表 5-5 明确表示。

表 5-5 两类错误示意表

错误类型	H_0 为真	H_0 为不真
拒绝 H_0	第一类错误(拒真)(概率为 α)	正确决策
接受 H_0	正确决策	第二类错误(采伪)(概率为 β)

在检验中人们总希望犯两类错误的可能性都很小,然而实际上很难做到。在其他条件不变的情况下,犯第一类错误可能性小,犯第二类错误的可能性就会变大;反之,犯第二类错误的可能性小,犯第一类错误的可能性就会变大。就像交易中买卖双方各自承担风险一样。

四、假设检验的步骤

(一)根据研究问题提出假设,包括原假设H_0和备择假设H_1

原假设不是随意提出的,应该遵循"保守"或"不轻易拒绝原假设"的原则。例如,某商店经常从某工厂购进某种商品,反映该商品质量的指标为μ,μ越大,商品质量越好。商店提出的条件是按批验收,只有通过原假设"$\mu \geqslant \mu_0$"的批次才能接受。有两种可能情况:一是根据过去较长时间购货的记录,商店相信该厂产品质量是好的,于是同意把原假设定为$\mu \geqslant \mu_0$,而且选择了一较低的显著性水平α。实际上,这样做对工厂是有利的,真正优质的产品以很小的概率被拒收。当然,这并不意味着对商店不利,因为该厂的产品质量一贯很好,这保证了真正优质的产品有很大的机会通过检验;反之,如果过去一段时期的记录表明该工厂的产品质量并不理想,这时商店会坚持以$\mu \geqslant \mu_0$为原假设,并选定较低的显著性水平α。这对商店是有利的,商店不愿意轻易地拒绝原假设,这样可能把$100(1-\alpha)\%$的劣质产品拒之门外。由此可见,由于背景不同,同样的问题($\mu \geqslant \mu_0$是否成立)却采用不同的原假设。

(二)构造检验统计量,并给出在原假设成立的条件下,统计量所服从的分布

假设确定后,根据相应的统计量出现的数值,从概率的意义作出判断。许多因素决定了如何构造统计量,如被检验的参数是什么,是大样本还是小样本,总体的方差是否已知等。

(三)给定显著性水平α,确定临界值

如何固定α和β,目前假设检验理论中一种流行的做法是固定第一类错误概率的原则,即在控制犯第一类错误的概率不超过α的条件下,寻求犯第二类错误的概率β尽量小的检验方法。在检验中是α取大,还是β取大,要看犯两种错误所付的代价,若采伪所付代价更大,则不得不容忍较大的α,以求较小的β;反之,若弃真所付代价更大,则不得不选择较小的α,只有容忍较大的β。若要将α和β同时控制在较低水平,唯一的方法是扩大样本容量。

根据检验统计量的分布和显著性水平α,可以得到接受区域和拒绝区域的临界值。检验的拒绝区域在两侧,称为双侧检验;拒绝区域在单侧,称为单侧检验。

(四)根据样本数据计算统计量的值或P值

P值也称为观察到的显著性水平,设检验的统计量为ξ,c是检验统计量的值。在原假设为真的条件下,左侧检验的P值为ξ落在小于或等于样本统计量的区域的概率,$P=p\{\xi \leqslant c\}$;右侧检验的P值为检验统计量落在大于或等于样本统计值的区域的概率,$P=p\{\xi \geqslant c\}$;双侧检验的P值是$P=2\times p\{\xi \geqslant c\}$。

(五)根据样本数据计算的统计量的值或P值做出结论

如果统计量的值落在拒绝区域内,说明样本描述的情况与原假设有显著性差异,应该拒绝原假设;反之,接受原假设。P值是在原假设为真的条件下计算的所得,故P值太小是不

合理的，P 值越小，拒绝原假设的证据越强。所以，如果 P 值比规定的显著性水平 α 还小，则拒绝原假设，否则接受原假设。

五、单侧检验和双侧检验

通过确定检验统计量和事先给出的显著性水平，可以找出一个临界值，将统计量的取值范围划分为拒绝区域与不能拒绝区域两部分。拒绝区域是检验统计量取值的小概率区域，我们可以将这个小概率区域安排在检验统计量分布的两端，也可以安排在分布的一侧，分别称作双侧检验与单侧检验。单侧检验又按拒绝域在左侧还是在右侧而分为左侧检验与右侧检验两种。以服从正态分布的检验统计量 Z 为例，如图 5-1 所示。

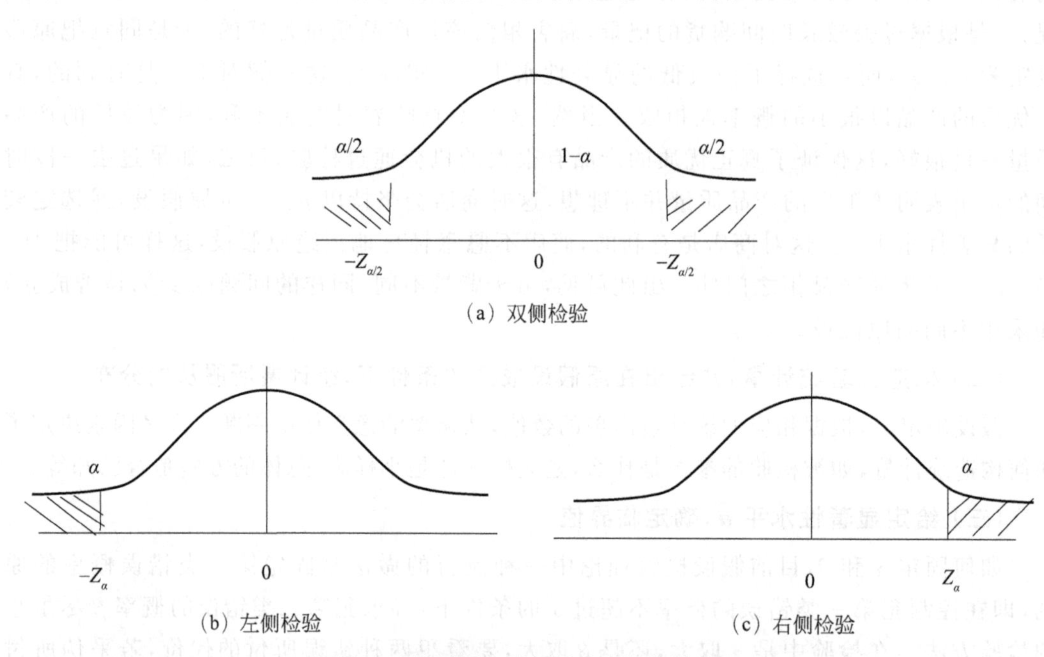

图 5-1　双侧检验、单侧检验的拒绝域分配

一个假设检验究竟是使用双侧检验还是使用单侧检验，当使用单侧检验时，是使用左侧检验还是使用右侧检验，这取决于备择假设的性质。

备择假设的不同表述的适用场合可归纳如下。

(1) 如果在 $\theta=\theta_0$ 之外，没有特别的理由作出到底是 $\theta<\theta_0$ 还是 $\theta>\theta_0$ 的判断，应采用双侧检验。如果事先已确知，在 $\theta=\theta_0$ 被拒绝后剩下的只有 $\theta<\theta_0$（或 $\theta>\theta_0$）一种可能性，应采用左侧（或右侧）检验。

(2) 如果在 $\theta=\theta_0$ 被拒绝后，不论出现 $\theta<\theta_0$ 还是出现 $\theta>\theta_0$，我们都会采取相同的行动，应采用双侧检验。如果在 $\theta=\theta_0$ 被拒绝后，我们对 $\theta<\theta_0$ 和 $\theta>\theta_0$ 这两种情况会采取不同的行动，应采用单侧检验。

表 5-6 给出了各类检验与备择假设的对应关系、拒绝域的位置和 P 值检验时采用的显著性水平判断标准。表 5-6 中，θ 表示总体参数，θ_0 表示 θ 的一个给定值，α 是给定的显著性水平。

表 5-6　拒绝域的单侧、双侧与备择假设之间的对应关系

拒绝域位置	P 值检验的显著性水平判断标准	原假设	备择假设
双侧	$\alpha/2$	$H_0:\theta=\theta_0$	$H_1:\theta\neq\theta_0$
左侧	α	$H_0:\theta\geqslant\theta_0$	$H_1:\theta<\theta_0$
右侧	α	$H_0:\theta\leqslant\theta_0$	$H_1:\theta>\theta_0$

六、总体均值的假设检验

（一）总体为正态分布，总体方差已知

来自总体的样本为$(X_1,X_2,\cdots,X_n)$。对于假设 $H_0:\mu=\mu_0$，在 H_0 成立的前提下，有检验统计量

$$Z=\frac{\overline{X}-\mu_0}{\sqrt{\frac{\sigma^2}{n}}}\sim N(0,1) \tag{5-30}$$

（二）总体分布未知，总体方差已知，大样本

来自总体的样本为$(X_1,X_2,\cdots,X_n)$。对于假设 $H_0:\mu=\mu_0$，在 H_0 成立的前提下，如果样本足够大($n\geqslant 30$)，近似地有检验统计量

$$Z=\frac{\overline{X}-\mu_0}{\sqrt{\frac{\sigma^2}{n}}}\sim N(0,1) \tag{5-31}$$

（三）总体为正态分布，总体方差未知

来自总体的样本为$(X_1,X_2,\cdots,X_n)$。对于假设 $H_0:\mu=\mu_0$，在 H_0 成立的前提下，有检验统计量

$$t=\frac{\overline{X}-\mu_0}{\sqrt{\frac{S^2}{n}}}\sim t(n-1) \tag{5-32}$$

若自由度$(n-1)\geqslant 30$，该 t 统计量近似服从标准正态分布。

（四）总体分布未知，总体方差未知，大样本

来自总体的样本为$(X_1,X_2,\cdots,X_n)$。对于假设 $H_0:\mu=\mu_0$，在 H_0 成立的前提下，如果总体偏斜适度，且样本足够大，近似地有检验统计量

$$Z=\frac{\overline{X}-m_0}{\sqrt{\frac{S^2}{n}}}\sim N(0,1) \tag{5-33}$$

【例 5-10】 某厂采用自动包装机分装产品，假定每包产品的质量服从正态分布，每包标准质量为 1 000 克，某日随机抽查 9 包，测得样本平均质量为 986 克，样本标准差是 24 克。试问：在 $\alpha=0.05$ 的显著性水平上，能否认为这天自动包装机工作正常？

解：(1) 确定原假设与备择假设。

$$H_0:\mu=1\ 000,\quad H_1:\mu\neq 1\ 000$$

以上的备择假设是总体均值不等于1 000克，因为只要均值偏离1 000克，就说明包装机工作不正常。因此使用双侧检验。

（2）构造出检验统计量，计算检验统计量的观测值。

由于总体标准差未知，用样本标准差代替，相应检验统计量是 t 统计量。样本平均数 $\bar{x}=986$，$n=9$，$s=24$，代入 t 检验统计量得

$$t=\frac{\overline{X}-\mu_0}{\frac{s}{\sqrt{n}}}=\frac{986-1\ 000}{\frac{24}{\sqrt{9}}}=-1.75$$

（3）确定显著性水平，确定拒绝域。

$\alpha=0.05$，查 t 分布表（自由度 $n-1=8$），得临界值是 $t_{\frac{\alpha}{2}}(n-1)=t_{0.025}(8)=2.306$，拒绝域是 $|t|\geqslant 2.306$。

（4）判断。

由于 $|t|<2.306$，检验统计量的样本观测值落入接受域，所以不能拒绝 H_0。样本数据没有充分说明这天的自动包装机工作不正常。

本章小结

1. 抽样推断主要是为了解决不可能的或者没有必要全面进行统计调查的问题。抽样推断的特点是：按照随机的原则抽取样本单位，以样本特征推断总体特征，抽样误差的大小可以事先进行计算和控制。

2. 抽样误差是随机性误差，它不可避免，但可以控制在一定范围之内。抽样误差包括实际抽样误差、抽样平均误差和抽样极限误差。影响抽样误差的主要因素有：样本单位数的多少、总体被研究标志的变异程度、抽样方法和抽样调查的组织形式。

3. 抽样推断是根据样本的特性来对总体参数进行推测估计的统计方法，分为点估计和区间估计。在抽样推断中，最基本的估计思想都体现在对总体参数的区间估计上，它是统计推断的最基本内容。

4. 合适的样本容量称为必要的抽样数目。它受总体各单位间的标志变异程度、抽样极限误差的大小、调查结果的概率保证程度、抽取样本单位的方法和必要的抽样数目，以及抽样组织方式等因素的共同影响。

5. 假设检验，就是事先对总体的参数或总体分布形式作出一个假设，然后利用抽取的样本信息来判断这个假设（原假设）是否合理，即判断总体的真实情况与原假设是否存在显著的系统性差异，所以假设检验又被称为显著性检验。

统计术语

抽样推断	sample inference	总体	population
参数估计	parameter estimation	样本	sample
显著性检验	test of statistical significance	方差	variance

标准差　standard deviation
抽样误差　sampling error
均方差　mean square error
重复抽样　sampling with replication
非重复抽样　sampling without repeating
成数　percentage
点估计　point estimation
区间估计　interval estimation

一、判断题

1. 抽样估计是利用样本数据对总体的数量特征进行估计的一种统计分析方法，因此不可避免地会产生误差，这种误差的大小是不可控制的。（　　）
2. 从全部总体单位中按照随机原则抽取部分单位组成样本，只可能组成一个样本。（　　）
3. 在抽样估计中，作为推断的总体和作为观察对象的样本都必须是确定的、唯一的。（　　）
4. 优良估计的无偏性是指：所有可能的样本平均数等于总体平均数。（　　）
5. 抽样成数的特点是，样本成数越大，则抽样平均误差越大。（　　）
6. 在总体方差一定的情况下，样本单位数越多，则抽样平均误差越大。（　　）
7. 抽样估计的置信度就是表明抽样指标和总体指标的误差不超过一定范围的概率保证度。（　　）
8. 抽样误差即代表性误差和登记性误差，这两种误差都是不可避免的。（　　）
9. 在其他条件不变的情况下，提高抽样估计的可靠程度，可以提高抽样估计的精确度。（　　）
10. 在简单随机抽样中，如果重复抽样的抽样极限误差增加 40%，其他条件不变，则样本单位数只需要原来的一半左右。（　　）
11. 抽样平均误差反映抽样的可能误差范围，实际上每次的抽样误差可能大于抽样平均误差，也可能小于抽样平均误差。（　　）
12. 样本单位数的多少与总体各单位标志值的变异程度成反比，与抽样极限误差范围的大小成正比。（　　）
13. 抽样平均误差越大，样本的代表性就越大。（　　）
14. 点估计是用样本的统计量直接估计和代表总体参数。（　　）
15. 区间估计的精确度和可靠程度是一对矛盾。（　　）
16. 假设检验主要是检验在抽样调查情况下所得到的样本指标是否真实。（　　）
17. 原假设的接受与否，与选择的检验统计量有关，与显著性水平 α 无关。（　　）
18. 单侧检验中，由于所提出的原假设的不同，可分为左侧检验和右侧检验。（　　）
19. 统计上称弃真错误为第一类错误。（　　）
20. 若统计量的值落入拒绝域，我们就拒绝原假设，因为实际上不可能存在这种假设。（　　）

二、单项选择题

1. 抽样调查的主要目的是（　　）。

A. 用样本指标来推算总体指标　　B. 对调查单位进行深入研究

C. 计算和控制抽样误差　　D. 广泛运用数学方法

2. 抽样调查所必须遵循的原则是(　　)。

A. 准确性原则　　B. 随机性原则

C. 可靠性原则　　D. 灵活性原则

3. 在简单随机重复抽样的条件下，当抽样平均误差缩小到原来的二分之一时，则样本单位数为原来的(　　)。

A. 2倍　　B. 3倍　　C. 4倍　　D. 1/4

4. 按随机原则直接从总体 N 各单位中抽取 n 个单位作为样本，这种抽样组织形式是(　　)。

A. 简单随机抽样　　B. 类型抽样　　C. 等距抽样　　D. 整群抽样

5. 抽样误差是指(　　)。

A. 在调查过程中由于观察、测量等差错引起的误差

B. 在调查中违反随机原则出现的系统性误差

C. 随机抽样而产生的代表性误差

D. 人为原因所造成的误差

6. 在一定的抽样平均误差条件下，(　　)。

A. 扩大极限误差范围，可以提高推断的可靠程度

B. 扩大极限误差范围，会降低推断的可靠程度

C. 缩小极限误差范围，可以提高推断的可靠程度

D. 缩小极限误差范围，不改变推断的可靠程度

7. 反映样本指标与总体指标之间的平均误差程度的指标是(　　)。

A. 抽样误差系数　　B. 概率度　　C. 抽样平均误差　　D. 抽样极限误差

8. 抽样平均误差是(　　)。

A. 全及总体的标准差　　B. 样本的标准差

C. 抽样指标的标准差　　D. 抽样误差的平均差

9. 当成数等于(　　)时，成数方差最大。

A. 1　　B. 0　　C. 0.5　　D. −1

10. 对某行业职业收入情况进行抽样调查，得知其中80%的职工收入在800元以下，抽样平均误差为2%。当概率为95.45%时，该行业职工收入在800元以下所占比重是(　　)。

A. 等于78%　　B. 大于78%

C. 在76%与84%之间　　D. 小于76%

11. 假定一个拥有一亿人口的大国和百万人口的小国居民年龄变异程度相同，现在各自用重复抽样方法抽取本国的1%人口计算平均年龄，则平均年龄抽样平均误差(　　)。

A. 不能确定　　B. 两者相等　　C. 前者大于后者　　D. 前者小于后者

12. 在其他条件不变的情况下，提高估计的概率保证程度，其估计的精确度(　　)。

A. 随之扩大　　B. 随之缩小　　C. 保持不变　　D. 无法确定

13. 在参数估计中，要求通过样本的统计量来估计总体参数，评价统计量的标准之一是使它与总体参数的离差越小越好。这种评价标准称为(　　)。

A. 无偏性　　B. 有效性　　C. 一致性　　D. 充分性

14. 在假设检验中,原假设和备择假设(　　)。

A. 都有可能成立　　B. 都有可能不成立

C. 只有一个成立而且必有一个成立　　D. 原假设一定成立,备择假设不一定成立

15. 双侧检验的原假设通常是(　　)。

A. $H_0:\theta=\theta_0$　　B. $H_0:\theta\geqslant\theta_0$　　C. $H_0:\theta\neq\theta_0$　　D. $H_0:\theta\leqslant\theta_0$

16. 在假设检验中,第二类错误是指(　　)。

A. H_0 为真,接受 H_1　　B. H_0 为真,拒绝 H_1

C. H_0 不真,接受 H_0　　D. H_0 不真,拒绝 H_0

17. 一种零件的标准长度为5cm,要检验某天生产的零件是否符合标准要求,建立的原假设和备择假设应为(　　)。

A. $H_0:\mu=5,H_1:\mu\neq5$　　B. $H_0:\mu\neq5,H_1:\mu=5$

C. $H_0:\mu\leqslant5,H_1:\mu>5$　　D. $H_0:\mu\geqslant5,H_1:\mu<5$

18. 若检验的假设为 $H_0:\mu\geqslant\mu_0,H_1:\mu<\mu_0$,则拒绝域为(　　)。

A. $z>z_\alpha$　　B. $z<-z_\alpha$

C. $z>z_{\frac{\alpha}{2}}$ 或 $z<-z_{\frac{\alpha}{2}}$　　D. $z>z_\alpha$ 或 $z<-z_\alpha$

19. 一项研究发现,2015年新购买小汽车的人中有40%是女性,在2020年所做的一项调查中,随机抽取的120个新车主中有57人为女性,在 $\alpha=0.05$ 的显著性水平下,检验2020年新车主中女性的比例是否有显著增加,建立的原假设和备择假设为 $H_0:\pi\leqslant40\%$,$H_1:\pi>40\%$,检验的结论是(　　)。

A. 拒绝原假设　　B. 不拒绝原假设

C. 可以拒绝也可以不拒绝原假设　　D. 可能拒绝也可能不拒绝原假设

20. 在假设检验中,若抽样单位数不变,显著性水平从0.01变为0.1,则犯第二类错误的概率(　　)。

A. 提高　　B. 不变　　C. 降低　　D. 无法判断

三、多项选择题

1. 抽样估计的特点有(　　)。

A. 由部分认识总体的一种认识方法

B. 建立在随机抽样的基础上

C. 对总体参数进行估计采用的是确定的数学分析法

D. 可以计算出抽样误差,但不能对其进行控制

E. 既能计算出抽样误差,又能对其进行控制

2. 抽样估计中的抽样误差(　　)。

A. 是不可避免要产生的　　B. 是可以通过改进调查方式来消除的

C. 是可以事先计算出来的　　D. 只能在调查结束后计算

E. 其大小是可能控制的

3. 影响抽样误差大小的因素有(　　)。

A. 抽样调查的组织形式　　B. 抽取样本单位的方法

C. 总体被研究标志的变异程度　　D. 抽取样本单位数的多少

E. 总体被研究标志的属性

4. 在抽样估计中(　　)。

A. 抽样指标的数值不是唯一的　　B. 总体指标是一个随机变量

C. 可能抽取许多个样本　　D. 统计量是样本变量的函数

E. 全及指标又称为统计量

5. 从全及总体中抽取样本单位的方法有(　　)。

A. 简单随机抽样　　B. 重复抽样

C. 不重复抽样　　D. 概率抽样

E. 非概率抽样

6. 在抽样估计中,样本单位数的多少取决于(　　)。

A. 总体标准差的大小　　B. 允许误差的大小

C. 抽样估计的把握程度　　D. 总体参数的大小

E. 抽样方法

7. 总体参数区间估计必须具备的三个要素是(　　)。

A. 样本单位数　　B. 样本指标

C. 全及指标　　D. 抽样误差范围

E. 抽样估计的置信度

8. 在抽样平均误差一定的条件下(　　)。

A. 扩大极限误差范围,可以提高推断的可靠程度

B. 缩小极限误差范围,可以提高推断的可靠程度

C. 扩大极限误差范围,只能降低推断的可靠程度

D. 缩小极限误差范围,只能降低推断的可靠程度

E. 扩大或者缩小极限误差范围与推断的可靠程度无关

9. 对于总体、样本及其指标的认识正确的是(　　)。

A. 总体是唯一确定的,样本是随机的

B. 全及指标是随机的

C. 样本指标是随机的

D. 全及指标是一个确定的值

E. 抽样指标是唯一确定的值

10. 适用于抽样推断的有(　　)。

A. 连续大量生产的某种小件产品的质量检验

B. 某城市居民生活费支出情况

C. 具有破坏性与消耗性的产品质量检查

D. 对全面调查数据进行评价与修正

E. 食品质量的调查

11. 常用的样本指标有(　　)。

A. 样本平均数　B. 样本标准差　C. 样本容量　D. 样本成数

E. 抽样平均误差

12. 在总体 100 个单位中,抽取 40 个单位,下列说法正确的是(　　)。

A. 样本个数为 40 个　　B. 样本容量为 40 个

C. 是一个大样本　　D. 是一个小样本

E. 一个样本有40个单位

13. 某一批原材料的质量实际上不符合生产标准，检验部门在抽检时，得出的结论是该批原材料的质量符合生产标准，说明(　　)。

A. 检验部门犯了第一类错误　　B. 检验部门犯了第二类错误

C. 犯这种错误的概率是 α　　D. 犯这种错误的概率是 β

E. 犯这种错误的原因是检验部门不遵循随机性原则

14. 根据样本指标，分析总体的假设值是否成立的统计方法称为(　　)。

A. 抽样估计　　B. 假设检验　　C. 统计抽样　　D. 显著性检验

E. 概率

15. 抽样估计的方法有(　　)。

A. 随意估计　　B. 区间估计　　C. 直接估计　　D. 点估计

E. 间接估计

16. 假设检验的基本思想是(　　)。

A. 先对总体的参数或分布函数的表达式作出某种假设，然后找出一个在假设成立条件下出现可能性甚小的(条件)小概率事件

B. 如果试验或抽样的结果使该小概率事件出现了，这与小概率原理相违背，表明原来的假设有问题，应予以否定，即拒绝这个假设

C. 若该小概率事件在一次试验或抽样中并未出现，就没有理由否定这个假设，表明试验或抽样结果支持这个假设，这时称假设实验结果是相容的，或者说可以接受原来的假设

D. 如果试验或抽样的结果使该小概率事件出现了，则不能否认这个假设

E. 若该小概率事件在一次试验或抽样中并未出现，则否定这个假设

17. 假设检验的具体步骤包括(　　)。

A. 根据实际问题的要求，提出原假设及备择假设

B. 确定检验统计量，并找出在假设成立条件下，该统计量所服从的概率分布

C. 根据所要求的显著性水平和所选取的统计量，查概率分布临界值表，确定临界值与否定域

D. 将样本观察值代入所构造的检验统计量中，计算出该统计量的值

E. 判断计算出的统计量的值是否落入否定域，如落入否定域，则拒绝原假设，否则接受原假设

18. 关于原假设和备择假设，正确的是(　　)。

A. 原假设和备择假设可以交换位置

B. 原假设表明结果的差异由随机因素引起

C. 备择假设是研究者要证明的假设

D. 原假设是受到保护的假设

19. 重复随机抽样的特点是(　　)。

A. 总体中每个单位在各次抽样中被抽取的机会相等

B. 总体中每个单位在各次抽样中被抽取的机会不等

C. n 次抽样就是 n 次相互独立的试验

D. 每次抽选时，总体单位数始终不变

E. 每次抽选时，总体单位数逐渐减少

20. 在假设检验中，α 与 β 的关系是(　　)。

A. α 和 β 绝对不可能同时减少

B. 只能控制 α，不能控制 β

C. 在其他条件不变的情况下，增大 α，必然会减少 β

D. 在其他条件不变的情况下，增大 α，必然会增大 β

E. 增加样本容量可以同时减少 α 和 β

四、简答题

1. 什么是抽样估计？抽样估计有哪几方面的特点？

2. 什么是抽样误差？影响抽样误差大小的因素有哪些？

3. 什么是抽样平均误差和抽样极限误差？二者有何关系？

4. 为什么说不重复抽样误差总是小于而又接近于重复抽样误差？

5. 参数估计优良的标准是什么？抽样平均数和抽样成数估计是否符合优良估计标准？试加以说明。

6. 什么是概率度？什么是置信度？两者有何关系？

7. 2020 年，我国进行了第七次全国人口普查工作，普查的内容有：人口数量、性别比例、家庭收入、居住情况、教育文化程度等，试根据你对抽样调查的理解，谈谈在人口普查中抽样调查有何用处，各有什么优缺点？怎样最大限度发扬这些优点而避免这些缺点？

五、应用能力训练

1. 为了估计一分钟一次广告的平均费用，从 300 个电视台中随机抽取了 15 个电视台的样本。样本额均值为 2 400 元，标准差为 800 元，求电视台一分钟广告平均费用的抽样平均误差(保留 2 位小数)。

2. 要估计某地区 10 000 名适龄儿童的入学率，随机从这一地区抽取 400 名儿童，检查有 320 名儿童入学，求抽样入学率的平均误差。

3. 从某工厂 1 385 名工人中，随机抽出 50 名工人进行调查，得知这些工人的月产量如下表所示。

月产量/件	62	65	67	70	75	80	90	100	130
工人数/人	4	6	6	8	10	7	4	3	2

要求：以 95% 的可靠程度估计该厂工人的月平均产量区间。

4. 进出口一种小食品，规定每包质量不低于 150 克，现在用不重复抽样的方法抽取其中 1% 进行检验，结果如下表所示。

每包质量/克	包数	每包质量/克	包数
148～149	10	150～151	50
149～150	20	151～152	20

要求：以 95.45％的概率估计这些小食品包装合格率的范围。

5. 某种包装箱中放有 20 袋食糖，要求每袋质量为 1 000 克，为检查袋装食糖的质量是否符合规定要求，现从待检的 400 箱中随机抽取 10 箱，得知各箱中每袋的平均质量(克)分别为：1 010、1 005、990、995、1 020、1 030、1 000、1 015、1 025、980，试在 99.73％的概率保证下，对全部待检食糖每袋的平均质量做区间估计。

6. 已知某炼铁厂的铁水含碳量服从正态分布 $N(4.55, 0.108^2)$，现在测定了 9 炉铁水，其平均含碳量为 4.484。如果估计方差没有变化，能否认为现在生产的铁水平均含碳量为 4.55($\alpha=0.05$)？

7. 某汽车配件厂生产一种配件，多次测试的一等品稳定在 90％左右。用简单随机抽样形式进行检验。要求误差范围在 3％以内，可靠程度为 99.73％，在重复抽样下，必要的样本单位数是多少？

8. 某电子产品使用寿命在 3 000 小时以下为不合格品，现在用简单随机抽样方法，从 5 000 个产品中抽取 100 个对其使用寿命进行调查。其结果如下表所示。

使用寿命/小时	产品数量/个
3 000 以下	2
3 000～4 000	30
4 000～5 000	50
5 000 以上	18
合　计	100

根据以上数据计算：

(1) 按重复抽样和不重复抽样计算该产品平均寿命的抽样平均误差；

(2) 按重复抽样和不重复抽样计算该产品合格率的抽样平均误差；

(3) 根据重复抽样计算的抽样误差，以 68.27％的概率保证度($t=1$)对该产品的平均使用寿命和合格率进行区间估计。

9. 外贸公司出口一种食品，规定每包规格不低于 150 克，现在用重复抽样的方法抽取其中的 100 包进行检验，其结果如下表所示。

每包质量/克	包　数
148～149	10
149～150	20
150～151	50
151～152	20
合　计	100

要求：

(1) 以 99.73％的概率估计这批食品平均每包质量的范围，以使确定平均质量是否达到规定要求。

（2）以同样的概率保证估计这批食品的合格率范围。

10. 单位按简单随机重复抽样方法抽取40名职工，对其业务情况进行考核，考核成绩数据如下：

68,89,88,84,86,87,75, 73,72,68,75, 82,99,58,81, 54, 79,76,95, 76,71,60,91,65,76,72,76,85,89,92,64,57,83,81,78,77,72,61,70,87。

要求：

（1）根据上述数据按成绩分成以下几组：60分以下，60～70分，71～80分，81～90分，91～100分，并根据分组整理成变量分配数量。

（2）根据整理后的变量数列，以95.45%的概率保证程度推断全体职工业务考试成绩的区间范围。

（3）若其他条件不变，将允许误差范围缩小一半，应抽取多少名职工？

数据的相关与回归分析

【学习目的】

（1）了解相关关系的概念及种类、回归分析的概念和内容、相关分析和回归分析的区别和联系。

（2）掌握相关表和相关图的使用方法。

（3）重点掌握相关系数的计算原理，能够利用相关系数来判断现象相关的密切程度，并能进行相关分析的假设检验。

（4）能够建立回归方程，并根据回归方程进行一元线性回归分析与预测。

（5）掌握估计标准误差的基本计算并能够用于实践。

第一节　相关分析与回归分析概述

一、相关分析的概念和种类

（一）相关关系的概念

社会经济现象总是相互依存、相互制约的，并在这种相互影响中发展变化。一种现象的变化总是依赖或影响着其他现象的变化。例如，商品价格的变化会刺激或抑制商品销售量的变化，居民收入的高低会影响银行储蓄额的增减等，再如职工工资增长与劳动生产率的关系、企业生产产量与单位生产成本的关系、家庭收入和生活费支出的关系、学习时间和学习成绩的关系等。从数量上研究这些现象间的相互依存关系，分析现象变动的影响因素和作用强度，对于加强经济管理，发挥统计工作的职能都有现实意义。

1. 函数关系

现象总体数量上所存在的依存关系划分为两种不同的类型，一种是函数关系，另一种是相关关系。要明确相关关系必须首先明确函数关系。

函数关系是指现象之间客观存在的，并且在数量表现上是严格的确定性的相互依存关系。其变动规律可以用一个数学公式来表现。在这种关系中，当一个或若干个现象的数量确定时，另一个与之有联系的现象的数量按照一定的规律，总有唯一确定的值与之对应。如圆面积 s 和它的半径 r 之间关系为 $s=\pi r^2$，长方形面积 s 和它的长 a、宽 b 之间的表达式为 $s=ab$。再如，在计件工资制的情况下，工资总额与工人加工零件数量成函数关系；在价格不变的前提下，商品销售收入与其销售数量是函数关系；在产品产量不变的前提下，单位产品成本与总成本是函数关系。

2. 相关关系

相关关系(correlation)是指现象之间客观存在的，但在数量表现上不确定的相互依存关系。在这种关系中，当一个现象发生数量上的变化时，另一现象也会相应地发生变化，但是其在数量表现上是不确定的，往往同时会出现几个不同的数值，在一定范围内变动着，这些数值分布在它们的平均数的周围。例如，单位生产成本的高低与利润的多少有密切关系，一般来说，单位成本越高，企业利润则会越低，但某一确定的产品单位成本与相对应的利润却是不确定的。这是因为影响利润的因素除了成本外，还有价格、供求关系、消费嗜好等诸因素，即使许多重要因素和条件都相同，也还有许多偶然因素会发生影响。但是不管有多少因素影响企业利润的变化，单位生产成本毕竟是和利润关系非常密切的一个主要影响因素，只是它们的这种依存关系在数量表现上是不确定的而已。由于单位成本和利润之间的数量变动虽表现出一定的波动性，但又总是围绕着它们的平均数并遵循一定的规律而变动，这就给我们提供了一种可能性，即根据单位生产成本的数量去分析和预测企业利润的可能值。

经济现象中相关关系是广泛存在的，如劳动生产率与国民收入之间的关系、广告费支出与产品销售量之间的关系、居民收入与社会劳动生产率的关系等。

函数关系与相关关系虽是两种不同类型的依存关系，但它们之间并无严格的界限。有函数关系的变量之间，由于有测量误差及各种随机因素的干扰，可能表现为相关关系；反之，有相关关系的变量之间，尽管没有确定性的关系，但我们对现象的内在联系常常借助函数关系来进行近似的描述和分析。

(二) 相关关系的种类

根据现象之间相关关系的不同特征和研究方法，一般可从四个角度对相关关系进行分类。

1. 按相关的密切程度分

按照相关的密切程度分为完全相关、不完全相关和完全不相关。完全相关指一个变量的变动，必然会引起另一个变量的确定性的变动的相关关系。如前述圆面积与其半径的相关关系。完全相关即前述函数关系。完全不相关是指一个变量的变动完全不受另一变量数量变动的影响，彼此相互独立，互不相干，则这两个变量间不存在相互关系，称为不相关或零相关。不完全相关则是指一个变量发生有规律的变动，能引起另一变量的对应的规律性变动，但这种变动是介于完全相关和不相关之间。不完全相关是相关分析的研究对象，本章主要分析不完全相关的有关问题。

2. 按相关涉及变量(或因素)的多少分

按照相关涉及变量(或因素)的多少分为单相关和复相关。单相关又称简相关,是指两个变量之间的相关关系,如广告费支出与产品销售量之间的相关关系;在计件工资的条件下,工人一天的工资与其完成产量多少之间的相关关系。复相关又称多元相关,是指三个或三个以上变量之间的相关关系,如商品销售额与居民收入、商品价格之间的相关关系,银行存款余额与人均收入、商品价格水平等之间的相关关系,子女的身高与父母身高、营养、精神因素、身体锻炼等之间的相关关系。

3. 按相关现象的变化方向不同分

按照相关现象变化的方向不同,分为正相关和负相关。正相关是指当一个变量的数值增加或减少,影响另一个变量的值也随之增加或减少的相关关系。如工人劳动生产率提高,产品产量也随之增加;职工工资上升,居民储蓄存款余额也会增加;财政收入减少,则下拨给各预算单位的财政拨款也会随之减少;身高越高,体重一般也越重。负相关是指当一个变量的数值增加或减少时,另一变量的数值反而减少或增加。如商品流转额越大,商品流通费用率越低;劳动生产率提高则单位产品所耗时间会减少;产品产量越多,单位产品的生产成本会越小等。

4. 按照相关的表现形式不同分

按照相关的表现形式不同分为直线相关和曲线相关。直线相关又称线性相关,是指当一个变量变动时,另一变量随之发生大致均等的变动的相关关系。表现在平面直角坐标图中,一个现象的数值与另一现象相应的数值形成的一系列散点的分布近似地表现为一条直线,我们称其为直线相关或线性相关。曲线相关又称非线性相关,是指当一个变量变动时,另一变量也随之发生变动,但这种变动不是均等的,从平面直角坐标图上看,其散点的分布近似地表现为一条曲线,如抛物线、指数曲线等。例如,施肥量和农产品收获数量之间的关系:当单位面积土地内的施肥量在合理范围内增加时,单位面积产量会增加,一旦施肥量超过了合理的数量界限,则施肥量越多,单位面积产量不仅不会增加,反而会下降。这就是非线性相关关系。现象之间的相关关系究竟取什么形式,必须根据实际经验,对事物的性质作理论分析才能恰当地进行计算分析。

二、回归分析的概念和种类

(一)回归分析的概念

相关分析能确定变量相互关系的具体形式,但无法从一个变量的变化来推测出另一个变量的变化情况。因此,在相关分析的基础上,应该进行回归分析。"回归"一词最早起源于生物学。在生物学中,人们通过对遗传现象的大量观察发现,父母身高与子女身高有一定的关系,但父母很高或很矮,他们的孩子并不一定像其父母那样高或那样矮,而是与人类平均身高趋近。这种现象称为回归。虽然具有相关关系的变量间存在着不确定性的关系,但通过对现象的不断观察可以探索出它们之间的统计规律,这种统计规律称为"回归关系"。

回归分析是指对具有相关关系的现象,根据其变量之间的数量变化规律,确立一个相关的数学表达式,描述它们之间的关系,并进行估算和预测的一种统计分析方法。

回归分析是研究相关关系的一种方法,用这种方法研究一个因变量对于一个或多个自变量的依存关系。因变量与自变量的依存关系通常近似地用一个方程式来表示，这个方程式称为回归方程。回归方程是回归关系的表现形式，要找出变量之间的回归关系，需要对具有内在密切联系的大量现象进行观测，从而获得相关关系的数据，分析这些数据所表现出来的关系形态，选择一个合适的数学模型，可以求出一定的关系式即回归方程。用回归方程可以近似地表达具有相互联系的变量之间的平均变化关系。通过建立回归方程可以根据自变量的数值推算因变量之值。

需要注意的是，回归方程只能做出一种推算，即给出自变量的数值估计因变量的可能值。但却不能利用这个方程，给定因变量的值来推算自变量的值。

（二）回归分析的种类

回归分析按照其自变量数量的多少分为一元回归和多元回归。只有一个自变量的回归分析叫一元回归，又称简单回归。有两个或两个以上自变量的回归分析称为多元回归，或称复回归。

回归分析按照回归方程表现在直角坐标图上的形态的不同分为线性回归（直线回归）与非线性回归（曲线回归）。

三、相关分析和回归分析的主要内容

（一）相关分析的主要内容

相关分析是研究一个现象与另一个（或一组）现象之间相关方向和相关密切程度的统计分析方法。

相关分析的主要内容包括以下几个方面。

1. 确定现象之间有无相关关系存在，以及相关关系的性质和表现形态

现象之间确实存在相互依存关系才能用相关分析方法去进行研究，一般地，当一个现象发生规律性变动，而另一个现象也表现出相应的规律性的变动，则可认为这两个现象间存在相关关系。如果二者的变动是同方向的变动，如一个现象有规律地增加，另一个现象也有规律地增加，则可以认为两个现象间存在正相关关系；如果相反，一个现象出现规律性地增加，另一个现象反而是有规律地减少，则可以认定两个现象之间存在负相关关系。同时，在平面直角坐标图中，现象的散点图如果近似于一条直线，则为直线相关；如果散点图近似于一条曲线，则为曲线相关。

2. 测定相关关系的密切程度

相关关系密切程度高低的分析与判断，是进行回归分析的基础和前提。判断相关关系密切程度的主要方法是绘制相关图和计算相关系数。相关图有助于做一般性的直观判断，能看出相关关系的形态和性质；相关系数则能从数量上明确说明相关关系的密切程度。

3. 相关的显著性检验

根据抽样样本计算的相关系数，还必须进行总体相关的显著性检验。这样对相关分析的结果从数学的角度进行检验后所进行的分析才是科学的。

（二）回归分析的主要内容

回归这个统计术语，最早采用者是英国遗传学者高尔登，他把这种统计分析方法应

用于研究生物学的遗传问题，指出生物后代有回复或回归到其上代原有特性的倾向。高尔登的学生波尔逊继续研究，把回归的概念和数学方法有机联系起来，进行回归分析。

回归分析就是通过一定变量或一些变量的变化解释另一变量的变化。其主要内容如下。

1. 确定相关关系的数学表达式，计算回归估计参数

为了测定相关现象之间数量变化上的一般关系，必须使用函数关系的数学公式即回归方程作为相关关系的近似数学表达式。如果现象之间表现为直线相关，则采用配合直线方程的方法；如果现象之间的相关关系表现为曲线相关，则采用配合曲线方程的方法。回归方程是进行回归预测和推算的依据。根据回归方程，采用一定的数学原理，计算出线性或曲线方程的相关参数，并得出回归系数的经济含义。

2. 分析回归分析模型的拟合效果

可通过计算回归标准误差和判定系数来完成。估计值和实际值是有出入的，确定因变量估计值误差程度大小的指标是估计标准误差。它是评价回归方程对观察值的拟合程度高低的统计分析指标。估计标准误差大，表明回归估计精确程度较低；估计标准误差小，表明回归估计精确程度较高。而判定系数可对总误差进行分解分析，说明因变量产生波动的原因。

3. 对回归方程模型进行显著性检验

对回归方程模型的显著性检验一般包括两个方面：一是线性关系的检验，二是回归系数的检验。

4. 回归方程模型的应用

对已通过显著性检验的回归方程，采用点预测和区间预测两方法，可以预测现象在未来的变动趋势值。使用配合直线或曲线的方法可以找到现象之间一般的变化关系，即自变量变化时，因变量一般会发生多大的变化。在假定现象在未来某一时间仍以回归方程为规律进行发展变化的前提下，根据得出的直线方程或曲线方程可以给出自变量的若干数值，代入回归方程，计算出因变量的估计值或预测值。

（三）相关分析与回归分析的联系与区别

就一般意义而言，相关分析指的是广义的相关分析，它包括狭义相关分析和回归分析两方面的内容，因为回归分析与相关分析都是研究两个变量相互关系的分析方法。但就具体分析方法所解决的问题而言，回归分析和相关分析是有明显差别的。二者存在着联系与区别。

1. 相关分析与回归分析的联系

相关分析与回归分析是广义相关分析的两个阶段，二者有着密切的联系。首先，相关分析是回归分析的基础和前提条件。进行回归分析必须先进行相关分析，依靠相关分析的结果来表明现象的数量变化是否具有密切的相关关系，只有两变量间具有密切的关系，进行回归分析才具有意义，回归预测的代表性才有保障。当两变量间相关程度较低时，进行回归分析的必要性就几乎不存在了。其次，回归分析是相关分析的继续和深入。相关分析的核心是计算相关系数。相关系数虽能确定两个变量之间相关方向和相关的密切程度，但却不能指出两变量相互关系的具体形式，也无法从一个变量的变化来推测

另一个变量的变化情况。因此，相关分析和回归分析是统计学关于现象相互关系分析的不可或缺的两个分析阶段。

2. 相关分析与回归分析的区别

相关分析和回归分析的区别也是显而易见的。

相关分析可以不讨论两个变量的关系是因果关系，还是非因果关系，不必确定两变量中哪个是自变量，哪个是因变量，计算相关系数的两变量是对等的，改变两者的地位并不影响相关系数的数值，所以只有一个相关系数。而回归分析则必须事先进行定性分析来确定两个变量中哪个是自变量，哪个为因变量。如果倒果为因，则计算和分析结果就会出现严重偏差。一般地说，回归分析是研究两变量具有因果关系的数学形式。

相关分析中两变量可以都是随机的变量，各自接受随机因素的影响。而在回归分析中因变量是随机的，而自变量是研究时可以控制的量，即在给定不同自变量数值的条件下，观察对应的因变量数值的变化情况，所以自变量不是随机变量。

第二节　相关分析

一、相关表与相关图

（一）相关表

相关表(correlation table)是直接根据现象之间的原始资料，将一变量的若干变量值按由小到大的顺序排列，并将另一变量的值与之对应排列形成的统计表。相关表仍然是统计表的一种。

【例 6-1】 为研究分析某公司能源消费量与商品销售收入的关系，根据该公司 10 年的能源消费量与商品销售收入数据，进行重新整理后编制的相关表如表 6-1 所示。

表 6-1　某公司能源消耗量与商品销售收入的相关表

能源消耗量（折标准煤燃料：万吨）	商品销售收入/万元	能源消耗量（折标准煤燃料：万吨）	商品销售收入/万元
21	17	58	33
28	24	64	40
35	28	68	42
44	30	72	45
51	31	76	50

从表 6-1 可以直观地看出，随着能源消耗量的增加，尽管商品销售收入存在一定的波动，但总体上呈现上升的趋势，说明两者不仅存在相关关系，而且是一种同方向变动的正相关关系。

（二）相关图

相关图(correlation diagram)又称散点图(scatter diagram)，它是用直角坐标的 x 轴代

表自变量，y 轴代表因变量，将两个变量间相对应的变量值用坐标点的形式描绘出来，用以表明相关点分布状况的图形。根据表 6-1 的资料，相关图的具体绘制方法是，以能源消耗量为自变量，对应的商品销售收入为因变量，每一个能源消耗量都对应一个商品销售收入的数字，表中共有 10 对数据，在直角坐标图上，每一对数据标出一个点，一共可以标出 10 个点，如图 6-1 所示。

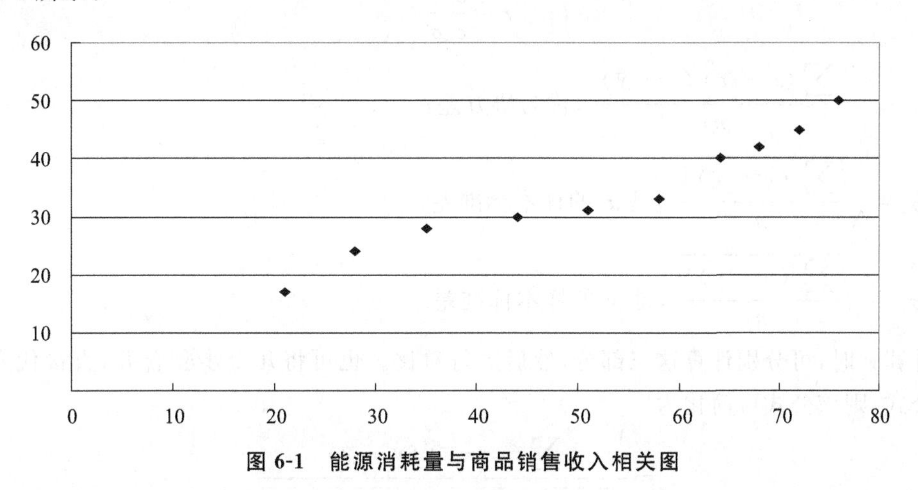

图 6-1　能源消耗量与商品销售收入相关图

从图 6-1 中可以直观地看出，随着能源消耗量有规律的增加，商品销售收入也发生了对应的有规律的增加，说明二者之间存在相关关系，由于二者呈同一方向变动的特点，说明此相关关系是正相关关系；由于图形近似于一条直线，说明二者的相关关系近似于直线相关，且关系较为密切。

二、相关系数

相关系数(correlation coefficient)是在直线相关的条件下，说明两个变量之间相关关系密切程度的统计分析指标。相关系数用 r 表示。

相关系数在统计分析中具有非常重要的作用。首先，它能说明两变量间线性相关关系密切程度的高低，相关系数 r 值大，说明两变量间的线性相关关系的密切程度高，相关系数 r 值小，说明两变量间的线性相关关系的密切程度低；其次，相关系数可以从侧面说明两变量回归分析误差的高低，一般地，相关系数越高，说明两变量间的关系越是趋向于一条标准直线，进行直线回归分析的代表性就越好，回归分析的标准误差也越小；最后，利用相关系数还可以进行有关相关分析指标的相互推算。

相关系数 r 的数值总是介于 -1 与 $+1$ 之间。若 r 为正数或负数，表示两变量为正相关或负相关；当 $|r|$ 越接近于 1，说明两变量间线性相关关系越密切；反之，越接近 0，说明两变量间线性关系越弱；如果 $r=1$ 或 $r=-1$，表示两变量为完全正或负的线性相关，即为函数关系；如果 $r=0$，表示两变量间无线性相关关系，但这并不表示两现象间不存在其他形式的相关关系(如曲线相关)。因而一般情况下，相关系数总是小于 $+1$，而大于 -1。

为了判断线性相关关系密切程度的高低，可根据相关系数的大小，将相关关系划分成不同的等级，如常用的四级划分标准是：$|r|<0.3$ 为微弱线性相关；$0.3\leqslant|r|<0.5$ 为低度线

性相关；0.5≤|r|<0.8 为显著线性相关；0.8≤|r|<1 为高度线性相关。

相关系数的计算方法较多，实际工作中，常用的是积差法。它主要由三部分构成：x 变量的标准差、y 变量的标准差、两个变量的协方差。

其基本公式如下：

$$r=\frac{\sigma^2{}_{xy}}{\sigma_x\sigma_y} \tag{6-1}$$

式中：$\sigma^2{}_{xy}=\frac{\sum(x-\overline{x})(y-\overline{y})}{n}$，称为协方差；

$\sigma_x=\sqrt{\frac{\sum(x-\overline{x})^2}{n}}$，是 x 的样本标准差；

$\sigma_y=\sqrt{\frac{\sum(y-\overline{y})^2}{n}}$，是 y 的样本标准差。

计算 r 时，可分别计算这三部分，然后进行对比。也可将几个步骤合并，直接代入基本计算公式，则该公式可简化为

$$r=\frac{\sum(x-\overline{x})(y-\overline{y})}{\sqrt{\sum(x-\overline{x})^2}\sqrt{\sum(y-\overline{y})^2}} \tag{6-2}$$

但是，用公式(6-1)或公式(6-2)计算相关系数，计算量较大又不很准确。

因此，可根据前述公式，采用数学原理，推导出另一个计算 r 的简捷计算公式如下：

$$r=\frac{n\sum xy-\sum x\sum y}{\sqrt{n\sum x^2-\left(\sum x\right)^2}\cdot\sqrt{n\sum y^2-\left(\sum y\right)^2}} \tag{6-3}$$

【例 6-2】 已知某部门生产相同产品的下属 10 个企业产品产量和单位成本数据如表 6-2 所示。

表 6-2 产品产量和单位成本统计表

企业编号	产品产量/千件	单位成本/元
1	6	52
2	8	50
3	9	51
4	11	48
5	12	49
6	14	48
7	15	46
8	17	44
9	19	41
10	20	40

计算产品产量和单位成本之间的相关系数如表 6-3 所示。

表 6-3　相关系数计算表

产量 x/千件	单位成本 y/元	x^2	y^2	xy
6	52	36	2 704	312
8	50	64	2 500	400
9	51	84	2 601	459
11	48	121	2 304	528
12	49	144	2 401	588
14	48	196	2 304	672
15	46	225	2 116	690
17	44	289	1 936	748
19	41	361	1 681	779
20	40	400	1 600	800
131	469	1 917	22 147	5 976

$$r=\frac{\sigma^2{}_{xy}}{\sigma_x\sigma_y}=\frac{n\sum xy-\sum x\sum y}{\sqrt{n\sum x^2-\left(\sum x\right)^2}\sqrt{n\sum y^2-\left(\sum y\right)^2}}$$

$$=\frac{10\times 5\ 976-131\times 469}{\sqrt{10\times 1\ 917-(131)^2}\sqrt{10\times 22\ 147-(469)^2}}=-\frac{-1\ 679}{1\ 741}=-0.964\ 3$$

上例中的相关系数为$-0.964\ 3$,说明产品产量与单位成本之间有负的高度线性相关关系。产品产量越高,单位成本越低。

第三节　一元线性回归分析

一、一元线性回归方程的建立

（一）一元线性回归模型

如果两个变量呈现完全的直线相关关系,则其变动的规律可用一条标准的直线来说明,即 $y=a+bx$。

这是一元线性方程式的一般表现形式。但如果变量 y 不仅受变量 x 变动的影响,还受其他因素的影响,x 与 y 的关系也就不会表现为完全的线性相关关系。通过相关图 6-1,可以直观地发现,并非各个相关点都落在一条直线上,而是在直线上下波动,说明 x 与 y 仅呈线性相关的趋势。

由于两变量之间的数量变化常常是采取近似于一条直线的方式变动,因此,回归分析可以利用数学上线性分析的方法,配合一条直线进行统计分析,这条关于 x 与 y 的回归直线(regression line)称为估计回归线(regression line of the estimate)。配合回归线的方程称为回归方程(regression equation),见公式(6-4)。

$$\hat{y}=a+bx \tag{6-4}$$

式中:$\hat{y}$ 表示 y 的估计值;a 代表直线在纵轴上的截距,即当自变量 x 为 0 时因变量 y 在纵轴上的起点值；b 在数学上是直线的斜率，在回归分析中称为回归系数（regression coefficient）。它是一个平均性质的增减量，表示自变量 x 每增加或减少一个计量单位时，因变量 y 所平均增加或减少的数量。同时它还反映自变量和因变量的变动方向。当 b 为正时，自变量和因变量按相同方向变动；当 b 的符号为负时，自变量和因变量按相反的方向变动，所以其值的正负与相关系数保持高度一致。a 和 b 都是待定常数，可根据实际资料求解其数值，一旦计算出 a 和 b 的值，表明变量之间一般关系的回归直线就确定下来了。

（二）一元线性回归模型的参数估计

在进行相关分析时，如果自变量与因变量对应的散布点近似为直线，或计算出的相关系数具有显著的直线相关关系，都可拟合一条回归直线。由于相关图上的散点仅仅散布在一条直线的周围，而不是一条标准的直线，因此，根据散点图上的点可连接若干条直线，其中的每一条都能在一定程度上说明或代表着这些散点。同时，其中每一条都与这些散点之间存在着或大或小的误差。一元线性回归分析的任务，就是要设法在分散的、具有线性关系的相关点之间配合一条理想的直线，作为回归直线，表明两个现象之间的具体变动关系。

借助于数学上的最小平方法（least squares analysis）来描绘 x 与 y 的线性关系，将是最优的选择。

用最小平方法计算的直线的参数 a 和 b 能得到这样一个直线方程：逐次地给每个总体单位以实际值 x，并计算相应的结果标志值 $\hat{y}$，则实际值 y 与估计值 $\hat{y}$ 的离差平方和为最小，即

$$\sum (y-\hat{y})^2 = \min$$

该公式表明，这条直线与该相关图上的相关点（散点）的距离比任何其他直线与相关点的距离都小，所以，这条直线是最优的、最理想的回归直线。

用 Q 表示 y 对 $\hat{y}$ 的离差平方和，则

$$Q=\sum (y-\hat{y})^2=\sum (y-a-bx)^2=\min$$

要使 Q 值达到最小，其必要条件是它对 a 和 b 的一阶偏导数等于零：

$$\frac{\partial Q}{\partial a}=-2\sum (y-a-bx)=0$$

$$\frac{\partial Q}{\partial b}=-2\sum x(y-a-bx)=0$$

由此，可以整理成以下标准方程组：

$$\begin{cases}\sum y=na+b\sum x\\ \sum xy=a\sum x+b\sum x^2\end{cases}\tag{6-5}$$

进一步求解该标准方程组，得

$$\begin{cases}b=\dfrac{n\sum xy-\sum x\sum y}{n\sum x^2-\left(\sum x\right)^2}\\ a=\dfrac{\sum y}{n}-b\dfrac{\sum x}{n}\end{cases}\tag{6-6}$$

将有关数据代入该公式，即可求得回归直线，并进行预测。

【例 6-3】 以表 6-2 所列数据为例，对产品产量与产品单位成本的有关数据进行回归分析。

首先，设所求的回归直线方程为

$$\hat{y}=a+bx$$

根据公式(6-6)及表6-3的计算数据，于是

$$b=\frac{n\sum xy-\sum x\sum y}{n\sum x^2-\left(\sum x\right)^2}=\frac{10\times 5\ 976-131\times 469}{10\times 1\ 917-(131)^2}=\frac{-1\ 679}{2\ 009}=-0.835\ 7$$

$$a=\frac{\sum y}{n}-b\frac{\sum x}{n}=\frac{469}{10}-(-0.835\ 7)\times\frac{131}{10}=46.9+0.835\ 7\times 13.1=57.847\ 7$$

所以

$$\hat{y}=a+bx=57.847\ 7-0.835\ 7x$$

在此方程中，回归系数 b 的含义是：当产品产量每增加一个计量单位(1 000件)时，单位成本就平均下降0.835 7元。

将表6-3中自变量产品产量的每一数值代入上述方程，即可得出因变量单位成本的对应估计值，如表6-4所示。

表6-4　回归估计值计算表

产量 x/千件	单位成本 y/元	x^2	y^2	xy	$\hat{y}$
6	52	36	2 704	312	52.83
8	50	64	2 500	400	51.16
9	51	84	2 601	459	50.33
11	48	121	2 304	528	48.66
12	49	144	2 401	588	47.82
14	48	196	2 304	672	46.15
15	46	225	2 116	690	45.31
17	44	289	1 936	748	43.64
19	41	361	1 681	779	41.97
20	40	400	1 600	800	41.13
131	469	1 917	22 147	5 976	469

根据回归方程，可以推算出产品产量为30千件时，单位成本的估计值为

$$\hat{y}=a+bx=57.847\ 7-0.835\ 7\times 30=32.776\ 7(\text{元})$$

二、估计标准误差与判定系数

（一）估计标准误差

根据所配合的回归直线方程式推算出各个估计值 $\hat{y}$ 后，其估计的可靠性如何，则要通过计算估计标准误差来判断。在表6-4中，因变量的估计值的大小与实际观察值 y 是不等的，其估计误差为 $y-\hat{y}$。估计误差的大小反映着估计值的准确性。但我们要观察的不是某一个变量值与估计值的误差，而是整体的差别情况。

估计标准误差(standard error of the estimate)，又称为回归估计标准误，是用来说明回

归方程代表性大小的统计分析指标。若估计标准误差小，表明回归方程估计准确程度高，代表性大；反之，则估计准确程度低，代表性小。只有在估计标准误差较小的情况下，回归方程进行估计或预测才具有实际价值。

其计算公式如公式(6-7)所示。

$$S_y=\sqrt{\frac{\sum(y-\hat{y})^2}{n-2}} \tag{6-7}$$

式中：S_y 为估计标准误差；$n-2$ 为自由度，因在一元线性回归方程中，有两个参数，在利用 n 个样本点来拟合一元线性方程时，样本数据就有了两个约束条件，从而就失去了两个自由度。

【例 6-4】 根据例 6-3 的数据来说明估计标准误差的计算方法，如表 6-5 所示。

表 6-5 估计标准误差计算表

产量 x/千件	单位成本 y/元	$\hat{y}$	$y-\hat{y}$	$(y-\hat{y})^2$
6	52	52.83	−0.83	0.688 9
8	50	51.16	−1.16	1.345 6
9	51	50.33	0.67	0.448 9
11	48	48.66	−0.66	0.435 6
12	49	47.82	1.18	1.392 4
14	48	46.15	1.85	3.422 5
15	46	45.31	0.69	0.476 1
17	44	43.64	0.36	0.129 6
19	41	41.97	−0.97	0.940 9
20	40	41.13	−1.13	1.276 9
131	469	469	0	10.557 4

将计算结果代入公式(6-7)，可得

$$S_y=\sqrt{\frac{\sum(y-\hat{y})^2}{n-2}}=\sqrt{\frac{105\ 574}{10-2}}=\sqrt{\frac{10.557\ 4}{8}}=\sqrt{1.319\ 675}=1.148\ 77$$

计算结果表明，估计标准误差是 1.148 77 元。即对于每一个企业来说，其误差虽有正有负，有大有小，但估计标准误差的计算表明，其平均误差为 1.148 77 元。

在实际工作中，根据回归直线方程中的参数 a、b，结合相关分析和回归分析中的数据，推导出下述计算回归分析的简化公式，其数据计算结果等同于公式(6-7)。

$$S_y=\sqrt{\frac{\sum y^2-a\sum y-b\sum xy}{n-2}} \tag{6-8}$$

【例 6-5】 仍以表 6-2 的有关数据为例，说明回归估计误差简捷法的计算方法。根据表 6-4及回归分析有关计算结果，已知：

$$\sum y=469,\quad \sum xy=5\ 976,\quad \sum y^2=22\ 147,\quad b=0.835\ 7,\quad a=57.847\ 7$$

$$S_y=\sqrt{\frac{\sum y^2-a\sum y-b\sum xy}{n-2}}$$

$$=\sqrt{\frac{22\ 147-57.847\ 7\times 469+0.835\ 7\times 5\ 976}{10-2}}=1.149\ 6$$

与公式(6-7)的计算结果基本相等。

不过，公式(6-8)的分母也可以不减去两个自由度。即

$$S_y=\sqrt{\frac{\sum y^2-a\sum y-b\sum xy}{n}}$$

这样，例 6-5 回归估计误差的计算结果就为

$$S_y=\sqrt{\frac{22\ 147-57.847\ 7\times 469+0.835\ 7\times 5\ 976}{10}}=1.028\ 2$$

二者的计算结果略有出入。

（二）判定系数

在线性回归分析中，可以看到因变量 y 的取值是各不相同的。在例 6-3 的数据中，单位成本的数值大小各不相同。y 值的这种波动产生的原因主要有两个方面：一是受自变量 x 变动的影响，二是受其他因素如观察和实验中产生的误差的影响。为了分析这两个方面的影响，需要对总误差进行分解分析。

对于每一个观察值来说，误差的大小可以通过实际观察值 y 与其平均数$\overline{y}$的离差$(y-\overline{y})$来表示，而全部观察值的误差可以由这些误差的平方和 $\sum(y-\overline{y})^2$ 来表示，称为因变量的总误差平方和。每个观察值的误差由两部分构成：

$$y-\overline{y}=(y-\hat{y})+(\hat{y}-\overline{y})$$

总误差　估计误差　回归误差

式中：$y-\overline{y}$称为总误差，是每个具体的 y 值与其平均值$\overline{y}$之间的误差；$(\hat{y}-\overline{y})$称为回归误差，表明这部分误差与 x 有关，是可以由 x 得到解释和说明的误差；$(y-\hat{y})$称为估计误差，是配合回归直线后残留的误差量，也称为剩余误差，它是由 x 以外的许多不能控制或掌握的内外因素引起的偶然性误差。

将上式两边平方，再对所有观察点求和，则可得到

$$\sum(y-\overline{y})^2=\sum[(y-\hat{y})+(\hat{y}-\overline{y})]^2$$

$$=\sum(y-\hat{y})^2+\sum(\hat{y}-\overline{y})^2+2\sum(y-\hat{y})(\hat{y}-\overline{y})$$

由于 $\sum(y-\hat{y})(\hat{y}-\overline{y})=0$，所以，总误差平方和可以分解为两部分：

$$\sum(y-\overline{y})^2=\sum(y-\hat{y})^2+\sum(\hat{y}-\overline{y})^2 \tag{6-9}$$

即

总误差平方＝估计误差平方和＋回归误差平方和

将公式(6-9)两端同时除以 $\sum(y-\overline{y})^2$，得

$$\frac{\sum (y-\hat{y})^2}{\sum (y-\overline{y})^2}+\frac{\sum (\hat{y}-\overline{y})^2}{\sum (y-\overline{y})^2}=1$$

由上式可以看出，在总误差平方和中，回归平方和所占比例越小，相应的剩余平方和所占比例就越小，这时所有观察点离回归直线就越近，x 与 y 的线性相关关系就越密切。如果剩余平方和为零，表明所有观察点全部落在回归线上。则

$$\frac{\sum (\hat{y}-\overline{y})^2}{\sum (y-\overline{y})^2}=1$$

这时因变量 y 产生的差异完全由自变量 x 的变动所引起，x 与 y 的关系是完全相关的；若回归平方和所占比例越小，则剩余平方和所占比例就越大，此时所有观察点离回归直线就越远，x 与 y 的关系程度就越低。当回归平方和为零时，x 与 y 的关系是零相关。

一般情况下，因变量 y 的变化除受自变量 x 的影响外，还有其他未能解释其原因的因素在发挥作用。因此，在观察点不全在回归线上，而是呈现上下波动的情况下，x 与 y 的相关关系密切程度主要是依据 $\frac{\sum (\hat{y}-\overline{y})^2}{\sum (y-\overline{y})^2}$ 值的大小来决定，该值在回归分析中被称为判定系数，用 r^2 来表示。

$$r^2=\frac{\sum (\hat{y}-\overline{y})^2}{\sum (y-\overline{y})^2} \tag{6-10}$$

r^2 的变动范围为 $0\leqslant r^2\leqslant 1$，$r^2$ 越接近于 1，表明两个变量相关程度越高；r^2 越接近于 0，表明两个变量相关程度越低。由此可见，判定系数 r^2 实际上是解释由自变量 x 变化而引起的因变量 y 的变化所产生差异的大小，它也是判定变量之间直线相关程度的一个重要指标。事实上，就一元线性相关关系而言，判定系数 r^2 就是其相关系数的平方。

【例 6-6】 仍采用表 6-2 的有关数据为例，计算判定系数如表 6-6 所示。

表 6-6 判定系数计算表

单位成本 y/元	$\hat{y}$	$\hat{y}-\overline{y}$	$(\hat{y}-\overline{y})^2$	$y-\overline{y}$	$(y-\overline{y})^2$
52	52.83	5.93	35.164 9	5.1	26.01
50	51.16	4.26	18.147 6	3.1	9.61
51	50.33	3.43	11.764 9	4.1	16.81
48	48.66	1.76	3.097 6	1.1	1.21
49	47.82	0.92	0.846 4	2.1	4.41
48	46.15	−0.75	0.562 5	1.1	1.21
46	45.31	−1.59	2.528 1	−0.9	0.81
44	43.64	−3.26	10.627 6	−2.9	8.41
41	41.97	−4.93	24.304 9	−5.9	34.81
40	41.13	−5.77	33.292 9	−6.9	47.61
469	469	—	137.337 4	—	150.9

$$r^2=\frac{\sum(\hat{y}-\overline{y})^2}{\sum(y-\overline{y})^2}=\frac{137.3374}{150.9}=0.9101$$

表明在因变量 y(单位产品成本)的总误差中有 91.01%可以由自变量 x(产品产量)的变动来解释。

(三) 估计标准误差与判定系数、相关系数的关系

前面的分析已经能够说明估计标准误差与相关系数、判定系数的关系。在数量表现上，三者可以相互进行推算。在样本量 n 充分大的前提下，它们之间有如下的近似关系：

$$r=\sqrt{1-\frac{S_e^2}{\sigma_y^2}} \tag{6-11}$$

$$S_e=\sigma_y\sqrt{1-r^2} \tag{6-12}$$

实际工作中，在进行一元线性相关分析时，一般不常用公式(6-11)计算相关系数。这是因为这种计算方法存在两个问题。一是需要先计算出回归直线方程，并计算出估计标准误差，才能取得相关系数。而从一般的认识与分析程序来看，只有现象的相关系数较高的前提下，配合回归分析方程才有意义；如果 x 与 y 的相关关系不够密切，并无进行回归分析的必要。因而，一般要求先计算相关系数来判断相关关系的密切程度。二是以这种方法计算出的 r 难以判断是正相关还是负相关。

公式(6-11)和公式(6-12)的意义在于：从相互联系的两个公式中可以看出 r 和 S_e 的变动方向是相反的。当 r 越大时，S_e 就越小，这时变量间相关关系密切程度较高，回归直线的代表性较强；当 r 越小时，S_e 就越大，这时变量间相关关系的密切程度就较低，回归直线的代表性较弱。

三、一元线性回归分析的显著性检验

在配合回归直线时，是假设 x 与 y 之间的关系近似为线性关系，这种假设是否真实还必须经过检验。一般来说，回归分析中的假设检验包括两方面的内容：一是线性关系的检验，即检验自变量和因变量之间的关系能否用一个线性模型来表示；二是回归系数的检验。当线性关系的检验通过后，回归系数检验的实际意义就是要检验每个自变量对因变量的影响程度是否显著。在简单回归分析中，自变量的个数只有一个，这两种检验是统一的。而在多元回归分析中，这两种检验的意义则不相同。

(一) 线性相关关系的检验

根据样本观察数据所计算的相关系数是样本相关系数 r。由于样本的随机性特点，样本相关系数与总体相关系数(用 ρ 表示)之间总存在一定差异。样本相关系数不等于 0，有可能是由于随机原因引起的，并不能说明总体相关系数也肯定不等于 0。但根据抽样原理，样本相关系数 r 的大小与总体相关系数 ρ 有关，$|r|$ 或 r^2 的值越大，说明变量之间总体相关关系存在的可能性就越大。但 $|r|$ 或 r^2 的数值要多大才能断定变量之间的总体线性关系显著呢？仅从样本相关系数或判定系数本身来考虑是不行的，还必须进行统计检验。

总体相关显著性检验实际上就是对下列假设进行检验：

原假设 $H_0:\rho=0$(即不存在总体线性相关关系);

备择假设 $H_1:\rho\neq 0$(即存在总体线性相关关系)。

在简单线性相关条件下,检验 H_0 的统计量为

$$F=\frac{\sum(\hat{y}-\overline{y})}{\sum(y-\hat{y})^2/(n-2)} \tag{6-13}$$

或

$$F=\frac{r^2}{(1-r^2)/(n-2)} \tag{6-14}$$

统计量 F 在 H_0 条件下服从分布 $H_{(1,n-2)}$。决策规则是:若 $F\leqslant H_{\alpha(1,n-2)}$,则接受 H_0;若 $F>H_{\alpha(1,n-2)}$,则拒绝 H_0 而接受 H_1。$H_{\alpha(1,n-2)}$ 是在显著性水平 α 下第一自由度为 1、第二自由度为$(n-2)$的 F 统计量的临界值。

【例 6-7】 仍采用表 6-2 的有关数据为例,前面已计算了 $r^2=0.910\ 1$,从判定系数来看,方程对样本数据的拟合效果不错。试对产品产量和产品单位成本之间总体相关性进行显著性检验,令显著性水平 $\alpha=0.05$。

已知 $n=10$,查 F 分布表,得临界值 $H_{0.05(1,8)}=5.32$。

由公式(6-14)可得

$$F=\frac{r^2}{(1-r^2)/(n-2)}=\frac{0.910\ 1}{(1-0.910\ 1)/(10-2)}=\frac{0.910\ 1}{0.011\ 237\ 5}=80.987\ 8$$

因为 $F=80.987\ 8>F_{0.05(1,8)}$,所以拒绝 H_0 而接受 H_1,产品产量和产品单位成本之间存在显著的线性相关关系。

(二)回归系数的检验

回归系数的检验就是检验各个自变量对因变量的影响是否显著。只有通过了线性关系的检验,才能进行回归系数的检验。在简单回归分析中,只有一个自变量 x,回归系数检验就是要根据样本回归系数 b 对总体回归系数(用 β 表示)进行检验,也就是对下列假设进行显著性检验。

原假设 $H_0:\beta=0$(自变量 x 对因变量 y 的影响不显著);

备择假设 $H_1:\beta\neq 0$(自变量 x 对因变量 y 的影响是显著的)。

检验统计量为

$$t=\frac{b}{S(b)} \tag{6-15}$$

式中:$S(b)=\hat{\sigma}\dfrac{1}{\sqrt{\sum(x-\overline{x})^2}}$ 是 b 的标准差$\sqrt{D(b)}$的估计量;$\hat{\sigma}$ 是总体标准差 σ 的估计量,即估计标准误差,可由公式(6-7)计算而得。

在原假设 H_0 成立的情况下,有 $t\sim t(n-2)$,若给定显著水平 α,则 t 的临界值为 $t_{\frac{\alpha}{2}}(n-2)$,并有 $p(|t|\leqslant t_{\frac{\alpha}{2}}(n-2))=1-\alpha$。若$|t|\leqslant t_{\frac{\alpha}{2}}(n-2)$,则接受 H_0;若$|t|>t_{\frac{\alpha}{2}}(n-2)$,则接受 H_1。β 的 $100(1-\alpha)\%$的置信区间为

$$\left[\hat{b}-t_{\frac{\alpha}{2}}(n-2)S(b),\hat{b}+t_{\frac{\alpha}{2}}(n-2)S(b)\right] \tag{6-16}$$

【例 6-8】 表 6-2 中产品单位成本依产品产量的回归方程为 $\hat{y}=a+bx=57.847\ 7-$

$0.835\ 7x$，$\sum(x-\overline{x})^2=200.9$，$\hat{\sigma}=S_{y_x}=1.148\ 77$，试用 0.05 的显著性水平检验回归系数的显著性。

$$H_0:\beta=0, H_1:\beta\neq 0$$

$$S(\hat{b})=\hat{\sigma}\frac{1}{\sqrt{\sum(x-\overline{x})^2}}=1.148\ 77\times\frac{1}{\sqrt{200.9}}$$

$$=1.148\ 77\times\frac{1}{14.173\ 9}=1.148\ 77\times 0.071\ 6=0.081\ 048$$

$$t=\frac{\hat{b}}{S(\hat{b})}=\frac{-0.835\ 7}{0.081\ 048}=-10.311\ 2$$

查 t 分布的临界值表，得 $t_{0.025}(8)=2.306$。因此，由于 $|t|=10.311\ 2>t_{0.025}(8)=2.306$，所以拒绝 H_0，接受 H_1，即产品单位成本对产品产量有影响是显著的。

置信度为 95% 时，β 的置信区间：$[\hat{b}\pm t_{\frac{\alpha}{2}}(n-2)S(b)]$，即$[-0.835\ 7\pm 2.0\times 0.081\ 048]$，即置信区间为$[-0.673\ 6,-0.997\ 8]$。

四、利用一元线性回归方程进行预测

若回归方程具有较高的拟合程度，自变量与因变量被检验具有显著的线性关系后，就可以根据拟合的回归方程，由 x 的某一个值 x_0 去预测因变量 y 的相应值 y_0。回归预测一般分为点预测与区间预测两种方法。

（一）点预测

当根据样本数据计算所得的一元线性回归方程 $\hat{y}=a+bx$ 被检验通过后，可以认为该方程大致反映了变量 y 随变量 x 变化的规律。但由于 x 与 y 之间的关系不确定，因而对于给定的 x 的某一个值 x_0，根据回归方程，也只能得到对应的 y_0 的估计值：

$$\hat{y}_0=a+bx_0$$

点预测的优点是计算简便，但这种预测不能计算出预测误差，也不能提供置信度。因此，还需要进行区间预测。

（二）区间预测

区间预测就是对于给定的置信度$(1-\alpha)$，给出与 $x=x_0$ 相对应的 y_0 的取值区间。置信区间上、下限的计算公式如下：

$$\hat{y}_0\pm t_{\frac{\alpha}{2}}(n-2)S_e\sqrt{1+\frac{1}{n}+\frac{(x_0-\overline{x})^2}{\sum(x-\overline{x})^2}} \tag{6-17}$$

式中：$t_{\frac{\alpha}{2}}(n-2)$为从 t 分布中可达到的临界值；S_e 为估计标准误差。

对于大样本，$t_{\frac{\alpha}{2}}(n-2)$可用 $z_{\frac{\alpha}{2}}$ 近似代替，公式(6-17)中的根式近似为 1，这时，区间预测公式简化为

$$y_0=\hat{y}_0\pm z_{\frac{\alpha}{2}}(n-2)S_e \tag{6-18}$$

式中：$z_{\frac{\alpha}{2}}$是显著性水平为 α 时从标准正太分布表中查得的临界值。

【例 6-9】 根据表 6-5 和表 6-6 的数据进行回归预测。①计算当产品产量为 25 千件

时，估计单位产品成本为多少？②计算当产品产量为 25 千件时，估计单位产品成本的置信度为 0.95 时的置信区间。

解：

(1) 根据例 6-3 中计算出的回归方程 $\hat{y}=a+bx=57.8477-0.8357x$，可知当 $x_0=25$ 千件时，对应的 y_0 的点预测值为 $\hat{y}=a+bx=57.8477-0.8357\times25=36.9552$(元)。

(2) 根据表 6-6 中计算出的有关数据及例 6-2、例 6-4 的计算结果，当 $\alpha=0.05$，$n=10$ 时，查 t 分布表，得 $t_{\frac{\alpha}{2}}(n-2)=t_{0.025}(10-2)=2.306$，由于 $\sum x=131$，$n=10$，因此，$\bar{x}=13.1$。

$$(x_0-\bar{x})^2=(25-13.1)^2=141.61$$

$$\sum(x-\bar{x})^2=\sum x^2-n\bar{x}^2=1917-10\times171.61=200.9$$

根据公式(6-17)，则有

$$36.9552\pm2.306\times1.14877\times\sqrt{1+\frac{1}{10}+\frac{141.61}{200.9}}=36.9552\pm3.5589$$

即 33.396 3 元 $\leqslant y_0\leqslant$ 40.514 1 元，作出这一预测有 95% 的可靠程度作保证。

第四节　多元线性回归分析

一、多元线性回归模型

实际上，在许多经济问题的统计分析中，一个现象的变动往往要受多种现象变动的影响。例如，消费支出不仅要受当期收入水平高低的影响，还要受物价水平、前期收入水平及预期收入水平等诸多因素的制约。因此，在进行相关分析与回归分析时，有必要对多个变量之间的关系进行分析研究，即进行多元相关分析与回归分析。这里仅讨论多个变量之间近似呈线性关系的情况。

对因变量与两个以上自变量之间的线性关系的回归分析称为多元线性回归分析。用于表现多个变量间线性关系的数学模型称为多元线性回归模型，其一般的形式可写为

$$Y=\beta_0+\beta_1X_1+\beta_2X_2+\cdots+\beta_kX_k+u \tag{6-19}$$

式中：Y 为因变量；$X_1,X_2,\cdots,X_k$ 为自变量，k 为自变量个数；$\beta_0,\beta_1,\beta_2,\cdots,\beta_k$ 为模型的总体参数，其中 β_0 是模型的常数项，$\beta_1,\beta_2,\cdots,\beta_k$ 是总体回归系数。β_j $(j=1,2,3,\cdots,k)$ 表示在其他自变量保持不变的情况下，自变量 X_j 变动一个单位所引起的因变量 Y 平均变动的数量，因而也称为偏回归系数。

公式(6-19)中，u 为随机误差项，简称误差项。它表示除了模型中的 k 个自变量以外的其他各种随机因素对因变量的影响。随机误差项 u 是无法直接观测和估计的，为了进行回归分析，通常需要对其提出一些假定，主要假定如下。

假定 1：误差项的期望值为 0，即对于任意观测点 i 都有

$$E(u_i)=0$$

假定 2：误差项的方差为常数，即对所有的观测点 i 总有

$$\mathrm{Var}(u_i)=\sigma^2$$

假定 3：误差项之间不存在序列相关关系，其协方差为零，即当 $i\neq j$ 时有

$$\mathrm{Cov}(u_i, u_j) = 0$$

假定4:自变量是给定的量,与随机误差线性无关。

假定5:随机误差项服从正态分布。

假定6:自变量之间不能具有较强的线性关系。

实际上,以上假定中前五条对一元线性模型也适用。符合以上假定的线性回归模型称为标准的线性回归模型。关于不符合以上假定条件下的分析方法,属于计量经济学的研究范畴,本教材不作进一步的讨论。

总体参数 $\beta_0, \beta_1, \beta_2, \cdots, \beta_k$ 是未知的,多元线性回归分析的首要任务就是要利用有关的样本观测值对它们进行估计。若估计值分别用 $\hat{\beta}_0, \hat{\beta}_1, \hat{\beta}_2, \cdots, \hat{\beta}_k$ 表示,则因变量与 k 个自变量之间数量变动的一般关系可表示为

$$\hat{Y} = \hat{\beta}_0 + \hat{\beta}_1 X_1 + \hat{\beta}_2 X_2 + \cdots + \hat{\beta}_k X_k \tag{6-20}$$

公式(6-20)就是我们要根据样本数据来拟合的多元线性回归方程。求其估计值的原理和方法与一元线性回归方程参数估计的原理及方法相似,只不过自变量由一个增加到了多个,待估计的参数也相应增加了。同样,可采用最小二乘法,即最理想的估计值应满足残差平方和为最小的条件,即

$$\begin{aligned} Q &= \sum (Y_t - \hat{Y}_t)^2 \\ &= \sum (Y - \hat{\beta}_0 - \hat{\beta}_1 X_1 - \hat{\beta}_2 X_2 - \cdots - \hat{\beta}_k X_k)^2 \end{aligned} \tag{6-21}$$

所求估计值 $\hat{\beta}_0, \hat{\beta}_1, \hat{\beta}_2, \cdots, \hat{\beta}_k$ 应使公式(6-21)的 Q 达到最小。根据微积分中求极小值的原理,可将 Q 分别对 $\hat{\beta}_0, \hat{\beta}_1, \hat{\beta}_2, \cdots, \hat{\beta}_k$ 求偏导数并令其都等于零,加以整理后可得到以下$(k+1)$个方程式组成的方程组:

$$\begin{cases} \sum Y = n\hat{\beta}_0 + \hat{\beta}_1 \sum X_1 + \hat{\beta}_2 \sum X_2 + \cdots + \hat{\beta}_k \sum X_k \\ \sum X_1 Y = \hat{\beta}_0 \sum X_1 + \hat{\beta}_1 \sum X_1^2 + \hat{\beta}_2 \sum X_1 X_2 + \cdots + \hat{\beta}_k \sum X_1 X_k \\ \sum X_2 Y = \hat{\beta}_0 \sum X_2 + \hat{\beta}_1 \sum X_1 X_2 + \hat{\beta}_2 \sum X_2^2 + \cdots + \hat{\beta}_k \sum X_2 X_k \\ \qquad \vdots \\ \sum X_k Y = \hat{\beta}_0 \sum X_k + \hat{\beta}_1 \sum X_1 X_k + \hat{\beta}_2 \sum X_2 X_k + \cdots + \hat{\beta}_k \sum X_k^2 \end{cases} \tag{6-22}$$

方程组(6-22)称为正规方程组或标准方程组。不难看出,计算多元线性回归方程的标准方程组是计算一元线性回归方程组的扩展。通过解这一方程便可以求出多元回归线性方程的参数估计值 $\hat{\beta}_0, \hat{\beta}_1, \hat{\beta}_2, \cdots, \hat{\beta}_k$。在依靠手工计算的时代,这一求解过程较为烦琐,一般需要运用矩阵运算来计算。

二、回归方程的拟合优度

多元线性回归模型同样可以用估计标准误差、判定系数等指标来评价其拟合效果。其计算原理与一元线性回归分析的计算原理基本相同。

(一)估计标准误差

由于存在随机误差的影响,根据多元线性回归方程得到的因变量估计值 $\hat{y}$ 与实际观察值 y 之间总是存在一定误差,综合反映这种误差大小通常可用估计标准误差。多元线性回

归方程的估计标准误差的计算公式如下：

$$S_e=\sqrt{\frac{\sum(y_t-\hat{y})^2}{n-k-1}} \tag{6-23}$$

式中：n 为样本观测值的个数；k 为回归方程参数的个数。在 k 元线性回归模型中，标准方程组有$(k+1)$个方程式，从而利用 n 个样本点来拟合回归方程时就有$(k+1)$个约束条件，因此其自由度为$(n-k-1)$。

同样，估计标准误差 S_e 越小，表明样本回归方程的代表性越强，回归估计值的准确程度越高。

（二）判定系数和复相关系数

在多元线性回归分析中，为了说明所估计的回归方程对样本观测值的拟合程度，同样也需要采取与一元线性回归分析类似的方法，将因变量 y 的总离差平方和分解为回归平方和与残差平方和两部分。其中，总离差平方和 $\sum(y-\overline{y})^2$ 反映了因变量观测值总离差的大小；回归平方和 $\sum(\hat{y}-\overline{y})^2$ 反映了因变量回归估计值总离差的大小，它是因变量观测值总离差中由自变量解释的那部分离差；残差平方和 $\sum(y-\hat{y})^2$ 反映了因变量观测值与回归估计值之间总离差的大小，是因变量观测值总离差中未被自变量解释的那部分离差。显然，回归平方和越大，残差平方和就越小，而回归方程对样本观测值的拟合程度就越高。

多元线性回归分析中，回归平方和与总离差平方和的比值称为判定系数(也称为多重判定系数)，用 R^2 表示，其计算公式如下：

$$R^2=\frac{\sum(\hat{y}-\overline{y})^2}{\sum(y-\overline{y})^2} \tag{6-24}$$

判定系数 R^2 是介于 0～1 之间的一个小数，R^2 越接近 1，回归方程对样本数据的拟合程度就越好，同时也说明回归方程中自变量对因变量的联合影响程度越大，因变量与自变量间的相关程度越高；反之，R^2 越接近 0，回归方程对样本数据的拟合程度就越差，同时也说明回归方程中自变量对因变量的联合影响程度越小，因变量与自变量间的相关程度越低。

在样本容量一定的情况下，判定系数是回归模型中自变量个数的不减函数，随着模型中自变量的增加，判定系数 R^2 的值就会变大。这会给人们一个错觉：只要增加自变量，就会改善模型拟合效果。但是，增加自变量必定使得待估参数的个数增加，损失自由度，从而增加估计误差，降低估计的可靠度。为此，需要用自由度对判定系数 R^2 进行修正，修正的判定系数记为$\overline{R^2}$，其计算公式如下：

$$\overline{R^2}=1-(1-R^2)\frac{n-1}{n-k-1} \tag{6-25}$$

式中：n 为样本量；k 为自变量个数。由于 $k\geqslant1$，所以$\overline{R^2}<R^2$，随着自变量个数 k 的增加，$\overline{R^2}$将明显小于 R^2。同样，$\overline{R^2}$越大，表明回归方程对样本数据的拟合程度就越好，因变量与自变量间的相关程度越高。

可见，在多元的场合，因变量与自变量之间的相关程度的测定是以回归分析为基础的。测定多元相关关系的密切程度，除了可以用判定系数或修正的判定系数，还可以用复相关系数。复相关系数等于判定系数的平方根，一般用 R 表示，其计算公式如下：

$$R = \sqrt{\frac{\sum (\hat{y} - \overline{y})^2}{\sum (y - \overline{y})^2}} \tag{6-26}$$

复相关系数的取值区间为 $0 \leqslant R \leqslant 1$。$R=1$，表明 Y 与 $X_1, X_2, \cdots, X_k$ 之间存在完全确定的线性关系；$R=0$，则表明 Y 与 $X_1, X_2, \cdots, X_k$ 之间不存在任何线性相关关系。一般情况下，R 的取值范围是 0～1，表明变量之间存在一定程度的线性相关关系。需要注意的是，在多元的情况下，因变量 Y 与其他多个变量之间的线性相关关系既可能为正也可能为负，但根据公式(6-26)计算的复相关系数只能取正值。因此，复相关系数只能反映因变量 Y 与多个自变量 $X_1, X_2, \cdots, X_k$ 之间线性相关的密切程度，而不能反映其相互之间线性相关的方向。

三、显著性检验

多元线性回归方程的显著性检验通常包括两方面的内容：回归系数的显著性检验和回归方程的显著性检验。

（一）回归方程的显著性检验

多元线性回归分析中，回归方程的显著性检验就是要检验样本量与多个自变量的线性关系是否显著，其实质就是判断因变量总离差平方和中回归平方和与残差平方和的比值的大小问题。考虑到样本容量和自变量个数的影响，这一检验是在方差分析的基础上利用 F 检验进行的。其具体的方法步骤可归纳如下。

(1) 假设总体回归方程不显著，即待检验的原假设为

$$H_0: \beta_1 = \beta_2 = \cdots = \beta_k = 0$$

(2) 检验的统计量为

$$F = \frac{\sum (\hat{y} - \overline{y})^2 / (k-1)}{\sum (y - \hat{y})^2 / (n-k)} \tag{6-27}$$

在随机误差项服从正态分布同时原假设成立的条件下，上述统计量 F 服从于自由度为 $(k-1)$ 和 $(n-k)$ 的 F 分布。

通常可将回归平方和、残差平方和及其自由度与检验统计量 F 的数值都显示在方差分析表中，如表 6-7 所示。

表 6-7　回归模型的方差分析表

离差来源	平方和	自由度	方　差	F
回归	$SSR = \sum (\hat{y} - \overline{y})^2$	$k-1$	$SSR/(k-1)$	$\frac{SSR/(k-1)}{SSE/(n-k)}$
残差	$SSE = \sum (y - \hat{y})^2$	$n-k$	$SSE/(n-k)$	
总离差	$SST = \sum (y - \overline{y})^2$	$n-1$		

(3) 根据自由度和给定的显著性水平 α，查 F 分布表中临界值 F_α。当 $F > F_\alpha$ 时，拒绝原假设，即认为总体回归模型中自变量与因变量的线性关系显著；当 $F < F_\alpha$ 时，接受原假

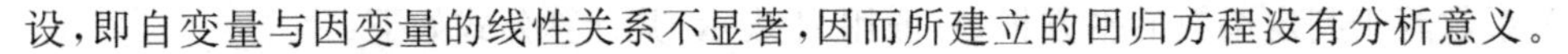

设，即自变量与因变量的线性关系不显著，因而所建立的回归方程没有分析意义。

（二）回归系数的显著性检验

在一元回归分析中，由于只有一个自变量，因此，只要回归方程显著，也就等同于回归系数显著。但在多元线性回归分析中，由于变量为多个，通过 F 检验后只能说明 k 个总体回归系数不全为 0，至少有一个自变量对因变量有显著影响，并不能说明所有的自变量都对因变量有显著影响。因此，在完成对回归方程的检验后，还需要进一步对每一个回归系数进行显著性检验。一般来说，当发现某个自变量的线性影响不显著时，应将其从多元线性回归模型中剔除，以尽可能少的自变量达到尽可能高的拟合效果。

回归系数检验的原假设 H_0：$\beta=0$。其检验原理和基本步骤与一元回归模型基本相同，同样采用 t 检验，这里仅给出检验统计量 t 的一般计算公式如下：

$$t=\frac{\hat{\beta}_j}{S_{\hat{\beta}_j}} \quad (j=1,2,3,\cdots,k) \tag{6-28}$$

式中：$\hat{\beta}_j$ 是自变量 X_j 对应的回归系数估计值；$S_{\hat{\beta}_j}$ 是估计量 $\hat{\beta}_j$ 的标准差的估计值。给定显著性水平 α，可查 t 分布中自由度为 $(n-k-1)$ 对应的临界值 $t_{\frac{\alpha}{2}}$，若 $|t|\geqslant t_{\frac{\alpha}{2}}$，就拒绝 H_0，说明自变量 X_j 对因变量 y 的影响是显著的；反之，若 $|t|<t_{\frac{\alpha}{2}}$，就不能拒绝 H_0，说明在其他变量不变的情况下，自变量 X_j 对因变量 y 的影响不显著。也可以用 t 值对应的 P 值来判断：P 值越小说明总体回归系数 $\hat{\beta}_j$ 为 0 的可能性越小，$P<\alpha$ 即表明相应的自变量 X_j 对因变量 y 的影响是显著的。

本章小结

1. 相关关系是指现象之间客观存在的，但在数量表现上不确定的相互依存关系。相关关系可以从四个方面进行分类。

2. 相关分析是研究一个现象与另一个（或一组）现象之间相关方向和相关密切程度的统计分析方法。相关分析的内容与步骤可以从三个角度进行。

3. 相关系数是说明两变量间线性相关关系的密切程度高低的统计分析指标。它有三个方面的作用。其计算公式采用积差法。

4. 回归分析是对具有相关关系的两个或两个以上的变量之间数量变化的一般关系进行测定，确立一个相关的数学表达式，以便进行估计或预测的统计分析方法。回归分析可从两个角度进行分类。回归分析的主要内容有四个方面。①确定相关关系的数学表达式并进行参数估计；②分析回归分析模型的拟合效果分析；③对回归方程模型进行显著性检验；④回归方程模型在实践中的具体应用。

5. 运用 Excel 进行相关与回归分析。

统计术语

相关关系	correlation	相关表	correlation table
回归	regression	相关图	correlation diagram

散点图　scatter diagram
相关系数　correlation coefficient
回归系数　regression coefficient
自变量　dependent variable
因变量　independent variable
回归直线　regression line
估计回归线　regression line of the estimate
回归方程　regression equation
最小平方法　least squares analysis
估计标准误差　standard error of the estimate

思考与练习

一、判断题

1. 正相关就是指自变量和因变量的数量变动方向都是上升的。（　　）

2. 回归系数既可以用来判断两个变量相关的方向，也可以用来说明两个变量相关的密切程度。（　　）

3. 若变量 x 的值减少时变量 y 的值也减少，则变量 x 与 y 之间存在相关关系。（　　）

4. 在任何相关条件下，都可以用相关系数说明变量之间相关的密切程度。（　　）

5. 回归系数和相关系数都可以用来判断现象之间相关的方向。（　　）

6. 计算相关系数的两个变量，要求一个是随机变量，另一个是可控制的量。（　　）

7. 完全相关即是函数关系，其相关系数为±1。（　　）

8. 估计标准误是说明回归方程代表性大小的统计分析指标，指标数值越大，说明回归方程的代表性越高。（　　）

9. 相关系数为＋1 时，说明两变量完全相关；相关系数为－1 时，说明两个变量不相关。（　　）

10. 当相关系数接近＋1 时，说明两变量之间存在高度相关关系。（　　）

11. 不管自变量如何变化，因变量都不变，这种情况称为不相关。（　　）

12. 当变量 x 按一定数额变化时，变量 y 也随之近似地按固定的数额变化，那么这两个变量间为正相关。（　　）

13. 进行相关分析必须以定性分析为前提。（　　）

14. 相关分析可以不分自变量与因变量，回归分析也如此。（　　）

15. 相关系数 r 取值范围在＋1 和－1 之间。（　　）

16. 回归分析是把变量的函数关系转变为相关关系的手段。（　　）

17. 产量增加，则单位产品成本降低，此种关系属相关关系。（　　）

18. 估计标准误差是衡量回归方程代表性大小的指标。（　　）

19. 判定系数越大，估计标准误差就越大；判定系数越小，估计标准误差就越小。（　　）

20. 非抽样误差会随着样本容量的扩大而下降。（　　）

二、单项选择题

1. 当自变量的数值确定后，因变量的数值也随之完全确定，这种关系属于（　　）。
　A. 相关关系　　B. 函数关系　　C. 回归关系　　D. 随机关系

2. 现象之间的相互关系可以归纳为两种类型，即(　　)。

A. 相关关系和函数关系　　B. 相关关系和因果关系

C. 相关关系和随机关系　　D. 函数关系和因果关系

3. 在相关分析中，要求相关的两变量(　　)。

A. 都是随机的　　B. 都不是随机变量

C. 因变量是随机变量　　D. 自变量是随机变量

4. 测定变量之间相关密切程度的指标是(　　)。

A. 估计标准误　　B. 两个变量的协方差

C. 相关系数　　D. 两个变量的标准差

5. 相关系数是(　　)。

A. 说明多个变量间的线性相关关系的

B. 说明两变量间的线性相关关系的

C. 说明多个变量间的曲线相关关系的

D. 说明两变量间的曲线相关关系的

6. 如果变量 x 和变量 y 之间的相关系数为±1，说明两变量之间(　　)。

A. 不存在相关关系　　B. 相关程度很低

C. 相关程度显著　　D. 完全相关

7. 下列各项中两个变量之间的相关程度高的是(　　)。

A. 商品销售额和商品销售量的相关系数是 0.9

B. 商品销售额和商业利润率的相关系数是 0.84

C. 平均流通费用率与商业利润率的相关系数是−0.94

D. 商品销售价格与销售量的相关系数是−0.91

8. 在回归直线方程 $y_c=a+bx$ 中，b 表示(　　)。

A. 当 x 增加一个单位时，y 增加 a 的数量

B. 当 y 增加一个单位时，x 增加 b 的数量

C. 当 x 增加一个单位时，y 的平均增加量

D. 当 y 增加一个单位时，x 的平均增加量

9. 现象之间线性依存关系的程度越低，则相关系数(　　)。

A. 越接近于−1　　B. 越接近于 1

C. 越接近于 0　　D. 在 0.5 和 0.8 之间

10. 回归分析中的两个变量(　　)。

A. 都是随机变量　　B. 关系是对等的

C. 都是给定的量　　D. 一个是自变量，另一个是因变量

11. 当相关系数 $r=0$ 时，说明(　　)。

A. 现象之间完全无关　　B. 现象之间相关程度较小

C. 现象之间完全相关　　D. 现象之间无直线相关

12. 如果一个变量的取值完全依赖于另一个变量，各观测点落在一条直线上，称为两个变量之间为(　　)。

A. 完全相关关系　　B. 正线性相关关系

C. 非线性相关关系　　D. 负线性相关关系

13. 根据你的判断,下面的相关系数取值错误的是(　　)。

A. −0.86　　B. 0.78　　C. 1.25　　D. 0

14. 变量 x 与 y 之间的负相关是指(　　)。

A. x 值增大时 y 值也随之增大

B. x 值减少时 y 值也随之减少

C. x 值增大时 y 值随之减少,或 x 值减少时 y 值随之增大

D. y 的取值几乎不受 x 取值的影响

15. 设产品产量与产品单位成本之间的线性相关系数为−0.87,这说明二者之间(　　)。

A. 高度相关　　B. 中度相关　　C. 低度相关　　D. 极弱相关

16. 回归方程 $y=a+bx$ 中的回归系数 b,说明自变量变动一个单位时,因变量(　　)。

A. 变动 b 个单位　　B. 平均变动 b 个单位

C. 变动 $a+b$ 个单位　　D. 变动 $1/b$ 个单位

17. 下面关于相关系数的陈述中错误的是(　　)。

A. 数值越大说明两个变量之间的关系就越强

B. 仅仅是两个变量之间线性关系的一个度量,不能用于描述非线性关系

C. 只是两个变量之间线性关系的一个度量,不一定意味着两个变量之间一定有因果关系

D. 绝对值不会大于1

18. 下面的各问题中,不是相关分析要解决的问题的是(　　)。

A. 判断变量之间是否存在关系

B. 判断一个变量数值的变化对另一个变量的影响

C. 描述变量之间的关系强度

D. 判断样本所反映的变量之间的关系是否代表总体变量之间的关系

19. 具有相关关系的两个变量的特点是(　　)。

A. 一个变量的取值不能由另一个变量唯一确定

B. 一个变量的取值由另一个变量唯一确定

C. 一个变量的取值增大时,另一个变量的取值也一定增大

D. 一个变量的取值增大时,另一个变量的取值肯定变小

20. 说明回归方程拟合优度的统计量是(　　)。

A. 相关系数　　B. 回归系数　　C. 判定系数　　D. 估计标准误差

三、多项选择题

1. 测定现象之间有无相关关系的方法有(　　)。

A. 对现象做定性分析　　B. 编制相关表

C. 绘制相关图　　D. 计算相关系数

E. 计算估计标准误

2. 变量 x 按一定数量增加时,变量 y 也按一定数量随之增加,反之亦然,则 x 和 y 之间存在(　　)。

A. 正相关关系　　B. 直线相关关系

C. 负相关关系　　　　　　　　　D. 曲线相关关系

E. 非线性相关关系

3. 变量间的相关关系按其形式划分有(　　)。

A. 正相关　　　B. 负相关　　　C. 线性相关　　　D. 不相关

E. 非线性相关

4. 可用来判断现象之间相关方向的指标有(　　)。

A. 估计标准误差　B. 相关系数　　C. 回归系数　　D. 直线的截距

E. 回归预测值

5. 下列属于正相关的现象有(　　)。

A. 家庭收入越多,其消费支出也越多

B. 某产品产量随工人劳动生产率的提高而增加

C. 流通费用率随商品销售额的增加而减少

D. 生产单位产品所耗工时随劳动生产率的提高而减少

E. 总生产费用随产品产量的增加而增加

6. 估计标准误是反映(　　)。

A. 回归方程代表性大小的指标

B. 估计值与实际值平均误差程度的指标

C. 自变量与因变量离差程度的指标

D. 因变量估计值的可靠程度的指标

E. 相关关系密切程度的指标

7. 变量间的相关关系按其程度划分有(　　)。

A. 完全相关　　B. 不完全相关　　C. 不相关　　D. 正相关

E. 负相关

8. 设产品的单位成本(元)对产量(百件)的直线回归方程为:$y_c=76-1.85x$,这表示(　　)。

A. 产量每增加 100 件,单位成本平均下降 1.85 元

B. 产量每减少 100 件,单位成本平均下降 1.85 元

C. 产量与单位成本按相反方向变动

D. 产量与单位成本按相同方向变动

E. 当产量为 200 件时,单位成本为 72.3 元

9. 直线回归方程 $y_c=a+bx$ 中的 b 称为回归系数,回归系数的作用是(　　)。

A. 确定两变量之间因果的数量关系

B. 确定两变量的相关方向

C. 确定两变量相关的密切程度

D. 确定因变量的实际值与估计值的变异程度

E. 确定当自变量增加一个单位时,因变量的平均增加量

10. 直线回归分析中(　　)。

A. 自变量是可控制量,因变量是随机的

B. 两个变量不是对等的关系

C. 利用一个回归方程，两个变量可以互相推算

D. 根据回归系数可以判断相关的方向

E. 对于没有明显关系的两个变量可求得两个回归方程

四、简答题

1. 何谓相关分析？它和回归分析有何联系与区别？
2. 说明相关关系的含义和分类。
3. 现象相关关系的种类划分主要有哪些？
4. 从现象总体数量依存关系来看，相关关系和函数关系有何区别？
5. 函数关系与相关关系之间的联系是如何表现出来的？
6. 如何理解回归分析和相关分析是相互补充、密切联系的？
7. 回归方程 $Y=A+BX$ 中，A、B 的经济含义是什么？
8. 相关分析与回归分析应注意哪些问题？

五、应用能力训练

1. 已知某企业某产品产量与单位成本的有关数据如下表所示。

月　份	产量/千件	单位成本/元
1	2	73
2	3	72
3	4	71
4	3	73
5	4	69
6	5	68

试根据表中数据：

(1) 计算相关系数，并说明产量和单位成本之间有无相关关系，如存在相关关系，请进一步说明其相关的方向和程度；

(2) 确定并求解回归直线方程，并指出产量每增加 1 000 件时，单位成本平均下降多少；

(3) 假设产量为 6 000 件，请回答单位成本为多少。

2. 某市 10 家商场的人均销售额和利润额数据如下表所示。

商 场 编 号	人均销售额/千元	利润率/%
1	6	12.6
2	5	10.4
3	8	18.5
4	1	3.0
5	4	8.1
6	7	16.3
7	6	12.3

续表

商场编号	人均销售额/千元	利润率/%
8	3	6.2
9	3	6.6
10	7	16.8

试根据上述数据建立利润率(y)依人均销售额(x)的直线回归方程。

3. 已知某市生产总值和社会商品零售总额的有关数据如下表所示。

某市生产总值和社会商品零售总额统计表 单位:亿元

年份	生产总值	社会商品零售总额
2014	39	20
2015	45	22
2016	52	26
2017	63	34
2018	70	36
2019	80	39
2020	85	40

要求:

(1) 计算二者的相关系数。

(2) 确定并求解回归直线方程。

4. 对某城市中来往的车辆进行研究,每隔5分钟获得的有关数据如下表所示。

序号	稠密度/(车辆数/千米)	行驶速度/(千米/小时)
1	43	270
2	55	238
3	40	307
4	40	240
5	52	348
6	39	414
7	50	270
8	33	404
9	44	317
10	21	512

要求：

(1) 计算二者的相关系数。

(2) 确定并求解回归直线方程。

(3) 计算回归估计误差。

5. 通过统计调查，取得 10 对母女的有关数据如下表所示。

序　号	母亲身高/cm	女儿身高/cm
1	158	159
2	159	160
3	160	160
4	161	163
5	161	159
6	155	154
7	162	159
8	157	158
9	162	160
10	150	157

要求：

(1) 计算母亲与女儿身高之间的相关系数。

(2) 确定并求解回归直线方程。

(3) 回答当母亲身高为 170cm 时，女儿的身高会是多少？

6. 已知某市几个区工业增加值和其财政收入有关数据如下表所示。

某市下属几个区工业增加值和财政收入统计表　　单位：亿元

下属区	增加值	财政收入
1	20	8
2	22	9
3	25	10
4	27	12
5	29	12
6	30	14
7	32	15

要求：

(1) 计算其相关系数，并回答可否进行回归分析。

(2) 计算回归方程，并回答当工业增加值达到 50 亿元时，财政收入会有多少。

(3) 计算回归估计误差。

时间数列分析

【学习目的】

(1) 基本掌握时间数列的概念、构成、作用和基本要求。

(2) 重点掌握时间数列的各项水平指标的计算方法、在实际中的具体应用条件和计算结果的简单分析。

(3) 重点掌握时间数列的各项速度指标的计算方法、在实际中的具体应用条件和计算结果的简单分析。

(4) 了解时间数列的影响因素,掌握长期趋势的数学模型分析的方法要点及其在实践中的具体运用。

案例导入

我国2015—2021年各年普通高等学校毕业生人数如表7-1所示。

表7-1 我国2015—2021年各年普通高等学校毕业生人数

年份	2015年	2016年	2017年	2018年	2019年	2020年	2021年
毕业生人数/万人	749	765	795	820	834	874	909

如何运用统计分析的方法来分析数据随时间变化的规律?根据表7-1,我们可以运用时间序列的分析方法,通过计算水平指标和速度指标来进行动态分析,了解我国2015—2021年高校毕业生人数发展变化情况,同时对未来几年的毕业生情况进行预测,从而作出重要的决策和规划。本章主要介绍时间序列及其分析的常用方法和技巧。

第一节　时间数列的概念和种类

一、时间数列的概念

社会现象总是随着时间的推移而不断发生变化的。为了研究社会现象在发展过程中所蕴含的各种特征和规律性，并在此基础上进行预测，人们通常需要对事物的变化情况做跟踪观察，并且记录客观现象随着时间推移而变化的统计数据。将社会现象在不同时间发展变化的某种指标数值，按时间的先后顺序排列形成的数列就称为时间数列，也称为时间序列或动态数列。例如，我国历年国内生产总值、某商场每月的营业额、某股票每日的价格等，都是时间数列。表 7-2 是 2010—2020 年我国历年国内生产总值等指标的时间序列。

表 7-2　我国历年国内生产总值等指标的时间序列

年份	国内生产总值/亿元	年末总人口/万人	第三产业增加值比重/%	人均国内生产总值/(元/人)	城镇居民人均可支配收入/元
2010	408 903.0	134 091	44.2	30 567	19 109
2011	484 123.5	134 735	44.3	36 018	21 809
2012	534 123.0	135 404	45.5	39 544	24 564
2013	588 017.8	136 072	46.9	43 320	26 955
2014	636 137.7	136 782	47.1	46 629	29 381
2015	676 707.0	138 326	50.5	49 351	31 195
2016	746 395.1	139 232	51.8	53 608	33 616
2017	832 035.9	140 011	52.1	59 426	36 396
2018	919 281.1	140 541	52.8	65 410	39 251
2019	986 515.2	141 008	53.7	69 962	42 359
2020	1 015 986.2	141 178	54.0	71 964	43 834

资料来源：http://www.stats.gov.cn/。

从表 7-2 中的几个时间数列不难看出，时间数列由两个基本要素构成。一是现象所属的时间，称为时间要素。这里的时间可以是年，也可以是季度、月、日，还可以是小时、分钟、秒，通常用 i 表示，i 值可以是数据所属的具体时间，也可以只是时间序号。二是现象在不同时间条件下的统计数据，称为数据要素，常用 a 表示，如 a_i 表示时间 i 所对应的观测值。

研究时间数列的目的是进行时间数列分析，了解客观现象的发展变化过程，这对统计分析工作来说，具有十分重要的意义。首先，通过时间数列可以描述客观现象的历史状况及发展变化；其次，可以揭示现象的发展水平、方向、速度和趋势；再次，利用时间数列数据可建立计量模型，可对现象变动的趋势进行分析和预测；最后，对不同但相互关联的时间数列进行对比分析，可以研究同类现象在不同国家、不同地区发展过程中的联系与区别。

二、时间数列的种类

时间数列按其统计指标的性质和表现形式，可分为绝对数时间数列、相对数时间数列和平均数时间数列三种。其中，绝对数时间数列是基本数列，相对数时间数列和平均数时间数列是派生数列。

（一）绝对数时间数列

将反映客观现象总规模、总水平的某一总量指标在不同时间上的数值按时间的先后顺序排列而成的数列，称为绝对数时间数列。它反映了现象在不同时间达到的绝对水平。绝对数时间数列是编制相对数时间数列和平均数时间数列的基础。例如，表 7-2 的国内生产总值和年末总人口都是绝对数时间数列。

根据总量指标所反映的不同时间状况，可将绝对数时间数列分为时期数列和时点数列。

时期指标是指一段时期内的总量或绝对水平，将不同时期的时期指标按时间的先后顺序排列所得的数列称为时期数列。例如，表 7-2 中各年国内生产总值，表示了 2010—2020 年我国每年创造的产品和服务的市场价值总和。

时点指标是指某个时点上所达到的水平，将不同时点上的指标按时间的先后顺序排列所形成的数列称为时点数列，如表 7-2 中 2010—2020 年年末我国总人口数。

时期数列和时点数列有以下几种区别。

（1）时期数列中的各个指标值是可以相加的，相加后的指标值可以表示更长一段时间的总量。如 2019 年与 2020 年的 GDP 相加后表示这两年总的 GDP。时点数列不具有可加性。时点数列中的每一个指标值都表示现象在某一时点上的数量，几个指标值相加后无法说明其实际意义。例如 2019 年年末的人口数与 2020 年年末的人口数相加没有意义。

（2）时期数列中的每一个指标值的大小与其时期长短有直接联系。每个指标值所包括的时间长度称为时期。一般而言，时期越长，指标值就越大；反之，指标值越小。时点数列中的指标值大小与其时间间隔长短没有直接关系，只表明现象某一时点上的数量，比如年末人口数就不一定大于月末人口数。

（3）时期数列中的指标值通常是通过连续不断地登记取得的。由于时期数列各指标值反映的是现象在一段时间内的发展过程总量，因而必须把这段时间内该现象发生的数量逐一登记，并进行累加得到指标值。时点数列中各指标值表明的是现象在某一时刻上的总量水平，只需在这一时点上统计即可，因此时点数列的指标值一般通过间断登记的方式取得。

（二）相对数时间数列和平均数时间数列

把一系列同类的相对指标值按照时间的先后顺序排列而成的时间数列称为相对数时间数列。该时间数列反映的是不同现象的对比关系或同一现象在不同时间上的发展状况。例如人均 GDP 时间数列、第三产业增加值比重时间数列、居民消费价格指数时间数列等。由于相加后的指标数值没有实际意义，因此在相对数时间数列中，各指标值是不能相加的。

把不同时间上的平均指标值按时间先后顺序排列而成的数列称为平均数时间数列，它反映的是现象平均水平的发展状况。例如，各个时期职工平均工资所形成的时间数列、各个时期粮食平均亩产量所形成的时间数列等，都是平均数时间数列。平均数时间数列中，各个时期的指标值一般不具有可加性。

相对数时间数列和平均数时间数列均为绝对数时间数列的派生数列。例如，女性人口占总人口数的百分比时间数列是由女性人口数与总人口数两个时点数列派生形成的；四川省 GDP 占全国 GDP 比重的时间数列是由四川省 GDP 与全国 GDP 两个时期数列派生形成的；人均国内生产总值是由国内生产总值这个时期数列与年末人口数这个时点数列派生形成的。

三、编制时间数列的原则

编制时间数列的目的是要通过数列中的各个指标值进行动态对比分析，来研究现象的发展变化过程或趋势。因此，保证同一时间数列中各指标值的可比性，就成为编制时间数列应遵循的基本原则，具体有以下几点。

(1) 时间长短应该统一。在时期数列中各指标值大小直接由时期长度决定，时期越长指标值越大，反之越小。因此，时期数列中各项指标值所属时期长短应该前后一致才能对比。对于时点数列，虽然两时点间隔长短与指标值没有明显关系，但为了更准确地反映现象发展变化的状况，分析其长期趋势，增加可比性，两时点间的间隔应保持一致。

(2) 总体范围应该一致。所研究的现象总体所包含的地区范围、隶属关系范围、行政区划范围等称为总体范围。时间数列中指标值的大小与总体的范围密切相关。若现象的总体范围随时间的变化而发生了改变，则变化前后的指标值不能直接进行对比，需加以调整，使之前后总体范围一致，方能进行动态分析。例如，计算某地区 GDP 时间数列时，若该地区行政范围发生改变，则需要对核算结果进行调整，编制相同所属范围的 GDP，才能保证 GDP 前后的值具有可比性，从而更好地反映该地区 GDP 的发展变化规律。

(3) 指标的经济内容应该一致。一般而言，只有同质现象才能进行动态对比分析，以表明现象发展变化的过程及趋势。随着时间的推移，同一名称的指标，其涵盖的经济内容有可能会发生变化，那么前后的指标值就不能直接对比，必须将经济内容不一致的指标调整为一致后才能比较。

(4) 指标的计算方法、计算价格、计量单位等应该一致。时间数列描述的是现象的发展变化过程，因此在编制时间数列时，需保证计算方法、计算价格、计量单位的一致，若不一致，则需要进行调整以确保指标值的可比性。例如，GDP 的计算方法有生产法、支出法和分配法，不同计算方法会导致数值上的差异，数据的对比就失去了意义。再如，GDP 有的按现价计算，有的按不变价格计算，或数据的计量单位有的按实物单位计量，有的按货币单位计量，这样所编制的时间数列也无法进行对比。

第二节　时间数列的水平分析指标

时间数列的水平分析指标主要有发展水平、平均发展水平、增长量和平均增长量。

一、发展水平

发展水平是指现象在不同时期或时点上发展所达到的规模或水平，也就是时间数列中各时间上对应的指标数值。发展水平是计算时间数列其他指标的基础。时间数列按其统计指标的性质表现形式，可分为绝对数时间数列、相对数时间数列和平均数时间数列三种。因此，发展水平也可分为绝对数发展水平、相对数发展水平和平均数发展水平。其中，绝对数发展水平是基础，相对数发展水平和平均数发展水平是由绝对数发展水平派生出来的。

发展水平通常用 a_i 表示，时间数列的各期发展水平分别为 $a_1, a_2, \cdots, a_{n-1}, a_n$，其中，$a_1$ 是时间数列中第一项指标数值，称为时间数列的最初水平，a_n 是时间数列中的最后一项指标数值，称为时间数列的最末水平，其他各期水平称为时间数列的中间水平。在动态分析中，通常将作为对比基准的时期称为基期，相应的发展水平叫作基期水平；将所研究的时期称为报告期，相应的发展水平叫作报告期水平。基期水平和报告期水平是相对的，随着研究时期的变化而变化。

二、平均发展水平

把时间数列中各期的发展水平加以平均而得的平均数称为平均发展水平，在统计上也称为序时平均数或动态平均数。它用来描述现象在研究时期内所达到的一般水平。

序时平均数与一般的平均数既有相同之处，也有明显的区别。相同之处在于二者都是将现象的个别数量差异抽象化，反映现象总体的一般水平。二者之间的区别在于序时平均数是根据时间数列计算的，是同一现象不同时间上的数量差异的抽象化，从动态上说明其在某一时间内发展变化的一般水平。而一般平均数是根据变量数列计算的，是同一时间上各个单位标志值的数量差异的抽象化，从静态上说明其在具体历史条件下的一般水平。

由于时间数列发展水平有绝对数、相对数和平均数三种表现形式，各具不同的性质，因此序时平均数的计算方法也各有不同。

（一）由绝对数时间数列计算序时平均数

绝对数时间数列序时平均数的计算方法是最基本的序时平均数计算方法，它是计算相对数时间数列和平均数时间数列的序时平均数的基础。绝对数时间数列有时期数列和时点数列之分，二者的序时平均数的计算方法也有所不同。

1. 由时期数列计算序时平均数

由于时期数列中各个指标值具有可加性，相加后可得到一段时期内的累计总量，因此，可采用简单算术平均法，即直接用时期数列中各时期指标值之和除以时间数列的总项数。其计算公式如下：

$$\overline{a}=\frac{a_1+a_2+\cdots+a_n}{n}=\frac{\sum_{i=1}^{n}a_i}{n} \tag{7-1}$$

式中：$\overline{a}$ 为序时平均数；a_i 为第 i 期的发展水平（$i=1,2,\cdots,n$）；n 为时期数列的项数。

【例 7-1】 根据表 7-2 国内生产总值时间数列计算 2010—2020 年的年平均国内生产总值。

解：根据公式(7-1)可知，

$$\overline{a}=\frac{\sum_{i=1}^{n}a_i}{n}=\frac{7\,828\,225.5}{11}=711\,656.863\,6\text{(亿元)}$$

2. 由时点数列计算序时平均数

时点数列分为连续时点数列和间断时点数列，两种不同的时点数列有不同的计算公式。

1）连续时点数列的序时平均数

时点是一个瞬时的概念，本身并不连续，对于某些每天都能进行统计获得指标值的时点现象，如储蓄所的存贷款余额、商场每日销售额等，这在统计上已经是非常详尽的时点数据。因此，通常把观察期内逐日登记指标值并按时间顺序排列而成的时点数列称为连续时点数列。连续时点数列计算序时平均数又可分为以下两种情况。

(1) 间隔相等的连续时点数列。数据是逐日登记并按日排列，即相邻两时点间隔为1天时，可采用公式(7-1)计算序时平均数。

【例 7-2】 某储蓄所某年5月1—5日登记的存款余额分别为801万元、765万元、699万元、815万元、844万元，求该储蓄所这5天的平均存款余额。

解：根据公式(7-1)可知，

$$\overline{a}=\frac{\sum_{i=1}^{n}a_i}{n}=\frac{3\ 924}{5}=784.8(\text{万元})$$

(2) 间隔不等的连续时点数列。某些时点现象不是逐日变动，而是间隔几天变动一次，如企业的设备数、职工人数等。人们只在现象发生变动时进行登记，这时可用各数据持续的天数 f_i 为权数，用加权平均法计算，计算公式如下：

$$\overline{a}=\frac{\sum af}{\sum f} \tag{7-2}$$

【例 7-3】 某公司6月1日有职员30人，7日离职3人，10日新进员工2人，则该企业6月份平均职员数为

$$\overline{a}=\frac{30\times6+27\times3+29\times21}{30}=\frac{870}{30}=29(\text{人})$$

2）间断时点数列的序时平均数

在实际统计工作中，为了简化登记手续，对时点性质的指标，往往隔一段时间(如隔一月、一季、一年等)才记录一次，这样形成的时间数列称为间断时点数列。间断时点数列分为间隔相等和间隔不等两种情形。

(1) 间隔相等的间断时点数列。如果间断时点数列相邻两时点的间隔均相等，则称该数列为间隔相等的间断时点数列。假定所研究现象在相邻两时点之间的变化是均匀的，则可将相邻两时点值相加后除以2，作为这两时点所代表时间段上该现象的平均值，再把这些平均数进行简单平均即可得该数列的序时平均数。

【例 7-4】 某公司1—4月月初员工人数如表7-3所示。

表 7-3　某公司月初员工人数

月份	1月	2月	3月	4月
月初员工人数/人	102	126	118	120

根据表7-3，可计算该公司各月的平均人数：

$$1\text{月平均人数}=\frac{102+126}{2}=114(\text{人})$$

$$2\text{月平均人数}=\frac{126+118}{2}=122(\text{人})$$

$$3\text{月平均人数}=\frac{118+120}{2}=119(\text{人})$$

$$\text{第一季度平均人数}=\frac{114+122+119}{3}\approx 118(\text{人})$$

把例 7-4 的计算过程概括为一般公式如下：

$$\bar{a}=\frac{\frac{a_1+a_2}{2}+\frac{a_2+a_3}{2}+\cdots+\frac{a_{n-1}+a_n}{2}}{n-1}$$

$$=\frac{\frac{a_1}{2}+a_2+a_3+\cdots+\frac{a_n}{2}}{n-1} \tag{7-3}$$

式中：a_i 是时点数列中各指标值($i=1,2,\cdots,n$)；n 为时点数列的项数。

这种方法称为首末折半法。

(2) 间隔不等的间断时点数列。当间隔不等时，将相邻两时点的指标值做简单平均，得到一系列时点间的平均值，再以间隔时间长度 f_i 作为权数，对这些平均值做加权平均，即得该时点数列的序时平均数。其计算公式如下：

$$\bar{a}=\frac{\frac{a_1+a_2}{2}\times f_1+\frac{a_2+a_3}{2}\times f_2+\cdots+\frac{a_{n-1}+a_n}{2}\times f_{n-1}}{\sum_{i=1}^{n-1}f_i} \tag{7-4}$$

【例 7-5】 某企业某年的职工人数如表 7-4 所示，求该企业这年的月平均职工人数。

表 7-4 某企业某年职工人数

时间	上年末	1 月末	5 月末	8 月末	10 月末	12 月末
月末员工人数/人	90	98	112	120	116	128

根据公式(7-4)，得该年该企业的月平均职工人数为

$$\bar{a}=\frac{\frac{90+98}{2}\times 1+\frac{98+112}{2}\times 4+\frac{112+120}{2}\times 3+\frac{120+116}{2}\times 2+\frac{116+128}{2}\times 2}{1+4+3+2+2}$$

$$=\frac{1\,342}{12}\approx 112(\text{人})$$

（二）由相对数时间数列计算序时平均数

相对数时间数列是绝对数时间数列的派生数列，是由两个有关的绝对数时间数列对应项相比所得到的数列$\left(c_i=\frac{a_i}{b_i}\right)$。相对数时间数列主要有三种：一是分子数列和分母数列都是时期数列；二是分子数列和分母数列都是时点数列；三是分子数列和分母数列一个是时期

数列,另一个是时点数列。因此,计算相对数时间数列的序时平均数时,不能直接对数列中的项进行平均,而应根据分子数列和分母数列的性质分别计算各自的序时平均数,再把这两个序时平均数对比,从而得到相对数时间数列的序时平均数。其计算公式如下:

$$\bar{c}=\frac{\bar{a}}{\bar{b}} \tag{7-5}$$

式中:$\bar{c}$ 是相对数时间数列的序时平均数;$\bar{a}$ 是分子数列的序时平均数;$\bar{b}$ 是分母数列的序时平均数。

根据分子数列和分母数列的性质,相对数时间数列的序时平均数的计算公式分为以下几种情形。

1. *分子数列和分母数列都是时期数列时*

分子数列和分母数列都是时期数列时,序时平均数的计算公式如下:

$$\bar{c}=\frac{\bar{a}}{\bar{b}}=\frac{\sum_{i=1}^{n}a_i/n}{\sum_{i=1}^{n}b_i/n}=\frac{\sum_{i=1}^{n}a_i}{\sum_{i=1}^{n}b_i} \tag{7-6}$$

【例 7-6】　某企业某年第一季度各月销售量、产量数据见表 7-5,求第一季度销售率的序时平均数。

表 7-5　某企业某年第一季度产量和销售量

时　　间	1 月	2 月	3 月
销售量/吨	200	240	236
产量/吨	250	280	270
销售率/%	80.0	85.7	87.4

该企业这年第一季度销售率的序时平均数为

$$\bar{c}=\frac{\sum_{i=1}^{n}a_i}{\sum_{i=1}^{n}b_i}=\frac{200+240+236}{250+280+270}=\frac{676}{800}=84.5\%$$

2. *分子数列和分母数列都是时点数列时*

分子数列和分母数列都是时点数列时,计算序时平均数分为以下两种情况。

(1) 分子数列和分母数列都是间隔相等的时点数列时,可用以下公式:

$$\bar{c}=\frac{\bar{a}}{\bar{b}}=\frac{\dfrac{\dfrac{a_1}{2}+a_2+a_3+\cdots+\dfrac{a_n}{2}}{n-1}}{\dfrac{\dfrac{b_1}{2}+b_2+b_3+\cdots+\dfrac{b_n}{2}}{n-1}}=\frac{\dfrac{a_1}{2}+a_2+a_3+\cdots+\dfrac{a_n}{2}}{\dfrac{b_1}{2}+b_2+b_3+\cdots+\dfrac{b_n}{2}} \tag{7-7}$$

【例 7-7】　根据表 7-6 的数据,计算某企业 2017—2021 年生产工人占全部职工人数的平均比重。

表 7-6 某企业 2017—2021 年年末职工人数

时间	2017 年	2018 年	2019 年	2020 年	2021 年
生产工人数/人	400	450	420	480	510
全部职工人数/人	580	600	610	650	700

该企业 2017—2021 年生产工人占全部职工人数的平均比重为

$$\bar{c}=\frac{\frac{a_1}{2}+a_2+a_3+\cdots+\frac{a_n}{2}}{\frac{b_1}{2}+b_2+b_3+\cdots+\frac{b_n}{2}}=\frac{\frac{400}{2}+450+420+480+\frac{510}{2}}{\frac{580}{2}+600+610+650+\frac{700}{2}}=\frac{1\ 805}{2\ 500}=72.2\%$$

(2) 分子数列和分母数列是间隔不等的时点数列时，则要用各个间隔的长度作权数，用加权平均法计算分子数列和分母数列的序时平均数，然后作对比。其计算公式如下：

$$\bar{c}=\frac{\bar{a}}{\bar{b}}=\frac{\left(\frac{a_1+a_2}{2}\times f_1+\frac{a_2+a_3}{2}\times f_2+\cdots+\frac{a_{n-1}+a_n}{2}\times f_{n-1}\right)\Big/\sum_{i=1}^{n-1}f_i}{\left(\frac{b_1+b_2}{2}\times f_1+\frac{b_2+b_3}{2}\times f_2+\cdots+\frac{b_{n-1}+b_n}{2}\times f_{n-1}\right)\Big/\sum_{i=1}^{n-1}f_i} \tag{7-8}$$

3. 分子数列和分母数列属于不同性质的时间数列时

分子数列和分母数列属于不同性质的时间数列时，应根据具体情况进行计算。

【例 7-8】 某公司第一季度各月流动资金周转次数见表 7-7，计算该公司第一季度月平均流动资金周转次数。

表 7-7 某公司第一季度各月流动资金周转次数

时间	1 月	2 月	3 月	4 月
商品销售收入/万元	600	750	780	620
月初流动资金占用额/万元	120	200	210	220

本例中，商品销售收入为时期数列，月初流动资金占用额为间隔相等的间断时点数列。则该公司第一季度月平均流动资金周转次数为

$$\bar{c}=\frac{\bar{a}}{\bar{b}}=\frac{\frac{600+750+780}{3}}{\frac{\frac{120}{3}+200+210+\frac{220}{2}}{3}}=\frac{2\ 130}{580}=3.67(\text{次})$$

(三) 由平均数时间数列计算序时平均数

由平均数时间数列计算序时平均数有以下两种情况。

(1) 当平均数中分子和分母性质不同时，应采用相对数时间数列计算序时平均数的方法，先分别计算分子数列和分母数列的序时平均数，再把这两个序时平均数相除，所得即为平均数时间数列的序时平均数，如计算某公司不同时期员工的平均收入(分子数列为收入，分母数列为员工人数)。

(2) 当平均数时间数列的指标值反映的是社会经济现象与时间的关系(如月平均职工

人数)时,可采用简单算术平均法或加权算术平均法计算序时平均数。

如果是间隔相等的平均数时间数列,即可用简单算术平均法。例如,某公司1—4月各月平均员工数分别为72人、86人、82人和80人,则1—4月平均员工数为

$$\frac{72+86+82+80}{4}=80(\text{人})$$

如果是间隔不等的平均数时间数列,则应以时期长度为权数,采用加权平均法计算。

三、增长量和平均增长量

(一) 增长量

增长量是指报告期发展水平与基期发展水平之差,反映的是现象从基期到报告期数量变化的绝对水平。若二者之差为正数,表示增长;若为负数,则表示减少,因此,增长量又被称为增减量,其计算公式如下:

$$\text{增长量}=\text{报告期水平}-\text{基期水平} \tag{7-9}$$

根据基期不同,增长量可分为逐期增长量、累计增长量和年距增长量。

1. 逐期增长量

逐期增长量是报告期水平与前一期水平之差,它表明本期比上一期增加或减少的绝对数量,其计算公式如下:

$$z_i=a_i-a_{i-1} \tag{7-10}$$

式中:z_i 表示第 i 期相对于第 $i-1$ 期的逐期增长量;a_i 表示第 i 期的指标值。

2. 累计增长量

累计增长量是报告期水平与某一固定时期水平(通常为时间数列的最初水平)之差,表明本期比某一固定时期增长的绝对数量,也表明在某一段较长时期内的总的增加或减少的量。其计算公式如下:

$$L_i=a_i-a_1 \tag{7-11}$$

式中:L_i 表示第 i 期的累计增长量;a_1 表示时间数列的最初水平。

容易得到二者之间的关系:累计增长量等于相应的逐期增长量之和,即

$$L_i=a_i-a_1=(a_2-a_1)+(a_3-a_2)+\cdots+(a_i-a_{i-1}) \tag{7-12}$$

3. 年距增长量

在实际工作中,为了消除季节变动的影响,通常计算年距增长量,它是本期发展水平与去年同期发展水平之差,其计算公式如下:

$$\text{年距增长量}=\text{报告期发展水平}-\text{去年本期发展水平} \tag{7-13}$$

【例 7-9】 根据表 7-8 的数据计算增长量。

表 7-8　我国 2015—2020 年 GDP 逐期、累计增长量计算表

年份		2015 年	2016 年	2017 年	2018 年	2019 年	2020 年
GDP/亿元		676 707.0	746 395.1	832 035.9	919 281.1	986 515.2	1 015 986.2
增长量	逐期	—	69 687.1	85 643.8	87 245.2	67 234.1	29 471.0
	累计	—	69 687.1	155 327.9	2 425 731.1	309 807.2	339 277.2

（二）平均增长量

平均增长量是时间数列中各逐期增长量的序时平均数，用于说明现象在研究时期内平均每期增加或减少的数量。计算平均增长量有以下两种方法。

1. 水平法

将各个逐期增长量相加后再除以其项数，即

$$\bar{z}=\frac{\sum_{i=2}^{n}(a_i-a_{i-1})}{n-1} \tag{7-14}$$

由于累计增长量是相应的逐期增长量之和，因此上式也可改为

$$\bar{z}=\frac{L_n}{n-1}=\frac{a_n-a_1}{n-1} \tag{7-15}$$

式中：n 为时间数列的项数。

由公式(7-15)可知，水平法实际上仅利用了首末两期的发展水平，与中间发展水平无关，以此方法计算的平均增长量可能与实际情况有较大差异。因此，可考虑用另一种方法计算平均增长量。

2. 累计法

设时间数列 $a_1,a_2,\cdots,a_n$ 的平均增长量为 $\bar{z}$，以最初水平 a_1 为基础推算此后各期的发展水平 $a_1+\bar{z},a_1+2\bar{z},\cdots,a_1+(n-1)\bar{z}$，令推算出的各期理论水平之和与相应的发展水平之和相等，即

$$(a_1+\bar{z})+(a_1+2\bar{z})+\cdots+[a_1+(n-1)\bar{z}]=\sum_{i=2}^{n}a_i$$

化简后得

$$\bar{z}=\frac{\sum_{i=2}^{n}a_i-(n-1)a_1}{\frac{n(n-1)}{2}} \tag{7-16}$$

【例 7-10】 根据表 7-8 的数据计算平均年增长量。

解：由表 7-8 可得我国 2015—2020 年 GDP 平均年增长量如下。

(1) 水平法计算

$$\bar{z}=\frac{69\ 687.1+85\ 643.8+87\ 245.2+67\ 234.1+29\ 471.0}{5}$$

$$\bar{z}=\frac{339\ 278.2}{5}=67\ 855.64(\text{亿元})$$

(2) 累计法计算

$$\bar{z}=\frac{746\ 395.1+832\ 035.9+919\ 281.1+986\ 515.2+1\ 015\ 986.2-5\times 676\ 708.0}{\frac{6\times 5}{2}}$$

$$=67\ 855.64(\text{亿元})$$

第三节　时间数列的速度分析指标

时间数列分析的速度指标是用来描述现象在某一段时间上发展变化的快慢程度，包括发展速度、增长速度、平均发展速度和平均增长速度。

一、发展速度和增长速度

（一）发展速度

发展速度是报告期发展水平与基期发展水平之比，计算结果通常用百分数或倍数表示，用来描述现象在一定时期内相对发展变化的程度，说明报告期水平是基期水平的百分之几或多少倍，其计算公式如下：

$$发展速度=\frac{报告期水平}{基期水平} \tag{7-17}$$

1. 定基发展速度和环比发展速度

由于采用的基期不同，发展速度可分为定基发展速度和环比发展速度两种。下面以时间数列 $a_1,a_2,\cdots,a_n$ 进行说明。

定基发展速度是指报告期水平与某一固定时期水平（通常是最初水平）之比，用来反映现象在较长时间内总的发展变化程度，也称为总速度。其计算公式如下：

$$定基发展速度=\frac{报告期水平}{固定基期水平}=\frac{a_i}{a_1}\quad(i=2,3,\cdots,n) \tag{7-18}$$

环比发展速度是指报告期水平与报告期前一期水平之比，用来表明现象相邻两期发展水平的逐期发展变化的程度。其计算公式如下：

$$定基发展速度=\frac{报告期水平}{前一期水平}=\frac{a_i}{a_{i-1}}\quad(i=2,3,\cdots,n) \tag{7-19}$$

定基发展速度与环比发展速度存在着换算关系，具体表现如下。

(1) 定基发展速度等于相应时期内各环比发展速度的连乘积，即

$$\frac{a_i}{a_1}=\frac{a_2}{a_1}\times\frac{a_3}{a_2}\times\cdots\times\frac{a_i}{a_{i-1}} \tag{7-20}$$

(2) 相邻两个时期的定基发展速度之比等于相应的环比发展速度，即

$$\frac{a_i/a_1}{a_{i-1}/a_1}=\frac{a_i}{a_{i-1}} \tag{7-21}$$

【例 7-11】 某产品外贸进出口量各年环比发展速度数据如下：2017 年为 103.9%，2018 年为 100.9%，2019 年为 95.5%，2020 年为 101.6%，2021 年为 108%，则以 2016 年为基期，2021 年的定基发展速度为

$$103.9\%\times100.9\%\times95.5\%\times101.6\%\times108\%=109.86\%$$

2. 年距发展速度

年距发展速度是本期发展水平与去年同期发展水平之比，其计算公式如下：

$$年距发展速度=\frac{本期发展水平}{去年同期发展水平} \tag{7-22}$$

年距发展速度消除了季节变动的影响，表明本期发展水平相对于去年同期发展水平发展变化的方向与程度，也称为同比发展速度。

（二）增长速度

增长速度是报告期增长量与基期水平之比，反映现象的报告期水平比基期水平增长（或减少）了百分之几或多少倍。其计算公式如下：

$$增长速度=\frac{增长量}{基期水平}=\frac{报告期水平-基期水平}{基期水平}=发展速度-1 \tag{7-23}$$

由上式可知，增长速度与发展速度有关。当发展速度大于1时，增长速度为正值，表示现象的增长程度；当发展速度小于1时，增长速度为负值，表示现象的减少程度；当发展速度等于1时，增长速度为0，表示现象无变化。

1. 定基增长速度和环比增长速度

按照不同的基期，增长速度可分为定基增长速度和环比增长速度两种。

$$定基增长速度=定基发展速度-1 \tag{7-24}$$

$$环比增长速度=环比发展速度-1 \tag{7-25}$$

特别需要指出的是，定基增长速度与环比增长速度不能直接进行换算：定基增长速度不等于环比增长速度的连乘积，同时，相邻两个时期的定基增长速度之比也不等于相应时期的环比增长速度。若要以环比增长速度求得定基增长速度，先要将环比增长速度加上1转化为环比发展速度，再连乘得到定基发展速度，最后再减去1，才能得到定基增长速度。同理，若要以定基增长速度求得环比增长速度，应先将两相邻的定基增长速度分别加上1得到定基发展速度，二者相除得环比发展速度，最后减去1得到环比增长速度。

2. 年距增长速度

为了消除季节变动的影响，可计算年距增长速度，用来说明报告期发展水平与上年同期发展水平相比所增长的程度，其计算公式如下：

$$年距增长速度=年距发展速度-1 \tag{7-26}$$

3. 增长1%绝对值

速度指标与水平指标有着直接的联系，对时间数列进行动态分析时，可将二者结合起来分析现象的变化状况。通常基期水平越高，发展速度增长1%所对应的绝对值就越大，所以，往往把增长1%绝对值作为速度指标和水平指标相结合的常用指标。其计算公式如下：

$$增长1\%绝对值=\frac{逐期增长量}{环比增长速度\times 100}=\frac{a_i-a_{i-1}}{\frac{a_i-a_{i-1}}{a_{i-1}}\times 100}=\frac{a_{i-1}}{100} \tag{7-27}$$

$$增长1\%绝对值=\frac{前一期水平}{100} \tag{7-28}$$

【例7-12】 根据表7-8的数据计算我国国内生产总值时间数列的动态分析指标。结果如表7-9所示。

表7-9 我国2015—2020年GDP及其动态分析指标

年份	2015年	2016年	2017年	2018年	2019年	2020年
GDP/亿元	676 707.0	746 395.1	832 035.9	919 281.1	986 515.2	1 015 986.2

续表

年份		2015 年	2016 年	2017 年	2018 年	2019 年	2020 年
增长量	逐期	—	69 687.1	85 643.8	87 245.2	67 234.1	29 471.0
	累计	—	69 687.1	155 327.9	2 425 731.1	309 807.2	339 277.2
增长 1%绝对值/亿元		—	6 767.07	7 463.95	8 230.36	9 192.81	9 865.15
发展速度	环比	—	110.30	111.47	110.49	107.31	102.99
	定基	100	110.30	122.95	135.85	145.78	150.14
增长速度	环比	—	10.30	11.47	10.49	7.31	2.99
	定基	—	10.30	22.95	35.85	45.78	50.14

二、平均发展速度和平均增长速度

（一）平均发展速度

平均发展速度是各环比发展速度的序时平均数，反映现象在一定时期内逐期发展变化的一般程度。由于社会经济现象在各个时期所处的条件及影响其变化的因素不同，因而各时期的环比发展速度是有差异的，要想反映一个较长时期内现象变化发展的一般情况，需要将这些数量差异抽象化，即通过对这些环比发展速度的平均来消除差异，便于对社会经济现象不同历史时期发展变化速度进行比较分析。计算平均发展速度的方法有两种：几何平均法和方程式法。

1. 几何平均法（水平法）

由于现象的定基发展速度（总速度）是相应时期各环比发展速度的连乘积，因此，对这些环比发展速度求平均数不能采用算术平均法而应采用几何平均法。根据掌握的数据不同，所采用的计算公式也有所不同。

（1）已知各期的环比发展速度时，计算公式如下：

$$\overline{x}=\sqrt[n]{x_1 \cdot x_2 \cdot x_3 \cdot \cdots \cdot x_n} \tag{7-29}$$

式中：x_i 表示各期环比发展速度；n 表示环比发展速度的项数。

（2）已知时间数列的期初水平 a_1 和期末水平 a_n 时，计算公式如下：

$$\overline{x}=\sqrt[n]{\frac{a_1}{a_0}\times\frac{a_2}{a_1}\times\frac{a_3}{a_2}\times\cdots\times\frac{a_n}{a_{n-1}}}=\sqrt[n]{\frac{a_n}{a_0}} \tag{7-30}$$

（3）已知定基发展速度（发展总速度）时，计算公式如下：

$$\overline{x}=\sqrt[n]{R} \tag{7-31}$$

【例 7-13】 根据表 7-9 的数据计算我国 2015—2020 年国内生产总值的年平均发展速度。

解：根据题意，已知各期的环比发展速度，2015—2020 年国内生产总值的年平均发展速度如下。

$$\bar{x}=\sqrt[n]{x_1 \cdot x_2 \cdot x_3 \cdot \cdots \cdot x_n}$$

$$=\sqrt[5]{1.1030 \times 1.1147 \times 1.1049 \times 1.0731 \times 1.0299}=1.0847(107.47\%)$$

已知基期水平和期末水平，年平均发展速度为

$$\bar{x}=\sqrt[n]{\frac{a_n}{a_0}}$$

$$=\sqrt[5]{\frac{1015986.2}{676707.0}}=1.0847(107.47\%)$$

已知基期到期末的发展总速度，年平均发展速度为

$$\bar{x}=\sqrt[n]{R}$$

$$=\sqrt[5]{1.5014}=1.0847(107.47\%)$$

几何平均法的优点是简单直观，在基期确定的情况下，无论中间过程变化如何，平均发展速度只取决于最末水平的高低。从计算公式可知，从时间数列的最初水平出发，按照平均发展速度一直发展的最末一期，其最末水平的理论值与实际值相等。可见，用几何平均法计算平均发展速度的特点是着眼于考察最末水平，因此几何平均法也称为水平法。若关心的对象是现象在最末一期的水平，如实现国内生产总值翻番目标等，可采用几何平均法计算平均发展速度。

几何平均法只考虑了时间数列的最初水平和最末水平，忽略了中间各期水平，当中间各期水平波动较大时，几何平均法计算的平均发展速度就缺乏代表性，这时就需要用方程式法计算。

2. 方程式法(累计法)

方程式法的基本思想是从时间数列的最初水平 a_1 出发，用平均发展速度$\bar{x}$代替各期的环比发展速度，得到各期发展水平的理论值，再令这些理论值的累计之和等于实际发展水平的累计之和，因此，方程式法也称为累计法。

$$a_1\bar{x}+a_1\bar{x}^2+\cdots+a_1\bar{x}^{n-1}=\sum_{i=2}^{n}a_i$$

方程两边同时除以 a_1，得

$$\bar{x}+\bar{x}^2+\cdots+\bar{x}^{n-1}=\frac{\sum_{i=2}^{n}a_i}{a_1} \tag{7-32}$$

求解上述方程所得的正根，就是所求的平均发展速度。

在时期长度较长的情况下，解上述高次方程是相当困难的，实际工作中是根据“累计法查对表”查表求解。

方程式法考虑了各期发展水平，侧重于全期发展水平之和。如果关注的是研究对象各期发展水平之和，如基建投资额、住宅建筑面积、新增固定资产额、植树造林面积等，采用方程式法更合适。

(二) 平均增长速度

平均增长速度是平均发展速度的派生指标，它反映的是现象在一段时期内逐期平均增长程度的指标。平均增长速度不能直接根据环比增长速度加以平均求得，而是直接从平均

发展速度减 1 求得，即

$$平均增长速度=平均发展速度-1 \tag{7-33}$$

平均增长速度与平均发展速度之间只相差常数 1。平均发展速度大于 1，则平均增长速度就为正值，表示某种现象在一个较长时期内的逐期平均递增的程度；反之，如果平均发展速度小于 1，则平均增长速度就为负值，表示某种现象在一个较长时期内逐期平均递减的程度。

在例 7-13 中，2015—2020 年国内生产总值的年平均发展速度为 107.47%，则平均增长速度为 107.47%－1＝7.47%，表明 2015—2020 年的国内生产总值是平均递增的，平均递增的程度为 7.47%。

三、时间数列指标分析应注意的问题

时间数列的水平分析和速度分析都是利用一系列指标对现象进行动态分析，但这两种分析方法各有不同。在实际工作中，应将二者结合起来应用，以全面认识现象的变化情况。因此，在具体应用时，应注意以下几个方面的问题。

1. 正确选择基期

时间数列的各种速度指标和水平指标都是在一定的基期水平上计算的，因此，对时间数列做动态分析时，应先根据研究目的选择正确的基期。基期的选择一般要避开异常时期，以免因基期水平的异常而导致错误的结论。

2. 注意数据的异常

如果时间数列的指标值中有 0 和负数，则不宜用几何平均法计算平均发展速度，而应考虑用绝对数进行水平分析。

3. 总平均发展速度与分段平均发展速度相结合

总平均速度反映的是现象在较长一段时期内的平均变化程度。而在不同的历史阶段，现象的发展变化往往存在变异。因此，在分析总平均速度时，为了更好地反映现象变动的实际情况，需要结合各个特定历史时期的分段平均速度来补充说明总平均发展速度。

4. 速度指标和水平指标要结合运用

速度指标是相对数，其数值大小取决于报告期水平和基期水平。基期水平高容易产生低速度，基期水平低容易产生高速度。因此，高速度背后隐含的增长绝对值可能很小，低速度背后隐含的增长绝对值可能较大。为了对现象作出正确的分析，既要考虑速度的快慢，也要考虑实际水平的高低，需要把速度指标和水平指标结合起来，才能避免片面性。统计上常把增长 1%绝对值作为二者的结合指标来用。

第四节 时间数列的影响因素分析

时间数列是社会经济现象发展过程的数量表现，其中隐含了社会经济现象的发展变化规律。研究时间数列的一个重要目的就是要掌握这些规律，对现象未来发展的可能状态进行预测，为政策的制定提供科学依据。时间数列的分析，除了考察现象发展过程中的水平和速度之外，还需要用数学模型对时间数列做定量分析，找出现象发展的规律和趋势。为此，时间数列的趋势分析提供了一系列行之有效的方法。

一、影响时间数列的主要因素

现象的发展变化是多种因素共同作用的结果，而时间数列的指标基于客观现象在不同时间的具体数量表现。因此，时间数列的每一期指标值都是由多种因素共同作用形成的。在这些因素中，有些是长期因素，对事物的发展起着决定性的作用，有些是偶然因素，使事物在短期内出现不规则的波动。在分析时间数列的变化规律时，很难将这些因素的影响趋势、影响程度精确地测定出来，但我们可以对这些因素进行归纳分类，并测量出各类因素对时间数列指标值的影响程度。时间数列的影响因素可以归纳为以下四类。

1. 长期趋势(T)

长期趋势是指现象受到基本因素的影响，在较长时间内所表现出来的持续上升或下降或不变的趋势。分析长期趋势，可以了解现象发展变化的基本特点。例如，我国历年来的国民生产总值、粮食产量等都呈现逐年上升的趋势。

2. 季节变动(S)

季节变动是指现象受自然条件或社会因素的影响，随着季节的更替而呈现的周期性的变化。通常以一年或更短的时间长度为周期。如空调的月销售量以年为周期呈现出周期性的变动，夏季各月销售量高，冬季各月销售量低；商场的日销售额以周为周期呈现出周期性变动，一般周六和周日的日销售额高，周一至周五销售额较低。认识和掌握季节变动，对于近期决策有重要作用。

3. 循环变动(C)

循环变动是指社会经济现象以若干年为周期呈现波浪式的变动。不同现象变动的周期长短不同，上下波动的程度也不同，但每个周期都呈现盛衰起伏相间的状态。例如，商业周期包括繁荣、衰退、萧条、复苏四个阶段的循环变动。循环变动与季节变动都是周期性变动，二者的区别在于，季节变动是通常以一年为周期，而循环变动往往以若干年为周期且不固定，规律的显现也不如季节变动明显。

4. 随机变动(I)

随机变动也称为不规则变动，是指现象受偶然因素的影响所呈现的毫无规律的波动。它是从时间数列中分离了长期趋势、季节变动和循环变动之后的剩余部分。随机变动是无规律的随机波动，难以测量，一般作为误差项来处理。

时间数列可看作以上四类因素的全部或部分变动共同作用的结果。时间数列的影响因素分析是将影响时间数列变化的四类因素进行分解，以便了解它们对时间数列的影响程度和变动规律。将形成时间数列的因素与时间数列的关系按照一定的假设，用数学公式来表示，就构成了时间数列的分解模型。通常应用的有加法模型和乘法模型。

(1) 加法模型：假设四类变动因素相互独立，时间数列各期发展水平 y 是各个构成因素的总和，则有

$$y=T+S+C+I \tag{7-34}$$

(2) 乘法模型：假设四类变动因素之间存在交互作用时，时间数列各期发展水平 y 是各个构成因素的乘积，则有

$$y=T\times S\times C\times I \tag{7-35}$$

实际应用中，将时间数列分解为几个影响因素，采用哪一种模型，取决于研究对象的性

质、研究的目的和掌握的数据等情况。

二、长期趋势的测定

长期趋势是时间数列中最基本的构成因素，研究长期趋势能够反映现象的历史发展趋势和规律性，推测未来的状况，为统计决策提供依据。此外，测定长期趋势还可以将长期趋势从时间数列中分离出来，消除其影响，以便更好地研究季节变动规律。时间数列是多个因素相互交织共同作用的结果，只有将时间数列修匀后，才能显现出现象发展变化的基本状态和走向。长期趋势的测定，就是采用一定的方法对时间数列进行修匀，排除季节变动、循环变动和随机变动的影响，显现出现象的长期趋势。测定长期趋势的方法主要有：时距扩大法、移动平均法和趋势模型法。

（一）时距扩大法

时距扩大法是测定长期趋势的一种简单直观的方法。当时间数列的时距单位较小时，时间数列的各指标数值易受到随机变动的影响上下波动，使得现象变化的规律表现不明显。时距扩大法也称为间隔扩大法，通过扩大原时间数列的时距，再将扩大了的时距内的若干个指标值加以合并，得到一系列扩大了时距的数据，形成一个新的时间数列。由于时距的扩大，在这个新的时间数列中，随机因素引起的变动被削弱了，从而呈现出明显的长期趋势。

应用时距扩大法要注意以下几点。

(1) 对于时期数列，时距扩大后，只需根据新的时间长度累加原有的指标值即可得时距扩大后的新时间数列的指标值。而时点数列，则需按新的时间长度计算原有指标值的序时平均数。

(2) 时距扩大的长短应按照现行的具体情况而定。若时间数列的发展水平的波动有一定的周期，则新的时距长度应与周期一致；若没有明显的周期性，则应逐步扩大时距，直至时距扩大后的新时间数列能清晰地反映现象的长期趋势。

(3) 同一时间数列，扩大后的时距单位应前后一致，以便于数据具有可比性。

【例 7-14】 某产品各季度销售额数据如表 7-10 所示。

表 7-10　某产品各季度销售情况　　单位：万元

年份＼季度	第一季度	第二季度	第三季度	第四季度
2018 年	55	80	70	42
2019 年	58	82	75	48
2020 年	60	88	77	53
2021 年	65	93	84	57

从表 7-10 可知，四年各季度销售额有升有降，存在着季节变动和随机变动。将时距由季扩大为年，可以消除季节变动和随机变动带来的影响，从而显示出长期趋势。现将季度数据整理成年度数据，见表 7-11。

表 7-11 某产品各年销售情况

年份	2018 年	2019 年	2020 年	2021 年
销售额/万元	247	263	278	299

时距扩大后的数据，明显地显示出产品的销售额呈逐年增长的变化趋势。

时距扩大法简便直观，计算量小，但时距扩大后得到的新数列的数据较少，不便做进一步的分析，因此，不应过分追求大时距。

（二）移动平均法

移动平均法的基本原理是通过移动平均对时间数列进行修匀，以消除时间数列中因偶然因素引起的随机变动，从而显示出时间数列的长期趋势。所谓移动平均，是指选择一定的时间长度，对时间数列进行逐项递推移动，依次计算包含一定项数的扩大时距的平均数，形成一个新的时间数列，从而对原时间数列进行修匀，达到显示现象长期趋势的目的。

应用移动平均法要注意以下几点。

(1) 选择合适的移动时期长度。移动的时期长度即移动平均的项数 N，通常根据时间数列的特点来确定。若时间数列有循环周期，则移动平均的项数 N 应以周期长度为准。例如，当时间数列的指标值以季为时间间隔时，可取 $N=4$ 进行移动平均；若时间数列是各年的月份资料时，应取 $N=12$ 进行移动平均，这样可消除季节变动的影响，较好地显示出现象的长期趋势。

(2) 用移动平均法对时间数列进行修匀时，修匀的程度与移动平均的项数 N 有关。一般而言，N 越大则修匀的效果越好，但对趋势变化的敏感性较差，并且所得的新时间数列的项数较少。N 较小时虽能增强移动平均数对趋势的敏感性，但修匀的效果较弱。因此，移动时期的长度不能过大，也不能过小。

(3) 移动平均法采用奇数项移动比较简单，只需一次移动，即可得到趋势值，并与相应的时期对准。采用偶数项移动平均时，由于偶数项移动平均数是在两项中间的位置，所以偶数项移动平均还需进行第二次移动，即将第一次移动平均值再进行两项移动平均，以校正移动平均值所对应的时期。

例 7-14 以某地某年各月工业增加值为例，说明移动平均法的应用。

① 表 7-12 中第三列是奇数项($N=3$)移动平均后得到的新时间数列，其中：

$$\frac{98+93+95}{3}=95.33$$

$$\frac{93+95+104}{3}=97.33$$

余下的以此类推。

② 第六列是奇数项($N=5$)移动平均后得到的新时间数列，其中：

$$\frac{98+93+95+104+109}{5}=99.8$$

$$\frac{93+95+104+109+103}{5}=100.8$$

余下的以此类推。

③ 第四列是偶数项($N=4$)一次移动平均后得到的新时间数列，其中：

$$\frac{98+93+95+104}{4}=97.5$$

$$\frac{93+95+104+109}{4}=100.25$$

余下的以此类推。这一时间数列各数据没有正对各个月份，而是处于相邻月份的交界处。表中第五列是经二次移动后得到的时间数列，各个移动平均数均与相应月份对应，其中：

$$\frac{97.5+100.25}{2}=98.875$$

$$\frac{100.25+102.75}{2}=101.5$$

余下的以此类推。

表 7-12 某地某年各月工业增加值及移动平均计算表

月份	工业增加值/亿元	三项移动平均	四项移动平均		五项移动平均
			一次移动	二次移动	
1	98	—	—	—	—
2	93	95.33	97.5	—	—
3	95	97.33	100.25	97.875	99.8
4	104	102.67	102.75	101.5	100.8
5	109	105.33	105.25	104	103.2
6	103	105.67	107.25	106.25	106.6
7	105	106.67	110	107.625	109.8
8	112	112.33	112.25	111.125	110.4
9	120	114.67	115	113.625	113
10	112	116	117	116	116
11	116	116	—	—	—
12	120	—	—	—	—

（三）趋势模型法

趋势模型法是指根据时间数列中指标值的发展变化趋势，通过数学方法给时间数列配合一条趋势线，使这条趋势线与时间数列各指标值最近，即趋势线与时间数列达到最优拟合。为此，应选择合适的趋势方程，估计方程中的未知参数，使得时间数列各期指标值与趋势预测值的离差平方和最小且离差之和为零，即

$$\sum(y_t-\hat{y}_t)^2=\min$$

$$\sum(y_t-\hat{y}_t)=0$$

式中：y_t 是时间数列的实际发展水平；$\hat{y}_t$ 是时间数列的长期趋势。

长期趋势有多种类型，有直线型，也有曲线型。趋势形态不同，所拟合的趋势方程也就有不同的形式，既可用于配合直线，也可用于配合曲线，因此它是分析长期趋势最常用的方法。在实际应用中，可以通过以下几种方式选择趋势方程。

(1) 对所研究对象进行定性分析，了解现象的客观性质及相关的经济理论，从定性的角度选择合适的曲线。

(2) 以时间数列指标值为纵坐标，以时间为横坐标，绘制散点图或折线图，根据图形直观表现出来的变化趋势，再加上对所研究对象的认识，选择合适的趋势方程。

(3) 根据时间数列指标值的特征进行分析，如果时间数列的逐期增长量大致相等时，可选用直线方程；当逐期增长量的增长量大致相等时，可选用抛物线；当时间数列的环比发展速度大致相同时，可采用指数曲线。

下面分别介绍直线趋势、抛物线趋势和指数曲线趋势的分析方法。

1. 直线趋势

当时间数列的逐期增长量大致相同时，可用一条直线来近似描述长期趋势，其直线趋势方程为

$$\hat{y}_t = a + bt \tag{7-36}$$

式中：$\hat{y}_t$ 是时间数列 y_t 的长期趋势；t 为时间，通常取 $t=1,2,\cdots,n$；a 是趋势线的截距，表示 $t=0$ 时的趋势值，即时间数列长期趋势的初始值；b 是趋势线的斜率，表示当时间 t 每变动一个单位，趋势值的平均变动量。

直线趋势方程(7-32)中有两个未知参数 a 和 b，通常用最小二乘法来估计。最小二乘法的基本原理是拟合出来的趋势线与各散点最接近，即时间数列的各指标值与其相应的趋势值的离差平方和最小，且时间数列各指标值与其趋势值的离差总和为 0，即

$$Q = \sum (y_t - \hat{y}_t)^2 = \sum (y_t - a - bt)^2 = \min$$

离差平方和 Q 的大小依赖于未知参数 a 和 b，为了使得 Q 达到最小，可利用微分学求极值的理论，分别对 a 和 b 求偏导数，并令偏导数为 0，即

$$\begin{cases} \dfrac{\partial Q}{\partial a} = 2\sum (y_t - a - bt)(-1) = 0 \\ \dfrac{\partial Q}{\partial b} = 2\sum (y_t - a - bt)(-t) = 0 \end{cases}$$

将上式化简，得

$$\begin{cases} \sum y_t = na - b\sum t \\ \sum t y_t = a\sum t + b\sum t^2 \end{cases}$$

式中：n 为时间数列的项数。解上述方程组，即得 a 和 b 的值为

$$\begin{cases} b = \dfrac{n\sum t y_t - \sum t \sum y_t}{n\sum t^2 - \left(\sum t\right)^2} \\ a = \dfrac{\sum y_t}{n} - b\,\dfrac{\sum t}{n} = \overline{y} - b\overline{t} \end{cases} \tag{7-37}$$

由式(7-37)确定 a 和 b 后，将其代入式(7-34)中，即可得直线趋势方程 $\hat{y}_t=a+bt$，并据此可求得各期的趋势值及作趋势外推预测。

【例 7-15】 表 7-13 为某企业产品产量数据。

表 7-13 某企业产品产量数据

年份	2012 年	2013 年	2014 年	2015 年	2016 年	2017 年	2018 年	2019 年	2020 年
产量/吨	320	350	380	412	445	475	508	540	570

由表 7-13 可知，产品产量的逐期增长量在 31.25 左右，因此应考虑直线趋势，用最小二乘法来拟合直线趋势方程。见表 7-14。

表 7-14 产品产量长期趋势计算表

年份	时间值 t	产量 y_t	ty_t	t^2	趋势值 $\hat{y}_t$
2012 年	1	320	320	1	317.52
2013 年	2	350	700	4	350
2014 年	3	380	1 140	9	381.48
2015 年	4	412	1 648	16	412.96
2016 年	5	445	2 225	25	444.44
2017 年	6	475	2 850	36	475.92
2018 年	7	508	3 556	49	507.4
2019 年	8	540	4 320	64	537.88
2020 年	9	570	5 130	81	570.36

由表 7-14 可知，$n=9$，$\sum t=45$，$\sum y_t=4\ 000$，$\sum ty_t=21\ 889$，$\sum t^2=285$，将上述数据代入式(7-37)，可得

$$b=\frac{n\sum ty_t-\sum t\sum y_t}{n\sum t^2-(\sum t)^2}=\frac{9\times 21\ 889-45\times 4\ 000}{9\times 285-45^2}=\frac{17\ 001}{540}=31.48$$

$$a=\frac{\sum y_t}{n}-b\frac{\sum t}{n}=\overline{y}-b\overline{t}=\frac{4\ 000}{9}-31.48\times\frac{45}{9}=287.04$$

因此，用最小二乘法建立的产品产量的直线趋势方程如下：

$$\hat{y}_t=287.04+31.48t$$

将不同年份的 t 值代入上述趋势方程，即可得各年产量的趋势值，见表 7-14 最后一列。若需预测 2021 年的产量，可将 $t=10$ 代入趋势方程，即得 2021 年的预计产量：

$$\hat{y}_{10}=287.04+31.48\times 10=601.84(\text{吨})$$

其他未来时期的预测值以此类推。

由例 7-15 可知，参数 a 和 b 的计算量较大，有必要寻求简便的算法。基本思路是设法使得 $\sum t=0$，这样式(7-37)可简化为

$$\begin{cases} b=\dfrac{\sum t y_t}{\sum t^2} \\ a=\dfrac{\sum y_t}{n}=\overline{y} \end{cases} \tag{7-38}$$

具体做法为：当时间数列的项数 n 为奇数时，令数列的中间项的时间 $t=0$，中间项之前各项的时间为 $-1,-2,-3$ 等，中间项之后各项的时间为 $1,2,3$ 等；当时间数列的项数 n 为偶数时，令数列的中间两项中点的时间为 $t=0$，中间点之前各项的时间为 $-1,-3,-5$ 等，中间项之后各项的时间为 $1,3,5$ 等。例如，在例 7-15 中，时间数列的项数 $n=9$ 为奇数，可令时间 t 分别为 $-4,-3,-2,-1,0,1,2,3,4$。

【例 7-16】 以表 7-14 产品产量数据为例，用最小二乘法的简便算法拟合直线趋势方程。

首先，列表计算出求 a 和所需的有关数据，如表 7-15 所示。

表 7-15 产品产量长期趋势简便算法计算表

年份	时间值 t	产量 y_t	ty_t	t^2	趋势值 $\hat{y}_t$
2012 年	−4	320	−1 280	16	317.52
2013 年	−3	350	−1 050	9	350
2014 年	−2	380	−760	4	381.48
2015 年	−1	412	−412	1	412.96
2016 年	0	445	0	0	444.44
2017 年	1	475	475	1	475.92
2018 年	2	508	1 016	4	507.4
2019 年	3	540	1 620	9	537.88
2020 年	4	570	2 280	16	570.36

将表 7-15 中的有关数据代入式(7-38)，得

$$\begin{cases} b=\dfrac{\sum t y_t}{\sum t^2}=\dfrac{1\,889}{60}=31.48 \\ a=\dfrac{\sum y_t}{n}=\overline{y}=444.44 \end{cases}$$

因此，用最小二乘法的简便算法建立的产品产量的直线趋势方程为

$$\hat{y}_t=444.44+31.48t$$

把各个 t 值代入上述趋势方程，可得各年趋势值 $\hat{y}_t$，见表 7-15 最后一列所示。

若要预测 2021 年的产量，则将 $t=5$ 代入趋势方程，即得 2021 年的预计产量：

$$\hat{y}_5=444.44+31.48\times 5=601.84(\text{吨})$$

最小二乘法的简便算法和普通算法的计算结果是一致的，两种方法的预测结果也一致。

2. 抛物线趋势

如果随着现象的发展，其逐期增长量的增长量即各期的二级增长量大致相同，则可考虑

抛物线趋势。抛物线趋势模型又称为二次曲线趋势模型，它的趋势方程为

$$\hat{y}_t = a + bt + ct^2 \tag{7-39}$$

方程中有三个未知参数 a、b、c，根据最小二乘法的思想，要求

$$Q = \sum (y_t - \hat{y}_t)^2 = \sum (y_t - a - bt - ct^2)^2 = \min$$

根据多元函数求极值的原理，建立三个标准方程，即

$$\begin{cases} \sum y_t = na + b\sum t + c\sum t^2 \\ \sum ty_t = a\sum t + b\sum t^2 + c\sum t^3 \\ \sum t^2 y_t = a\sum t^2 + b\sum t^3 + c\sum t^4 \end{cases} \tag{7-40}$$

利用原时间数列计算出有关数据并代入式(7-40)，解方程组即可得出趋势方程中的三个未知参数 a、b、c。

同样可利用简便算法，在取 t 值时，令 $\sum t = 0$，可推出 $\sum t^3 = 0$，则式(7-40)可简化为

$$\begin{cases} \sum y_t = na + c\sum t^2 \\ \sum ty_t = b\sum t^2 \\ \sum t^2 y_t = a\sum t^2 + c\sum t^4 \end{cases} \tag{7-41}$$

解上述方程组，即可得 a、b、c 的值。

3. 指数曲线趋势

指数曲线趋势也是现象发展的常见趋势，当时间数列的环比发展速度大致相同时，可用指数曲线拟合数据。指数曲线趋势的方程为

$$\hat{y}_t = ab^t \tag{7-42}$$

式(7-42)直接运用最小二乘法求未知参数较为复杂，应将其转化为直线趋势方程，先求出直线方程中的参数，再用变量替换得到指数曲线趋势方程中的参数。具体做法如下：

对式(7-42)两边分别取对数，得

$$\lg\hat{y}_t = \lg a + t\lg b$$

再令 $Y_t = \lg\hat{y}_t$，$A = \lg a$，$B = \lg b$，则上式变为

$$Y_t = A + Bt$$

该式为直线方程，采用最小二乘法，得到如下标准方程：

$$\begin{cases} \sum Y_t = nA - B\sum t \\ \sum tY_t = A\sum t + B\sum t^2 \end{cases}$$

采用简便算法，使得 $\sum t = 0$，解出 A 和 B：

$$\begin{cases} A = \dfrac{\sum Y_t}{n} = \overline{Y} \\ B = \dfrac{\sum tY_t}{\sum t^2} \end{cases}$$

最后，由 A 和 B 求反对数，得到 a 和 b，从而得出指数曲线趋势方程。

三、季节变动的测定

季节变动是指现象受自然条件或社会因素的影响，随着季节的更替而呈现的周期性的变化。通常以一年或更短的时间长度为周期。它是时间数列中的一个主要构成因素，在实际生活中经常遇到，如旅游业的旅游旺季和旅游淡季，冷饮销售中的销售旺季和销售淡季，瓜果等农产品在一年中的产量和销售量变化等。季节变动的原因通常与自然条件相关，同时也受到生产条件、节假日、风俗习惯等社会因素的影响。

分析和测定季节变动，正确认识季节变动的发展变化规律，有助于人们控制由于季节变动带来的消极影响，制订合理的生产计划，采取合理的措施组织社会生产，取得较好的经济效益。同时，将测定出的季节变动从时间数列中剔除，可以更好地研究长期趋势和循环变动。除此之外，分析季节变动，掌握季节变动的规律，再结合长期趋势，可以大幅提高预测的准确性。

测定季节变动的方法有很多，常用的有同期平均法和移动平均趋势剔除法。

1. 同期平均法

同期平均法是测定季节变动最简单的方法。当时间数列的长期趋势不存在或不明显时，可采用同期平均法。如果所分析的是月度资料，就按月平均；若为季度资料，就按季度平均。同期平均法测定季节变动的一般步骤如下。

(1) 计算时间数列中各年同期(同月或同季)的平均数。

(2) 计算时间数列全部数据的总平均数。

(3) 用同期平均数除以总平均数，得到季节指数(季节比率)：

$$\text{季节指数}(S)=\frac{\text{同月(或同季)平均数}}{\text{总月(或同季)平均数}} \tag{7-43}$$

计算出的季节指数之和应等于 12 或 4，但由于实际计算中的四舍五入，往往导致季节指数之和不等于 12 或 4，需进行调整，调整系数为

$$\text{调整系数}=\frac{12\text{(或 4)}}{\text{季节指数之和}} \tag{7-44}$$

(4) 计算调整的季节指数：

$$\text{某月(季)调整的季节指数}=\text{某月(季)的季节指数}\times\text{调整系数} \tag{7-45}$$

【例 7-17】 某产品 2017—2020 年各季销售量如表 7-16 所示。试用同期平均法计算各季的季节指数。

表 7-16　2017—2020 年产品销售量及季节指数计算表

年份	第 1 季度	第 2 季度	第 3 季度	第 4 季度	合计
2018 年	300	580	450	690	2 020
2019 年	320	600	470	720	2 110
2020 年	350	620	480	740	2 190
合计	970	1 800	1 400	2 150	6 320
季平均	323.33	600	466.67	716.67	526.67
季节指数	0.613 9	1.139 2	0.886 1	1.360 8	4

根据该产品三年销售量的季度数据计算出的季节指数见表 7-16。由于四个季节指数之和正好等于 4，所以无须进行调整。

季节指数大于 1 或小于 1 时，表示有季节变动。当季节指数大于 1 时表示现象处于旺季，当季节指数小于 1 时表示现象处于淡季。因此，由表 7-16 可知，该产品的销售在第 1 季度和第 3 季度时是淡季，在第 2 季度和第 4 季度时是旺季。

同期平均法计算简单，便于操作，应用该方法的前提是时间数列没有明显的长期趋势。但实际上，许多时间数列都包含了长期趋势，当时间数列存在明显的长期趋势时，通过平均是无法消除长期趋势的，这时利用长期平均法计算的季节指数就不够准确。

2. 移动平均趋势剔除法

该方法的基本思想是：当时间数列存在明显的长期趋势时，先将时间数列中的长期趋势剔除出去，然后计算季节指数。其中，时间数列的趋势值可采用移动平均法求得，也可用趋势模型法确定。利用前者分析季节变动的方法称为移动平均趋势剔除法，后者称为趋势模型剔除法。以下主要介绍移动平均趋势剔除法。

该方法假设时间数列各要素之间的关系满足乘法模式：$y=T\times S\times C\times I$，且假设各年度的不规则波动 I 相互独立。通过移动平均可以完全消除季节变动和大部分的不规则变动，而得到仅包含长期趋势和循环变动的新数列，即 $T\times C$。然后再用原数列 $y=T\times S\times C\times I$ 除以长期趋势 $T\times C$ 的方法来剔除长期趋势，得到 $S\times I$，再加以平均，即可消除不规则变动 I 的影响，最终只剩下季节变动 S。具体步骤如下。

(1) 用移动平均法求出长期趋势值。

(2) 用时间数列的原指标值除以对应的长期趋势值，得到剔除长期趋势之后的新时间数列。

(3) 对新时间数列运用同期平均法，求得季节指数。

(4) 加总各月(或各季)的季节指数，其和应为 12(或 4)。如果季节指数之和大于或小于此数，则需进行调整，用调整系数乘以各月(或各季)的季节指数，即为所求的季节指数。

【例 7-18】 根据表 7-17 商品销售量的数据，按移动平均趋势剔除法计算销售量的季节指数。

首先求出 4 项移动平均趋势值 $T\times C$，然后用原时间数列的数据 y 除以移动平均趋势值 $T\times C$，得到$\frac{y}{T\times C}$。

表 7-17　商品销售量及移动平均计算表

年份	季度	销售量 y/吨	四项移动平均		$\frac{y}{T\times C}$
			一次移动	二次移动	
2018 年	1	102		—	—
	2	96		—	—
	3	98	100.25	101.25	0.967 9
	4	105	102.25	103.125	1.018 2

续表

年份	季度	销售量 y/吨	四项移动平均		$\frac{y}{T\times C}$
			一次移动	二次移动	
2019年	1	110	104	104.875	1.048 9
	2	103	105.75	107.125	0.961 5
	3	105	107.5	110.5	0.950 2
	4	116	112.5	113.875	1.018 7
2020年	1	126	115.25	117.125	1.075 8
	2	114	119	120.5	0.946 1
	3	120	122	—	—
	4	128	—	—	—

将表7-17的最后一列重新排列，见表7-18，求出各年的季平均数，使之消除不规则变动。最后再求出季节指数。

表7-18 2017—2020年商品销售量移动平均趋势剔除法的季节指数计算表

年份	第1季度	第2季度	第3季度	第4季度	合计
2018年	—	—	0.967 9	1.018 2	1.986 1
2019年	1.048 9	0.961 5	0.950 2	1.018 7	3.979 6
2020年	1.075 8	0.946 1	—	—	2.021 9
合计	2.124 7	1.907 6	1.918 4	2.036 9	7.987 6
季平均	1.062 35	0.953 8	0.959 2	1.018 45	0.998 45
季节指数	1.064 0	0.955 3	0.960 7	1.020 0	4

根据该商品3年销售量的季度数据计算出的季节指数见表7-16。由于四个季节指数之和正好等于4，所以无须进行调整。

由表7-18可知，该商品的销售在2季度和3季度时是淡季，在1季度和4季度时是旺季。

同期平均法和移动平均趋势剔除法这两种方法各有特点，前者计算简便，但无法消除长期趋势的影响；后者计算烦琐，但能消除长期趋势的影响，得到一个更能反映现象季节变动的季节指数。

时间数列中如果含有季节变动的因素，会使得数列中的其他特征不能清晰地表现出来。因此，需要将时间数列中的季节因素剔除，以便更清楚地展示其他因素的变动特征，这称为季节变动的调整。其基本方法是用原时间数列除以季节指数，即

$$\frac{y}{S}=\frac{T\times S\times C\times I}{S}=T\times C\times I \tag{7-46}$$

由式(7-46)所得的新时间数列，可以反映在没有季节因素影响的情况下，时间数列的变动特征。

【例 7-19】 根据表 7-17 和表 7-18 的数据对 2017—2020 年各季度的产品销售量做季节调整。计算结果见表 7-19。表 7-19 的最后一列为消除了季节影响后的新时间数列。

表 7-19 商品销售量的季节变动调整

年份	季度	销售量 y/吨	季节指数	$\frac{y}{S}$
2018 年	1	102	1.064 0	95.844 7
	2	96	0.955 3	100.492 0
	3	98	0.960 7	102.009 0
	4	105	1.020 0	102.941 2
2019 年	1	110	1.064 0	103.383 5
	2	103	0.955 3	107.819 5
	3	105	0.960 7	109.295 3
	4	116	1.020 0	113.725 5
2020 年	1	126	1.064 0	117.421 1
	2	114	0.955 3	119.334 2
	3	120	0.960 7	124.908 9
	4	128	1.020 0	125.490 2

将原时间数列与消除季节影响后的新时间数列对比,后者可以更清楚地显示出商品销售量的长期变化呈现明显的线性增长趋势。利用最小二乘法对无季节影响的销售量序列进行拟合,得到趋势直线方程:

$$\hat{T}_t = 92.645\,6 + 2.716\,9t$$

利用趋势外推可以求得长期趋势的预测值,再乘以预测期的季节指数,即可求得 2021 年 1 至 4 季度($t=13,14,15,16$)商品销售量预测值依次为

$$\hat{y}_{13} = \hat{T}_{13} \times S_1 = (92.645\,6 + 2.716\,9 \times 13) \times 1.064\,0 = 136.155\,1(\text{吨})$$

$$\hat{y}_{14} = \hat{T}_{14} \times S_2 = (92.645\,6 + 2.716\,9 \times 14) \times 0.955\,3 = 124.840\,7(\text{吨})$$

$$\hat{y}_{15} = \hat{T}_{15} \times S_3 = (92.645\,6 + 2.716\,9 \times 15) \times 0.960\,7 = 128.156\,5(\text{吨})$$

$$\hat{y}_{16} = \hat{T}_{16} \times S_4 = (92.645\,6 + 2.716\,9 \times 16) \times 1.020\,0 = 138.838\,3(\text{吨})$$

四、循环变动的测定

循环变动是指现象在一个较长时期内涨落起伏的循环波动。循环变动与季节变动不同,季节变动形成的原因大致相同,并且有相对固定的周期,变动周期大多为 1 年;而循环变动的形成没有固定的规律,变动周期往往大于 1 年,且周期的长短、变动的形态和波动的幅度也不固定。循环变动也不同于长期趋势,它不是朝着某一方向的持续变动,而是涨落相间的交替变动。

测定和分析现象的循环变动,可以从数量上揭示现象循环变动的规律性,考察不同现象循环变动的内在联系,分析引起现象循环变动的原因,预测下一个周期的循环变动对现象可能产生的影响,科学地制定决策方案,尽可能地扬长避短。

测定循环变动的方法通常为剩余法，其基本思路为：从影响时间数列的各因素中逐步剔除季节变动和长期趋势的影响，再利用移动平均法消除不规则变动，剩余的部分即为循环变动。假设时间数列服从乘法模型，则剩余法的基本步骤如下。

（1）求出季节指数，用原时间数列的各指标值除以季节指数，得到剔除了季节变动的时间数列，即

$$\frac{y}{S}=\frac{T\times S\times C\times I}{S}=T\times C\times I$$

（2）利用原时间数列，计算长期趋势值，将其从 $T\times C\times I$ 中剔除，得到$\frac{T\times C\times I}{T}=C\times I$。

（3）对数列 $C\times I$ 运用移动平均法，消除不规则变动，得到 C，即循环变动系数。

循环变动系数大于 1 为经济扩张期，小于 1 为经济收缩期，等于 1 为无循环变动。

【例 7-20】 根据表 7-20 某公司 2016—2020 年各季度农产品销售额（单位：万元）数据进行循环变动分析。

表 7-20　2016—2020 年农产品销售额及季节指数计算表

年份	第 1 季度	第 2 季度	第 3 季度	第 4 季度	合计
2016 年	72	98	88	74	332
2017 年	80	93	98	77	348
2018 年	85	118	108	78	389
2019 年	85	117	106	81	389
2020 年	95	132	120	90	437
合计	417	558	520	400	1 895
季平均	83.4	111.6	104	80	94.75
季节指数	0.880 2	1.177 8	1.097 6	0.844 3	4

表 7-20 最后一行即为季节指数。季节指数之和为 4，因此无须进行调整。

根据表 7-20 农产品销售额的时间数列数据重新排列（见表 7-21），利用原时间数列数据拟合出趋势方程：

$$\hat{y}_t=79.6+1.442\ 9t$$

将 $t=1,2,\cdots,20$ 代入趋势方程得到趋势值 T，即表 7-21 第 6 列。再用原时间数列除以季节指数 S 和长期趋势值 T，可得循环变动和不规则变动 $C\times I$（表 7-21 第 7 列）。最后通过四项移动平均消除不规则变动，即得循环变动系数，见表 7-21 最后一列。

表 7-21　商品销售额循环变动计算表

年份	季度	时间标号 t	销售额 y/万元	季节指数 S	长期趋势 T	循环变动和不规则变动 $C\times I$	循环变动 C
2016 年	1	1	72	0.880 2	81.042 9	1.009 336 9	
	2	2	98	1.177 8	82.485 8	1.008 730 9	
	3	3	88	1.097 6	83.928 7	0.955 274 3	1.004 696 3
	4	4	74	0.844 3	85.371 6	1.026 647 9	0.995 136 7

续表

年份	季度	时间标号 t	销售额 y/万元	季节指数 S	长期趋势 T	循环变动和不规则变动 $C\times I$	循环变动 C
2017年	1	5	80	0.880 2	86.814 5	1.046 926 9	0.985 891 4
	2	6	93	1.177 8	87.257 4	0.894 664 6	0.987 651 0
	3	7	98	1.097 6	89.700 3	0.995 378 1	0.983 909 1
	4	8	77	0.844 3	91.143 2	1.000 621 1	1.004 773 4
2018年	1	9	85	0.880 2	92.586 1	1.043 017 9	1.030 533 2
	2	10	118	1.177 8	94.029 0	1.065 488 2	1.029 018 9
	3	11	108	1.097 6	95.471 9	1.030 633 1	1.015 447 3
	4	12	78	0.844 3	96.914 8	0.953 252 0	0.999 031 1
2019年	1	13	85	0.880 2	97.357 7	0.981 813 9	0.980 671 4
	2	14	117	1.177 8	99.800 6	0.995 362 2	0.968 705 5
	3	15	106	1.097 6	101.243 5	0.953 881 9	0.973 169 3
	4	16	81	0.844 3	102.686 4	0.934 276 2	0.988 282 3
2020年	1	17	95	0.880 2	104.129 3	1.036 500 0	1.005 027 6
	2	18	132	1.177 8	105.572 2	1.061 580 2	1.019 566 6
	3	19	120	1.097 6	107.015 1	1.021 626 4	
	4	20	90	0.844 3	107.458 0	0.982 843 0	

本章小结

1. 时间数列的意义和种类。时间数列是把反映某种现象在时间上的发展变化情况的一系列统计指标，依时间先后顺序排列起来所形成的数列。时间数列按其统计指标的性质和表现形式，可分为绝对数时间数列、相对数时间数列和平均数时间数列三种。

2. 时间数列的水平分析指标。时间数列的水平分析指标包括发展水平、平均发展水平、增长量和平均增长量。其中，平均发展水平是学习的重点和难点。根据总量指标数列计算平均发展水平时，时期数列较为简单，而时点数列则根据已知数据的情况分为四种情况，较为复杂。间隔相等的间断时点数列的计算方法，使用最广泛。相对指标和静态平均指标数列计算平均发展水平，则要注意分子和分母数据的性质，视具体情况采用相应的计算方法。由序时平均指标计算平均发展水平时，视具体情况采用简单算术平均法或加权算术平均法。

增长量分为逐期增长量和累计增长量两种，平均增长量是逐期增长量计算的简单算术平均数。

3. 时间数列的速度分析指标。时间数列的速度分析指标有发展速度、增长速度、平均发展速度和平均增长速度。

发展速度和增长速度根据采用的基期不同，均分为环比和定基两种。增长速度与发展速度的关系是相差100%。为了把速度指标与水平指标相结合，通常采用增长1%绝对值。

平均发展速度和平均增长速度统称为平均速度，它是各个时期环比速度的序时平均数。平均增长速度＝平均发展速度－1。

平均发展速度指标的计算方法通常有水平法和累计法。水平法侧重考察最末发展水平，而累计法则侧重考察全期总水平。实际工作中水平法应用更为广泛。

4. 现象变动的趋势分析。时间数列的构成因素有长期趋势因素、季节因素、循环性因素、偶然性因素。测定长期趋势的方法，主要有时距扩大法、移动平均法和趋势模型法。而数学模型法中一般采用最小平方法计算其参数，可进行简捷计算。

统计术语

时间数列　time-series

基期　base period

报告期　the period of interest

发展速度　rate of expansion

增长速度　rate of growth

长期趋势　trend

季节变动　seasonal effects

循环变动　cyclical effects

不规则变动　irregular fluctuations

最小平方法　least square method

移动平均　moving average

思考与练习

一、判断题

1. 时间数列是由在不同时间上的一系列统计指标按时间先后顺序排列形成的。（　）

2. 在各种时间数列中，指标值的大小都受到指标所反映的时期长短的制约。（　）

3. 发展水平就是时间数列中每一项具体指标数值，它只能表现为绝对数。（　）

4. 若将某地区社会商品库存额的增加金额按时间先后顺序排列，此种时间数列属于时期数列。（　）

5. 某班学生按考试成绩分组形成的数列是时期数列。（　）

6. 若逐期增长量每年相等，则其各年的环比发展速度是年年下降的。（　）

7. 环比速度与定基速度之间存在如下关系式：各期环比增长速度的连乘积不等于定基增长速度。（　）

8. 定基发展速度和环比发展速度之间的关系是相邻时期的定基发展速度之商等于相应的环比发展速度。（　）

9. 平均发展速度有两种计算方法，即水平法和累计法。（　）

10. 平均发展速度是环比发展速度的平均数，也是一种序时平均数。（　）

二、单项选择题

1. 下列数列中属于时间数列的是(　　)。

A. 学生按学习成绩分组形成的数列

B. 工业企业按地区分组形成的数列

C. 职工按工资水平高低排列形成的数列

D. 出口额按时间先后顺序排列形成的数列

2. 已知某企业7月、8月、9月和10月的月初职工人数分别为190人、195人、193人和201人。则该企业三季度的平均职工人数的计算方法为(　　)。

A. $\frac{190+195+193+201}{4}$　　B. $\frac{190+195+193}{3}$

C. $\frac{190/2+195+193+201/2}{4-1}$　　D. $\frac{190/2+195+193+201/2}{4}$

3. 根据时期数列计算序时平均数应采用(　　)。

A. 几何平均法　　B. 加权算术平均法

C. 简单算术平均法　　D. 首末折半法

4. 间隔相等的间断时点数列计算序时平均数应采用(　　)。

A. 几何平均法　　B. 加权算术平均法

C. 简单算术平均法　　D. 首末折半法

5. 数列中各项数值可以直接相加的时间数列是(　　)。

A. 时点数列　　B. 时期数列

C. 静态平均指标时间数列　　D. 相对指标时间数列

6. 时间数列中绝对数列是基本数列，其派生数列是(　　)。

A. 时期数列和时点数列

B. 绝对数时间数列和相对数时间数列

C. 绝对数时间数列和平均数时间数列

D. 相对数时间数列和平均数时间数列

7. 计算序时平均数时，首末折半法适用于(　　)。

A. 时期数列计算序时平均数

B. 间隔相等的时点数列计算序时平均数

C. 间隔不等的时点数列计算序时平均数

D. 由两个时点数列构成的相对数时间数列计算序时平均数

8. 已知各期环比增长速度分别为2%，5%，8%和7%，则相应的定基增长速度的计算方法为(　　)。

A. 102%×105%×108%×107%－100%

B. 102%×105%×108%×107%

C. 2%×5%×8%×7%

D. 2%×5%×8%×7%－100%

9. 定基增长速度与环比增长速度的关系是(　　)。

A. 定基增长速度是环比增长速度的连乘积

B. 定基增长速度是环比增长速度之和
C. 各环比增长速度加 1 后的连乘积减 1
D. 各环比增长速度减 1 后的连乘积减 1

10. 平均发展速度是(　　)。
A. 定基发展速度的算术平均数　　B. 环比发展速度的算术平均数
C. 环比发展速度的几何平均数　　D. 增长速度加上 100%

11. 增长 1%绝对值(　　)。
A. 是反映现象发展水平的指标
B. 是反映现象发展速度的指标
C. 表示速度每增长 1%而增加的绝对量
D. 表示现象增长的结构

12. 说明现象在较长时期内发展的总速度的指标是(　　)。
A. 环比发展速度　　B. 平均发展速度
C. 定基发展速度　　D. 环比增长速度

13. 假定某产品产量 2010 年比 2005 年增加了 35%,则 2010 年比 2005 年的平均发展速度为(　　)。
A. $\sqrt[5]{35\%}$　　B. $\sqrt[5]{135\%}$　　C. $\sqrt[6]{35\%}$　　D. $\sqrt[6]{135\%}$

14. 若要观察现象在某一段时期内变动的基本趋势,需测定现象的(　　)。
A. 季节变动　　B. 循环变动　　C. 长期趋势　　D. 不规则变动

三、多项选择题

1. 下面各项中属于时期数列的是(　　)。
A. 我国近几年来的耕地总面积　　B. 我国历年新增人口数
C. 我国历年图书出版量　　D. 我国历年黄金储备量
E. 某地区国有企业历年资金利税率

2. 定基发展速度与环比发展速度的关系是(　　)。
A. 两者都属于速度指标
B. 环比发展速度的连乘积等于相应的定基发展速度
C. 定基发展速度的连乘积等于环比发展速度
D. 相邻两个定基发展速度之商等于相应的环比发展速度
E. 相邻两个环比发展速度之商等于相应的定基发展速度

3. 累积增长量与逐期增长量(　　)。
A. 前者基期水平不变,后者基期水平总在变动
B. 二者存在关系式:逐期增长量之和等于对应的累积增长量
C. 相邻的两个逐期增长量之差等于相应的累积增长量
D. 根据这两个增长量都可以计算较长时期内的平均增长量
E. 这两个增长量都属于速度分析指标

4. 下列指标中是序时平均数的是(　　)。
A. 一季度平均每月的职工人数
B. 某产品产量某年各月的平均增长量

C. 某企业职工第四季度人均产值
D. 某商场职工某年月平均人均销售额
E. 某地区近几年出口商品贸易额平均增长速度

5. 下面属于时点数列的有(　　)。
A. 历年材料库存额　　B. 某工厂每年设备台数
C. 历年商品销售量　　D. 历年牲畜存栏数
E. 某银行储户存款余额

6. 时期数列的特点有(　　)。
A. 数列中各个指标数值不能相加
B. 数列中各个指标数值可以相加
C. 数列中每个指标数值大小与其时间长短无直接关系
D. 数列中每个指标数值的大小与其时间长短有直接关系
E. 数列中每个指标数值，是通过连续不断登记而取得的

7. 增长1%绝对值(　　)。
A. 等于前期水平除以100
B. 等于逐期增长量除以环比增长速度
C. 等于逐期增长量除以环比发展速度
D. 表示每增加一个百分点所增加的绝对量
E. 表示增加一个百分点所增加的相对量

8. 对原有时间数列进行修匀并计算其长期趋势，可以用(　　)。
A. 数学模型法　　B. 移动平均法　　C. 时距扩大法　　D. 最小平均法
E. 半数平均法

四、简答题

1. 时间数列和变量数列有何联系与区别？
2. 时间数列的基本构成和编制原则是什么？
3. 时期数列的基本概念和特点是什么？
4. 某企业年底商品结存总额的数列是时期数列吗？为什么？
5. 时点数列的基本概念和特点是什么？
6. 序时平均数和一般平均数有何不同？
7. 相对数和平均数时间数列计算平均发展水平的公式和计算程序是什么？
8. 发展速度和增长速度的含义、计算方法以及二者的联系是什么？
9. 平均发展速度的水平法和累计法各有何特点？
10. 计算和分析长期趋势有何重要意义？

五、应用能力训练

1. 某银行分支机构2020年1—7月的现金库存额如下表所示。

银行分支机构2020年1—7月的现金库存额

日期	1月1日	2月1日	3月1日	4月1日	5月1日	6月1日	7月1日
库存额/万元	700	680	750	620	850	600	880

(1) 说明这个时间数列属于哪一种时间数列。

(2) 分别计算 2020 年第一季度、第二季度和上半年的平均现金库存额。

2. 某企业某年下半年流动资金占用情况如下表所示。

某企业某年下半年流动资金占用情况

日期	6 月 30 日	10 月 31 日	11 月 30 日	12 月 31 日
流动资金占用额/万元	400	450	380	520

试计算下半年流动资金平均占用额。

3. 某百货公司的商品销售额和职工人数如下表所示。

商品销售额和职工人数

月份	3 月	4 月	5 月	6 月
销售额/万元	2 500	2 600	2 650	2 850
月末职工人数/人	600	615	630	660

试计算该公司第二季度人均商品销售额。

4. 某企业某年第一季度各月末生产工人占全部职工人数的比重及有关数据如下表所示。

第一季度生产工人人数及比重

指标名称	上年末	1 月末	2 月末	3 月末
生产工人数/人	798	780	847	880
全部职工人数/人	1 050	1 040	1 100	1 100
生产工人占全部职工人数的比重/%	76	75	77	80

试计算该企业该年第一季度生产工人占全部职工人数的平均比重。

5. 某厂生产工人数和产量如下表所示。

生产工人数和产量数据

月份	1 月	2 月	3 月	4 月
产量/吨	1 200	1 400	1 050	1 650
月初工人数/人	60	60	65	64

试计算该厂第一季度平均每月的劳动生产率。

6. 某地区某行业 2014—2020 年从业人数如下表所示。

2014—2020 年行业从业人数

年份	2014 年	2015 年	2016 年	2017 年	2018 年	2019 年	2020 年
从业人数/万人	239.1	306.8	377.5	447.8	511.9	531.1	575.4

要求：

（1）计算逐期增长量、累计增长量及平均增长量。

（2）计算定基发展速度、环比发展速度、定基增长速度、环比增长速度。

（3）计算 2014—2020 年该地区行业从业人数的平均发展速度和平均增长速度。

7. 某企业 2015—2020 年有关数据如下表所示。

某企业 2015—2020 年有关数据

年份	2015 年	2016 年	2017 年	2018 年	2019 年	2020 年
产品产量/万件	200	220		240		234.4
累计增长量/万件	—		31	40	52	
环比发展速度/%	—	110			105	93

要求：

（1）利用指标间的关系将表中所缺数值补齐。

（2）计算该企业 2015—2020 年产品产量的年平均增长量及年平均增长速度。

8. 某外贸公司 2011—2020 年进出口贸易总额数据如下表所示。

某外贸公司 2011—2020 年进出口贸易数据

年份	进出口贸易额/万美元	年份	进出口贸易额/万美元
2011 年	4 140	2016 年	4 550
2012 年	4 220	2017 年	4 700
2013 年	4 400	2018 年	4 610
2014 年	5 310	2019 年	5 820
2015 年	5 610	2020 年	6 000

要求：采用最小平方法确立直线趋势方程，并预测 2021 年的趋势值（用一般方法和简捷法）。

统计指数分析

【学习目的】

(1) 掌握指数的概念及各种分类方法。

(2) 掌握编制指数的各种理论、方法和原则。

(3) 理解总指数的综合法和平均法在实践中的具体运用情况。

(4) 能运用指数体系进行因素分析。

案例导入

《2020年国民经济和社会发展统计公报》显示，我国2020年价格总水平有所上涨，全年居民消费价格比上年上涨2.5%；居民消费价格水平中，食品价格上涨8.3%；工业生产者出厂价格下降1.8%，工业生产者购进价格下降2.3%；农产品生产价格上涨15%。

资料里面提到的，居民消费价格指数(CPI)是我国重要的经济指数，反映与居民生活有关的产品及劳务价格变动情况，通常作为观察通货膨胀水平的重要指标。这是统计指数理论在实践中的具体应用。在这一章中我们将讨论统计指数的基本编制原理及其在实践中的具体应用。

第一节　统计指数的含义和种类

统计指数分析法是经济分析中广泛应用的一种方法。统计指数是一种特殊的相对数，它产生于18世纪后半期欧洲资本主义迅速发展时期，最早是用于测定物价的变动。此后的

200 多年,其应用逐步扩大到工业生产、进出口贸易、工资、生活费用、成本、劳动生产率、股票证券等各个领域。统计指数已成为社会经济统计中历史最悠久、应用最广泛,同社会经济生活关系最密切的一个组成部分。

一、统计指数的含义

(一) 统计指数的含义

统计指数是人们在统计物价水平的变动中产生和发展起来的,最早可追溯到 1650 年英国人沃汉(R. Voughan)所编制的物价指数上。物价指数最初只是反映一种商品价格的变动,即用现行价格与过去价格对比来反映价格的变动情况,后来过渡到综合反映多种商品价格的变动情况。随着社会经济活动的广泛深入与发展,统计指数的运用逐步推广到人们生活和社会经济领域的各个方面,有些数据如商品零售价格指数(retail price index)、居民消费价格指数(consumer price index)等,已同人们的日常生活休戚相关;有些指数,如工业生产指数(industrial production)、股票价格指数(stock price index)等,则直接影响人们的投资活动,成为社会经济的晴雨表。

就目前应用而言,统计指数的概念可以概括为广义和狭义两个方面。

从广义上讲,一切说明社会经济现象数量对比关系或差异程度的相对数都是指数。它包括不同时间的同类现象、不同空间(地区、部门、单位)的同类现象及实际与计划对比的相对数,如动态相对数、比较相对数、计划完成程度相对数等都是广义的相对数。例如,根据 2020 年初步核算,全年国内生产总值 1 015 986 亿元,比上年增长 2.3%。其中,第一产业增加值 77 754 亿元,增长 3.0%;第二产业增加值 77 754 亿元,增长 2.6%;第三产业增加值 553 977 亿元,增长 2.1%。这里出现的动态相对数就是广义的指数。

狭义的指数是一种特殊的相对数,它是指不能直接相加和对比的复杂现象综合变动的相对数。例如,某商场同时销售棉布、鞋帽和成衣等商品,由于这几种商品的使用价值和计量单位不同,所以不能直接相加来对比其报告期和基期的销售量。这时就需要利用指数的原理和方法,编制销售量指数来反映多种商品销售量的综合变动情况。我们常见的如商品零售价格指数、居民价格消费指数、工业生产指数、股票价格指数都属于狭义的指数范畴。本章将重点研究狭义统计指数的编制方法及其应用。

(二) 统计指数的性质

为了更好地理解统计指数的含义,我们应明确指数的性质。概括地讲,指数具有如下的性质。

(1) 综合性。总指数反映的是复杂现象总体的综合数量变动,是对总体各单位的具体变动抽象综合的结果,而不是某些具体单位的实际变动。

(2) 平均性。总指数反映的是复杂总体内所有单位变动的平均水平或一般水平(从方法论的角度看,总指数是许多大小不同的个体指数的平均数)。

(3) 相对性。相对性有两方面的含义:从形式上看,指数是一种相对数,反映的是相对于所对比水平的平均水平;从编制方法看,在观察某一因素的变动及其影响时,必须假定其他因素不变,也就是说,实际上,总指数反映现象的准确性,也是相对的。

(4) 代表性。代表性也有两方面的含义:一方面,总指数所反映的数量变动是总体各单

位数量变动的代表水平;另一方面,现实生活中编制总指数时,一般只能选择一部分有代表性的单位进行计算,而不可能把所有的单位都计算在内。

二、统计指数的种类

从不同角度进行出发,统计指数主要的分类有以下几种。

(一)统计指数按研究对象范围的不同分类

按研究对象范围的不同,指数可以分为个体指数、总指数、组指数。

个体指数(individual index number)是反映某一单项事物数量变动的相对数,也称单项指数。如反映某一产品产量变动的个体产量指数,反映某一商品价格变动的个体价格指数,以及个体销售量指数、个体成本指数等,通常记为 K。

总指数(aggregative index number)是综合反映复杂经济现象总体数量变动的相对数。如综合反映多种商品价格平均变动程度的价格总指数、综合反映多种产品产量平均变动程度的产量总指数等,通常记为 $\overline{K}$。

组指数(group index number)又称为类指数,是反映总体中某一类或某一组现象数量变动的相对数。指数分析法常常与统计分组法结合运用,即对总体进行分类或分组,并按组(类)编制指数。这样在总指数与个体指数之间就产生了组(类)指数。例如,零售商品价格总指数可分为食品类价格指数、饮料烟酒类价格指数和服装类价格指数等;工业总产量指数又分为重工业类产量指数和轻工业类产量指数等。组(类)指数本质上也是总指数,只不过它比总指数所包含的范围小,在编制方法上与总指数相同。

个体指数和总指数的划分具有重要的意义。从方法论角度看,个体指数的计算比较简单,完全可以应用普通相对数的方法解决;而总指数的计算则比较复杂,需要研究并建立专门的指数理论和方法。总指数的计算和分析是本章研究的重点。

(二)统计指数按指数化指标的性质不同分类

按指数化指标的性质不同,统计指数分为数量指标指数和质量指标指数。

指数化指标是指数所要测定其变动的统计指标。

数量指标指数(quantity index number)是根据数量指标计算的,用来反映和说明总体规模或总水平的变动,即数量指标的综合变动,如工业产品产量指数、商品销售量指数、职工人数指数等。

质量指标指数(quality index number)是根据质量指标计算的,用来反映和说明总体内涵数量关系或一般水平变动,即测定质量指标的综合变动。如商品价格指数、工资水平指数、劳动生产率指数、单位成本指数等。

(三)统计指数按指数计算方法或表现形式不同分类

按指数计算方法或表现形式不同,统计指数分为综合指数、平均指数和平均指标对比指数。

综合指数是通过两个有联系的综合总量指标的对比计算的总指数,即通过引入同度量因素,将两个时期不同度量现象总体指标过渡到同度量指标,然后进行对比计算出来的相对数,如销售额指数、产品产量指数、GDP 总指数等。综合指数是总指数计算的最基本形式。

平均指数是对个体指数用加权平均法计算出来的总指数,它又分为算术平均数指数和调和平均数指数。

平均指标对比指数是通过两个有联系的(不同时期的)加权算术平均指标对比而计算出来的总指数。

(四) 统计指数按指数所反映的时间状况不同分类

按指数所反映的时间状况不同,统计指数分为动态指数和静态指数。

动态指数是说明现象在不同时间上发展变化情况的统计指数,如股票价格指数、社会商品零售价格指数、农副产品产量指数等。根据所选择基期的不同,动态指数又分为环比指数和定基指数。环比指数是指以报告期的前期为基期计算的统计指数。定基指数是指以某一固定时期为基期计算的统计指数。

静态指数是反映社会经济现象在同一时期不同空间对比情况的指数,如计划完成情况指数、地区经济综合评价指数等。

(五) 统计指数按对比时采用的基期不同分类

按对比时采用的基期不同,指数可以分为定基指数与环比指数。

若在计算指数时,不只是把两个时期的数值进行对比,而是随时间推移连续编制指数,这就形成指数数列。在指数数列中,如果各个指数都以某一固定时期作为基期,就得到定基指数;如果各个指数都以报告期的前期作为基期,就得到环比指数。可见,定基指数与环比指数所用的基期不同,但在计算方法上也有一定的内在联系。在对某些现象进行长期比较时,这两种指数都具有很重要的作用。

本书将以各种数量指标和质量指标为例,着重介绍综合指数和平均指数编制方法及其在统计分析中的作用。

三、统计指数的作用

统计指数在统计工作中应用广泛,它的主要作用表现在以下四个方面。

(一) 综合反映现象总体数量的变动方向和变动程度

综合反映不能同度量(不能直接相加)现象总体相对变动的方向和程度是统计指数的最基本作用。指数的计算结果用百分数表示,百分比大于100%,说明现象的数量报告期比基期增加;百分比小于100%,则说明现象的数量报告期比基期减少;比100%大多少或小多少,说明总体上升或下降的程度的大小。例如,股票价格指数为103.28%,说明报告期与基期相比,各种股票价格可能有升有降,但总的说来是上升的,上升幅度为3.28%。此外,还可以利用综合指数或综合指数变形形式从它的分子与分母指标的比较中,分析由于指数的变动而产生的实际效果。

(二) 对现象总体进行因素分析

复杂现象的总体,一般由多种因素构成,总体的变动是各构成因素变动综合影响的结果。例如:

(1) 商品销售额=商品销售量×单位商品价格。

(2) 产品总成本=产品产量×单位产品成本。

(3) 原材料总费用=产品产量×单位产品原材料消耗量×单位原材料价格。

可见，商品销售额的变动取决于销售量和价格的变动；工业产品产量的变动取决于工人人数和工人劳动生产率的变动；农作物收获量的变动，取决于播种面积和单位面积产量的变动等。统计指数是利用各因素之间的联系编制的，各个因素指数又相互构成指数体系。因此，可以利用指数体系来分析某一社会经济现象总体变动中，各构成因素对总体的影响方向和影响程度。

（三）分析社会经济现象在长时期内的发展变化趋势

运用编制的动态指数所形成的连续指数数列，可以反映事物的发展变化趋势（见表 8-1）。这种方法特别适合于对比分析有联系而性质又不同的动态数列之间的变动关系，因为用指数的变动进行比较，可以解决不同性质数列之间不能对比的困难。

表 8-1　2010—2020 年我国物价环比指数及增减程度数列

年　份	零售物价指数/%	居民消费价格指数/%	零售物价增减/%	居民消费价格增减/%
2010	103.1	103.3	3.1	3.3
2011	104.9	105.4	4.9	5.4
2012	102.0	102.6	2.0	2.6
2013	101.4	102.6	1.4	2.6
2014	101.0	102.0	1.0	2.0
2015	100.1	101.4	0.1	1.4
2016	100.7	102.0	0.7	2.0
2017	101.1	101.6	1.1	1.6
2018	101.9	102.1	1.9	2.1
2019	102.0	102.9	2.0	2.9
2020	101.4	102.5	1.4	2.5

资料来源：国家数据（国家统计局）.http://data.stats.gov.cn,2021-12-11.

从上表可知，我国的居民消费价格指数从 2010 年到 2020 年期间，经历了阶段性的变化过程，反映了我国近年来的经济运行状况，这也是国家制定和实施宏观经济调控政策的直观依据及成果。

（四）对经济现象进行综合评价和测定

指标体系的选择是统计综合评价过程中最重要的环节，对于整个评价活动的成败具有关键作用。例如，可以运用综合指数法评价和测定一个地区和单位经济效益的高低；利用平均指数法测定技术进步的程度及其在经济增长中的作用；利用指数法原理建立对国民经济发展变动的评价和预警系统。

第二节　综合指数的编制和运用分析

指数方法论主要研究总指数的编制方法问题。总指数的任务是：综合测定由不同度量单位的许多产品或商品所组成的复杂现象总体数量方面的总动态。

总指数的编制方法有两种,即综合指数和平均指数。两种方法有一定联系,也各有特点。本节和下一节将分别阐述综合指数和平均指数的具体编制方法和原则。

一、综合指数的编制方法

(一) 编制综合指数的基本思路

综合指数(aggregative index number)是通过对两个时期不同、范围相同的多要素现象同度量综合之后,进行总体数量对比得出的总指数。

综合指数的计算特点就是:先综合,后对比。现象总体各个个体由于使用价值不同、计量单位不同,所以其数量表现不能直接加总而对比,这种现象叫作不同度量。因此,综合指数的编制首先应该解决加总问题,然后解决对比问题。

下面通过一个例子来说明综合指数编制的基本原理。

【例 8-1】 假设某商店有三种商品的销售量和价格资料,如表 8-2 所示。

表 8-2　某商场三种商品的价格和销售量表

商品名称	计量单位	商品销售量		销售价格/元	
		基期 q_0	报告期 q_1	基期 p_0	报告期 p_1
棉布	米	420	466	30	25
衣服	件	240	240	40	43
风扇	台	188	160	20	20

根据表 8-2,分别计算该商店的三种商品销售量的个体指数如下。

$$k_{棉布}=\frac{q_1}{q_0}=\frac{466}{420}=110.95\%$$

$$k_{衣服}=\frac{q_1}{q_0}=\frac{240}{240}=100\%$$

$$k_{风扇}=\frac{q_1}{q_0}=\frac{160}{188}=85.11\%$$

这三个数值就是个体指数,在计算方法上没有什么困难,但是如果我们要综合观察三种商品总的销售量报告期比基期变动了多少,由于三种商品的计量单位不同、使用价值不同,销售量不具有直接的可加性,就需要借助指数方法论来解决问题了。

综合法指数是通过两个时期的综合总量对比来计算的总指数。在求综合法指数之前应解决的两个问题如下。

1. 引入同度量因素

通过同度量因素的引入,把不能直接相加总的指标过渡为可以直接相加、直接对比的指标。

所谓同度量因素,是指在编制综合指数时,将不能直接相加的因素转化为能够直接相加的量的媒介因素。虽然不同商品的价格因计量单位不同是不能相加的,但由于“销售额＝销售量×销售单价”,价格乘以销售量转化为销售额就可以相加,在这里,销售量实际起到了一种媒介作用,它使本身不能直接加总的单价变成了可以加总的销售额,所以销售量对价格来讲就是同度量因素。

对于同度量因素的基本要求是：它与指数化指标相乘应具有实际经济意义。同度量因素的作用主要表现在两个方面：①同度量作用，即使不能相加的现象数量过渡到可以相加的现象数量；②权数的作用，即权衡各个不同变量值在总体变动中的作用。

所以，我们通过加总后的报告期销售额与基期销售额对比来反映销售额的总变动情况，由此得到销售额指数的计算公式表示如下：

$$I_{qp}=\frac{\sum p_1q_1}{\sum p_0q_0}\times 100\% \tag{8-1}$$

根据表 8-2 可计算出：

$$I_{qp}=\frac{\sum p_1q_1}{\sum p_0q_0}\times 100\%=\frac{25\times 466+43\times 240+20\times 160}{30\times 420+40\times 240+20\times 188}\times 100\%=\frac{25\ 170}{25\ 960}\times 100\%$$
$$=96.96\%$$

$$\sum p_1q_1-\sum p_0q_0=25\ 170-25\ 960=-790\ (\text{元})$$

以上结果说明：报告期三种商品销售额比基期减少了 2.73%，即减少了 710 元。但销售额的变动反映的是销售量和价格共同变动的结果。但是如果我们需要单独测定销售量或价格的变动程度，该怎么办呢？这就需要进入下一个问题：固定同度量因素。

2. 固定同度量因素

引入同度量因素后，现象总量的变动中既包含了所研究现象（指数化指标）的变动，也包含了同度量因素的变动。于是必须将同度量因素的水平固定在同一时期，使所得的现象总量的变动只反映指数化指标的变动。

仍以表 8-2 的资料为例，如果要测定三种商品总销售量因素的变动程度，那么必须假设价格不变，即将同度量因素——销售价格固定在某一水平（如基期价格、报告期价格或固定价格水平）上，消除价格因素变动的影响，只反映销售量一个因素的变动情况，这样对比的相对数就是销售量指数。其计算公式如下。

商品销售量综合指数：

$$I_q=\frac{\sum q_1p}{\sum q_0p} \tag{8-2}$$

式中：I_q 代表销售量指数；p 是指各种商品某一时期的价格（可以是 p_0 或 p_1）。分子和分母都是销售总额，但其中价格因素 p 是被固定在同一时期的，所以分子和分母两个销售总额对比的结果中消除了价格因素的影响，反映的只是销售量一个因素的变动综合程度。

同理，如果要测定价格因素的变动情况，也需将对应的商品销售量固定在某一水平上，消除销售量因素变动的影响，只反映价格一个因素的变动情况，这样对比的相对数就是价格指数。其计算公式如下。

商品价格综合指数：

$$I_p=\frac{\sum p_1q}{\sum p_0q} \tag{8-3}$$

式中：I_p 代表价格指数；q 是指各种商品某一时期的销售量（可以是 q_0 或 q_1）。分子和分母都是销售总额，但其中销售量因素 q 是被固定在同一时期的，所以分子和分母两个销售总额对比的结果中消除了销售量因素的影响，反映的只是价格一个因素的变动综合程度。

式(8-2)和式(8-3)中，两个指数都是通过两个综合总量对比来计算的指数，它们综合反映了多个个体的变动程度，称为综合指数。综合指数中指数所要测定其变动的因素称为指数化指标，那个被固定的因素称为同度量因素。具体地讲，销售量综合指数中，销售量就是指数化指标，同度量因素是价格；价格综合指数中，价格就是指数化指标，同度量因素是销售量。

经过上面两步后，再将两个时期的现象总量对比所得的指数就是综合法指数。但同时，我们发现还有一个关键的问题需要解决，那就是固定的同度量因素所属时期的选择问题，即同度量因素应固定在哪一期？是基期还是报告期？

实际上，这是国内外统计理论界长期争论的一个主要问题。我们应当从实际出发，根据编制指数的目的、任务与研究对象的经济内容来确定。

（二）综合指数的常用编制方法

常用的综合指数编制方法主要有以下几种。

1. 拉氏指数

拉氏指数(Laspeyres index)是 1864 年德国学者拉斯贝尔斯(Laspeyres)提出的一种指数计算方法。其特点是，无论是编制商品销售量综合指数(数量指标综合指数)，还是编制商品价格综合指数(质量指标综合指数)时，都应当将同度量因素固定在基期，单纯地反映指数化指标的综合变动。具体编制方法如下。

销售量综合指数：
$$\overline{K_q}=\frac{\sum q_1p_0}{\sum q_0p_0} \tag{8-4}$$

价格综合指数：
$$\overline{K_p}=\frac{\sum q_0p_1}{\sum q_0p_0} \tag{8-5}$$

在我国统计实践中，在编制数量指标指数时，多用拉氏指数公式，即一般将其同度量因素固定在基期水平上。这是因为编制销售量指数的目的，在于综合反映多种商品销售量的变动，即从总体来说是增加了还是减少了，增加或减少的幅度有多大，以及由此带来的经济效果如何。式(8-4)(拉氏公式)计算销售量指数，是假定价格不变，报告期销售总额的计算不受价格变动的影响，因而对比的结果纯粹反映了销售量的变动方向和程度。可见，由基期价格作为同度量因素计算销售量总指数，是符合研究目的的。用这一指数公式编制定基指数数列时，由于各指数的分母 $\sum q_0p_0$ 相同，指数间还可以相互比较，便于说明所研究的现象变化的程度及其规律性。

【例 8-2】 仍以表 8-2 数据为例，我们选择拉氏指数计算销售量综合指数如下。

$$\overline{K_q}=\frac{\sum q_1p_0}{\sum q_0p_0}=\frac{30\times 466+40\times 240+20\times 160}{30\times 420+40\times 240+20\times 188}\times 100\%=103.16\%$$

$$\sum q_1p_0-\sum q_0p_0=26\ 780-25\ 960=820(\text{元})$$

这个计算结果反映了以下三个问题。

(1) 多种商品销售量综合变动的方向及变动程度;三种商品销售量有增有减,但总体变动方向是增长,且增长了3.16%。

(2) 商品销售量的变动对商品销售额的影响程度;商品销售量增长了3.16%,说明它的变动使商品销售额增加了3.16%。

(3) 分子和分母的差额说明了商品销售量变动对销售额绝对值的影响;即由于销售量比基期增长了3.16%,在其他因素不变的前提下(如价格不变,维持在基期水平),仅由于销售量的影响,导致销售额增加820元。

2. 帕氏指数

帕氏指数(Paasche index)是1874年德国学者帕煦(Paasche)所提出的一种指数计算方法。其特点是,无论是编制商品销售量综合指数(数量指标综合指数),还是编制商品价格综合指数(质量指标综合指数),都应当将同度量因素固定在报告期,单纯地反映指数化指标的综合变动。具体编制方法如下。

销售量综合指数:
$$\overline{K_q}=\frac{\sum q_1 p_1}{\sum q_0 p_1} \tag{8-6}$$

价格综合指数:
$$\overline{K_p}=\frac{\sum q_1 p_1}{\sum q_1 p_0} \tag{8-7}$$

在我国统计实践中,在计算质量指标指数时,多用帕氏指数公式,即一般将同度量因素固定在报告期。这主要是因为:以报告期商品销售量作为同度量因素,才能正确反映当前全部商品价格的总变动,使物价指数具有现实的经济意义。例如,检查成本计划执行情况时,需要编制成本计划完成指数,其同度量因素是计划数量指标。主要目的在于维护企业计划的严肃性,避免实际情况脱离计划要求。如果用基期商品销售量作为同度量因素,就会脱离现实经济生活,不符合统计研究的目的。

仍以表8-2为例,我们选择帕氏指数计算价格综合指数如下。

$$\overline{K_p}=\frac{\sum q_1 p_1}{\sum q_1 p_0}=\frac{25\times 466+43\times 240+20\times 160}{30\times 466+40\times 240+20\times 160}\times 100\%=93.99\%$$

$$\sum q_1 p_1-\sum q_1 p_0=25\ 170-26\ 780=-1\ 610(\text{元})$$

这个结果反映了以下三个问题。

(1) 多种商品价格综合变动的方向及变动程度;三种商品的价格有增有减,但总体变动方向是下降,且下降了6.01%。

(2) 商品价格的变动对商品销售额的影响程度;商品价格下降了6.01%,说明它的变动使得商家的收入减少了6.01%。

(3) 分子和分母的差额说明了由于价格对商家销售收入绝对值的影响;在其他因素不变(销售量保持基期水平)前提下,由于价格总水平的下降,使销售额下降了6.01%,销售额减少了1 610元。

由此,综合指数的编制原则可以归纳如下:编制数量指标综合指数,一般是以质量指标作为同度量因素,并将其固定在基期水平,即采用拉式指数计算公式;而编制质量指标综合指数,一般是以数量指标作为同度量因素,并且固定在报告期水平,即采用帕式指数计算公式。应该注意的是，立足于现实经济意义的分析来确定综合指数中的同度量因素所属时期具有普遍的应用意义，但不是固定不变的原则，因而不能机械地加以应用。编制综合指数，往往要注意研究现象总体的不同情况及分析任务的不同要求，来具体确定同度量因素所属时期。

综上，综合指数的编制方法用一句话来概括其要点：先综合后对比。具体如下。

(1) 引入同度量因素。同度量因素是在编制综合指数时使不能直接相加或对比的现象转化为可以相加或对比的因素。它与研究的指标相乘要有意义。例如，编制价格指数时，引入产量作为同度量因素，价格×产量＝产值。

(2) 将同度量因素固定，使综合数值的变化中不含同度量因素变化的影响，而只包含所研究指标变动的影响。例如，编制价格指数时，将产量固定在报告期。

(3) 同度量因素固定时期的选择（我国目前的做法）：编制数量指标指数用基期的质量指标作同度量因素，编制质量指标指数用报告期的数量指标指数作同度量因素。

（三）其他形式的综合指数

在国外，有关同度量因素所属时期的确定问题，不存在统一的固定模式，以下是一些其他形式的综合指数计算公式。

1. 阿瑟·杨格指数

阿瑟·杨格（Arthur Young）指数将同度量因素固定在某个特定的时间。其计算公式如下。

物量指数：
$$K_q = \frac{\sum p_a q_1}{\sum p_a q_0} \tag{8-8}$$

物价指数：
$$K_q = \frac{\sum p_1 q_a}{\sum p_0 q_a} \tag{8-9}$$

2. 马歇尔-埃奇沃思指数

马歇尔-埃奇沃思（Marshall-Edgeworth）指数将同度量因素固定为基期和报告期的平均水平上。其计算公式如下。

物量指数：
$$K_q = \frac{\sum q_1 \times \frac{p_0 + p_1}{2}}{\sum q_0 \times \frac{p_0 + p_1}{2}} = \frac{\sum q_1 p_0 + \sum q_1 p_1}{\sum q_0 p_0 + \sum q_0 p_1} \tag{8-10}$$

物价指数：
$$K_q = \frac{\sum p_1 \times \frac{q_0 + q_1}{2}}{\sum p_0 \times \frac{q_0 + q_1}{2}} = \frac{\sum p_1 q_0 + \sum p_1 q_1}{\sum p_0 q_0 + \sum p_0 q_1} \tag{8-11}$$

3. 费歇尔指数

费歇尔（Fisher）指数是拉氏指数和派氏指数的几何平均数。其计算公式如下。

物量公式：
$$K_q = \sqrt{\frac{\sum q_1 p_0}{\sum q_0 p_0} \times \frac{\sum q_1 p_1}{\sum q_0 p_1}} \tag{8-12}$$

物价指数：
$$K_q = \sqrt{\frac{\sum p_1 q_0}{\sum p_0 q_0} \times \frac{\sum p_1 q_1}{\sum p_0 q_1}} \tag{8-13}$$

二、综合指数的意义和局限性

（一）意义

（1）综合指数以不同时期的总量指标对比为基础，分子和分母都是全面的绝对量，所以能完善地反映所研究对象的经济内容。

（2）运用综合指数可对现象变动产生的效果从绝对量和相对量两个方面进行分析。

（3）运用综合指数可以建立指数体系，对现象进行因素分析。

（二）局限性

（1）对资料要求严格，必须根据全面资料编制，所以综合指数的应用受到资料条件的限制。

（2）编制过程要用到根据不同时期的数量指标和质量指标计算的综合总量，这对于较大范围的复杂总体，是难做到的。

第三节　平均指数的编制与运用分析

通过第二节的学习，我们知道编制综合指数时，必须具有商品销售量和价格的基期及报告期的全面资料。但在实际情况中，很多时候很难取得这种全面的资料。这样，综合指数公式在实际应用上就受到了一定的限制，这时我们需要寻求总指数的另一种编制方法，平均指数就是利用非全面资料计算总指数的一种有效方法。

一、平均指数的定义与编制原理

（一）平均指数的概念

平均指数（average index number）是将各个个体指数进行综合平均而得到的一种总指数形式。平均指数和综合指数既有区别又有联系，两者的联系在于，在一定的权数条件下，平均指数就是综合指数的一种变形；但作为一种独立的总指数形式，平均指数在实际应用中不仅作为综合指数的变形使用，而且它本身也有着独特的广泛应用价值。

（二）平均指数的编制原理与方法

平均指数是通过对个体指数进行加权平均计算的总指数。其实质是以个体指数为变量，以个体在总体中的地位为权数，对个体指数加权平均以测定不同个体的平均变动，它是从个体指数出发编制的总指数。

编制平均指数的基本方法是“先对比，后平均（综合）”。所谓“先对比”，是指先通过计算个体指数：$k_q=q_1/q_0$ 或 $k_p=p_1/p_0$；所谓“后平均”，则是将个体指数赋予适当的权数 q_0p_0 或 q_1p_1，加以平均得到总指数之分。由于使用的求平均数的方法不同，平均指数主要有加权算术平均数指数和加权调和平均数指数两种基本形式。

二、加权平均数指数的编制方法

（一）加权算术平均指数

所谓加权算术平均指数，是将各种产品或商品的数量指标的个体指数进行算术平均而

得出的总指数。若以 K_q 表示各产品或商品数量指标的个体指数。即

$$K_q=\frac{q_1}{q_0}$$

则加权算术平均指数的计算公式如下：

$$\overline{K_q}=\frac{\sum K_q q_0 p_0}{\sum q_0 p_0}\times 100\% \tag{8-14}$$

式中：$q_0 p_0$ 表示基期总值指标，如果将 $q_0 p_0$ 等同于 f，将 K_q 等同于 x，那么，$\frac{\sum K_q q_0 p_0}{\sum q_0 p_0}$ 实际上就是 $\frac{\sum xf}{\sum f}$，所以这是一种加权算术平均数形式的指数。以 $q_0 p_0$ 为权数计算的算术平均指数是比较常见的形式。

下面通过实例说明利用加权算术平均法编制数量指标总指数的方法和步骤。

【例 8-3】 某百货商店 4 种商品报告期和基期的销售数据见表 8-3 中的①②③栏，根据表中数据，编制销售量指数，并解释其经济意义。

表 8-3 某百货商店商品销售情况统计表

商品名称	计量单位	销售量		基期销售额/万元	个体销售量指数 K_q	$K_q q_0 p_0$
		q_0	q_1	$q_0 p_0$	q_1/q_0	
		①	②	③	④	⑤
甲	床	1 500	1 980	6.2	1.32	8.18
乙	个	500	520	3.1	1.04	3.22
丙	辆	700	680	3.9	0.97	3.78
丁	台	450	615	2.4	1.37	3.29
合计				15.6		18.47

根据表中第①②栏资料，先计算各数量指标的个体指数 $k_q=q_1/q_0$，见表中第④栏；然后分别乘以基期销售额 $q_0 p_0$，得到 $K_q q_0 p_0$，见表第⑤栏；求和得到两个总量指标，由公式(8-9)，可得到销售量指数 $\overline{K_q}$。

$$\overline{K_q}=\frac{\sum K_q\cdot p_0 q_0}{\sum p_0 q_0}=\frac{8.18+3.22+3.79+3.28}{6.2+3.1+3.9+2.4}$$

$$=\frac{18.47}{15.6}=118.4\%$$

$$\sum K_q\cdot q_0 p_0-\sum q_0 p_0=18.47-15.6=2.87(\text{万元})$$

计算结果表明：该百货商店 4 种商品的销售量报告期比基期增长了 18.44%；由于销售量的增长，报告期的销售额比基期增加了 2.87 万元。

在公式(8-14)中，由于 $K_q=\frac{q_1}{q_0}$，则 $q_1=K_q \cdot q_0$，代入公式(8-14)，可得到如下公式：

$$\overline{K_q}=\frac{\sum q_1 p_0}{\sum q_0 p_0}$$

这说明，用基期价值量 q_0p_0 为权数，采用加权算术平均法得到的算术平均指数，实际上为拉氏数量指标总指数，可以说该公式是数量指标综合指数的变形公式。

需要指出的是，公式中以 q_0p_0 作为权数，是加权算术平均数变为拉氏综合指数的基本条件。若用 q_0p_0 以外的任何其他权数，加权算术平均指数都不能变形为拉氏综合指数。

综上所述，我们可以得出数量指标指数计算方法小结。

(1) 当掌握资料全面时，采用拉氏公式进行计算。

(2) 若掌握资料不全，可借助个体数量指标指数进行加权算术平均计算。

（二）加权调和平均数指数

所谓加权调和平均指数，是将各种产品或商品的质量指标的个体进行调和平均而得出的总指数。若以 K_p 表示各产品或商品质量指标的个体指数，$K_p=p_1/p_0$，则调和平均数的计算公式如下：

$$\overline{K_p}=\frac{\sum q_1 p_1}{\sum \frac{q_1 p_1}{K_p}}\times 100\% \tag{8-15}$$

式中：q_1p_1 为权数，如果将 q_1p_1 等同于 m，将 K_p 等同于 x，那么，$\frac{\sum q_1 p_1}{\sum \frac{q_1 p_1}{K_p}}$ 实际上就是 $\frac{\sum m}{\sum \frac{m}{x}}$，所以说这是一种加权调和平均数形式的指数。

下面通过实例说明利用加权调和平均法编制数量指标指数的方法和步骤。

【例 8-4】 某供销社产品收购价格资料见表 8-4 中的①②③栏，根据表中数据，编制收购价格指数，并解释其经济意义。

表 8-4 某商业企业农产品收购价格情况统计表

产品名称	计量单位	收购价格/元		报告期收购额/万元	个体价格指数百分比/%	q_1p_1/K_p
		p_0	p_1	Q_1p_1	q_1/q_0	
		①	②	③	④	⑤
甲	千克	2.55	2.83	3.58	1.109 8	3.225 8
乙	千克	3.35	3.50	15.62	1.044 8	14.950 6
丙	千克	4.62	4.65	6.76	1.006 5	6.716 4
合计				25.96		24.892 8

根据表中第①②栏数据，先计算各质量指标的个体指数 $K_p=p_1/p_0$，见表中第④栏；然后以其倒数分别乘以报告期销售额 q_1p_1，得到 q_1p_1/K_p，见表第⑤栏；求和得到两个总量指标 $\sum \frac{q_1p_1}{K_p}$，$\sum q_1p_1$，由公式(8-15)，可得到收购价格指数$\overline{K_p}$如下。

$$\overline{K_p}=\frac{\sum p_1q_1}{\sum \frac{q_1p_1}{K_p}}=\frac{25.96}{24.8928}=104.29\%$$

$$\sum q_1p_1-\sum \frac{q_1p_1}{K_p}=25.96-24.8928=1.0672(\text{万元})$$

计算结果表明：该供销社的农副产品收购价格报告期比基期增长了 4.29%；由于收购价格的增长，报告期的收购金额比基期增加了 10 672 元。

由于 $K_p=p_1/p_0$，则 $p_0=p_1/K_p$，代入可得到如下公式：

$$\overline{K_p}=\frac{\sum p_1q_1}{\sum p_0q_1}$$

这说明，用报告期价值量 q_1p_1 为权数，采用加权调和平均法得到的加权调和平均指数，实际上为帕氏质量指标总指数，可以说该公式是质量指标综合指数的变形公式。

需要指出的是，公式中以 q_1p_1 作为权数，是加权算术平均数变为拉氏综合指数的基本条件。若用 q_1p_1 以外的任何其他权数，加权算术平均指数都不能变形为拉氏综合指数。

综上所述，我们可以得出质量指标指数计算方法小结。

(1) 当掌握资料全面时，采用帕式公式进行计算。

(2) 若掌握资料不全，可借助个体质量指标指数进行加权调和平均计算。

三、固定权数平均指数

用平均指数的形式编制总指数比综合指数形式更为简化，但前面介绍的加权算术平均指数和加权调和平均指数计算公式中的权数都是以绝对数的形式出现的，而在实际应用中，常常把这些权数用比重的形式固定下来，一段时间内不作变动，这种权数称为固定权数，用符号 W 表示，$\sum W=100$。我国居民消费价格指数的编制，采用的就是固定权数的方法。

固定权数指数在实际应用时也不严格区分数量指标指数和质量指标指数，其形式为

$$\overline{K_q}=\frac{\sum KW}{\sum W}$$

$$\overline{K_p}=\frac{\sum W}{\sum \frac{W}{k}}$$

【例 8-5】 某地区各类商品个体指数及权数如表 8-5 所示，求综合指数。

表 8-5 某地区居民消费指数统计表

商品类别和名称	权数 w	个体指数/%
(一) 食品类	46	117.37
(二) 衣着类	10	108.34
(三) 家庭设备及用品	12	112.00
(四) 医疗保健类	8	108.42
(五) 交通和通信类	6	124.28
(六) 娱乐教育文化用品类	7	108.54
(七) 居住类	8	110.84
(八) 服务项目类	3	106.87
合计	100	—

计算公式如下：

$$\overline{K_q}=\frac{\sum K q_0 p_0}{\sum q_0 p_0}=\sum K_p w \tag{8-16}$$

把各大类指数乘以相应的权数即得到总指数：

$$\begin{aligned}\overline{K}_p &= \sum K_p w \\ &=117.37\%\times 0.46+108.34\%\times 0.10+112\%\times 0.12+108.42\%\times 0.08+124.28\% \\ &\quad \times 0.06+108.54\%\times 0.07+110.84\%\times 0.08+106.87\%\times 0.03 \\ &=114.07\%\end{aligned}$$

在国外统计工作实践中，为了简化加权算术平均数指数的计算，常常使用经过调整的不变权数，即固定权数的加权算术平均数物量指数。例如，我们常见的商品零售价格指数、生活费用价格指数、农产品收购价格指数、消费品价格指数、工业生产指数都是用固定权数平均数指数的形式计算的。例如，不少国家编制的工业生产指数，就是直接利用工业产品产量代表产品的个体产量指数，然后以部门工业增加值在全部工业增加值中所占比重为固定权数，利用加权算术平均法来计算整个工业生产的发展速度的。

四、平均指数与综合指数的比较

平均指数和综合指数是计算总指数的两种形式，它们之间既有区别，又有联系。二者的区别在于表现在以下方面。

(1) 计算程序不同。平均指数先计算个体指数，再综合平均，即先对比、后平均；综合指数先引进同度量因素后再加总对比，即先综合、后对比。

(2) 计算条件不同。平均指数既可以用全面资料，也可以用非全面资料，实用性强；综合指数必须根据全面资料进行编制。

(3) 计算权数不同。平均指数可以用实际资料做权数，也可以用固定权数；综合指数只能用实际资料做权数。

(4) 计算意义不同。平均指数只能反映现象变动的相对程度；综合指数能从相对数和绝对数两个方面反映现象的变动状况。

但同时，平均指数和综合指数又存在着密切的联系。二者的联系主要表现在：一是综合指数和平均指数都是反映多项事物综合变动情况的相对数，从概念上讲，它们都属于总指数的范畴；二是在一定的权数条件下，两类指数间有变形关系。由于这种变形关系的存在，当掌握的资料不能直接用综合指数形式计算时，可用作为它的变形的平均指数形式计算，这种条件下的平均指数与其相应的综合指数具有完全相同的经济意义和计算结果。

第四节　统计指数体系与因素分析

指数体系与因素分析法是本章的另一重要内容。社会经济现象之间总是相互联系的，其变动往往要受到多种因素变动的影响，即某一现象往往可以分解为两个或多个现象（或影响）因素的乘积。这些构成因素一般为数量指标因素和质量指标因素。对于这类现象，仅靠单个指数进行分析是无能为力的，只有借助于指数体系做更深入的研究和探索，才能说明影响因素的关系。

指数体系是因素分析的基础。因素分析是在定性分析的基础上，依据指数体系中各指数间的联系，分别分析各因素对研究对象在数量上的影响程度及绝对量。具体分析的角度可以是多种多样的：分析的对象可以是简单现象，也可以是复杂现象；分析的指标可以是总量指标，也可以是平均指标；分析因素的个数可以是两因素，还可以是多因素。选择哪种角度进行分析，应根据分析的目的来确定。

一、统计指数体系

（一）指数体系的含义

所谓指数体系，是指若干个内容上相互关联的统计指数所结成的体系。即由若干有关指数所形成的数量关系式，这种关系表现为：一个总量指数等于各因素指数的乘积。例如：

销售额指数＝销售量指数×销售价格指数

总成本指数＝产量指数×单位成本指数

原材料消耗额＝原材料消耗量×单位产品原材料价格

＝产品产量指数×单位产品原材料消耗量指数×单位产品原材料价格指数

这些指数体系都是建立在有关指数化指标之间的经济联系的基础上的，因而它们具有非常实际的经济分析意义。

（二）指标体系的作用

1. 利用指数体系可以进行指数之间的相互推算

在统计研究和统计实践中，常常缺乏一些必要的统计资料。为此，就要根据社会经济现象之间的内在联系，由已知资料对所需资料进行推算。例如，利用销售额指数和价格总指数可以推算销售量总指数，利用总成本指数和单位成本指数可以推算产量指数。

2. 指数体系为因素分析提供基础和前提条件

利用指数体系不仅可以对现象总变动给予提示，同时还可以反映总变动中各因素的影响方向和影响程度，从而从深层次上对现象变动规律予以提示和反映。例如，根据不同时期工业总产值指数，可以分析工业产品总量指数和单位产品价格指数的变动对其影响程度和增减量。利用指数体系，对现象进行因素分析的方法就叫因素分析法，它是统计分析中广泛应用的一种重要分析方法。

二、因素分析法概述

（一）因素分析法的概念

所谓因素分析，是指根据指数体系中多种因素影响的社会经济现象的总变动，分析各因素的影响程度的一种统计分析方法。在总指数的编制中，某些社会经济现象客观上可分解为两个或两个以上因素的组合，如销售额的变动受销售量和价格变动两个因素的影响，而原材料费用支出总额受产量、单耗和原材料价格三个因素的影响。分析时，要固定一个或几个因素，仅观察其中一个因素的变动情况，从而揭示出现象动态中的具体情况和原因。这种方法称为因素分析法。

（二）因素分析法的种类

1. 总量指标变动因素分析和平均指标、相对指标变动因素分析

按分析指标的表现形式不同，因素分析可分为总量指标变动因素分析和平均指标、相对指标变动因素分析。总量指标可分解为质量型和数量型因素指标，平均指标可分解为质量型和结构型因素指标。相对指标一般表现为无名数（强度指标除外），因素影响量的含义比较抽象，因此在应用时要慎重，注意对影响含义的具体阐明。

2. 两因素分析和多因素分析

按影响因素的多少不同，因素分析可分为两因素和多因素分析。与两因素分析比较而言，多因素分析在方法上有一些特殊的问题需要注意，其内容在下面详述。

（三）因素分析法的基本要点和步骤

1. 因素分析法的基本要点

（1）根据被研究现象各因素之间的客观内在联系，建立指数体系，这是因素分析的前提。

（2）在分析现象总变动中某一个因素的变动影响时，必须假定其他因素不变。

（3）要按照被研究现象的内在规律，合理地确定各因素排列的先后顺序。

（4）因素分析的结果要符合指数体系的基本含义。相对数分析，要求总变动指数等于各因素指数的乘积；绝对数分析，要求各变动绝对额等于个因素变动影响绝对额之和。

2. 因素分析法的步骤

（1）计算总变动指数，测定总变动的程度和绝对额。

（2）分别计算各因素指数，测定变动影响的程度和绝对额。

（3）根据指数体系从相对数和绝对数两方面对各影响因素进行综合分析。

三、因素分析法的运用

（一）总量指标的因素分析

1. 总量指标变动的两因素分析

总量指标变动的两因素分析就是将作为研究对象的总量指标分解为两个因素，分别从相对数和绝对数两方面测定各因素对总量指标变动的影响方向和影响程度。

【例 8-6】 设某商场甲、乙、丙三种商品的价格和产量数据如表 8-6 所示，试对该商场销

售额的变动进行因素分析。

表 8-6　商品销售量和商品价格数据

商品名称	计量单位	销售量		价格/元	
		基期 q_0	报告期 q_1	基期 p_0	报告期 p_1
甲	件	48	60	20	20
乙	千克	50	60	10	8
丙	米	20	18	30	36

解：

(1) 计算销售额的总变动程度和绝对额。

$$\frac{\sum q_1 p_1}{\sum q_0 p_0}=\frac{2\ 328}{2\ 060}=113.01\%$$

销售额增长的绝对额：

$$\sum q_1 p_1-\sum q_0 p_0=2\ 328-2\ 060=268(\text{元})$$

(2) 分别计算价格和销售量两个因素变动影响的程度和绝对额。

① 价格变动对销售额的影响计算如下。

$$\text{价格指数}=\frac{\sum p_1 q_1}{\sum p_0 q_1}=\frac{1\ 200+480+648}{1\ 200+600+540}=\frac{2\ 328}{2\ 340}=99.49\%$$

价格下降使销售额减少的绝对额：

$$\sum q_1 p_1-\sum q_1 p_0=2\ 328-2\ 340=-12(\text{元})$$

② 销售量变动对销售额的影响计算如下。

$$\text{销售量指数}=\frac{\sum q_1 p_0}{\sum q_0 p_0}=\frac{2\ 340}{2\ 060}=113.59\%$$

销售量增长使销售额增加的绝对额：

$$\sum q_1 p_0-\sum q_0 p_0=2\ 340-2\ 060=280(\text{元})$$

(3) 根据指数体系，从相对数和绝对数两个方面进行综合分析。

① 相对数体系：

价格指数×销售量指数=销售额指数

99.49%×113.59%=113.01%

② 绝对数体系：

价格下降使销售额减少的绝对额＋销售量增长使销售额增加的绝对额＝销售额增长的绝对额

－12＋280＝268(元)

分析数字表明：报告期与基期相比，商品的销售额上升了 13.01%，是销售量上升了 13.59%和销售价格下降了 0.51%共同作用的结果；商品的销售额绝对额增加 268 元，是销售量上升使销售额增加了 280 元和销售价格下降使销售额减少了 12 元综合影响的结果。

2. 总量指标的多因素分析

一个复杂的经济总量指标，如果受三个或三个以上的因素影响，则对这个总量指标的多因素分析称为总量指标的多因素分析。例如，影响原材料费用总额的因素，可以分解为产品产量、单位产品原材料消耗量和单位原材料价格三个因素。又如，影响企业利润总额的因素，可以分解为产品的销售量、单位产品的价格和利润率三个因素。

其分析的原理和两因素分析基本相同，但由于包括的因素较多，对各因素的排列顺序，要具体分析现象的经济内容，根据现象的内在联系加以确定。另外，各因素的排列，一般是按照数量指标因素在前，质量指标因素在后的原则来进行。

【例 8-7】 某企业生产甲、乙、丙三种产品，其产品产量、单位产品的原材料消耗量及单位原材料价格如表 8-7 所示，试对该企业原材料费用总额的变动进行多因素分析。

表 8-7　总量指标变动的多因素分析计算表

原材料种类	产品种类	生产量		单位产品原材料消耗量		单位原材料价格	
		q_0	q_1	m_0	m_1	p_0	p_1
甲/千克	A/件	600	800	0.5	0.4	20	21
乙/米	B/套	400	400	1	0.9	15	14
丙/米	C/套	800	1 000	2.2	2.3	30	8

解：

(1) 计算原材料费用总额的总变动如下。

$$变动程度=\frac{\sum q_1m_1p_1}{\sum q_0m_0p_0}=\frac{76\ 160}{64\ 800}=117.53\%$$

$$增加额=\sum q_1m_1p_1-\sum q_0m_0p_0=76\ 160-64\ 800=11\ 360(元)$$

(2) 各影响因素的变动程度和对原材料费用总额的影响计算如下。

生产量：

$$变动程度=\frac{\sum q_1m_0p_0}{\sum q_0m_0p_0}=\frac{80\ 000}{64\ 800}=123.46\%$$

$$影响额=\sum q_1m_0p_0-\sum q_0m_0p_0=80\ 000-64\ 800=15\ 200(元)$$

原材料单耗：

$$变动程度=\frac{\sum q_1m_1p_0}{\sum q_1m_0p_0}=\frac{808\ 000}{80\ 000}=101\%$$

$$绝对额=\sum q_1m_1p_0-\sum q_1m_0p_0=80\ 800-80\ 000=800(元)$$

原材料单价：

$$变动程度=\frac{\sum q_1m_1p_1}{\sum q_1m_1p_0}=\frac{76\ 160}{80\ 800}=94.26\%$$

$$绝对额=\sum q_1m_1p_1-\sum q_1m_1p_0=76\ 160-80\ 800=-4\ 640(元)$$

（3）影响因素综合分析如下。

$$\frac{\sum q_1 m_1 p_1}{\sum q_0 m_0 p_0}=\frac{\sum q_1 m_0 p_0}{\sum q_0 m_0 p_0}\times\frac{\sum q_1 m_1 p_0}{\sum q_1 m_0 p_0}\times\frac{\sum q_1 m_1 p_1}{\sum q_0 m_1 p_0}$$

117.53％＝123.46％×101％ ×94.26％

$$\sum q_1 m_1 p_1-\sum q_0 m_0 p_0$$

$$=\left(\sum q_1 m_0 p_0-\sum q_0 m_0 p_0\right)+\left(\sum q_1 m_1 p_0-\sum q_1 m_0 p_0\right)+\left(\sum q_1 m_1 p_1-\sum q_1 m_1 p_0\right)$$

11 360＝15 200＋800＋(－4 640)

计算结果表明：报告期与基期相比，原材料费用总额上升 17.53％（增加 11 360 元），是由于产量增加了 23.46％（影响原材料费用总额增加 15 200 元），单耗上升了 1％（影响原材料费用总额增加 800 元），原材料单价降低了 5.76％（影响原材料费用总额减少 4 640 元）共同作用的结果。

（二）平均指标指数的因素分析

这里所讲的平均指标是总体在分组的条件下，用加权算术平均法计算出来的平均指标。通过前面第四章的学习我们得知，平均指标的计算公式如下：

$$\overline{x}=\frac{\sum xf}{\sum f}=\sum x\cdot\frac{f}{\sum f}$$

即总体在分组条件下，平均指标的变动受两个因素的影响：一个是各组标志值 x，二是各组次数 f 在总体次数的比重 $f/\sum f$，即总体的结构。例如，某企业职工总平均工资的增加，可能是由于各类职工工资水平的提高，还可能是由于平均工资较高的职工在职工总体中所占比重增大共同影响的结果。所以，要对平均指标的变动情况进行因素分析，就应分别分析各因素变动对平均指标变动的影响，这就需要建立一个平均指标指数体系，为促进总体结构合理化提供重要依据。

在这个指标体系中，一般将各组平均水平 x 视为质量指标，各组单位数 f 视为数量指标。在分析各组平均水平变动时，应将各组权数结构固定在报告期；当分析各组权数结构变动时，应将各组平均水平固定在报告期。在此，我们以平均工资分析为例来说明平均指标指数体系建立的问题。具体地说，对平均工资变动进行因素分析需要计算以下三个指数。

1. 可变构成指数（总平均数指数）

可变构成指数反映总平均工资的总变动程度。是报告期平均工资 $\overline{x_1}$ 与基期平均工资 $\overline{x_0}$ 对比的结果，用公式表示如下：

$$\text{可变构成指数 } K_{\overline{x}}=\frac{\dfrac{\sum x_1 f_1}{\sum f_1}}{\dfrac{\sum x_0 f_0}{\sum f_0}} \tag{8-17}$$

式中：x_0 为基期工资水平；x_1 为报告期工资水平；f_0 为基期职工人数；f_1 为基期职工人数。

2. 固定构成指数

固定构成指数（组平均数指数）反映各组工资水平或各组平均数的平均变动程度对总平

均指标变动的影响程度。依据综合指数编制的原理，为了消除结构因素的变动影响，反映各组工资水平的变动程度，要把职工人数结构 $f/\sum f$ 加以固定，而且固定在报告期。这种职工人数结构固定的总平均工资指数，称为平均工资的固定构成指数。其计算公式如下：

$$\text{固定构成指数 } K_x=\frac{\dfrac{\sum x_1 f_1}{\sum f_1}}{\dfrac{\sum x_0 f_1}{\sum f_1}} \tag{8-18}$$

3. 结构变动影响指数

结构变动影响指数反映职工人数结构变动对总平均指标变动的影响程度。为了分析职工人数结构变动对企业总平均工资的变动影响程度，要计算结构变动影响指数。在这个指数中，必须把各组职工的工资水平因素固定起来，并把它固定在基期水平上。其计算公式如下：

$$\text{结构变动影响指数 } K_f=\frac{\dfrac{\sum x_0 f_1}{\sum f_1}}{\dfrac{\sum x_0 f_0}{\sum f_0}} \tag{8-19}$$

上述各指数之间的关系可表述为

可变构成指数＝固定构成指数×结构变动影响指数

$$\frac{\dfrac{\sum x_1 f_1}{\sum f_1}}{\dfrac{\sum x_0 f_0}{\sum f_0}}=\frac{\dfrac{\sum x_1 f_1}{\sum f_1}}{\dfrac{\sum x_0 f_1}{\sum f_1}}\times\frac{\dfrac{\sum x_0 f_1}{\sum f_1}}{\dfrac{\sum x_0 f_0}{\sum f_0}} \tag{8-20}$$

同样，对总平均指标变动进行因素分析也可以从绝对数方面来进行，其关系式可表述为

$$\left(\frac{\sum x_1 f_1}{\sum f_1}-\frac{\sum x_0 f_0}{\sum f_0}\right)=\left(\frac{\sum x_1 f_1}{\sum f_1}-\frac{\sum x_0 f_1}{\sum f_1}\right)+\left(\frac{\sum x_0 f_1}{\sum f_1}-\frac{\sum x_0 f_0}{\sum f_0}\right) \tag{8-21}$$

平均指标的因素分析步骤如下。

(1) 计算总平均指标变动影响的程度和绝对额。

(2) 计算各因素变动影响的程度和绝对额。

(3) 影响因素综合分析。

【例 8-8】 某企业技术工人、普通工人月平均工资及工人数如表 8-8 所示。

表 8-8 某企业工人月平均工资数据

工人类别	工人数/人		月平均工资/元		工资总额/元		
	基期 f_0	报告期 f_1	基期 x_0	报告期 x_1	x_0f_0	x_1f_1	x_0f_1
技术工人	33	35	4 000	4 500	132 000	157 500	140 000

续表

工人类别	工人数/人		月平均工资/元		工资总额/元		
	基期 f_0	报告期 f_1	基期 x_0	报告期 x_1	x_0f_0	x_1f_1	x_0f_1
普通工人	42	43	2 800	3 100	117 600	133 300	120 400
合　计	75	78	—	—	249 600	290 800	260 400

解:因素分析如下。

(1) 计算企业总月平均工资变动的影响程度和绝对额。

可变构成指数:

$$K_{\bar{x}}=\frac{\dfrac{\sum x_1f_1}{\sum f_1}}{\dfrac{\sum x_0f_0}{\sum f_0}}=\frac{\dfrac{290\ 800}{78}}{\dfrac{249\ 600}{75}}=\frac{3\ 728.21}{3\ 328.00}=112.03\%$$

$$\frac{\sum x_1f_1}{\sum f_1}-\frac{\sum x_0f_0}{\sum f_0}=3\ 728.21-3\ 328.00=400.21(\text{元 / 人})$$

(2) 计算各类工人月平均工资和工人数变动的影响程度和绝对额。

固定构成指数:

$$K_x=\frac{\dfrac{\sum x_1f_1}{\sum f_1}}{\dfrac{\sum x_0f_1}{\sum f_1}}=\frac{\dfrac{290\ 800}{78}}{\dfrac{260\ 400}{78}}=\frac{3\ 728.21}{3\ 338.46}=111.67\%$$

$$\frac{\sum x_1f_1}{\sum f_1}-\frac{\sum x_0f_0}{\sum f_0}=3\ 728.21-3\ 338.46=389.75(\text{元 / 人})$$

结构影响指数:

$$K_f=\frac{\dfrac{\sum x_0f_1}{\sum f_1}}{\dfrac{\sum x_0f_0}{\sum f_0}}=\frac{\dfrac{260\ 400}{78}}{\dfrac{249\ 600}{75}}=\frac{3\ 338.46}{3\ 328.00}=100.31\%$$

$$\frac{\sum x_1f_1}{\sum f_1}-\frac{\sum x_0f_0}{\sum f_0}=3\ 338.46-3\ 328.00=10.46(\text{元 / 人})$$

(3) 影响因素综合分析。

$$112.03\%=111.67\%\times100.31\%$$

$$400.21=389.75+10.46$$

分析数字表明:报告期与基期相比,该企业工人的平均工资提高了12.03%,其中由于各组工人工资水平上升使总平均工资提高 11.67%，由于工人结构变化使总平均工资提高了 0.31%。而从绝对数来看，平均工资增加 400.21 元，其中由于各组工资水平的上升使总平均工资增加了 389.75 元，工人结构变化使总平均工资增加了 10.46 元。

第五节　几种常见的经济指数

指数作为一种重要的经济分析指标和方法，在实践中得到了广泛的应用。虽说指数理论研究起源于经济领域中对市场物价变动的测定，但随着指数方法论的不断创新发展，其应用领域不再仅仅局限于市场价格的变动，而是更广泛地扩展到社会生活的其他领域，比如对社会生产变量变动、证券市场价格变动、货币购买力比率等内容的测定。下面就简单介绍几种常见的经济指数。

一、工业生产指数

工业生产指数，是反映一个国家或地区各种工业产品产量的综合变动程度的一种物量指数。它可以表明一个国家经济发展的状况，是衡量国家经济增长水平的重要指标之一。

世界大多数市场经济国家常采用算术平均指数来编制工业生产指数，即对工业产品的产量个体指数（或类指数）进行加权算术平均来计算工业生产指数。在编制过程中，采用以基期相应工业产品增加值 q_0p_0 为权数，根据各种工业代表产品报告期和基期的产量数据，分别计算出各产品的产量个体指数 K_q，然后根据对应的权数对个体指数进行加权平均，计算出类指数。其中，对小类所有代表产品的产量个体指数加权算术平均，可得到小类产品产量指数；对中类各代表产品产量指数加权算术平均，可得到中类产品产量指数；类似地，可计算出大类产品产量及总指数，综合反映工业发展速度。编制工业生产指数的计算公式如下：

$$\overline{K_q}=\frac{\sum K_q q_0 p_0}{\sum q_0 p_0} \tag{8-22}$$

式中：$K_q=q_1/q_0$ 为某一具体工业代表产品的个体产量指数，q_0p_0 为相应的代表产品的基期工业产值。

在这一指数中，权数可用固定时期（基期）的总产值、净产值或增加值来计算。这样，只要计算出各个时期的个体产量指数，就可以及时计算出按不同生产量价值指标所反映的工业生产动态。

二、市场物价指数

我国目前编制的价格指数主要有商品零售价格指数、居民消费价格指数、农产品收购价格指数、农村工业品价格指数、工业品出厂价格指数、固定资产投资价格指数等。其中与人们生活最为密切的是商品零售价格指数（retail price index）和居民消费价格指数（consumer price index，CPI）。

（一）商品零售价格指数

商品零售价格指数，是反映一定时期内城乡商品零售价格变动趋势和程度的一种相对数。商品零售价格的变动直接影响城乡居民的生活支出和国家的财政收入，影响居民购买力和市场供需的平衡，影响消费与积累的比例关系，在我国的价格指数体系中，占有十分重要的地位。

一般情况下，商品零售价格指数是先从各类零售商品中选择具有代表性的商品计算出个体指数 $K_p=\frac{p_1}{p_0}$，然后以 W 作为权数计算的加权算术平均数指数。其计算公式如下：

$$\overline{K_p}=\frac{\sum K_p W}{\sum W}=\frac{\sum \frac{p_1}{p_0}W}{\sum W} \tag{8-23}$$

从式(8-23)可看出，我国商品零售价格指数的编制采用加权算术平均指数的形式。具体操作时采用抽样调查方法，从全国成千上万的商品中选择部分具有代表性的商品进行定时定点采价，经过加权逐级计算，计算中的权数是根据社会商品零售额统计确定的。表 8-9 列出的是我国 2012 年 6 月的商品零售价格指数。

表 8-9 商品零售价格指数(2012 年 6 月)

商品零售价格指数	上年同月＝100			上年同期＝100		
	全国	城市	农村	全国	城市	农村
	101.4	101.3	101.5	102.9	102.8	103.1
一、食品	103.7	104.1	102.8	106.8	107.2	106.0
二、饮料、烟酒	103.5	103.8	102.9	103.9	104.2	103.1
三、服装、鞋帽	103.1	102.8	103.7	103.3	103.1	103.8
四、纺织品	101.2	100.8	102.0	102.2	102.0	102.5
五、家用电器及音像器材	97.8	97.5	98.5	97.6	97.2	98.5
六、文化办公用品	98.2	98.0	99.0	98.1	97.9	99.1
七、日用品	102.2	102.4	101.6	102.6	102.8	102.0
八、体育娱乐用品	100.9	100.9	100.8	101.0	101.0	100.7
九、交通、通信用品	96.0	95.5	97.8	95.8	95.3	97.7
十、家具	101.2	101.2	100.9	101.7	101.9	101.2
十一、化妆品	102.4	102.5	101.9	102.0	102.1	101.6
十二、金银珠宝	99.3	98.8	101.5	103.8	103.1	107.2
十三、中西药品及医疗保健用品	102.3	102.2	102.6	102.9	102.8	103.3
十四、书报杂志及电子出版物	101.3	101.4	101.0	101.2	101.4	100.8
十五、燃料	100.0	99.7	100.7	104.4	104.3	104.9
十六、建筑材料及五金电料	100.0	100.0	100.1	101.1	101.1	101.2

资料来源：国家统计局网站数据库。

（二）居民消费价格指数

居民消费价格指数在国外被称为消费者价格指数(consumer price index，CPI)，是用于反映城乡居民所购买的消费品价格和生活服务价格的变动趋势及变动程度的指数，与我们的日常生活息息相关。CPI 是一个滞后性的数据，但它往往是市场经济活动与政府货币政策的一个重要参考指标。CPI 稳定、就业充分及 GDP 增长往往是最重要的社会经济目标。计算居民消费价格指数是按照固定加权算术平均数的方法进行的。其计算公式如下：

$$居民消费价格指数=\frac{\sum K_p W}{\sum W}=\frac{\sum \frac{p_1}{p_0}W}{\sum W}$$

式中：K_p 为类指数；W 为权数，通常采用比重形式，$\sum W=1$。

在我国，居民消费价格指数分城市和农村按月编制，而后加权汇总成为全国居民消费价格指数。从 2011 年 1 月起，我国 CPI 开始计算以 2010 年为对比基期的价格指数序列。居民消费价格指数与商品零售价格指数的编制大体一致，都是采用抽样方法定人、定时、定点调查登记代表规格品种和服务项目的价格，在计算平均价格的单项价格指数基础上，按加权算术平均数指数公式计算。但这里要注意居民消费价格指数是从商品买方角度出发着眼于人民生活，而零售物价指数是从商品卖方即商品出售者的角度来着眼于零售市场。因此，两者选择代表规格品时对商品分类角度和范围有所不同，居民消费价格指数将居民消费的商品和服务分为食品、烟酒及用品、衣着、家庭设备用品及服务、医疗保健及个人用品、交通和通信、娱乐教育文化用品及服务、居住八大类。表 8-10 列出的是我国 2012 年 6 月的居民消费价格指数。

表 8-10　居民消费价格分类指数(2012 年 6 月)

项目名称	上年同月=100			上年同期=100		
	全国	城市	农村	全国	城市	农村
居民消费价格指数	102.2	102.2	102.0	103.3	103.3	103.3
一、食品	103.8	104.2	102.6	106.9	107.2	106.0
粮食	103.2	103.4	102.8	104.3	104.6	103.8
肉禽及其制品	98.3	99.4	95.6	108.9	109.7	107.1
蛋	96.4	96.6	96.1	93.7	94.0	93.1
水产品	108.6	108.0	110.7	110.6	110.4	111.2
鲜菜	112.1	111.6	113.9	119.7	119.7	119.7
鲜果	100.6	100.6	100.5	95.4	95.3	95.6
二、烟酒及用品	103.2	103.3	103.0	103.5	103.7	103.0
三、衣着	103.3	103.0	104.3	103.5	103.3	104.1
四、家庭设备用品及服务	101.9	102.0	101.5	102.2	102.4	101.6
五、医疗保健及个人用品	101.9	101.9	102.1	102.4	102.3	102.6
六、交通和通信	99.6	99.4	100.2	100.0	99.8	100.8
七、娱乐教育文化用品及服务	100.3	100.1	100.8	100.2	100.1	100.7
八、居住	101.6	101.7	101.6	101.8	101.8	101.9

资料来源：国家统计局网站数据库。

居民消费价格指数不仅可以实时监控居民生活消费品和服务项目价格水平的变动，还可以以此为依据间接反映经济生活领域其他指标的变动，即派生出其他一些指数，通常被用来衡量通货膨胀或通货紧缩程度，观察和分析价格水平变动对居民货币工资的影响。

1. 反映通货膨胀程度

通货膨胀是一种常见的经济现象，它是指物价在一定时期内普遍持续上涨、货币贬值的一种经济现象。通货膨胀的严重程度是用通货膨胀率来反映的，它说明了一定时期内商品价格持续上涨的幅度。计算通货膨胀率的方法很多，最常见的是用居民消费价格指数来表示，即

$$通货膨胀率=\frac{报告期居民消费价格指数-基期居民消费价格指数}{基期居民消费价格指数}\times 100\% \quad (8\text{-}24)$$

如果计算结果大于100%，则表示存在通货膨胀现象；若计算结果小于100%，则表明出现通货紧缩现象，即物价下跌，币值提高。通货膨胀率通常选择上一年为基期。

例如，在过去12个月，消费者物价指数上升2.3%，那么这一时期的通货膨胀率就为$T=230/100\times 100\%=2.3\%$，也就是说，通货膨胀率为2.3%，表现为物价上涨2.3%，生活成本比12个月前平均上升2.3%。当生活成本提高，居民的金钱价值便随之下降。也就是说，一年前收到的一张100元纸币，今日只可以买到价值97.70元的商品或服务。

2. 反映货币购买力的变动

居民消费价格指数除了能够反映通货膨胀状况，还用于反映货币购买力变动。货币购买力指数是反映货币购买力变动情况的相对数，而货币购买力是指单位货币所能买到的商品和服务的数量。它的大小直接受商品和服务价格的影响。商品和服务价格上涨，单位货币购买力就下降，居民以货币购买的商品和服务的数量就减少，生活水平就会下降。显然，它与CPI呈反比关系。CPI上涨，货币购买力下降，反之则上升。因此，货币购买力指数可以由价格指数的倒数表示。计算公式如下：

$$货币购买力指数=\frac{1}{居民消费价格指数}\times 100\% \quad (8\text{-}25)$$

例如，2020年北京居民消费价格指数是101.7%，则其倒数就是当年的货币购买力指数90.33%。也就是说，在消费结构不变的情况下，2011年北京居民每100元消费只相当于上年的90.33元，币值降低了9.67%。

3. 反映职工实际工资的变动

名义工资就是货币工资，是指工人出卖劳动力所得到的货币数量；实际工资指工人用货币工资实际买到的各类生活资料和服务的数量。显然，消费价格指数的提高意味着实际工资的减少，消费价格指数下降则意味着实际工资的提高。计算公式如下：

$$职工实际工资指数=\frac{职工平均工资指数}{居民消费价格指数}\times 100\% \quad (8\text{-}26)$$

例如，某市职工人均工资年收入5 600元，比上年增长25%，而当年的居民消费价格总水平比上年同期上涨23.5%，则扣除居民消费价格上涨因素后，职工的年际平均工资4 534元，实际增长1.21%。

三、股票价格指数

反映股票市场整体状况或者某类特定股票价格变动的指数就是股票价格指数。股票价

格指数一般是由一些有影响的金融机构或金融研究组织编制的，并且定期及时公布。股价指数的单位一般用“点”表示，通常以某年某月为基期，以这个基期的股票价格作为100，每上升或下降一个单位称为1点。通常一个股票市场中不止有一个股票价格指数。如果指数涵盖范围是市场上所有的股票，则称为综合指数，例如，上证综合指数包括在上海证券交易所上市的所有股票，反映的是大盘的走势；如果指数涵盖范围是市场中的部分股票，则称为成分指数，例如上证180指数包括的是上海证券交易所A股股票中最具市场代表性的180种样本股票，上证50指数包括的是上证180指数的成分股中流通市值和成交金额前50名的股票。

（一）编制股价指数方法

编制股价指数时通常采用以过去某一时刻(基期)部分有代表性的或全部上市公司的股票行情状况为标准参照值，将当期部分有代表性的或全部上市公司的股票行情状况与标准参照值相比的方法。具体计算方法有以下三种。

1. 综合法

综合法是先将样本股票的基期和报告期价格分别加总，然后相比求出股价指数。其计算公式为：股价指数$=\dfrac{\sum P_1}{\sum P_0}$，其中$P_1$为报告期第$i$种样本股票的价格；$P_0$为基期第$i$种样本股票的价格。著名的美国道·琼斯指数最初就是采用这种方法编制的。

2. 相对法

相对法又称简单平均法。就是先计算各样本股票的个体股价指数，再按简单算术平均法求得总体股价指数。其计算公式为：股价指数$=\dfrac{1}{n}\sum\dfrac{P_1}{P_0}$。英国的《经济学人》普通股票指数就使用这种计算法。

3. 加权法

加权法就是以样本股票的发行量或交易量为同度量因素来计算股价指数。其计算公式为：股价指数$=\dfrac{\sum p_{1i}q_i}{\sum p_{0i}q_i}$，其中，$p_{1i}$为报告期第$i$种样本股的平均价格；$p_{0i}$为基期第$i$种样本股的平均价格；$q_i$为第$i$种股票的发行量或成交量，它可以确定为基期，也可以确定为报告期，但大多数股价指数是以报告期发行量为权数计算的。

（二）常见的股票价格指数

世界各地的股票交易市场星罗棋布，已经成为一般资本市场的代表，股市行情不仅集中反映资本市场的动态，也是分析、预测发展趋势进而决定投资行为的主要依据，更是国家经济波动的晴雨表。下面介绍几种常见的股票价格指数。

1. 道·琼斯股票价格指数

道·琼斯股票价格指数是显示纽约股票交易所的价格趋势与动态的一种综合指数，是世界上历史最为悠久的股票指数。它是在1884年由道·琼斯公司的创始人查理斯·道开始编制的，现在的道·琼斯股票价格平均指数是以1928年10月1日为基期，在纽约交易所交易时间每30分钟公布一次，股票价格指数的计算方法采用修正的简单算术平均数，是被西方新闻媒介引用最多的股票指数。

目前,道·琼斯股票价格平均指数共分四组,第一组是工业股票价格平均指数。它由30种有代表性的大工商业公司的股票组成,大致可以反映美国整个工商业股票的价格水平,是道·琼斯股价指数中最重要的一种。第二组是运输业股票价格平均指数。它包括美国20种有代表性的运输业公司的股票,即8家铁路运输公司、8家航空公司和4家公路货运公司,如泛美航空公司、环球航空公司等。第三组是公用事业股票价格平均指数,是由代表着美国公用事业的15家煤气公司和电力公司的股票所组成,用来反映公用事业的发展程度。第四组是综合股价指数。它是将上述三组中的65种股票综合结果,算出综合股价指数。

2. 标准·普尔股票价格指数

标准·普尔股票价格指数是美国最大的证券研究机构——标准·普尔公司编制的股票价格指数。创立于1923年,每小时计算和公布一次。是记录美国500家上市公司的一个股票指数,其中包括400种工业股票,20种运输业股票,40种公用事业股票和40种金融业股票。

标准·普尔股价指数以1941年至1943年为基期,用股票发行量作为权数来进行加权平均计算,标准·普尔指数的特点是信息资料全,能反映股市的长期变化,指数数值较精确,并且具有很好的连续性,所以往往比道·琼斯指数具有更好的代表性。

3. 香港恒生指数

香港恒生指数是由中国香港恒生银行于1969年11月24日开始编制的用以反映香港股市行情的一种股票指数,是香港股票市场上历史最久、影响最大的股票价格指数。

恒生股票价格指数的编制以1964年7月31日为基期,从各行业在港上市股票中选出33个有代表性的股票(成分股)作为计算的对象,以采样股在基期的发行量为权数加权平均计算的,该指数每天计算三次。选出的33种成分股中金融业占4种、公用事业占6种、地产业占9种。其他工商业包括航运及酒店占14种。这些股票占香港股票市值的63.8%,所以恒生指数是目前香港股票市场最具权威性和代表性的股票价格指数。

4. 上证股价指数

“上证指数”全称“上海证券交易所综合股价指数”,它是上海证券交易所编制的,以1990年12月19日为基期,以上海证交所挂牌上市的包括A股和B股在内的全部股票为计算范围,以报告期股票发行量为权数进行编制的。其计算公式如下:

$$\text{今日股价指数}=\frac{\text{今日市价总值}}{\text{基日市价总值}}\times 100\% \tag{8-27}$$

基日市价总值也称为除数。由于采取全部股票进行计算,可以较为贴切地反映上海股价的变化情况,是国内外普遍采用的反映上海股市总体走势的权威统计指标。

具体计算方法是以基期和计算日的股票收盘价(如当日无成交,延用上一日收盘价)分别乘以该股票的发行股数,从而求得每一只股票的本日市值和基期股票市值,然后将所有样本股的本日市值和基期市值分别相加,求得基期和计算日市价总值,两者相除后再乘以基数100即得股价指数。但如遇上市股票增资扩股或新增(删除),则需采用“除数修正法”修正原固定除数,以维持指数的连续性。其修正公式如下:

$$\text{修正后的除数}=\frac{\text{修正后的市价总值}}{\text{修正前的市价总值}}\times\text{原除数} \tag{8-28}$$

1. 统计指数的概念。本章主要介绍狭义的指数，用来反映不能直接相加或对比的复杂社会经济现象在数量上综合变动情况的相对数。

2. 统计指数的作用有：综合反映现象的变动方向和变动程度；分析现象总变动中各因素的影响大小和影响程度；研究现象在长时间内的变动趋势。

3. 统计指数的种类。统计指数可以从不同角度进行分类。按研究对象范围的不同，统计指数分为个体指数、总指数和组指数；按指数化指标的性质不同，统计指数分为数量指标指数和质量指标指数；按指数表现形式不同，统计指数分为综合指数、平均指数和平均指标对比指数；按指数所反映的时间状况不同，统计指数分为动态指数和静态指数；按对比时采用的基期不同，统计指数分为定基指数与环比指数。

4. 总指数的编制。总指数的编制方法有综合法和平均法，从而形成综合指数和平均指数。

综合指数是总指数的基本形式，综合指数的编制方法是先综合后对比，即先解决不能相加的问题，然后进行对比。综合指数有数量指标综合指数和质量指标综合指数两种形式。由于编制综合指数的目的是测定指数化指标的变动，因此，在对比过程中对同度量因素应固定在不同的时期。

平均指数是通过对个体指数进行加权平均计算的总指数。其实质是以个体指数为变量，以个体在总体中的地位为权数，对个体指数加权平均以测定不同个体的平均变动，它是从个体指数出发编制的总指数。编制平均指数的基本方法是"先对比，后平均（综合）"，先通过计算个体指数：$k_q=q_1/q_0$或$k_p=p_1/p_0$；再将个体指数赋予适当的权数q_0p_0或q_1p_1，加以平均得到总指数。平均指数有加权算术平均指数、加权调和平均指数、固定权数平均指数。

5. 指数体系与因素分析。由两个或两个以上具有内在联系，且彼此在数量上存在推算关系的统计指数所组成的整体称为指数体系。利用指数体系可以分析社会经济现象各种因素的变动，以及它们对总体发生作用的影响程度。分析的指标可以是总量指标，也可以是平均指标；分析因素的个数可以是两因素，还可以是多因素。选择哪种角度进行分析，应根据分析的目的来确定。

6. 几种常见的经济指数。工业生产指数，是概括反映一个国家或地区各种工业产品产量的综合变动程度的相对数，它可以表明一个国家经济发展的状况，是衡量国家经济增长水平的重要指标之一。市场物价指数主要包括了零售商品价格指数和居民消费价格指数，零售商品价格指数是反映一定时期内城乡商品零售价格变动趋势和程度的相对数，而居民消费价格指数是用于反映城乡居民所购买的消费品价格和生活服务价格的变动趋势和变动程度的指数，与我们的日常生活息息相关。反映股票市场整体状况或者某类特定股票价格变动的指数就是股票价格指数，编制股价指数方法有综合法、相对法和加权法。

统计指数　index number　　　　数量指数　index number of quantity

质量指数 index number of quality
定基指数 fixed base index
环比指数 changed base index
拉氏 Laspeyres
派氏 Paasche
价格指数 price index
基期 base period
报告期 the period of interest
指数数列 index number series

思考与练习

一、简答题

1. 什么是统计指数？其作用有哪些？通常有哪几种分类？

2. 综合指数的定义、特点和编制原理是什么？在编制过程中怎样确定同度量因素和指数化指标？

3. 什么是加权平均数指数？它的特点和综合指数有何不同？其一般的编制方法有哪些？

4. 什么是可变构成指数？其特点是什么？通常怎样编制？

5. 什么是指数体系？它有何用途？如何根据指数体系对现象总体变动作因素分析？

6. 什么是指数的因素分析法？其具体应用程序是怎样的？

7. 什么是平均指标指数？对平均指标的变动进行因素分析时应分别编制哪些平均指标指数？

8. 某公司 500 名员工在一次工资调整前后的有关资料如下表所示。

某公司员工工资调整情况统计表

工资级别	月工资			员工人数	
	基期/元	报告期/元	增幅/%	基期	报告期
1	800	850	6.25	50	40
2	1 000	1 050	5.00	100	85
3	1 200	1 300	8.33	200	70
4	1 500	1 600	6.67	70	125
5	2 000	2 150	7.50	50	55
6	2 500	2 650	6.00	30	25
合计	—	—	13.4	500	400

要求：为什么总平均工资的增长幅度为 13.4%，而全部 6 个等级中却没有一个等级的增长速度达到或超过 13.4%的水平？

二、应用能力训练

1. 依据下表中的资料计算外贸出口数量综合指数和出口价格综合指数。

三种外贸产品的出口数量和出口价格情况

产品	计量单位	出口数量		出口价格/元	
		2019 年	2020 年	2019 年	2020 年
甲	件	100	100	500	600
乙	台	20	25	3 000	3 000
丙	米	1 000	2 000	6	5

2. 某企业三种产品的产值和产量资料如下表所示。

三种产品的产值和产量情况

产品	实际产值/万元		2020 年比 2015 年产量增长的比例/%
	2015 年	2020 年	
甲	200	240	25
乙	450	485	10
丙	350	480	40

要求：

(1) 试计算三种产品的总产值指数。

(2) 试计算产量总指数及由于产量变动而增加的产值额。

(3) 利用指数体系推算价格总指数。

3. 设有三种工业股票的价格和发行量数据如下表所示。

三种工业股票的价格和发行量情况

股票名称	价格/元		发行量/万股
	前收盘	本日收盘	
A	6.42	6.02	12 000
B	12.36	12.50	3 500
C	14.55	15.60	2 000

试计算这三种股票价格的指数，并对股价指数的变动做简要分析。

4. 某商店销售额 2021 年 1 月为 280 万元，同年 2 月销售额增加 56 万元，商品销售额量增长 12%，试从绝对数和相对数两方面分析商品销售量及价格的变动对销售额的影响。

5. 某企业甲、乙、丙三种商品销售量及销售价格资料如下表所示。

三种商品销售量及销售价格

商品名称	计量单位	销售量		销售价格/元	
		基期	报告期	基期	报告期
甲	套	300	320	360	340

续表

商品名称	计量单位	销售量		销售价格/元	
		基期	报告期	基期	报告期
乙	吨	460	540	120	120
丙	台	60	60	680	620

要求：

(1) 计算三种产品的销售额指数、销售量指数和销售价格指数。

(2) 计算三种产品报告期销售额增长的绝对额。

(3) 在相对数和绝对数上简要分析销售量及销售价格变动对销售额变动的影响。

6. 某地工业局所属三个生产同一种产品的企业的单位产品成本及产量资料如下表所示。

三个企业单位产品成本及产量情况

企业名称	单位产品成本/(元/件)		产量/万件	
	一季度	二季度	一季度	二季度
甲	18	18	40	80
乙	20	18	60	80
丙	21	19	60	70

要求：

(1) 计算该局所属三个企业基期及报告期的总平均单位成本水平及指数；

(2) 在相对数和绝对数两个方面上分析说明总平均单位成本与产量结构变动的影响。

三、案例分析题

阅读下表所示的国家统计局网站数据库的相关资料。

我国城镇单位就业人员平均工资和指数统计表(2006—2020年)

年份	平均工资/元	平均货币工资指数(上年=100)	平均实际工资指数(上年=100)
2006年	20 856	114.6	112.9
2007年	24 721	118.5	113.4
2008年	28 898	116.9	110.7
2009年	32 244	111.6	112.6
2010年	36 539	113.3	109.8
2011年	41 799	114.4	108.6
2012年	46 769	111.9	109.0
2013年	51 483	110.1	107.3
2014年	56 360	109.5	107.2

续表

年份	平均工资/元	平均货币工资指数(上年=100)	平均实际工资指数(上年=100)
2015年	62 029	110.1	108.5
2016年	67 569	108.9	106.7
2017年	74 318	110.0	108.2
2018年	82 413	110.9	108.6
2019年	90 501	109.8	106.8
2020年	97 379	107.6	105.2

资料来源:《中国统计年鉴 2020》。

上表反映了2006—2020年我国的平均货币工资和指数变动情况,表中的“平均工资”指企业、事业、机关单位的就业人员在一定时期内平均每人所得的货币工资额,它表明一定时期职工工资收入的高低程度,是反映就业人员工资水平的主要指标;就业人员“平均实际工资”指扣除物价变动因素后的就业人员平均工资;“平均货币工资指数”是指报告期就业人员平均工资与基期就业人员平均工资的比率,是反映不同时期就业人员货币工资水平变动情况的相对数。就业人员“平均实际工资指数”是反映实际工资变动情况的相对数,表明就业人员实际工资水平提高或降低的程度。这几类指标的计算公式如下:

$$\text{平均工资}=\frac{\text{报告期实际支付的全部就业人员工资总额}}{\text{报告期全部就业人员平均人数}}$$

$$\text{平均工资指数}=\frac{\text{报告期就业人员平均工资}}{\text{基期就业人员平均工资}}\times 100\%$$

$$\text{平均实际工资指数}=\frac{\text{报告期就业人员平均工资指数}}{\text{报告期城镇居民消费价格指数}}\times 100\%$$

要求:

(1)“货币工资”和“实际工资”有何区别?两者在什么情况下是一样的?

(2)从2006年起,我国城镇居民的平均工资呈增长趋势,但是平均实际工资指数却一直低于平均货币工资指数(除2009年外),原因在哪里?说明了什么问题?

(3)居民消费价格指数是如何计算的?它和货币购买力指数有何关系?请写出相应的计算公式。

(4)试根据表中数据计算出2020年我国的居民消费价格指数,并说明当年货币的购买力指数为多少,每100元消费只相当于2013年的多少元,相比币值降低了多少。

(5)结合表中资料和我国经济现状,写出一篇字数大约在800字的统计分析文章。

第九章 统计学实验

第一节 用 Excel 进行统计图绘制

一、柱形图

柱形图(bar chart),是一种使用矩形条,对不同类别进行数值比较的统计图表。最基础的柱形图,需要一个分类变量和一个数值变量。在柱形图上,分类变量的每个实体都被表示为一个矩形(通俗讲即为"柱子"),而数值则决定了柱子的高度。

与"柱形图"相近的概念还有"条形图",二者在实际使用中可能有不同理解。例如,在 AntV 的分类中,条形图是柱形图的子集,专指"横向的柱形图"。而在 Excel 2016 的图表功能中,柱形图专指纵向、条形图专指横向。

作为人们最常用的图表之一,柱形图也衍生出多种多样的图表形式。例如,将多个并列的类别聚类、形成一组,再在组与组之间进行比较,这种图表叫作"分组柱形图"或"簇状柱形图"。将类别拆分成多个子类别,形成"堆叠柱形图"。再如将柱形图与折线图结合起来,共同绘制在一张图上,俗称"双轴图",等等。

柱形图又可分为单式柱形图和复式柱形图。

1. 单式柱形图

单式柱形图是用同类的直方长条来比较若干统计事项之间数量关系的一种图示方法,适用于统计事项仅按一种特征进行分类的情况。

2. 复式柱形图

复式柱形图由两个或多个直条组构成,同组的直条间不留间隙,每组直条排列的次序要前后一致。绘制柱形图时,横轴为观察项目,纵轴为数值,纵轴坐标一定要从 0 开始。各直条应等宽、等间距,间距宽度和直条相等或为其一半。复式柱形图在同一观察项目的各组之间无间距。对于排列顺序,可按数值从大到小或从小到大排列,还可按时间顺序排列。

本节将介绍在 Excel 2016 中如何实现复式柱形图的绘制(本书采用 Excel 2016,对于部分不同版本,选项位置可能有所变化)。

【例 9-1】 复式柱形图:员工每季度目标完成量。

某部门统计了 2021 年员工每季度销售目标完成量,具体数据如表 9-1 所示,试绘制每季度目标完成量的单式柱形图。

表 9-1 员工每季度目标完成量

季度	第 1 季度	第 2 季度	第 3 季度	第 4 季度
A 产品	850	780	750	940
B 产品	620	450	650	790

采用 Excel 中柱形图绘制,具体操作步骤如下。

步骤 1:新建工作表,输入表 9-1 的数据,如图 9-1 所示。

	A	B	C	D	E
1	员工每季度各产品目标完成量				
2	季度	一季度	二季度	三季度	四季度
3	A产品	850	780	750	940
4	B产品	620	450	650	790

图 9-1 输入员工每季度目标完成量数据

步骤 2:选择图表类型。选择 A2:E4 单元格区域,选择菜单栏“插入”→“图表”→“二维柱形图”→“簇状柱形图”。如图 9-2 所示。

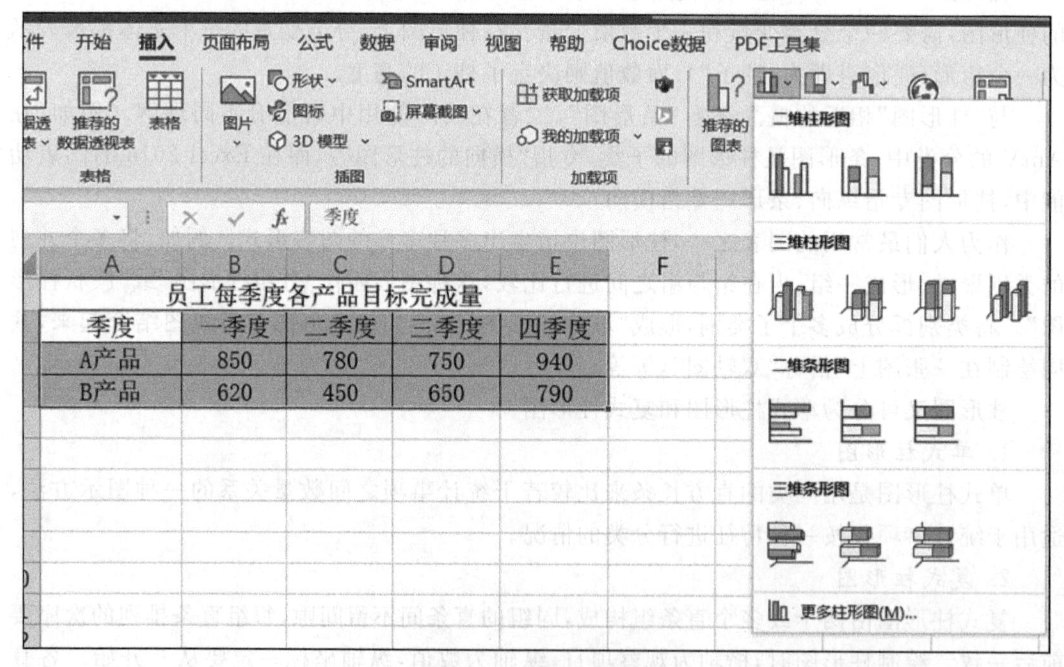

图 9-2 选择图表类型

步骤 3：选择二维柱形图，如图 9-3 所示。

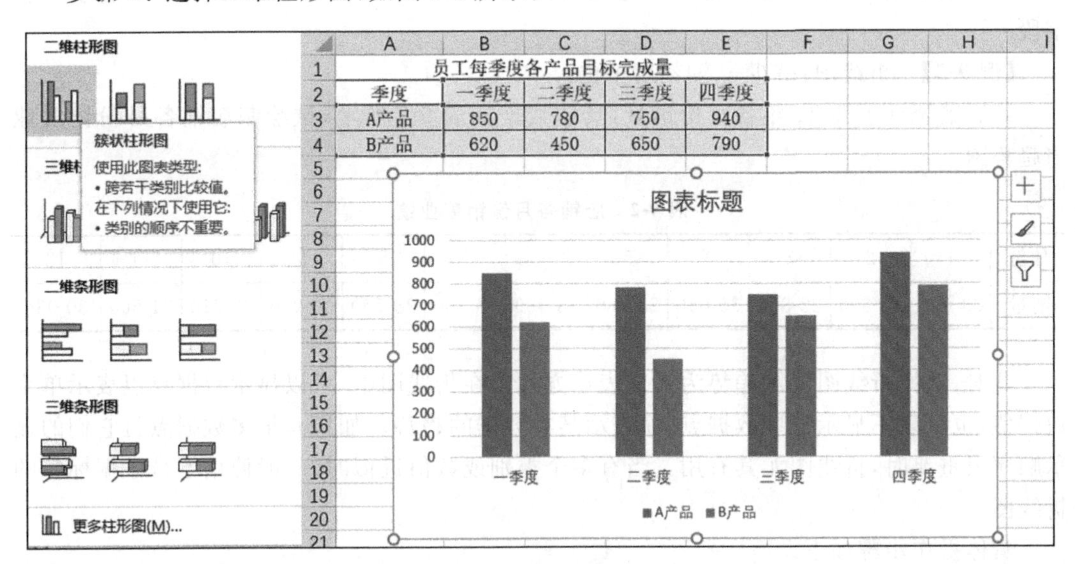

图 9-3 簇状柱形图

步骤 4：快速布局。调整图形设置，快速更改图表布局。添加可帮助理解图形的元素。新版本中，Excel 更改了添加图例的位置。若没自动出现图例，读者可单击图表的右上角“+”自行添加。双击图例，右侧页面出现设置图例格式选项，调整图例位置。如图 9-4 所示。

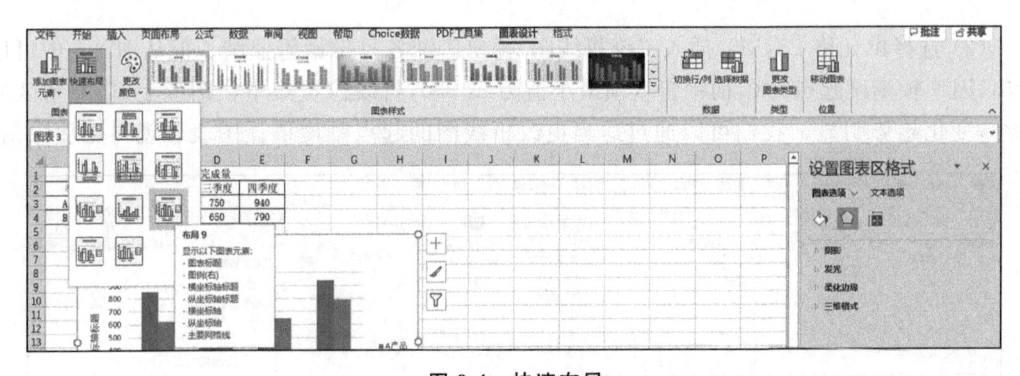

图 9-4 快速布局

二、折线图

相较于柱形图，折线图更能展示趋势的变化。

折线图是一个由笛卡尔坐标系（直角坐标系）、一些点和线组成的统计图表，常用来表示数值随连续时间间隔或有序类别的变化。在折线图中，x 轴通常用作连续时间间隔或有序类别（如阶段 1、阶段 2、阶段 3）。y 轴连线用于连接两个相邻的数据点。

折线图用于分析事物随时间或有序类别而变化的趋势。如果有多组数据，则用于分析多组数据随时间变化或有序类别的相互作用和影响。折线的方向表示正/负变化。折线的斜率表示变化的程度。

从数据上来说，折线图需要一个连续时间字段或一个分类字段和至少一个连续数据字段。

【例 9-2】 折线图：减少 y 轴刻度单位。

某店铺统计了 2021 年各月份销量，具体数据如表 9-2 所示，试绘制店铺各月份销售业绩趋势图。

表 9-2　店铺各月份销售业绩

月份	1	2	3	4	5	6	7	8	9	10	11	12
销量	33 090	45 890	22 880	30 040	28 760	33 480	38 760	28 790	39 970	23 610	24 560	30 030

此时，选择折线图展示趋势为最佳表达方式。在折线图中，可以显示数据点以表示单个数据值，也可以不显示这些数据点，而表示某类数据的趋势。如果有很多数据点且它们的显示顺序很重要时，折线图尤其有用。当有多个类别或数值近似时，一般使用不带数据标签的折线图。

具体操作步骤如下。

(1) 新建工作表，输入表 9-2 的数据，如图 9-5 所示。

	A	B	C	D	E	F	G	H	I	J	K	L	M
1	店铺各月份销售业绩												
2	月份	1	2	3	4	5	6	7	8	9	10	11	12
3	销量	33090	45890	22880	30040	28760	33480	38760	28790	39970	23610	24560	30030

图 9-5　店铺各月份销售业绩表

(2) 选择单元格 B3:M3，插入二维折线图，得出店铺各月份销售业绩。但从图 9-6 中可以看出，因 y 轴刻度起点为 0，而销售业绩最小值为 22 880，折线位置集中在图形上方，显示区域缩小，变化趋势明显。我们可以通过适当更改折线图的起点刻度值让图表表现得更加深刻。

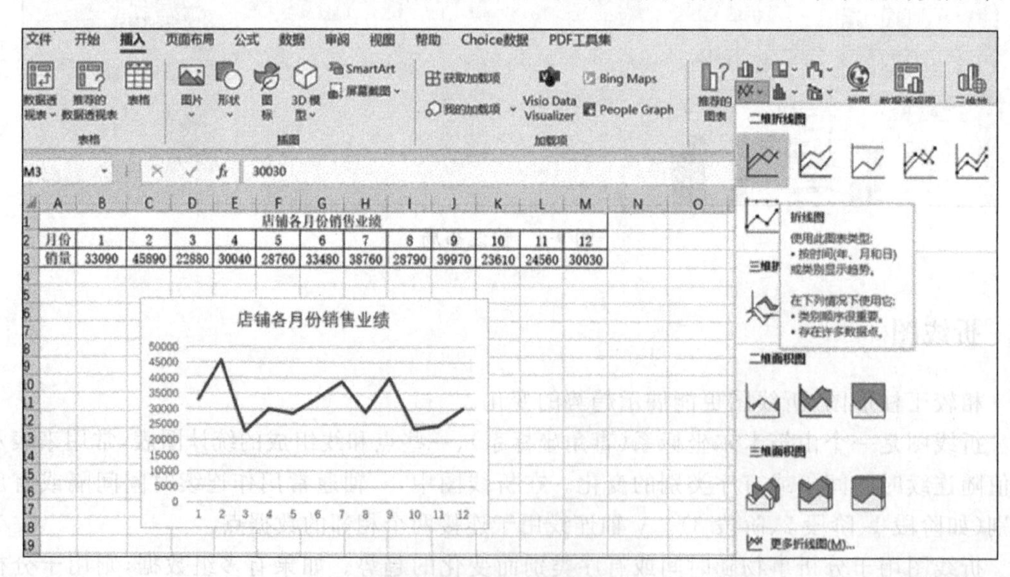

图 9-6　插入折线图

（3）双击图表的 y 轴，右侧出现设置坐标轴格式选项，单击第四个图标坐标轴选项，目前自动最小值为 0，可手动调整更改为适合的数值。

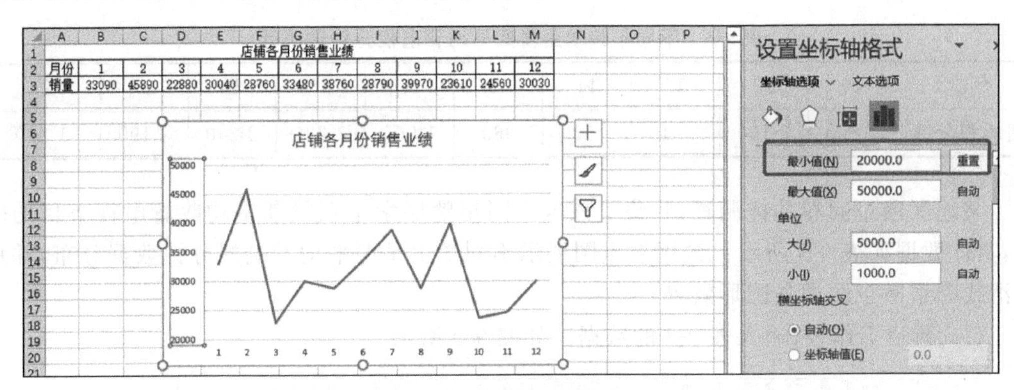

图 9-7　设置坐标轴格式

通过对比发现，放大 y 轴后，折线占比合适，既不拥挤也不空旷，同时也能更好地反映出数据的变化情况，让图表表现得更加深刻。如图 9-8 所示。

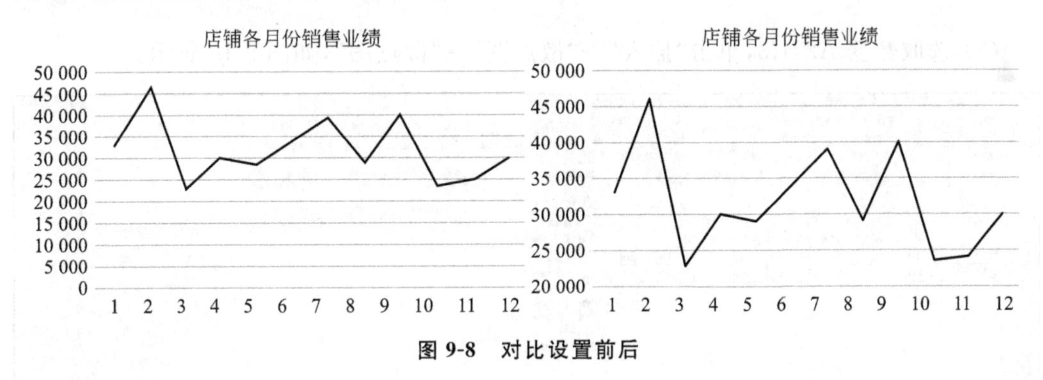

图 9-8　对比设置前后

三、散点图

散点图(scatter plot)，又名点图、散布图、X-Y 图。散点图是将所有的数据以点的形式展现在平面直角坐标系上的统计图表。

它至少需要两个不同变量，一个沿 x 轴绘制，另一个沿 y 轴绘制。每个点在 x 轴、y 轴上都有一个确定的位置。众多的散点叠加后，有助于展示数据集的"整体景观"，从而帮助分析两个变量之间的相关性，或找出趋势和规律。此外，我们还可以添加附加的变量，来给散点分组、着色、确定透明度等。

散点图常被用于分析变量之间的相关性。如果两个变量的散点看上去都在一条直线附近波动，则称变量之间是线性相关的；如果所有点看上去都在某条曲线（非直线）附近波动，则称此相关为非线性相关的；如果所有点在图中没有显示任何关系，则称变量间是不相关的。

如果散点图呈现出一个集中的大致趋势，这种趋势通常可以用一条光滑的曲线来近似，这样近似的过程被称为曲线拟合，而这条曲线则被称为最佳拟合线或趋势线。

如果图中存在个别远离集中区域的数据点，这样的点被称为离群点或异常值。

【例 9-3】 某地区不同年龄学生暑期平均看电视分钟数统计见表 9-3。

表 9-3 不同年龄学生暑期平均看电视分钟数统计

年龄	10	12	13	14	15	16	18	19	20	21
看电视分钟	1 800	2 130	1 510	1 130	960	1 065	2 735	2 240	2 190	1 910

某地区通过问卷抽样调查，收集了该区不同年龄层学生在暑期平均收看电视节目的时间，具体数据如表 9-3 所示。试用散点图展示不同学生暑期平均看电视分钟数据分布，并用平滑线联系散点图增强图形效果。

(1) 新建工作表，输入表 9-3 的数据。如图 9-9 所示。

	A	B	C	D	E	F	G	H	I	J	K
1	不同年龄学生暑期平均看电视分钟数统计										
2	年龄	10	12	13	14	15	16	18	19	20	21
3	看电视分钟	1800	2130	1510	1130	960	1065	2735	2240	2190	1910

图 9-9 不同年龄学生暑期平均看电视分钟数统计表

(2) 选取数据 A2:K3，单击“插入”→“散点图”→“散点图”，如图 9-10 所示。

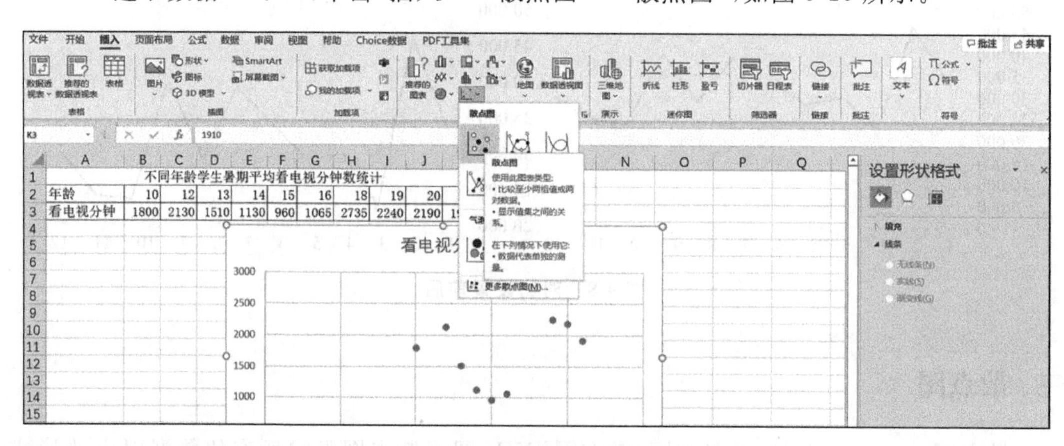

图 9-10 插入散点图

(3) 对比带平滑线和数据标记的散点图，选择“插入”→“散点图”→带平滑线和数据标记的散点图，如图 9-11 所示。

(4) 对比带平滑线的和不带平滑线的散点图可发现，带平滑线的图表不仅能表示数据本身的分布情况，还表示了数据的连续性，如图 9-12(a)和(b)所示。

(5) 继续完善散点图。通过分析我们发现，前面的图皆存在图表部分区域空白的情况，这是因为 x 轴默认刻度起点为 0 而原始数据最小值为 10，可再次通过更改坐标轴选项改进。这次，双击 x 轴坐标，如图 9-13 所示。

(6) 此时观察图 9-13 可发现，背景的轴线略显多余，可通过手动设置的方式隐藏。双击横网格线选择无线条，并再次双击竖网格线取消线条。确保双方向网格线均已取消，如图 9-14 所示。

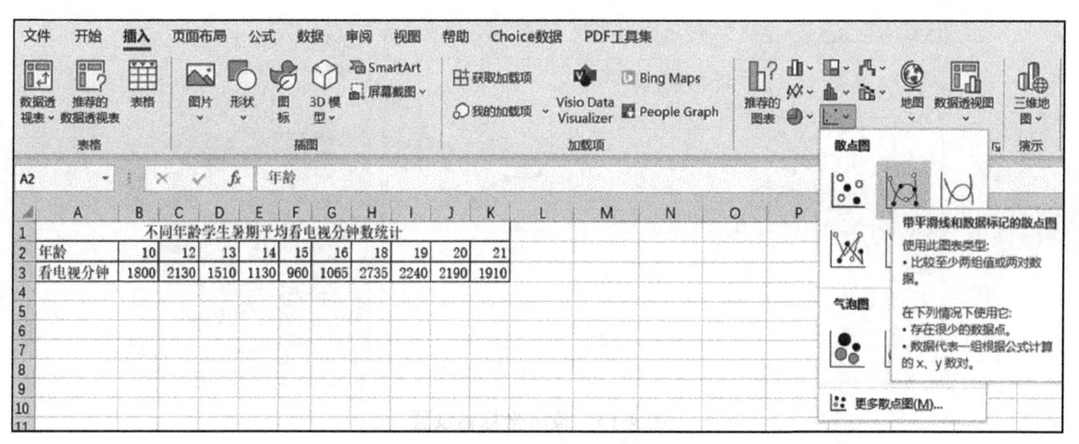

图 9-11 插入带平滑线和数据标记的散点图

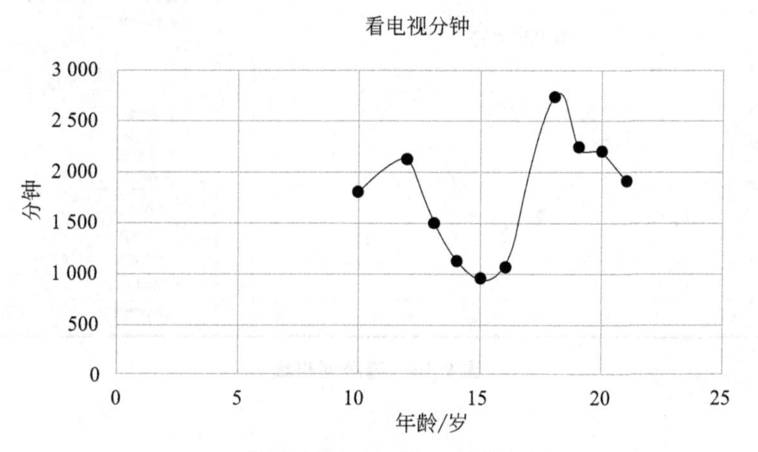

(a) 带平滑线和数据标记的散点图

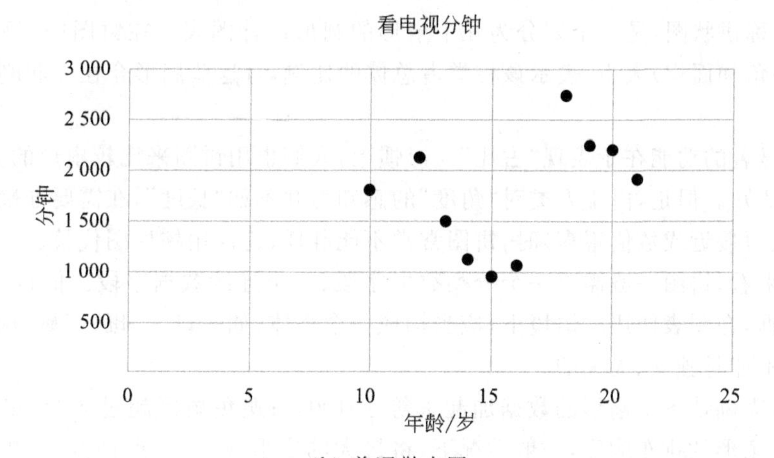

(b) 普通散点图

图 9-12 散点图

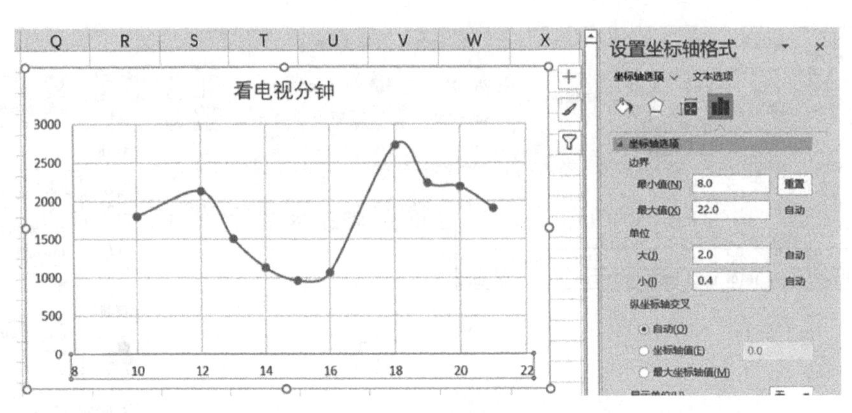

图 9-13 最小坐标轴设置

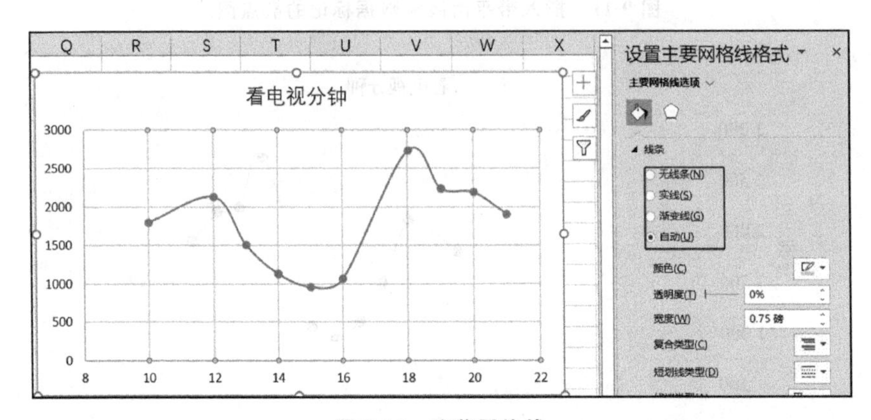

图 9-14 隐藏网格线

四、饼图

饼图，又称饼状图，是一个划分为几个扇形的圆形统计图表。在饼图中，每个扇形的弧长（以及圆心角和面积）大小，表示该种类占总体的比例，且这些扇形合在一起刚好是一个完全的圆形。

饼图最显著的功能在于表现“占比”。习惯上，人们也用饼图来比较扇形的大小，从而获得对数据的认知。但是，由于人类对“角度”的感知力并不如“长度”，在需要准确地表达数值（尤其是当数值接近或数值很多）时，饼图常常不能胜任，建议用柱形图代替。

从数据来看，饼图一般需要一个分类数据字段、一个连续数据字段。值得注意的是，分类字段的数据，在图表使用的语境下，应当构成一个整体（如一班、二班、三班，构成了整个高一年级），而不能是独立、无关的。

使用时，需确认各个扇形的数据加起来等于 100%；避免扇区超过 5 个，尽量让图表简洁明了；注意扇形的排布顺序，一般情况下，将最大的扇形放在 12 点钟方向，接下来按面积依次排列；最后，正确使用颜色，既区分出需要强调的扇形，又不至于让人眼花缭乱。

【例 9-4】 某公司产品 7 月销售情况。某公司统计夏季 7 月电器商品销售数据见表 9-4。

表 9-4　某公司产品 7 月销售情况　　　　单位：台

产品	冰箱	电视	家用电脑	笔记本电脑	风扇
销售情况	31 145	35 500	18 575	15 035	12 671

（1）新建工作表，输入表 9-4 中的数据，如图 9-15 所示。

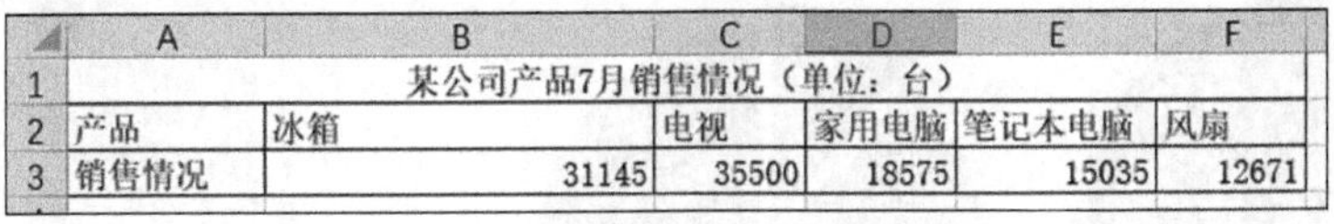

	A	B	C	D	E	F
1	某公司产品7月销售情况（单位：台）					
2	产品	冰箱	电视	家用电脑	笔记本电脑	风扇
3	销售情况	31145	35500	18575	15035	12671

图 9-15　某公司产品 7 月销售情况表

（2）选取数据 A2：F3，选择“插入”→“饼图”→“二维饼图”，如图 9-16 所示。

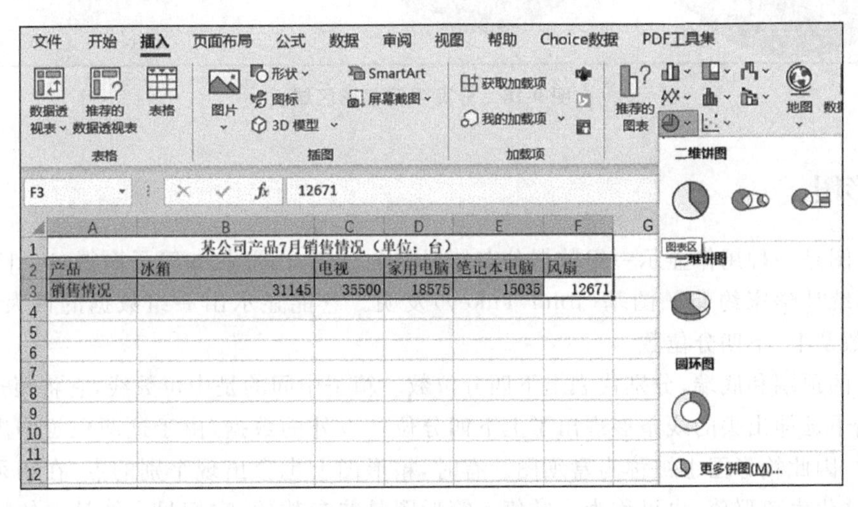

图 9-16　插入饼图

（3）因该数据展示夏季 7 月风扇销售旺季，风扇的销量占比可能需要引起格外的注意。除了可以通过颜色选择增大反差强调以外，还可通过分离圆饼图扇区强调特殊数据。首先，通过快速布局，选择将图例和数据置于图形上方的布局 1，如图 9-17 所示。

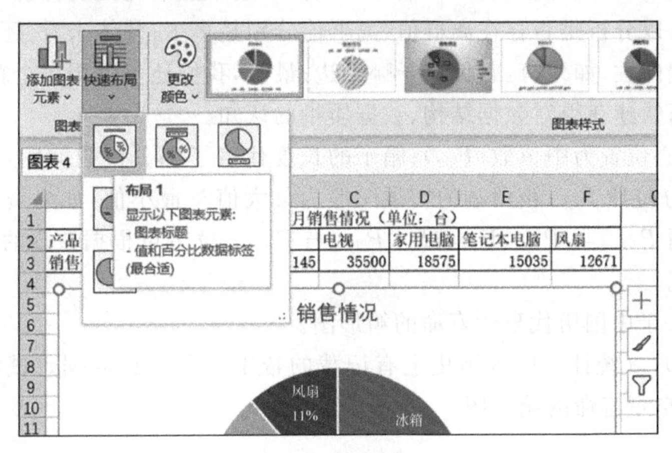

图 9-17　快速布局

(4) 单击需要分离的扇形区，确保仅此区域被选择，并向外拖曳；或通过右侧设置区选择“点格式”→“系列选项”→“点分离”的设置分离百分比。“点分离”的比例越高，扇区之间的空隙也就越大，如图 9-18 所示。

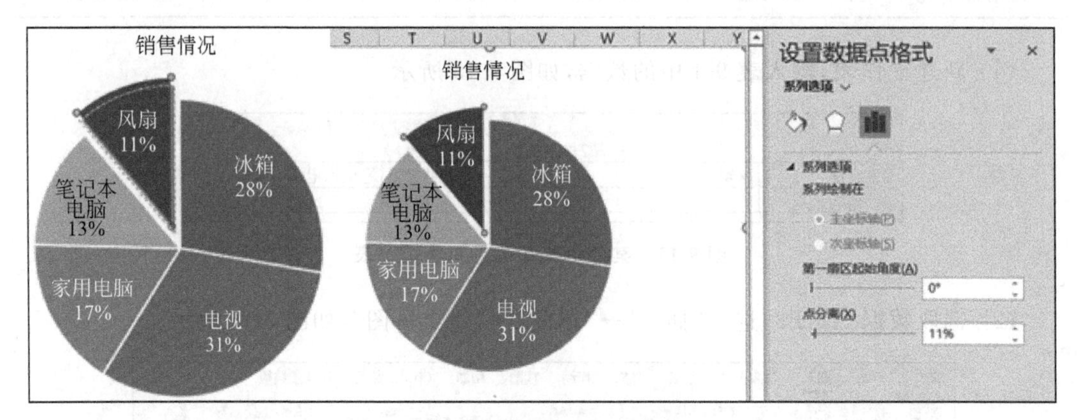

图 9-18 分离强调扇形区域

五、箱形图

箱形图是一种用作显示一组数据分布情况的统计图，因形状如箱子而得名。1977 年由美国著名统计学家约翰 · 图基(John Tukey)发明。它能显示出一组数据的最大值、最小值、中位数及上、下四分位数。

箱子的顶端和底端，分别代表上下四分位数。箱子中间的是中位数线，它将箱子一分为二。从箱子延伸出去的线条展现出了上下四分位数以外的数据，由于这两根延伸出去的线像是胡须，因此箱形图也被称为盒须图。有时，箱形图上也会出现个别的点，在胡须的末端值以外，这代表离群值，也可称为异常值。箱形图是非参数的：它们显示统计总体样本的变化，而不对基础统计分布做任何假设。框的不同部分之间的间距表示数据中的分散程度(扩散)和偏斜，并显示异常值。

箱形图最大的优势是，它以一种简单的方式，概括出一个或多个数值变量的分布，同时又不会占据太多空间。通过箱形图，我们可以很快知道一些关键的统计值，如中位数，上、下四分位数等；也可以分析是否存在离群值、离群值分别是多少；整体来看，还可以检验数据是否对称、是否有偏向性，如果有，它偏向于哪一边；最后，我们还可以用多个箱形图，比较多组数据的分布，从而快速获得对数据结构、数据质量的认知。

箱形图的中心位置为中位数(P_{50})；箱子的长度代表了四分位数间距，两端分别是上四分位数 P_{75} 与下分位数 P_{25}；箱两端的箱须一般为最大值与最小值，如果资料两端值变化较大，两端也可采用 $P_{97.5}$ 与 $P_{2.5}$、P_{99} 与 P_{1}、$P_{99.5}$ 与 $P_{0.5}$。读者可根据数据的波动情况作出选择，常值另做标记。

【例 9-5】 关于中国历代皇帝寿命的箱形图。

表 9-5 与图 9-19 统计了中国历史上有记载的帝王寿命汇总数据。试根据以下数据完成关于中国历代皇帝寿命的箱形图。

表 9-5 中国历代帝王寿命分布

中国历代帝王寿命分布	年龄
下四分位数	27 岁
最大值	89 岁
最小值	1 岁
中位数	40.5 岁
上四分位数	54 岁

	A	B
1		年龄
2	下四分位数	27
3	最大值	89
4	最小值	1
5	中位数	40.5
6	上四分位数	54

图 9-19 绘制数据

(1) 新建工作表，输入表 9-5 数据。

(2) 选择图表类型，选择 A1:B6 数据。进入“插入”菜单栏，选择带数据标记的折线图，如图 9-20 所示。

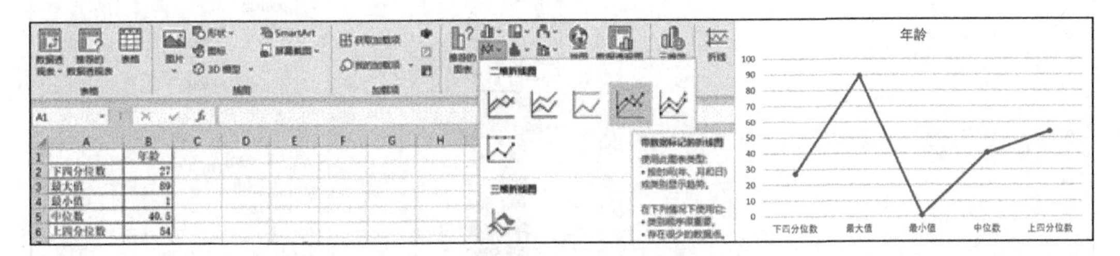

图 9-20 选择图表类型

(3) 通过观察图 9-21 发现，行的数据和列的数据颠倒，需切换行/列。单击选中图表，进入图表设计选项卡，选择“切换行/列”并得出图 9-22。

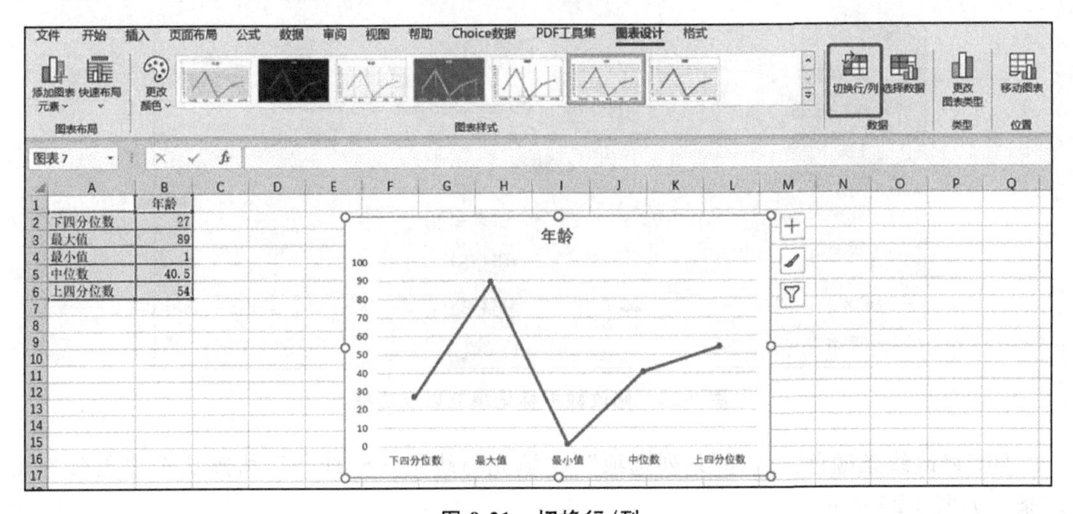

图 9-21 切换行/列

(4) 设置所在标记点的数据标记类型。双击最大值标记点，右侧窗口弹出设置图表区格式。选择“系列选项”→“填充与线条”→“标记”→“标记选项”，将“自动”改为“内置”，并将类型改为“—”，大小选择 30，如图 9-23 所示。

(5) 修改数据标记填充以及边框。在标记选项下方的“填充”设置区域内，将“自动”改为

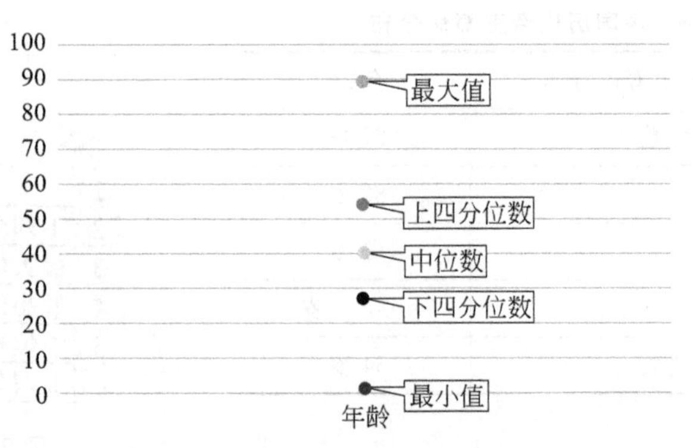

图 9-22 切换行/列后的折线图

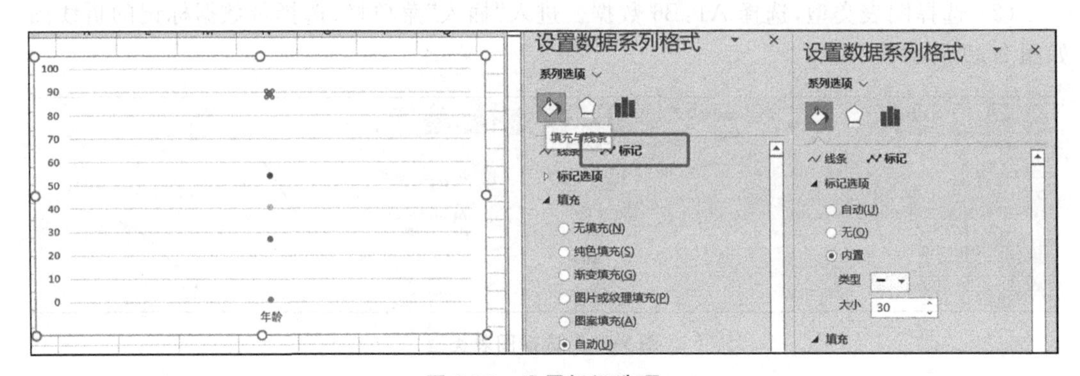

图 9-23 设置标记选项

“纯色填充”,颜色设置为黑色。同时,确保“边框”设置为“无线条”,如图 9-24 所示。

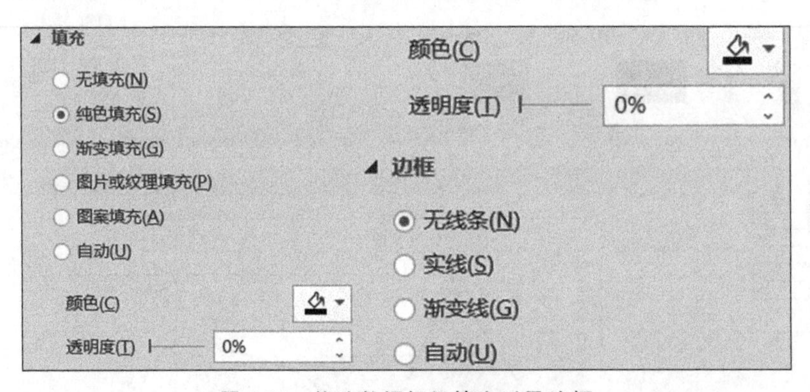

图 9-24 修改数据标记填充以及边框

(6) 修改线条颜色。选择“系列选项”→“填充与线条”→“线条”,将默认选项更改为无线条。如图 9-25 所示。

注:本案例中,仅有年龄这一组 x 轴数据,故未出现线条,但为确保统一性以及延续性,故仍进行此操作。

(7) 分别双击最小值及中位数,重复步骤(4)至步骤(6)的动作,如图 9-26 所示。

(8) 双击上中位数标记点。同样通过“数据表及选项”将“标记选项”设置为“无”。并确认边框、线条勾选“无线条”以及“填充”勾选“无填充”,如图 9-27 所示。

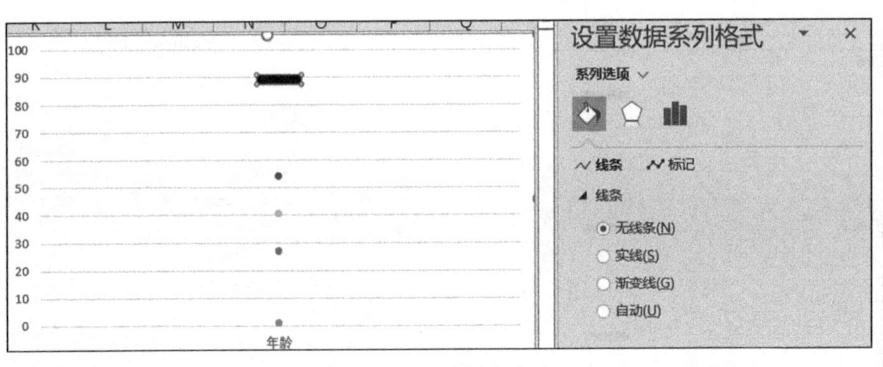

图 9-25　设置线条颜色

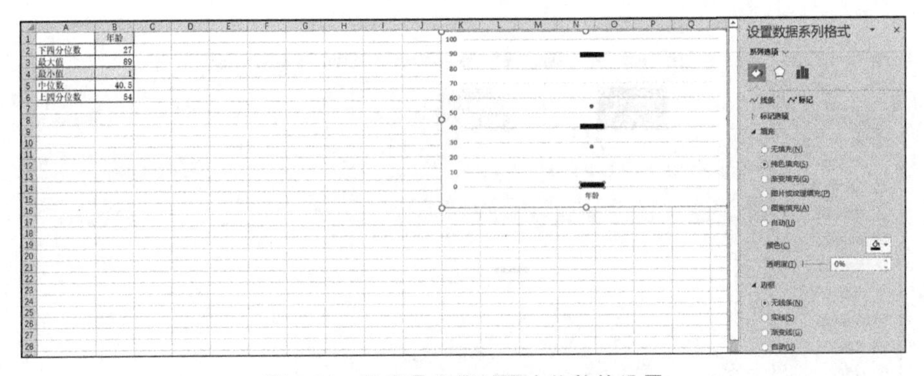

图 9-26　完成最小值以及中位数的设置

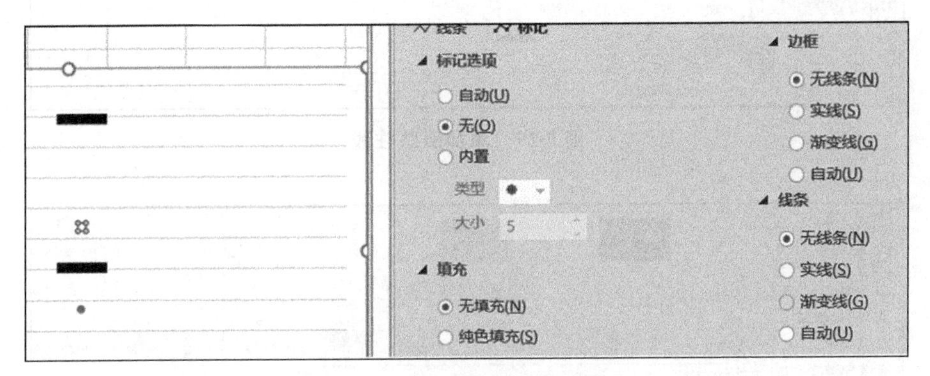

图 9-27　设置上中位数标记选项

(9) 按照步骤(8)的方式,设置下四分位数。

(10) 删除网格线。双击网格线,可以通过直接键盘 Delete 键删除,也可通过进入"设置主要网格线格式"选择"无线条"的方式完成操作,如图 9-28 所示。

(11) 添加涨跌柱线。单击图表,进入"图表设计"选项卡,"添加图标元素",添加"涨跌柱线",如图 9-29 所示。

(12) 添加高低点连线。单击"图表设计"选项卡中的"添加图标元素",添加"线条",选择"高低点连线",如图 9-30 所示。

(13) 最终调整,添加必要元素,如 y 轴标题"中国历代帝王寿命(岁)",如图 9-31 所示。

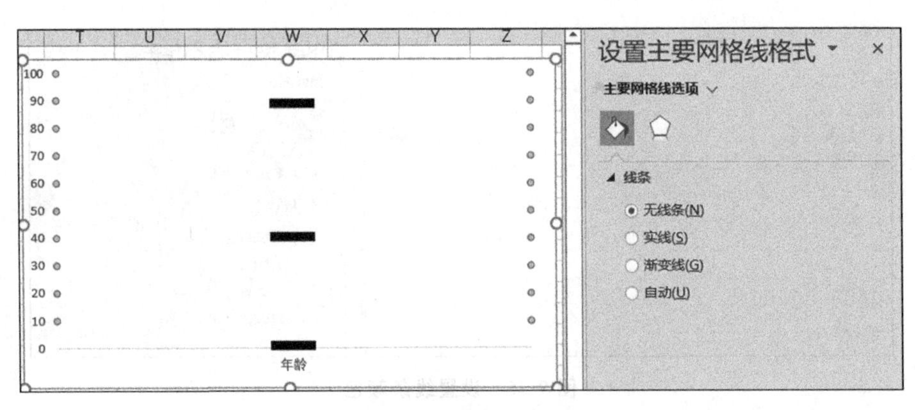

图 9-28 删除网格线

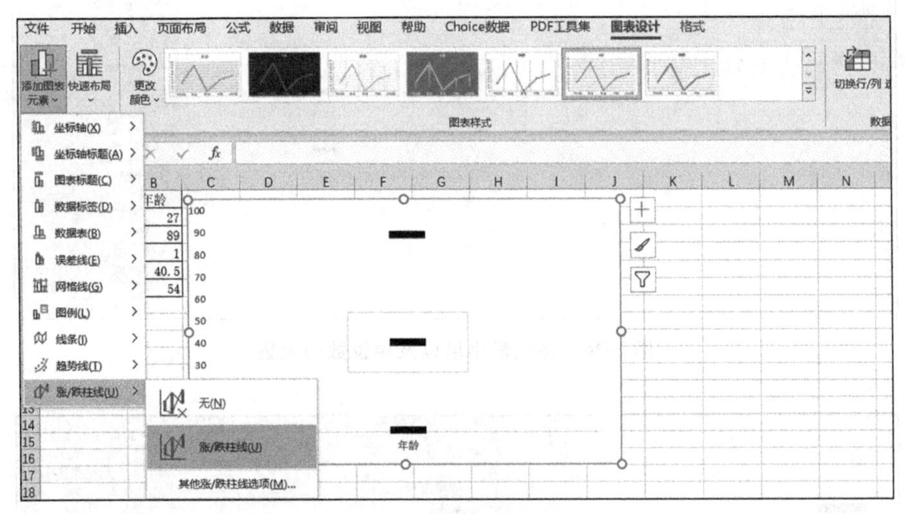

图 9-29 添加涨跌柱线

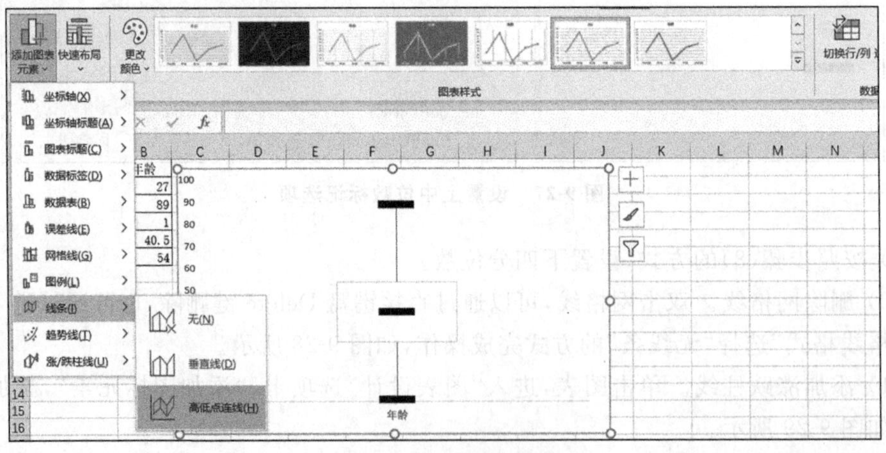

图 9-30 添加高低点连线

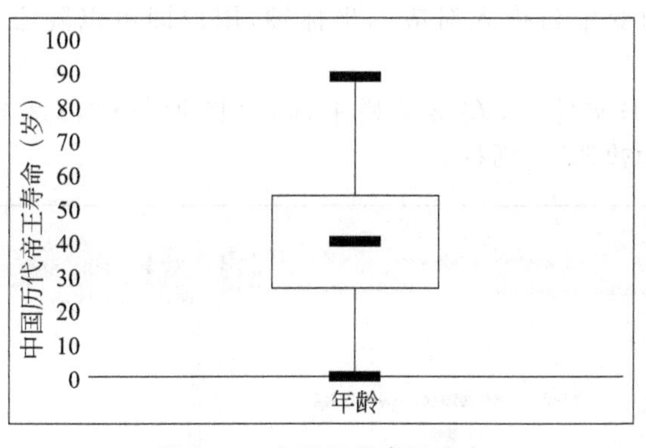

图 9-31　中国历代帝王寿命

第二节　用 SPSS 进行统计图绘制

一、SPSS 绘图功能简介

统计图是统计资料分析的关键组成部分，统计图形用几何图形或具体形象直观，生动地描述出统计资料的相关信息，掌握如何利用统计图形来分析问题是对数据分析者的一项基本要求，SPSS 在包含更多的计分析功能外，还提供了更强大的绘图功能。

SPSS 可以绘制的图形包括条形图、线形图、面积图、箱图等各种常用图形，几乎满足了用户的所有需求。本章将结合实例详细介绍如何利用 SPSS 绘制统计图形。

SPSS 的绘图功能十分强大，与以前的版本有较大不同。SPSS 的绘图功能主要通过“图形”菜单实现。

（一）“图形”菜单

SPSS 提供了多种程序实现图形绘制：图形构建器、图形画板模板选择器、比较子组、回归变量图和旧对话框。

打开要分析的数据文件，单击“图形”菜单，如图 9-32 所示，我们可以看到下拉菜单中有“图表构建器”“图形画板模板选择器”和“旧对话框”选项。

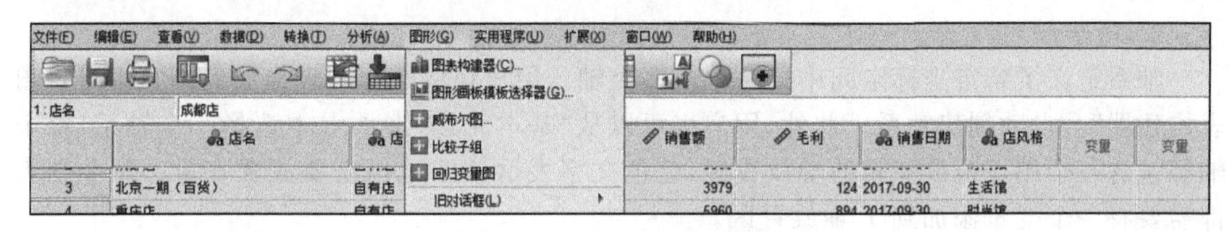

图 9-32　SPSS 的“图形”菜单

当然，统计图形除了通过“图形”菜单直接实现外，部分统计图形还会伴随其他分析过程而输出，如回归分析过程、方差分析过程等。

（二）图表构建器简介

SPSS 的图形构建程序继承了以前各版本的优点，用户几乎完全可以通过鼠标拖拉的方式完成图形的绘图工作。首先选择图形的类型，然后从类型库中选择自己想要输出的图形描述，通过将不同的变量名拖入对应的坐标轴，用户即可以随心所欲地绘制各种常用图形。

打开要分析的数据文件后，在菜单栏中选择“图形”→“图表构建器”命令，打开如图 9-33 所示的“图表构建器”对话框。

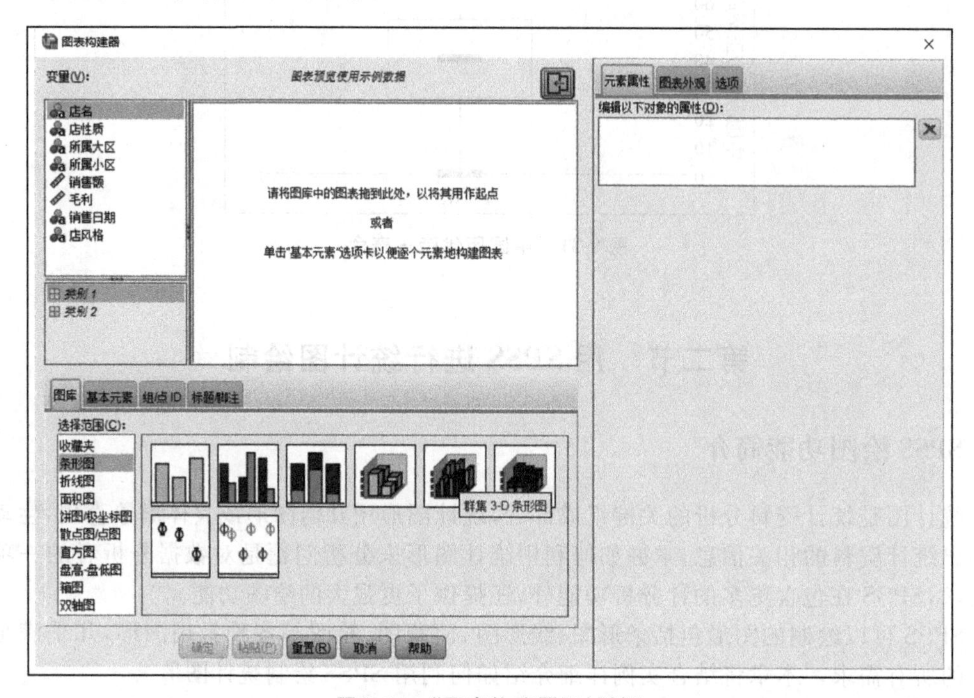

图 9-33 “图表构建器”对话框

用户使用图表构建器就可以根据预定义的图库图表或图表的单独部分生成图表。“图表构建器”对话框主要包括以下几部分。

1. 画布

画布是“图表构建器”对话框中生成图表的区域，如图 9-32 所示。在绘图过程中，用户可以通过用鼠标将图库图表或基本元素拖放到画布中的方法生成图表。生成图表时，画布会显示图表的预览。

2. 轴系

轴系定义了特定坐标空间中的一个或多个轴。用户在将图库图表拖放到画布中时，“图表构建器”会自动创建轴系。此外，用户也可以从“基本元素”选项卡中选择一个轴系，每个轴都包含一个用于拖放变量的轴放置区，蓝色文字表示该区域仍需要放置变量。每个图表都需要将一个变量添加到 x 轴放置区。

3. 图形元素

图形元素是图表中表示数据的项，这些项为条、点、线等。

4.“变量”列表

该列表框显示了“图表构建器”所打开的数据文件中所有可用变量。如果在此列表中所选的变量为分类变量，则“类别”列表框会显示该变量的已定义类别。同样，也可使用“类别”查看构成多重相应(多选题)变量集的变量，方便针对某一问题进行市场调查时，对收集到的多个选项结果进行分析。

5. 放置区

放置区是画布上的区域，用户可以将变量从“变量”列表框中拖放到这些区域中。轴放置区是基本放置区。某些图库图表包含分组放置区，这些放置区以及面板放置区和点标签放置区也可以从“组/点 ID”选项卡中添加。

6. “图库”选项卡

“图表构建器”对话框默认打开“图库”选项卡，如图 9-34 所示。

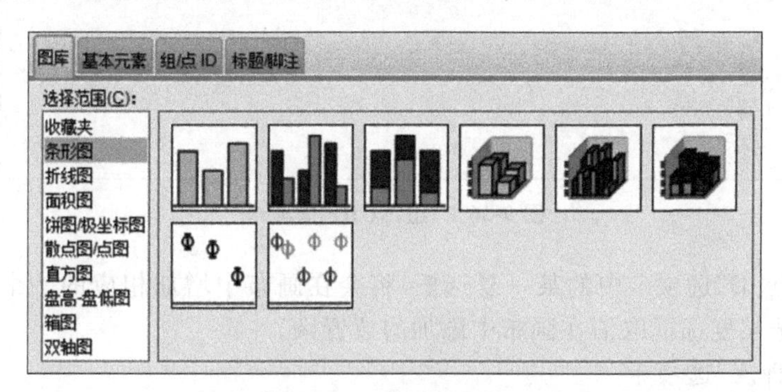

图 9-34　“图库”选项卡

“选择范围”列表框包括“图表构建器”可以绘制的各种常用图形及收藏夹，单击其中的某一图表类型，右侧即显示该图表类型可用的图库。用户可以选中所需图表的图片，然后将其拖放到画布上，也可以双击该图片同样使其显示在画布上。如果画布已显示了一个图表，则图库图表会替换该图表上的轴系和图形元素。

7. “基本元素”选项卡

在“图表构建器”对话框中单击“基本元素”选项卡，如图 9-35 所示。

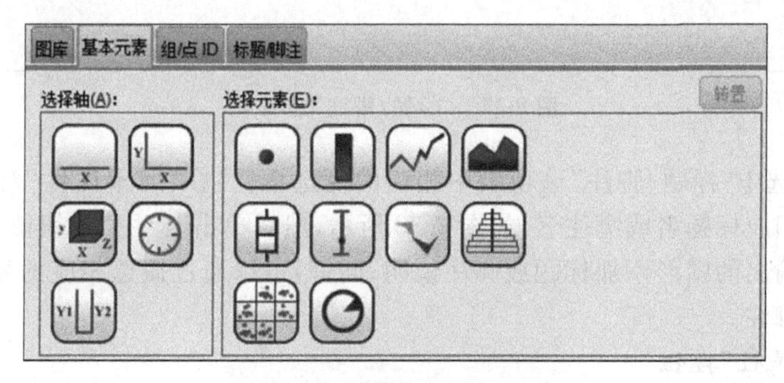

图 9-35　“基本元素”选项卡

基本元素包括轴和图形元素。这些元素之所以是“基本元素”，是因为缺少它们就无法创建图表。如果用户是第一次使用“图表构建器”，建议改用图库图表，由于图库图表能够自动设置属性并添加功能，因此可以简化图形的创建过程。“选择轴”中列出了用户可选的 5 种坐标轴形式，“选择元素”中则给出了 10 种用户可选的图形元素。

在实际操作过程中，如果画布是空白的，通常先将一个轴系拖到画布上，然后拖动图形元素，添加图形元素类型。值得注意的是，并不是所有图形元素都可以用于特定轴系，轴系只支持相关的图形元素。

8.“组/点 ID”选项卡

在“图表构建器”对话框中单击“组/点 ID”选项卡，如图 9-36 所示。

图 9-36 “组/点 ID”选项卡

选中“组/点 ID”选项卡中的某一复选框，将会在画布中增加相应的一个放置区；同理，也可以通过撤选某复选框取消在画布中添加的放置区。

9.“标题/脚注”选项卡

在“图表构建器”对话框中单击“标题/脚注”选项卡，如图 9-37 所示。

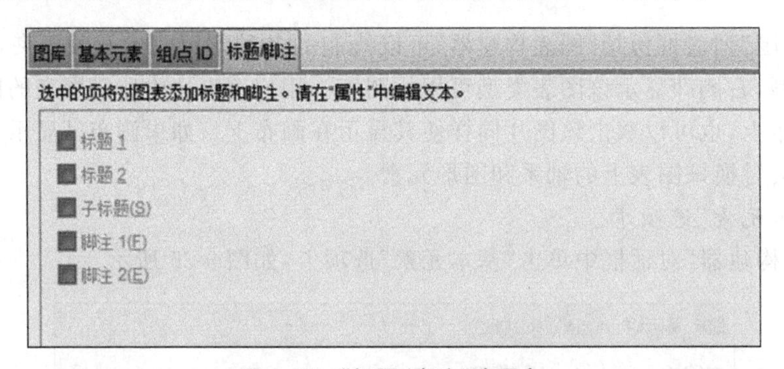

图 9-37 “标题/脚注”选项卡

用户通过选中“标题/脚注”选项卡中相应的复选框，并在“元素属性”对话框的“内容”文本框中输入相应标题名或脚注名，如图 9-38 所示，然后单击“应用”按钮使设置内容生效，这样便可以为输出的图形添加标题或脚注说明；同理，可以通过撤选相应的复选框移去已经设置的标题或脚注。

10.“元素属性”按钮

在“图表构建器”对话框中，选择任意图库图形，右侧弹出如图 9-37 所示的“元素属性”对话框。

“编辑以下对象的属性”列表框用以显示可以进行属性设置的图形元素，图 9-37 中显示的图形元素包括条形图 1、X-Axis 1、Y-Axis 1 等。每一种图形元素可以设置的属性往往是不同的，用户应按照预定目标对相应元素属性进行设置。

元素属性设置完毕后，单击“应用”按钮使设置生效。

11.“选项”按钮

在“图表构建器”对话框中单击“选项”按钮，弹出如图 9-39 所示的“选项”对话框，用户可以在此设置绘图时如何处理缺失值及选用哪些图形面板等。

（1）“用户缺失值”选项组。该选项组用于设置缺失值的处理方式。对于系统缺失值，SPSS在绘图时将不加以统计；对于分界变量的缺失值有以下两种处理方式。

- “排除”表示绘图时忽略这些用户定义缺失值。
- “包括”表示绘图时把它们作为一个单独的类别加以统计。

（2）“摘要统计和个案值”选项组。该选项组用于设置当观测变量出现用户定义缺失值时的处理方法。

- “成列排除，以确保图表的个案原保持一致”表示绘图时直接忽略这个观测。
- “逐个变量进行排除，以便最大限度地使用数据”表示只有包含缺失值的变量用于当前计算和分析时才忽略这个样本。

（3）“模板文件”列表框。该列表框用于对绘制的模板文件进行设置。单击“添加”按钮，打开文件选择对话框，添加指定的预置模板文件。绘制时最先使用的是系统默认模板，然后会按“模板文件”列表框中显示的顺序使用，靠后显示的模板将会覆盖前面的模板效果。

（4）“图表大小”文本框。用于设置图形显示的大小，默认值为100%。

（5）“面板”选项组。该选项组用于图形列过多时的显示设置。若选中“面板回绕”复选框，则表示图形列过多时允许换行显示；否则图形列过多时，每行上的图形会自动缩小以显示在同一行中。

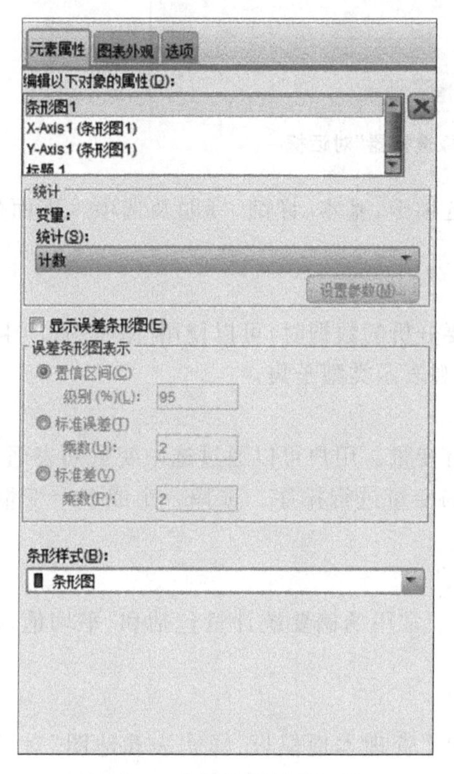

图 9-38 “元素属性”对话框

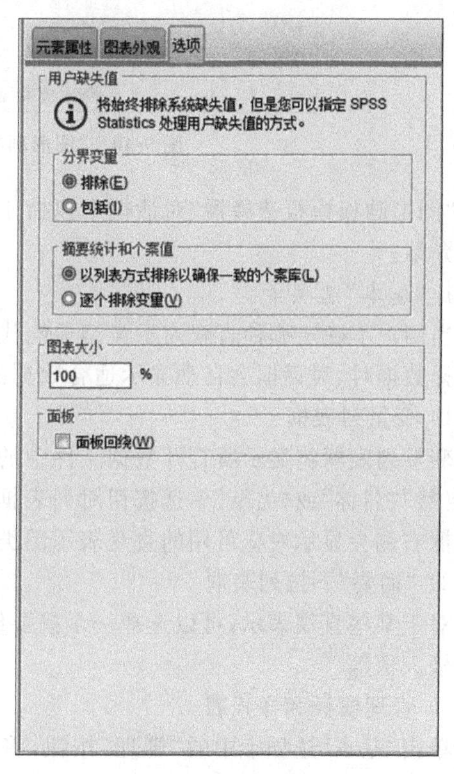

图 9-39 “选项”对话框

（三）图形画板模板选择器简介

图形画板模板选择器为用户提供了一个绘制图形的简易可视化界面，用户通过该程序可以在即使不清楚自己所要输出图形类型的情况下也能顺利完成绘制工作，经过简单的设置便能输出令自己满意的图形。

打开要分析的数据文件后，在菜单栏中选择“图形”→“图形画板模板选择器”命令，打开如图 9-40 所示的“图形画板模板选择器”对话框。

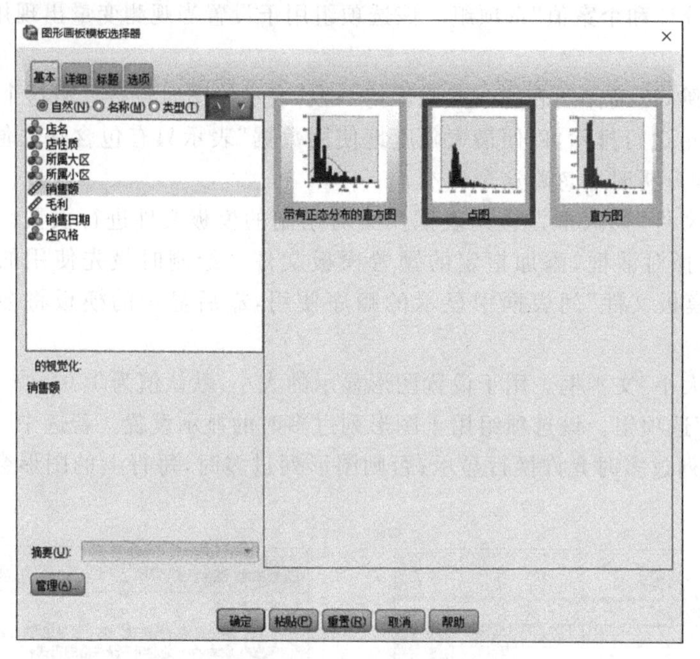

图 9-40 “图形画板模板选择器”对话框

“图形画板模板选择器”对话框中包括 4 个选项卡：基本、详细、标题及选项。下面分别进行介绍。

1. “基本”选项卡

当用户不确定哪种直观表示类型最能代表要分析的数据时，可以使用“基本”选项卡，用户选择数据时，对话框会自动显示适合数据的直观表示类型子集。

1）变量列表框

变量列表框将显示所打开数据文件中的所有变量。用户可以通过选中变量列表框上方的“自然”“名称”或“类型”单选按钮对列表框中的变量进行排序。选择一个或多个变量后，列表框右侧会显示对应可用的直观表示图类型。

2）“摘要”下拉列表框

对于某些直观表示，可以选择一个摘要统计。常用的摘要统计量包括和、平均值、极小值和极大值等。

3）管理模板和样式表

单击“基本”选项卡中的“管理”按钮，将弹出“管理本地模板、样式表和地图”对话框。“模板”选项卡列出所有本地模板；“样式表”选项卡列出所有本地样式表并显示带有样本数据的示例直观表示。用户可以选择“管理本地模板、样式表和地图”对话框一个样式表将其样式应用到示例直观表示。

用户可以在当前激活的所有选项卡上进行以下操作。

（1）导入：用于从文件系统中导入直观表示模板或样式表。导入模板或样式表使其可以用于的模板或样式表。SPSS 应用程序。用户只有在导入模板或样式表后才能在应用程序中使用另一个用户发送的模板或样式表。

（2）导出：用于将直观表示模板或样式表导出到文件系统中。当用户想将模板或样式表发送给另一个用户时，可以将其导出。

（3）重命名：用于重命名所选的直观表示模板或样式表，但用户无法将模板名称更改为已使用的名称。

（4）导出地图键：用于将直观表示地图键导出到文件系统中。适用于用户将地图键发送给另一个用户的情况。

（5）删除：用于删除所选的直观表示模板或样式表。删除操作无法取消，须谨慎进行。

2.“详细”选项卡

当用户知道自己想创建什么类型的直观表示或想将可选外观、面板或动画添加到直观表示中时，可以使用“详细”选项卡。

在“图形画板模板选择器”对话框中单击“详细”选项卡，如图 9-41 所示。

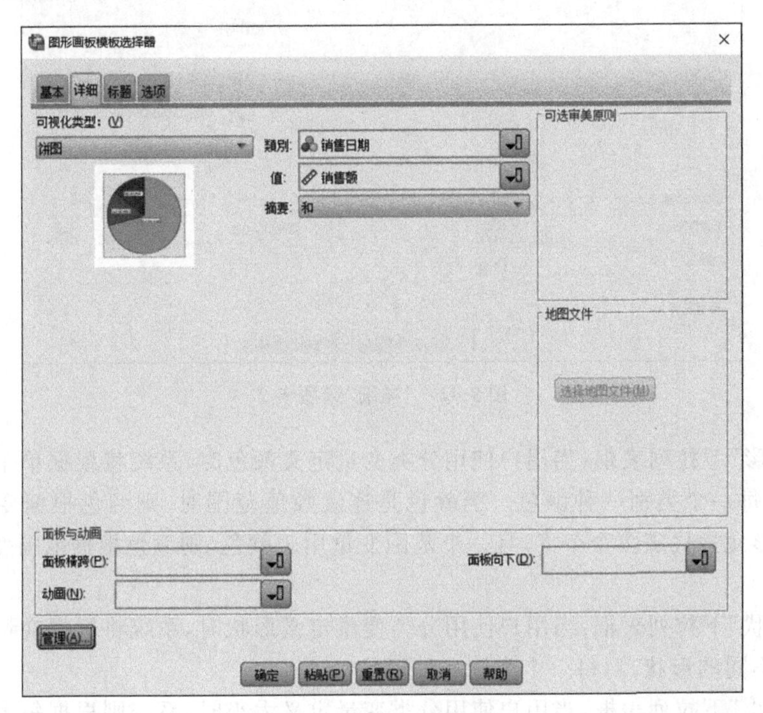

图 9-41　“详细”选项卡 1

1）设置图表类型

如图 9-41 所示，“饼图”所在位置即为“可视化类型”下拉列表框，用户选择好图表类型后，将自动显示图形的直观表示类型。

2）图表元素简单设置

图表元素简单设置包括图表轴系和摘要统计量的设置，这些选项的功能分别介绍如下。

（1）“类别”下拉列表框：用于选择饼图扇形所代表的内容。

(2)“摘要”下拉列表框：对于某些直观表示，用户可以选择一个摘要统计。

3)“可选审美原则”选项组

用户可以通过“可选审美原则”选项组对图形进行外观显示设置，设置不同的图形有不同的选项。

在“可视化类型”下拉列表框中选择“中位数分区图上的坐标”选项，显示如图 9-42 所示。

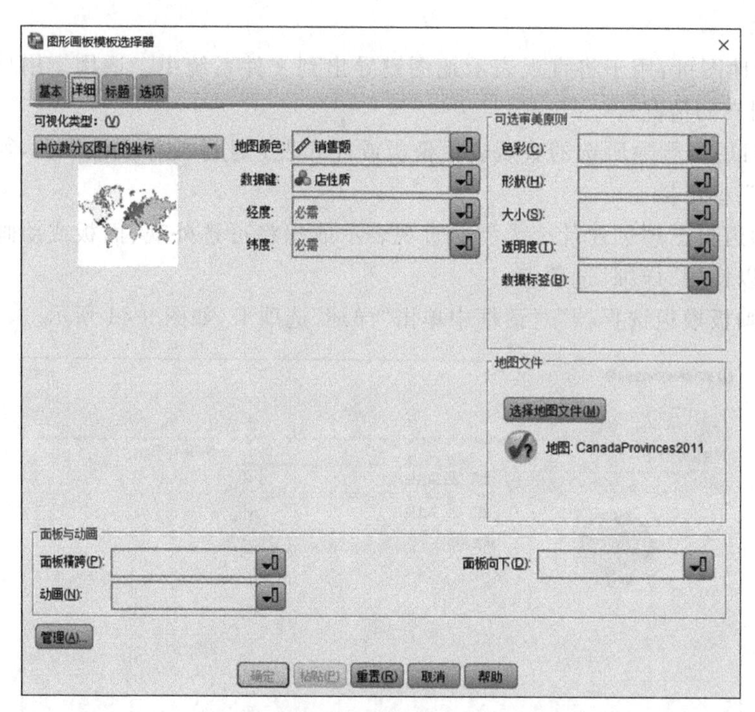

图 9-42 “详细”选项卡 2

(1)“色彩”下拉列表框：当用户使用分类变量定义颜色时，系统将根据单个类别拆分直观表示图形，每一个类别一种颜色。当颜色是连续数值范围时，则颜色根据变量的值而不同。如果图形元素代表多个个案，且一个范围变量用于颜色，则颜色根据范围变量的平均值而不同。

(2)“形状”下拉列表框：当用户使用分类变量定义形状时，系统将根据变量将直观显示图形拆分成不同的形状，对每一个类别一种形状。

(3)“大小”下拉列表框：当用户使用分类变量定义大小时，系统则根据每个类别拆分直观显示图形，每一类别一个大小。当大小是连续数值范围时，则大小根据变量的值而不同。如果图形元素代表多个个案，且一个范围变量用于定义大小，则大小根据范围变量的平均值而不同。

(4)“透明度”下拉列表框：当用户使用分类变量定义透明度时，系统将根据单个类别拆分直观表示，每个类别一个透明度级别。当透明度是连续数值范围时，根据范围字段/变量的值透明度各不相同。如果图形元素代表多个个案，且一个范围变量用于透明度，则透明度根据范围变量的均值各不相同。在最大值处，图形元素完全透明；在最小值处，则完全不透明。

（5）“数据标签”下拉列表框：任何类型的数据都可以用来定义数据标签，数据标签与图形元素相关联。

4）“面板与动画”选项组

该选项组用以选择面板变量和动画变量，经此用户可以得到个性化的图形。

（1）“面板横跨”下拉列表框：用以从中选择面板变量，且只能选择分类变量。输出图形中将为每个类别生成一个图形，但是所有面板同时从左至右依次显示。面板对于检查直观表示是否取决于面板变量的条件非常有用。

（2）“面板向下”下拉列表框：用以从中选择面板变量，且只能选择分类变量。输出图形中将按每个类别从上至下依次生成一个图形，但是所有面板同时显示。

（3）“动画”下拉列表框：用以从中选择动画变量，用户可以指定分类变量或连续变量作为动画变量，若选用连续变量，则变量值将自动被拆分到范围中。动画与面板类似，输出结果从动画变量的值中创建了多个图形，但是这些图形无法一起显示。

3.“标题”选项卡

在“图形画板模板选择器”对话框中单击“标题”选项卡。选中“使用定制标题”单选按钮，可以在对应文本框中设置输出图形的标题、副标题和脚注；若采用默认的“使用缺省标题”单选按钮，则不会在输出图形中添加任何标题和脚注。

4.“选项”选项卡

用户可以使用此选项卡指定在“输出浏览器”中出现的输出标签、可视化样式表和缺失值处理方法，如图 9-43 所示。

1）“输出标签”选项组

该选项组用于设置在“输出浏览器”的概要窗格中出现的文本，用户可以在“标签”文本框中输入想要输出的内容。默认标签是根据变量和模板选择而产生的，如果更改了标签，又希望恢复默认标签，则单击“默认”按钮即可。

2）“样式表”选项组

用户可以单击“选择”按钮选择可视化样式表用于指定可视化的样式属性。

3）“用户缺失值”选项组

该选项组用于设置所分析数据缺失值的处理方式，各选项组功能与前文所述一致，在此不再赘述。

（四）旧对话框模式创建图形

利用旧对话框模式创建图形是利用 SPSS 直接生成图形的重要手段之一，它主要通过对两个对话框的设置来完成图形的绘制。与使用“图形画板模板选择器”对话框中的“详细”选项卡类似，使用旧对话框模式创建图形一般要求用户对所要输出的图形直观表示有一个较为清醒的认识。

通过“图形”菜单中的“旧对话框”菜单栏（图 9-44）可以绘制的图形种类有：条形图、三维条形图、线图、面积图、饼图、高低图、箱图、误差条形图、金字塔图、散点图和直方图等。

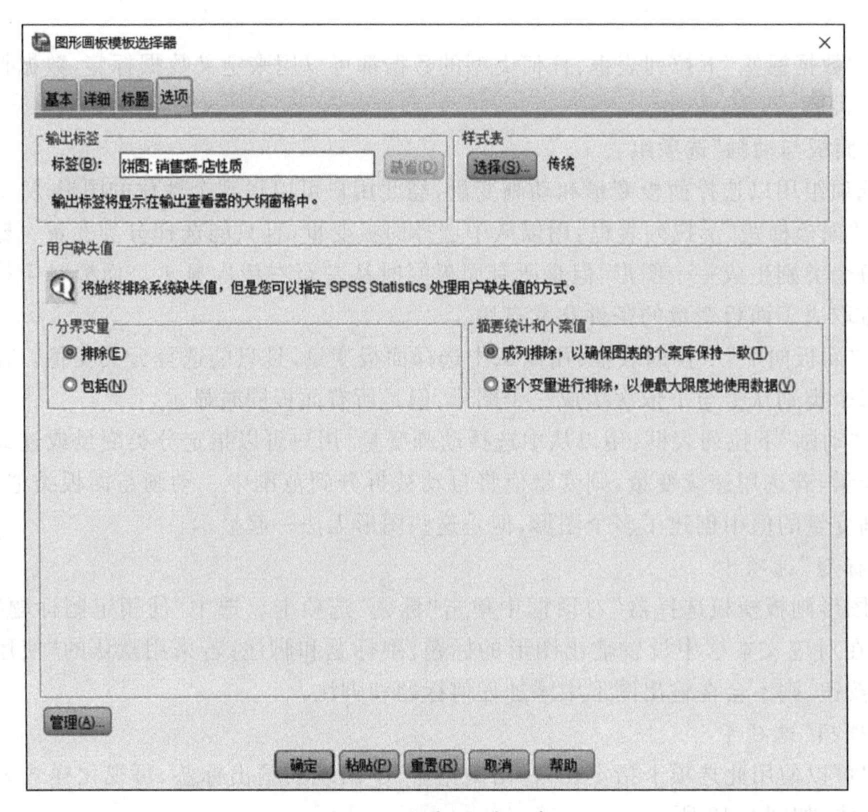

图 9-43 “选项”选项卡

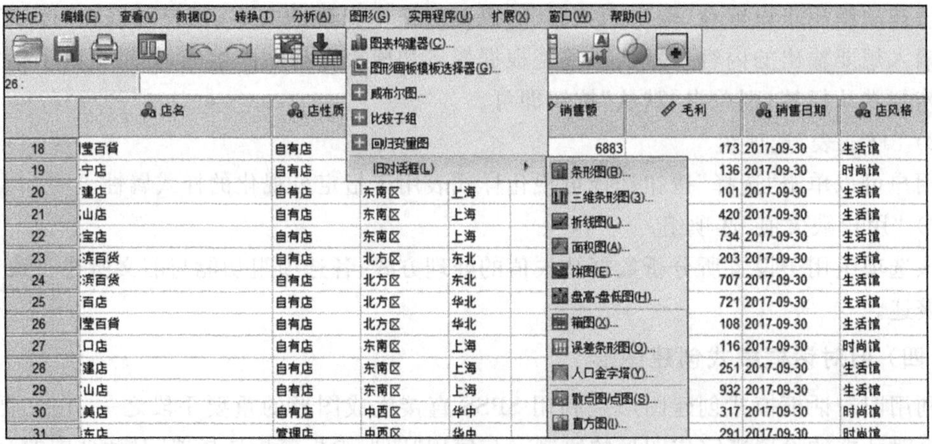

文件(F) 编辑(E) 查看(V) 数据(D) 转换(T) 分析(A) 图形(G) 实用程序(U) 扩展(X) 窗口(W) 帮助(H)

图表构建器(C)...
图形画板模板选择器(G)...
威布尔图...
比较子组
回归变量图
旧对话框(L)

条形图(B)...
三维条形图(3)...
折线图(L)...
面积图(A)...
饼图(E)...
盘高-盘低图(H)...
箱图(X)...
误差条形图(O)...
人口金字塔(Y)...
散点图/点图(S)...
直方图(I)...

26:

	店名	店性质			销售额	毛利	销售日期	店风格
18	莹百货	自有店			6883	173	2017-09-30	生活馆
19	宁店	自有店				136	2017-09-30	时尚馆
20	建店	自有店	东南区	上海		101	2017-09-30	生活馆
21	山店	自有店	东南区	上海		420	2017-09-30	生活馆
22	宝店	自有店	东南区	上海		734	2017-09-30	生活馆
23	滨百货	自有店	北方区	东北		203	2017-09-30	生活馆
24	滨百货	自有店	北方区	东北		707	2017-09-30	生活馆
25	百店	自有店	北方区	华北		721	2017-09-30	生活馆
26	莹百货	自有店	北方区	华北		108	2017-09-30	生活馆
27	口店	自有店	东南区	上海		116	2017-09-30	时尚馆
28	建店	自有店	东南区	上海		251	2017-09-30	生活馆
29	山店	自有店	东南区	上海		932	2017-09-30	生活馆
30	美店	自有店	中西区	华中		317	2017-09-30	时尚馆
31	东店	管理店	中西区	华中		291	2017-09-30	时尚馆

图 9-44 “旧对话框”菜单栏

二、条形图

条形图用线条的长短或高低来表现性质相近的间断性资料的特征，适用于描绘分类变量的取值大小及比例等特点。

如图 9-45 所示的条形图的示例，该条形图是用图中线条的高低或长短表示各店平均销售额。

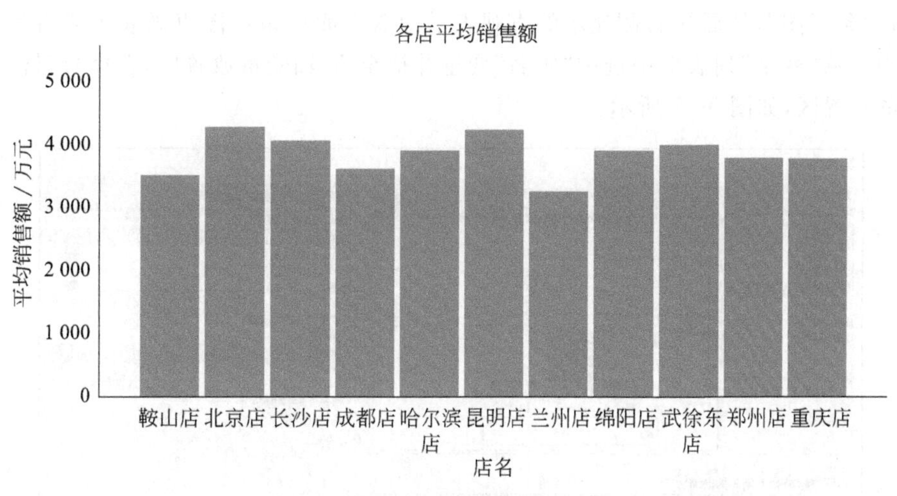

图 9-45　条形图示例

SPSS 提供了 9 种组合绘制不同数据类型的条形图，9 种组合可以由 3 种常用图形和 3 种描述模式组合而成。条形图常用的图形类型有 3 种，分别是简单条形图、分类条形图和分段条形图。

（一）简单条形图

简单条形图又称单式条形图，该条形图用单个条形对每一个类别、观测或变量做对比，用间隔的等宽条表示各类统计数据的大小，主要由两个统计量决定。通过简单条形图可以清楚地看到各类数据间的对比情况。

【例 9-6】 使用图表构建器绘制简易条形图。

（1）打开例 9-5 数据文件“门店销售统计数据.xlsx”，导入数据，如图 9-46 所示。

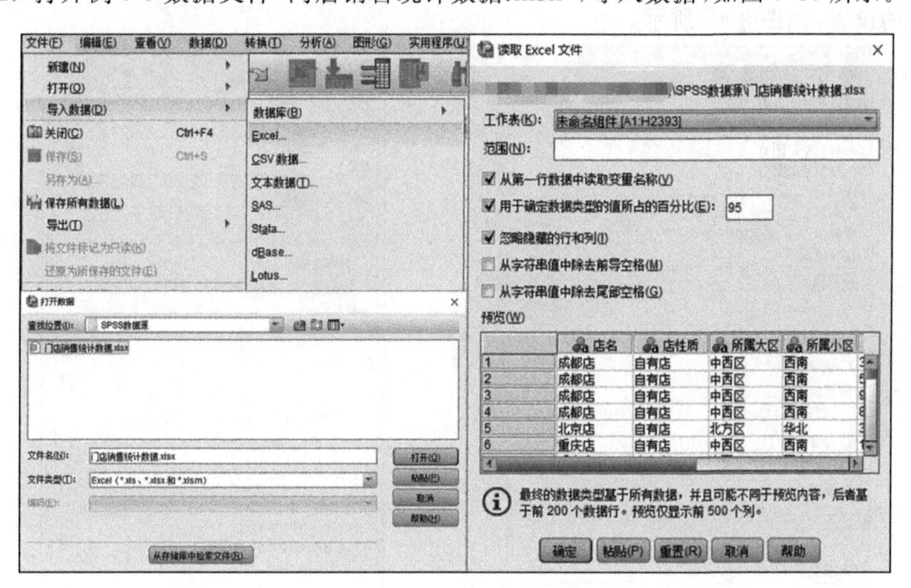

图 9-46　导入 Excel 数据

（2）选择“图形”→“图表构建器”，用图表构建器绘制简单条形图。在“选择范围”列表框中选择“条形图”，然后从右侧显示的直观表示中双击简单条形图直观表示或将其选中拖入画布中。从“变量”列表框中选中“店名”变量并拖至 X 轴变量放置区，选择“销售额”拖至 Y 轴变量放置区，如图 9-47 所示。

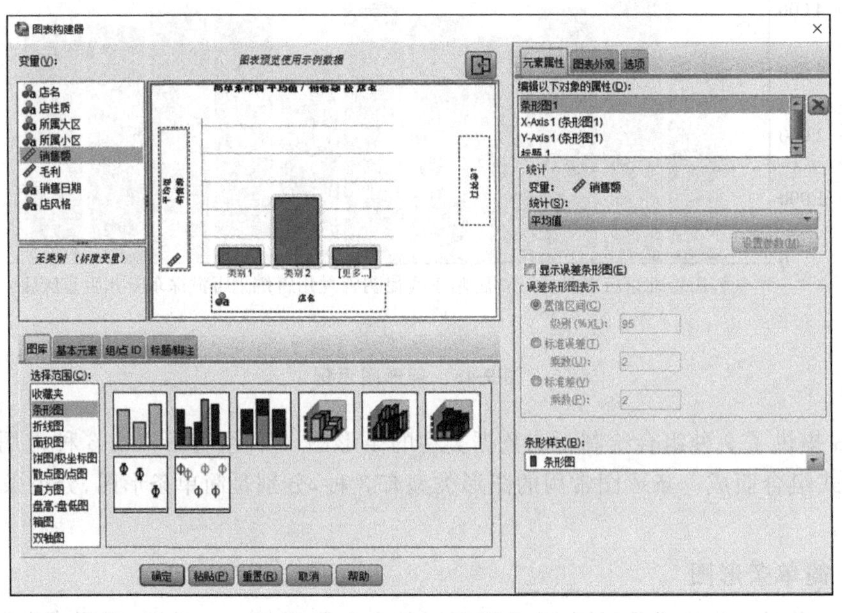

图 9-47 “图表构建器”对话框

(3) 在“元素属性”对话框，选择“平均值”作为输出统计量，并选中“显示误差条形图”复选框，如图 9-48 所示。

(4) 在“元素属性”对话框中选择 X-Axis 1 进入 X 轴元素属性设置对话框，根据需要进行相应的设置，如图 9-49 所示。

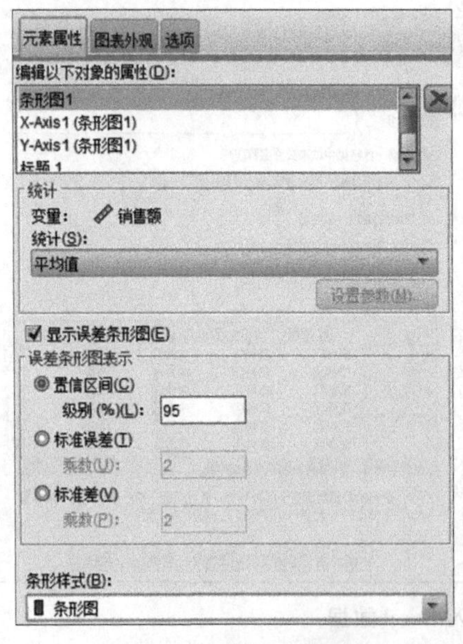

图 9-48 条形图设置

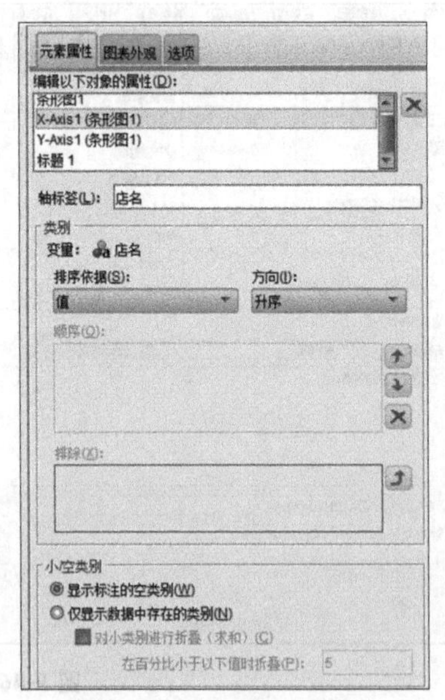

图 9-49 X-Axis 1 设置

(5) 在“元素属性”对话框中单击 Y-Axis 1 进入 Y 轴元素属性设置对话框，在“轴标签”文本框中输入“平均销售额”作为 Y 轴标签，如图 9-50 所示。

(6) 在“元素属性”对话框，单击标题 1，设置图表标题，输入“各店平均销售额”，如图 9-51 所示。

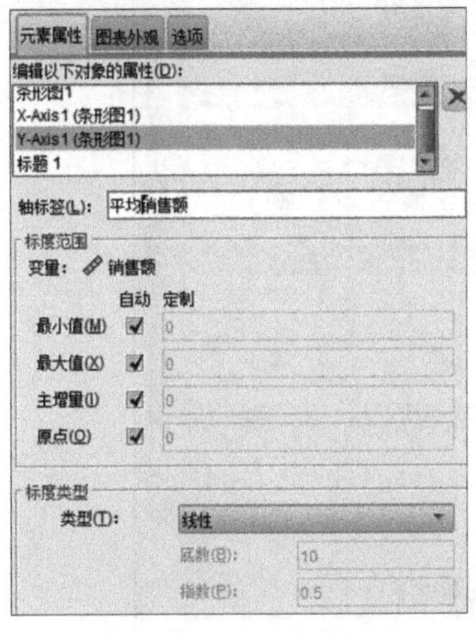

图 9-50　Y-Axis1 设置

图 9-51　标题 1 设置

(7) 输出图形。单击对话框中的“确定”按钮，如图 9-52 所示。

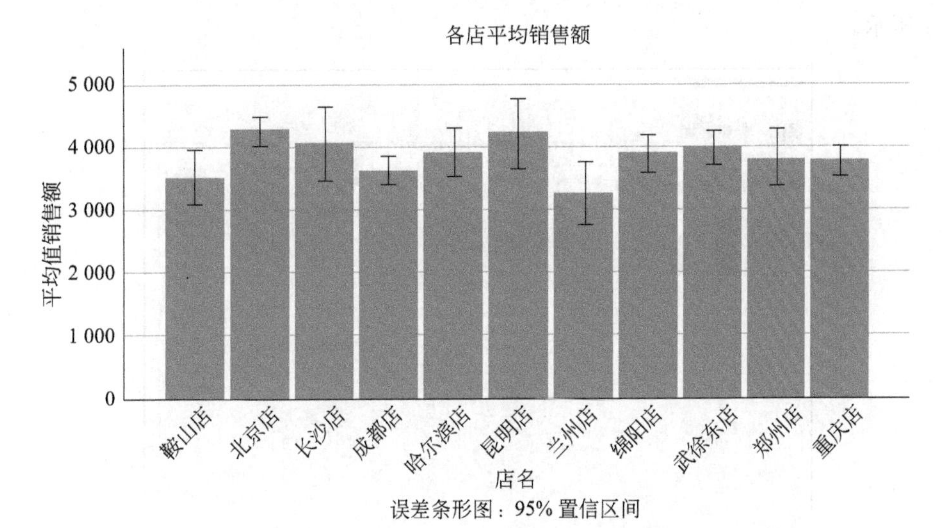

图 9-52　简单条形图输出结果

【例 9-7】 使用图形画板模板选择器绘制简单条形图。

本例将使用例 9-6 相同数据介绍图形画板模板选择器，得出与例 9-6 相似的输出结果。

(1) 打开例 9-5 数据文件“门店销售统计数据.xlsx”，导入数据。

(2) 在菜单栏中选择“图形”→“图形画板模板选择器”命令，打开“图形画板模板选择器”对话框。从变量列表中选择“店名”和“销售额”两个变量，图表类型选择“条形图”，如图 9-53 所示。

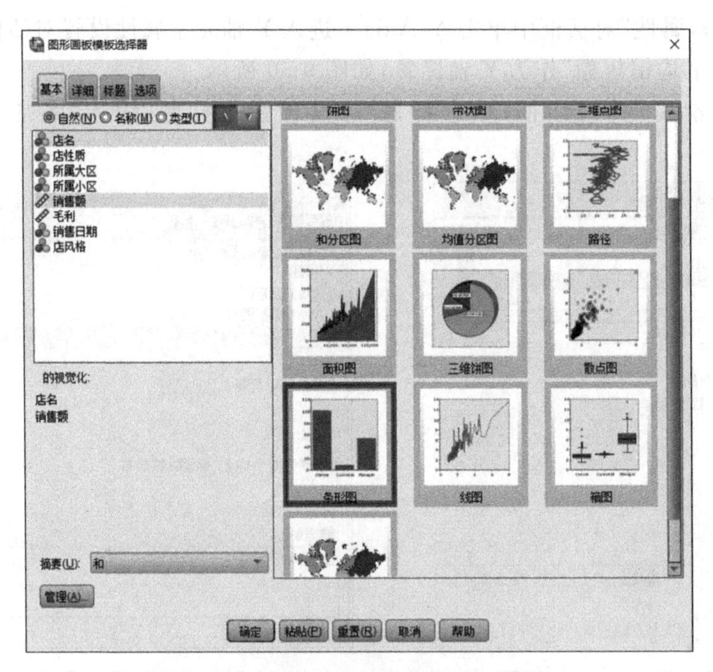

图 9-53 “图形画板模板选择器”对话框

(3) 单击“详细”选项卡,这里可以选择调整可选审美原则等操作进行个性化设置,如图 9-54 所示。

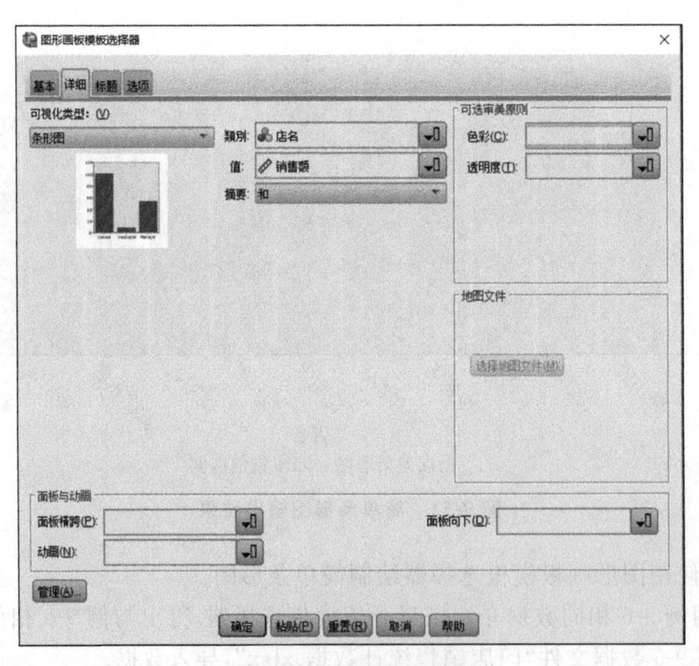

图 9-54 “详细”对话框

单击“标题”选项卡,输入“各店平均销售额”,如图 9-55 所示。

单击“选项”选项卡,在“输出标签”选项组的“标签”文本框中输入“简单条形图: 销售

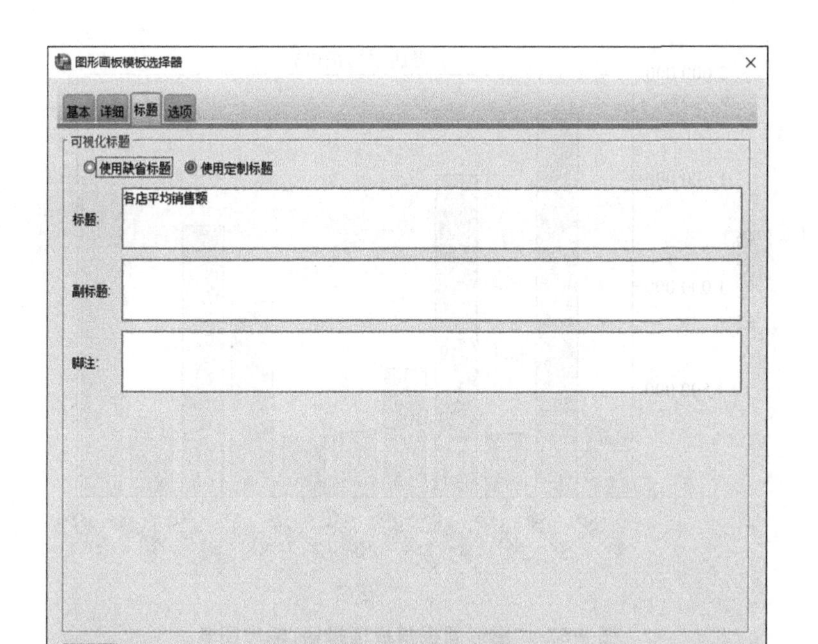

图 9-55　“标题”对话框

额-店名”,其他选择默认设置,如图 9-56 所示。

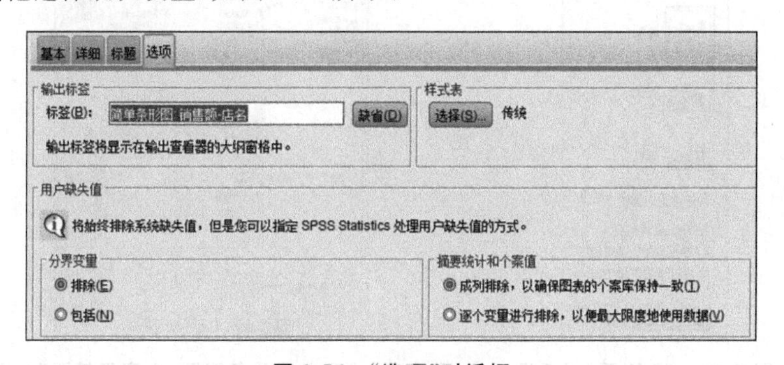

图 9-56　“选项”对话框

(4) 单击“确定”按钮,输出图形,如图 9-57 所示。

【例 9-8】　使用旧对话框绘制简单条形图。

本例将使用例 9-6 相同数据。介绍就对话框绘图,得出与例 9-6 相似的输出结果。

(1) 打开例 9-5 数据文件“门店销售统计数据.xlsx”,导入数据。

(2) 在顶部菜单栏中选择“图形”→“旧对话框”→“条形图”命令,打开“条形图”对话框。选择“简单”,图表中的数据为“个案组摘要”,如图 9-58 所示。

(3) 单击“定义”按键,弹出“定义简单条形图:个案组摘要”对话框,从“条形表示”选项组中选中“其他统计”,并从左侧变量列表框拖曳“销售额”变量至“条形表示”。将“店名”拖入“类别轴”,其他选项默认,如图 9-59 所示。

“条形表示”选项组用于定义确定条形图中条带的长度的统计量,各选项含义如下。

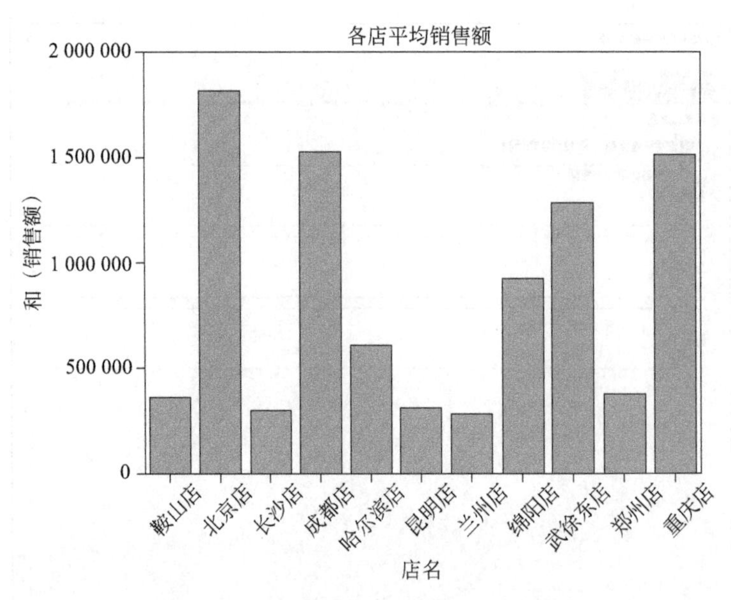

图 9-57 “图形画板模板选择器”输出图表

① 个案数：选中该单选按钮，表示条形图的长度为分类变量值的观测数。条形图中表示频率，分类变量可以是字符型变量或数值型变量。该选项为系统默认选项。

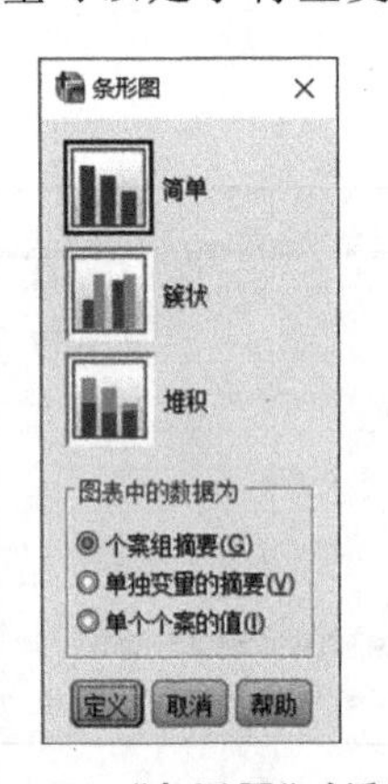

图 9-58 “条形图”对话框

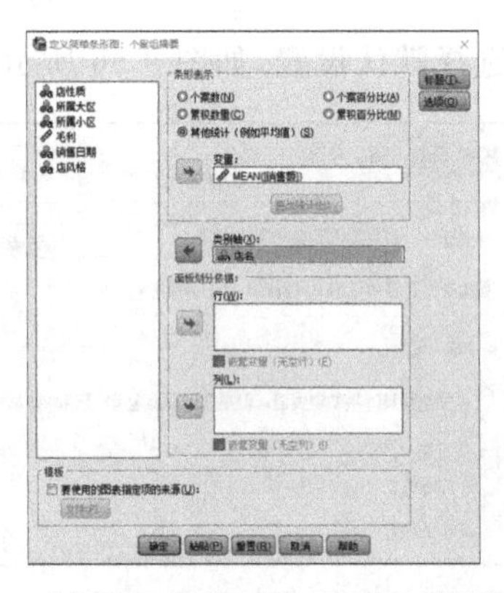

图 9-59 “定义简单条形图：个案组摘要”对话框

② 个案百分比：选中该单选按钮，表示条形图的长度为分类变量的观测在总观测中所占的比重，即以频率作为统计量。

③ 累计个案数：选中该单选按钮，表示条形图的长度为分类变量中到某一值的累积频数，即分类变量的当前值对应的个案数与以前各值对应的总个案数。

④ 累计百分比：选中该单选按钮，表示条形图的长度为分类变量中到某一值的累积百分比，即条的长度表示的是累计频率。

⑤ 其他统计：选中该单选按钮，则“变量”列表框被激活，选入变量后，系统默认设置对该变量的数据取平均值，并作为条形图的长度。

如果想选择其他的表示，则可单击“更改统计”按钮，打开如图 9-60 所示的“统计”对话框。在“统计”对话框中可以选择总体特征的描述统计量、单侧区间数据的特征描述统计量和双侧区间数据的特征描述统计量。总体特征的描述统计量设置较为简单，下面将重点介绍单侧区间的特征描述统计量和双侧区间的特征描述统计量的设置。

单侧区间的特征描述统计量。“统计”对话框中间给出了单侧区间数据特征的描述统计量，当选择该部分中的选项时，上方的“值”文本框被激活，在文本框中输入数值，表示单侧区间的内界。按照原有数据与内界的大小关系，可将所有数据划分为两个区间，即大于该值的区间和小于该值的区间，各单选按钮含义分别介绍如下。

① 若选中“上方百分比”单选按钮，则以变量值大于阀值（内界）的比例作为条形的长度，“下方百分比”单选按钮的含义恰好相反。

② 若选中“百分位数”单选按钮，则表示以变量值的百分位数作为条形的长度。

③ 若选中“上方数目”单选按钮，则表示以变量值大于网值的个数作为条形的长度，“下方数目”单选按钮含义与之相反。

双侧区间的特征描述统计量。“统计”对话框下方给出了双侧区间数据特征的描述统计量。当选择该部分中的选项时，上方的“低”和“高”文本框被激活，分别用于输入区间的下限和上限。各单选按钮含义分别介绍如下。

④ 若选中“区间内百分比”单选按钮，则表示以变量值在该区间的比例为纵轴。

⑤ 若选中“区间内数目”单选按钮，则表示以变量值在指定区间的数目为条形长度。“值是分组中点”复选框。若选中该复选框，则表示值由中点分类。

（4）在“定义简单条形图：个案组摘要”对话框中单击“标题”按钮，打开“标题”对话框，在“标题”选项组“第 1 行”文本框中输入“各店平均销售额”字样。设置完毕后，单击“继续”按钮，返回主对话框。

（5）单击“选项”按钮，打开“选项”对话框。用户可以在该对话框中设置对缺失值的处理方法、是否显示误差条形图及误差条形图的容，图表的可用选项取决于图表的类型和数据。选中“显示误差条形图”复选框，其他采用默认设置，如图 9-61 所示。

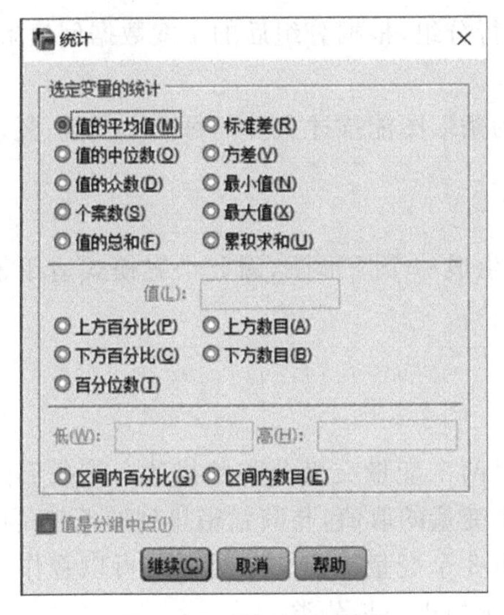

图 9-60 “统计”对话框

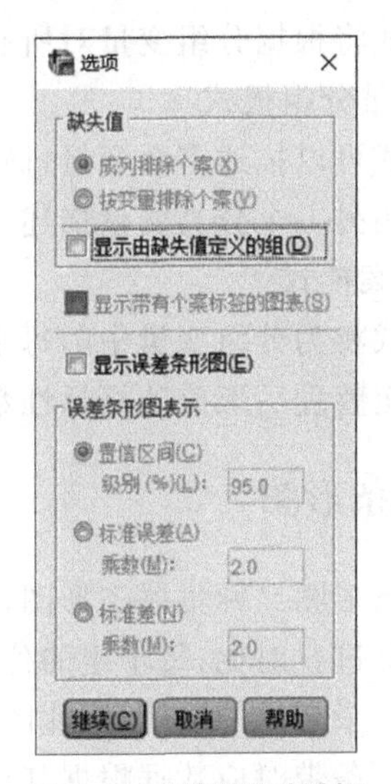

图 9-61 “选项”对话框

“选项”对话框中其他选项的介绍如下。

① “缺失值”选项组：用户若选中“成列排除个案”单选按钮，则表示被摘要的变量存在缺失值时会从整个图表中排除个案；若选中“按变量排除个案”单选按钮，则表示可从每个计算的摘要统计量中排除单个缺失个案，不同的图表元素可能基于不同的个案组。

② “显示带有个案标签的图表”复选框：若选中该复选框，则表示在图中显示个案的标签值。设置完毕后，单击“继续”按钮，则可返回主对话框中进行其他设置。

（6）输出图形。所有设置完毕后，单击“定义简单条形图：个案组摘要”对话框中的“确定”按钮，即可在 SPSS Statistics 查看器窗口中输出图形，结果如图 9-62 所示。

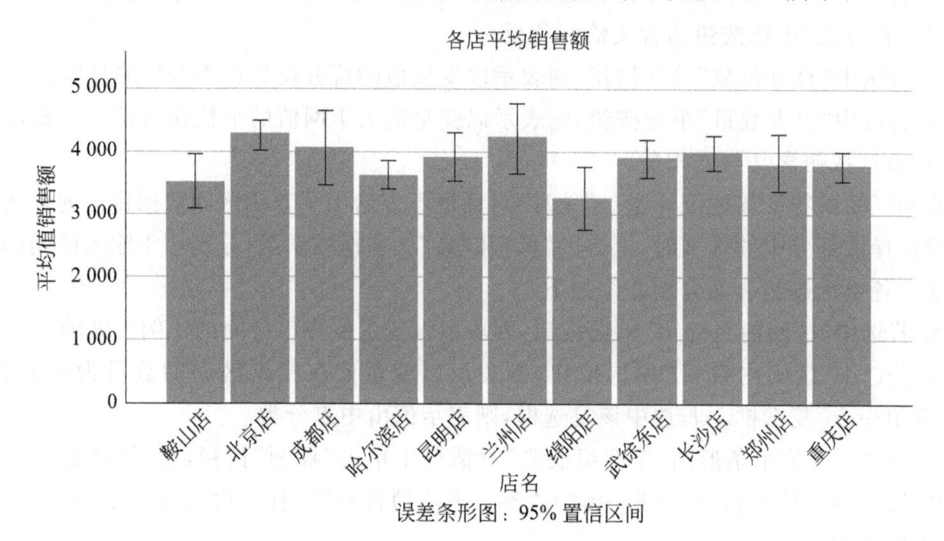

图 9-62　简单条形图输出结果

2. 条形图的描述方法

每种条形图的图形类型分别对应以下 3 种描述方法。

1）个案分组模式

此模式将根据分组变量对所有个案进行分组，根据分组后的个案数据创建条形图。

2）变量分组模式

此模式可以描述多个变量，简单类型的条形图能描述文件的每一个变量；复杂类型的条形图能使用另一个分类变量描述一个变量。

3）个案模式

此模式将为分组变量中的每个观测值生成一个条形图，因此个案模式适用于对原始数据进行一定整理后形成的概括性数据文件。

三、分类条形图

分类条形图又称集群条形图，适用于对两个变量交叉分类的描述。该条形图使用一组条形对指标进行对比，每个组的位置是一个变量的取值，与其紧密排列的条带是以不同颜色标记的另一个变量的取值，因此图形主要由 3 个变量决定。分类图形可以看作是简单条形图中的每一条带对应数据根据其他变量所做的进一步分类。

分段条形图或堆积条形图与分类条形图相似，区别只是堆积条形图不把子类别分散开来做条形图，而是将其逐次堆积在 Y 轴方向上，以便于更好地比较总值的大小。

这里将继续使用门店销售统计数据，观察每家门店在6～8月三个月中销售额情况的不同表现。

因上小节中给出了“图表构建器”“图形画板模板选择器”以及“旧对话框绘图”三种绘图方式的详细指导，从此小节起每个图表将选择三者之一的构建方式作为展示。

【例9-9】 各店每月平均销售额。

(1) 打开“门店销售统计数据.xlsx”数据文件，进入SPSS Statistics数据编辑器窗口，在菜单栏中依次选择“图形”→“图形画板模板选择器”命令，打开“图形画板模板选择器”对话框。

(2) 从变量列表框中选择“店名”和“销售额”两个变量，从中选择条形图直观表示，从“摘要”下拉列表框中选择“均值”作为输出摘要统计量。

(3) 单击“详细”选项卡，可视化图形选择“条形图”。从“可选审美原则”选项组的“色彩”下拉列表框中选择“销售日期”，如图9-63所示。

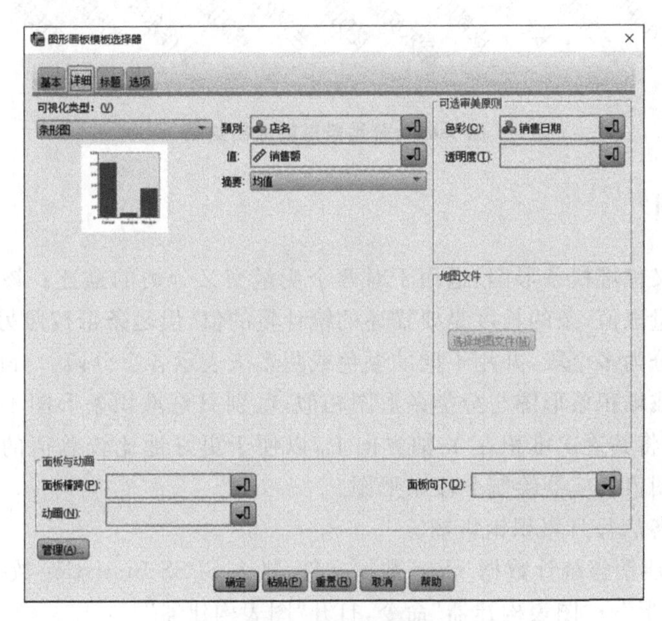

图9-63　“详细”选项卡

(4) 在“标题”选项卡中为图标添加“各店每月平均销售额”标题，其他均采用默认设置，如图9-64所示。

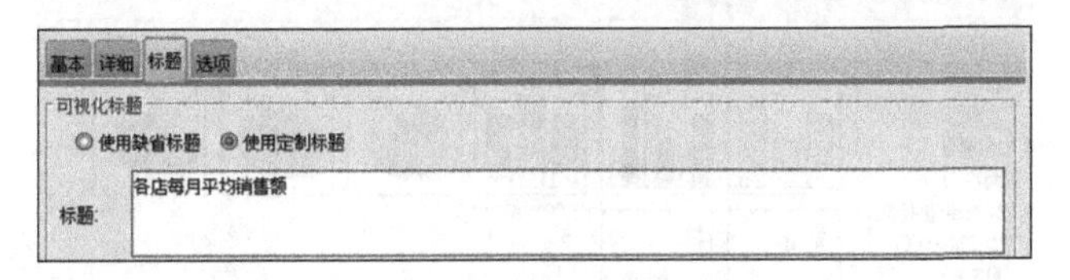

图9-64　“标题”选项卡

(5) 输出图形。所有设置结束后，单击“确定”按钮，即可在SPSS Statistics查看器窗口中输出图形，结果如图9-65所示。

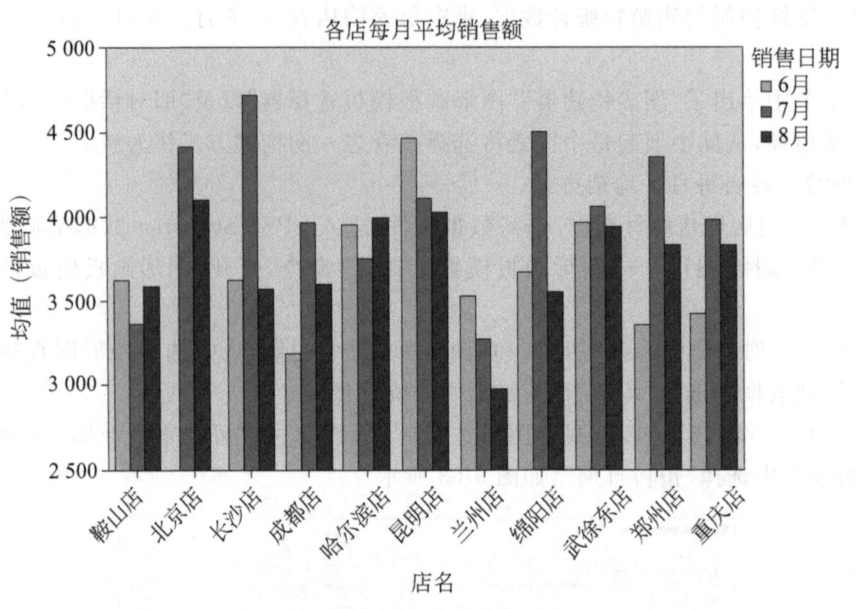

图 9-65 分类条形图输出结果

四、分段条形图

分段条形图又称堆栈条形图，适用于对两个变量交叉分类的描述。该图中每个条的位置是其中一个变量取值，条的长度是要描述的统计量的值，但是条带按照另一个变量各类别所占的比例被划分为多个段，并用不同的颜色或阴影来表示各个分段。分段条形图的 SPSS 操作分段条形图或堆积条形图与分类条形图相似，区别只是堆积条形图不把子类别分散开来做条形图，而是将其逐次堆积在 Y 轴方向上，以便于更好地比较总值的大小。下面将详细介绍如何利用图表构建器绘制分段条形图。

【例 9-10】 各店每月累积销售额。

(1) 打开"门店销售统计数据.xlsx"数据文件，进入 SPSS Statistics 数据编辑器窗口，在菜单栏中选择"图形"→"图表构建器"命令，打开"图表构建器"。

(2) 在"选择范围"列表框中选择"条形图"，然后从右侧显示的直观表示中双击分类条形图直观表示而或将其选择拖入画布中，如图 9-66 所示。

图 9-66 图库

（3）从变量列表框中选择“店名”变量并拖至 X 轴变量放置区，选择“销量”变量并拖至 Y 轴变量放置区，并将“销售日期”拖入“堆积”变量放置区。确保“元素属性”中，条形图统计选择“值”如图 9-67 所示。

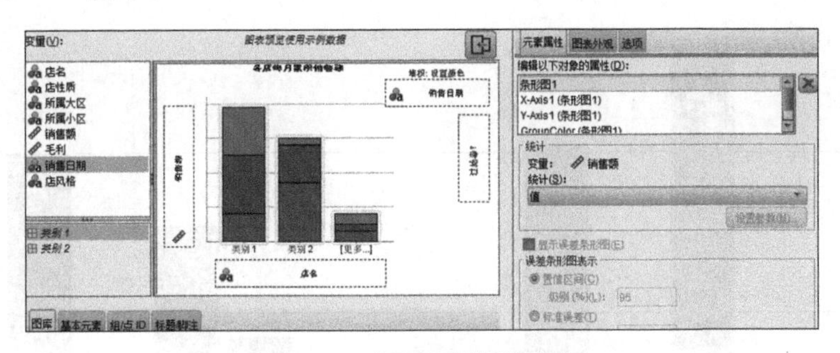

图 9-67　“元素属性”选项卡

（4）将“元素属性”中“标题”改为“各店每月累积销售额”，如图 9-68 所示。

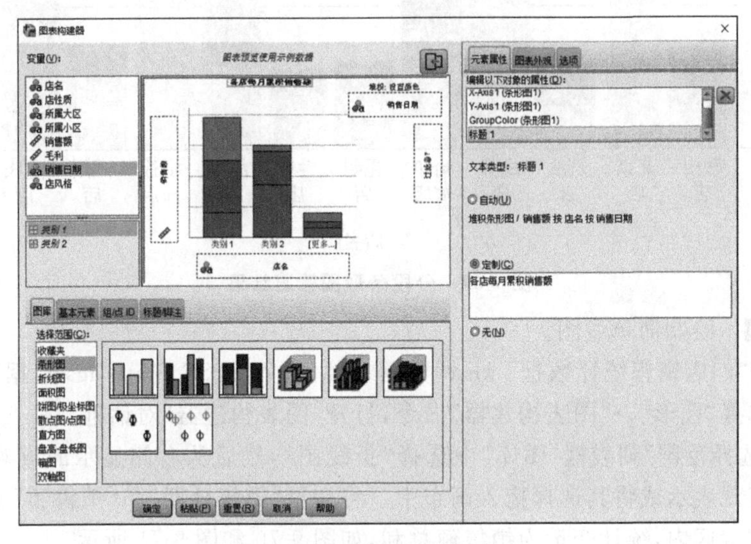

图 9-68　“详细”选项卡

（5）单击“确定”按钮，输出图形，如图 9-69 所示。

五、线图

线图利用线条的延伸和波动，来反映连续性变量的变化趋势。线图可以是直线图，也可以是折线图，适用于连续性资料。描述非连续性的资料一般不使用线(形)图，而使用条形图或直线图。线图分为以下 3 种类型。

- 简单线图：用一条折线表示某个现象的变化趋势。
- 多重线图：用多条折线表示各种现象的变化趋势。
- 垂直线图或下降线图：用于反映某些现象。

像条形图一样，线图的每种图形类型分别对应 3 种不同的模式：个案分组模式、变量分组模式和个案模式。3 种模式的概念与条形图中一致，在此不再赘述。

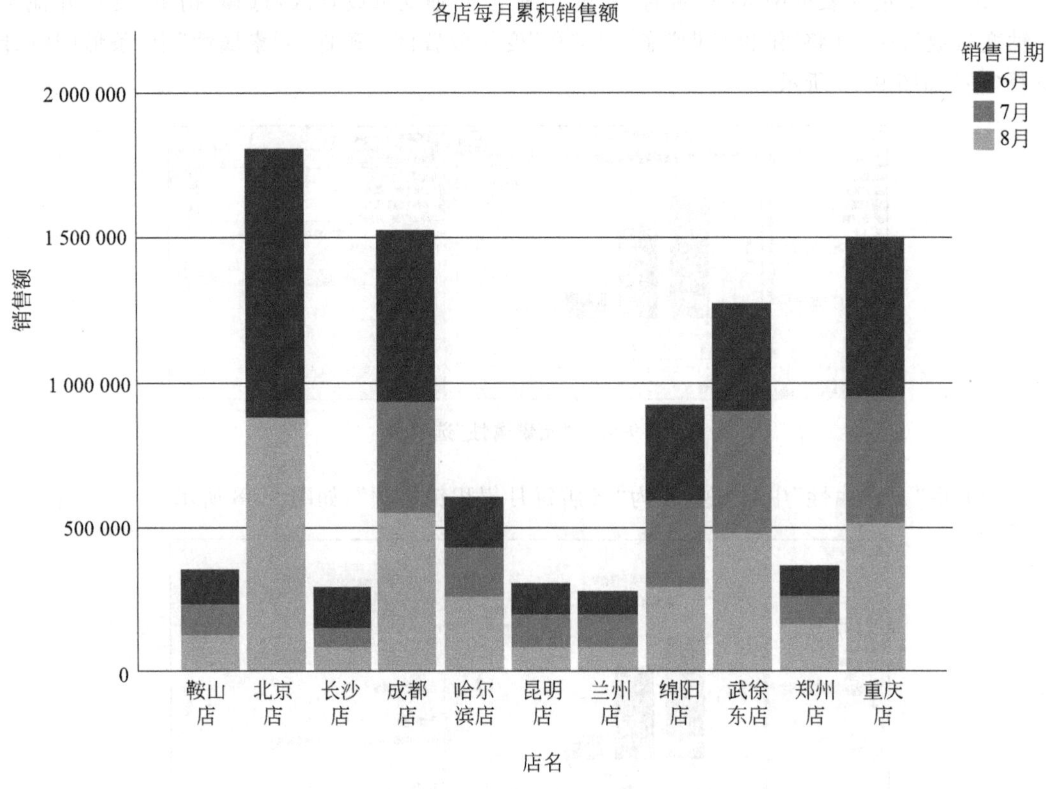

图 9-69　分段条形图输出结果

【例 9-11】 绘制简单线图。

(1) 打开"门店销售统计数据 . xlsx"数据文件,进入 SPSS Statistics 数据编辑器窗口,在菜单栏中选择"图形"→"图表构建器"命令,打开"图表构建器"对话框。

(2) 在"选择范围"列表框"图库"中选择"折线图",然后从右侧显示的直观表示中双击简单条形图直观表示或将其选择拖入画布中。将变量"销售日期"和"销售额"分别拖入横轴和纵轴变量放置区内,统计变量为销售额总和,如图 9-70 和图 9-71 所示。

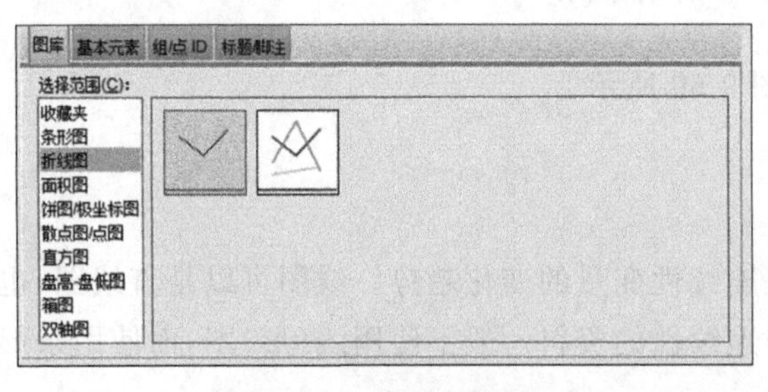

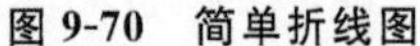
图 9-70　简单折线图

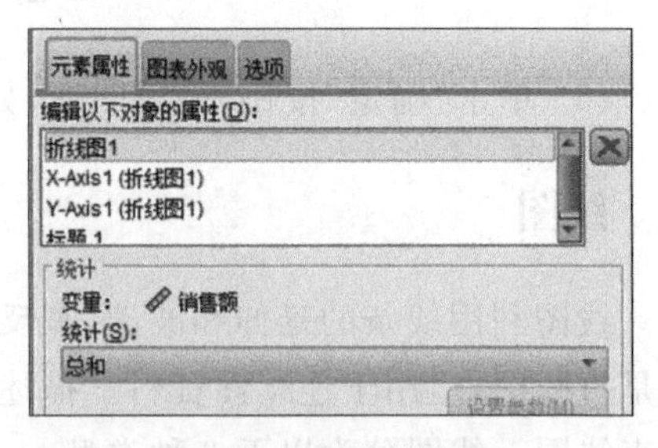

图 9-71　销售额总和

(3) 选择"元素属性"选项卡中选中"标题 1"复选框,并在"定制"文本框中输入"6—8 月总体销售额"作为输出简单线性图的标题。

(4) 输出图形。所有设置结束后,单击主对话框中的"确定"按钮,即可在 SPSS Statistics 查看器窗口中输出图形,结果如图 9-72 所示。

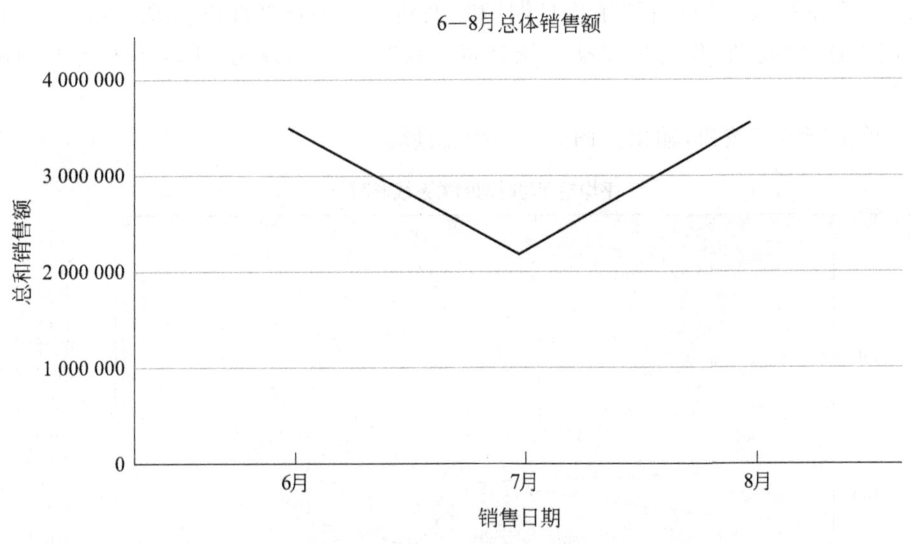

图 9-72　简单线图输出结果

【例 9-12】 绘制多重线图。

多重线图在一个图中显示多条趋势图，它需要指定一个分线变量，对其每个取值分别在图中作一条曲线，以便观察和比较不同类别的样本的变化趋势。

(1) 打开"门店销售统计数据.xlsx"数据文件，进入 SPSS Statistics 数据编辑器窗口，在菜单栏中选择"图形"→"图形画板模板选择器"命令，打开"图形画板模板选择器"对话框，如图 9-73 所示。

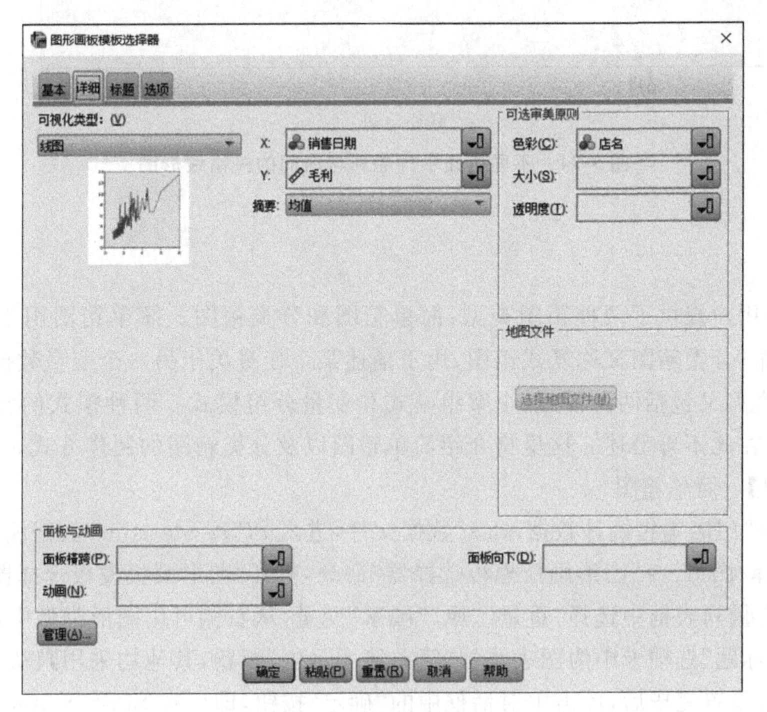

图 9-73　"详细"选项卡

(2) 从变量列表框中选择“销售日期”和“毛利”，从中选择线图直观表示，从“摘要”下拉列表框中选择“均值”作为输出摘要统计量。将“标题”修改为“平均毛利与时间的关系线形图”。

(3) 单击“确定”按钮，输出如图 9-74 所示图形。

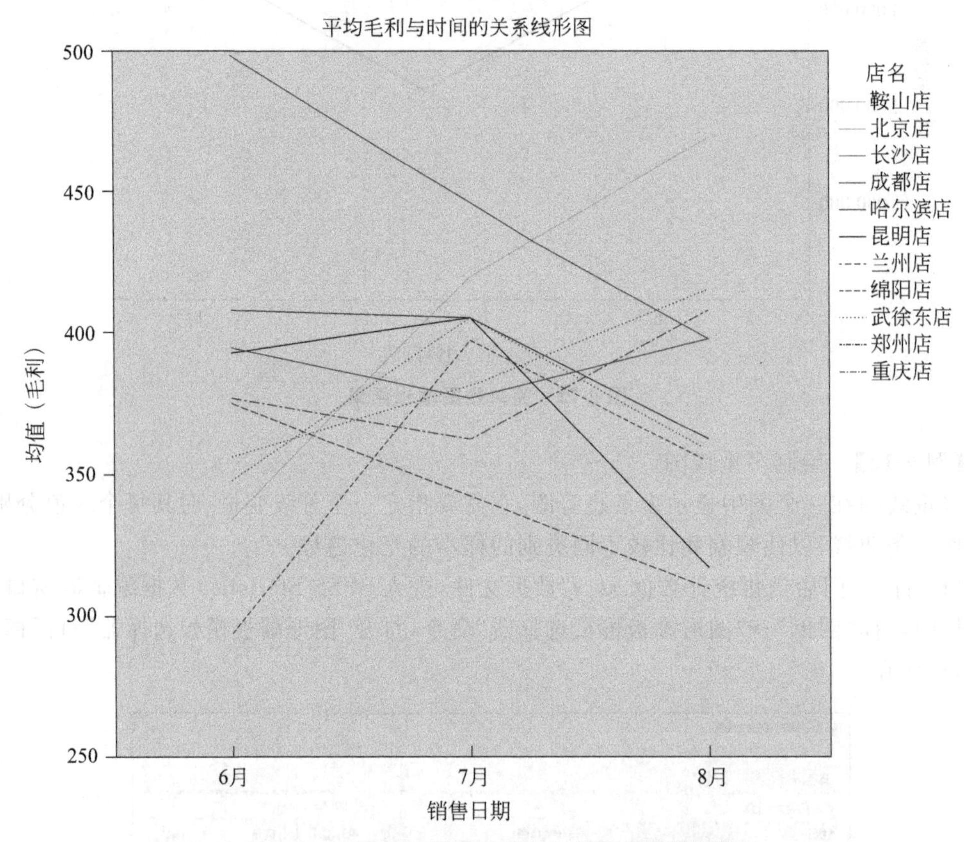

图 9-74　不同店面平均毛利与时间的关系线形图

六、箱图

SPSS 为用户提供了两种箱图类型：简单箱图和分类箱图。简单箱图用于描述单个变量数据的分布；分类箱图又称复式箱图，用于描述某个变量关于另一个变量数据的分布。每种基本图形类型又包括两种模式：个案组模式和变量分组模式。两种模式的含义与前面章节所述一致，在此不再赘述。这里将介绍简单箱图以及分类箱图的制作方式。

【例 9-13】 简单箱图。

(1) 打开“门店销售统计数据.xlsx”数据文件，进入 SPSS Statistics 数据编辑器窗口，在菜单栏中选择“图形”→“图形画板模板选择器”命令，打开“图形画板模板选择器”对话框。

(2) 从变量列表框中选择“重量”“原产国家”变量，从右侧可用图形类型中选择“箱图”。

(3) 在“标题”选项卡中为图表添加“简单箱图示例”标题，其他均采用默认设置。

(4) 所有设置完毕后，单击主对话框中的“确定”按钮，即可在 SPSS Statistics 查看器窗口中输出如图 9-75 所示的图形。

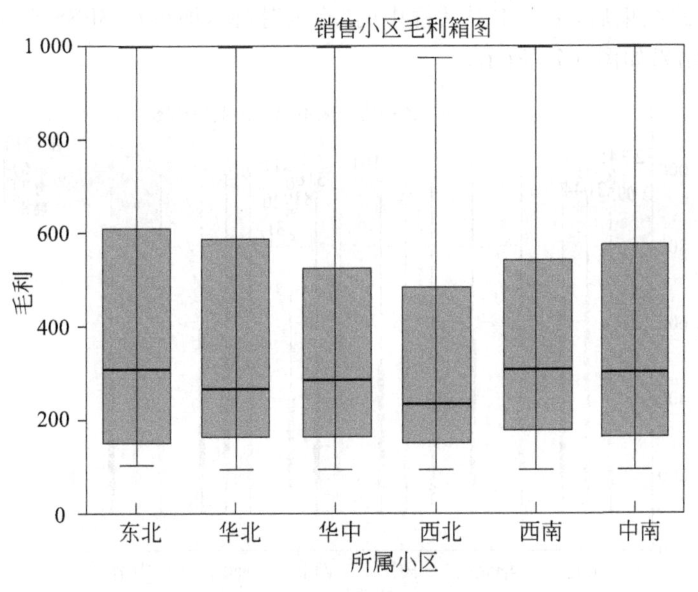

图 9-75　销售小区毛利箱图

【例 9-14】　分类箱图。

(1) 打开“门店销售统计数据.xlsx”数据文件，进入 SPSS Statistics 数据编辑器窗口，在菜单栏中选择“图形”→“图表构建器”命令，打开“图表构建器”对话框。

(2) 在“选择范围”列表框中选择“箱图”，然后从右侧显示的直观表示中双击分类箱图直观表示或将其选择拖入画布中。将变量“所属小区”拖入横轴变量放置区内，将变量“毛利”拖入纵轴变量放置区内，将“销售日期”拖入“X 轴上的聚类：设置颜色”变量放置区内，并在“元素属性”中将“标题 1”文本框中输入“各销售小区不同月份毛利箱图”作为输出分类箱图的标题，如图 9-76 所示。

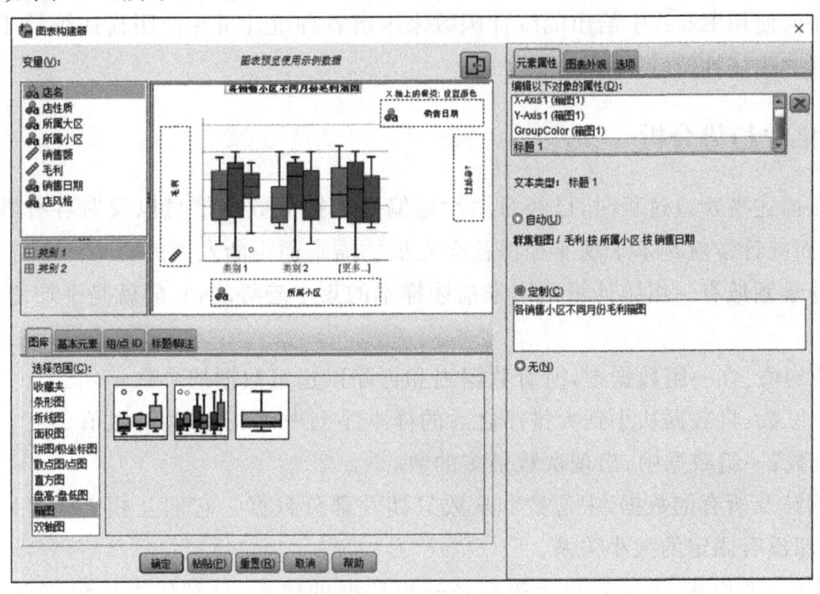

图 9-76　图表构建器

(3) 所有设置结束后,单击主对话框中的“确定”按钮,即可在 SPSS Statistics 查看器窗口中输出图形,结果如图 9-77 所示。

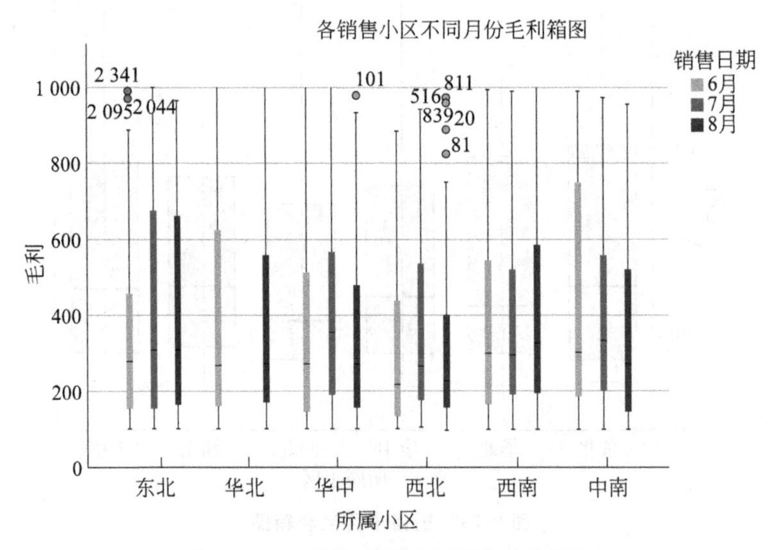

图 9-77 各销售小区不同月份毛利箱图

第三节 用 Excel 进行描述性统计

描述性统计(descriptive statistics)是通过图表或数学方法,对统计数据进行整理、分析,并对数据的分布状态、数字特征和随机变量之间的关系进行估计和描述的方法。描述性统计的任务就是描述随机变量的统计规律。

Excel 中用于计算描述统计量的方法有两种:函数方法和描述统计同居的方法。本章节将介绍如何使用 Excel 中给出的统计函数来求解各种统计量和使用描述统计工具来实现对统计数据的描述性统计。

一、数据集中趋势分析

人们在描述事物或过程时,已经习惯性地偏好于接受数字信息以及对各种数字进行整理和分析,而统计学就是基于现实经济社会发展的需求而不断发展的。

在统计学领域有一组统计量是用来描述样本的集中趋势的,它们就是平均值、中位数和众数。

(1) 平均值:在一组数据中,所有数据之和再除以这组数据的个数。

(2) 中位数:将数据从小到大排序之后的样本序列中,位于中间的数值。

(3) 众数:一组数据中,出现次数最多的数。

平均数涉及所有的数据,中位数和众数只涉及部分数据。它们互相之间可以相等也可以不相等,却没有固定的大小关系。

一般来说,平均数、中位数和众数都是一组数据的代表,分别代表这组数据的“一般水平”“中等水平”和“多数水平”。

【例 9-15】 员工工作量统计：在本例中，统计员工 7 月份的工作量，对整个公司的工作进度进行分析。

（1）根据图 9-78，新建数据。

	A	B	C
1	姓名	部门	业绩
2	高东林	销售1部	200
3	庄莉	销售2部	180
4	黎山山	销售1部	120
5	赵新峰	销售2部	90
6	李长利	销售3部	160
7	王文超	销售3部	220
8	王明	销售1部	240
9	王文超	销售2部	280
10	吕辉	销售3部	230
11	张广云	销售1部	120
12	陈勇	销售3部	150
13	杨静	销售3部	100
14	黄秀云	销售1部	140
15	陈勇	销售3部	120

图 9-78　数据

（2）单击 C16 单元格，然后单击菜单栏“开始”→“编辑”→“求和”按钮，Excel 自动对 C2：C15 单元格区域进行求和，或输入公式“＝SUM(C2：C15)”，按回车键即可。如图 9-79 所示。

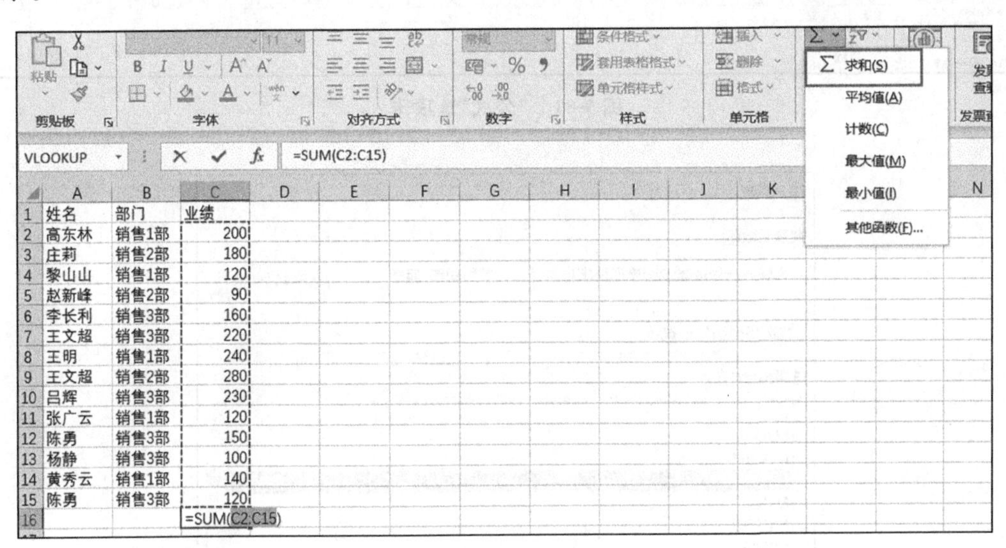

图 9-79　求和

（3）求算术平均数。选中 C17 单元格，在编辑栏中输入“＝C16/14”，或者使用求平均函数“＝AVERAGE(C2：C15)”，按回车键确认。

（4）计算中位数。此处可利用“公式”选项卡“插入函数”的方式计算。

（5）弹出对话框后，在“或选择类别”下拉列表框中选择“统计”，然后“选择函数”列表中选择 MEDIAN 函数，单击“确定”按钮，如图 9-80 和图 9-81 所示。

	A	B	C
1	姓名	部门	业绩
2	高东林	销售1部	200
3	庄莉	销售2部	180
4	黎山山	销售1部	120
5	赵新峰	销售2部	90
6	李长利	销售3部	160
7	王文超	销售3部	220
8	王明	销售1部	240
9	王文超	销售2部	280
10	吕辉	销售3部	230
11	张广云	销售1部	120
12	陈勇	销售3部	150
13	杨静	销售3部	100
14	黄秀云	销售1部	140
15	陈勇	销售3部	120
16	求和		2350
17	算术平均值		156.6667

图 9-80 算数求平均

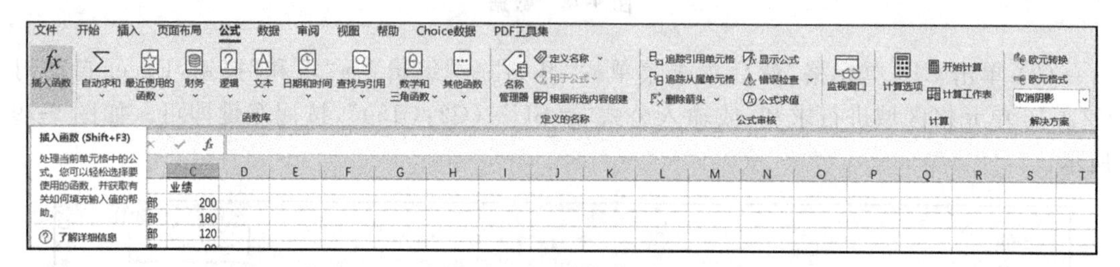

图 9-81 “公式”选项卡

插入函数

搜索函数(S):

请输入一条简短说明来描述您想做什么，然后单击“转到”

转到(G)

或选择类别(C): 统计

选择函数(N):

MAX
MAXA
MAXIFS
MEDIAN
MIN
MINA
MINIFS

MEDIAN(number1,number2,...)

返回一组数的中值

有关该函数的帮助　　确定　　取消

图 9-82 插入函数

（6）弹出 MEDIAN 中位数“函数参数”对话框。在 Number1 文本框中输入业绩数据所在的单元格区域 C2：C15。或单击，选中业绩数据按回车键返回中位数数据。如图 9-83 所示。

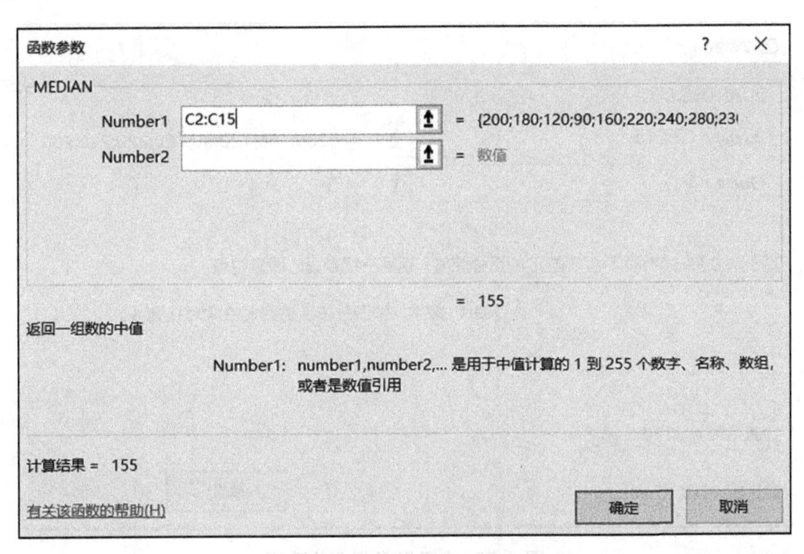

图 9-83　“函数参数”对话框

（7）利用 QUARTILE 函数计算分位数。QUARTILE 返回数据集的四分位数。四分位数通常用于在销售额和测量数据中对总体进行分组。例如，可以使用函数 QUARTILE 求总体中前 25% 的业绩值。通过“公式”选项卡“插入函数”或直接单击编辑栏左侧的 f_x 按钮。

（8）在弹出“插入函数”对话框后，确认“或选择类别”仍为“统计”。选择 QUARTILE.EXC，如图 9-84 所示。

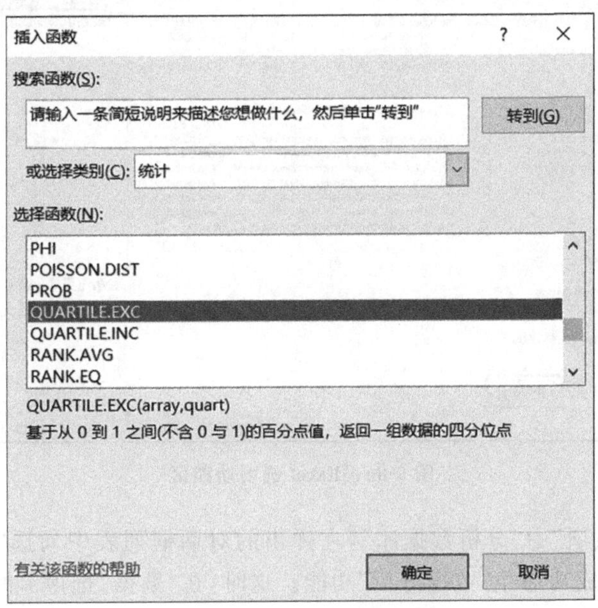

图 9-84　“插入函数”对话框

(9) 弹出 QUARTILE. EXC“函数参数”对话框。在 Array 文本框中输入业绩数据所在的单元格区域 C2:C15。在 Quart 文本框中输入 1,表示计算第一个四分位数,如图 9-85 所示。

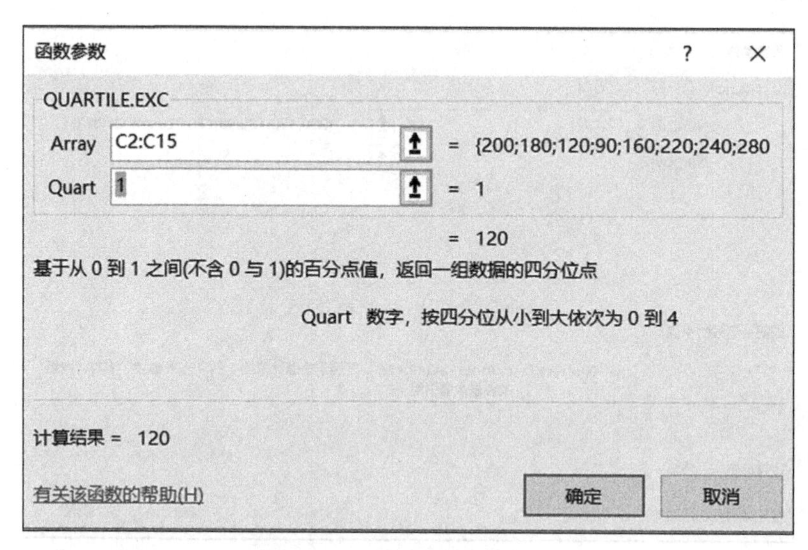

图 9-85 “函数参数”对话框

(10) 描述性统计。首先需确保“数据”选项卡中包含“数据分析”对话框。Excel 默认数据选项卡中不含“数据分析”,需手动调出该功能。有两种方式能够完成,这里先介绍其中一种。单击“文件”选项右下角“选项”,如图 9-86 所示。

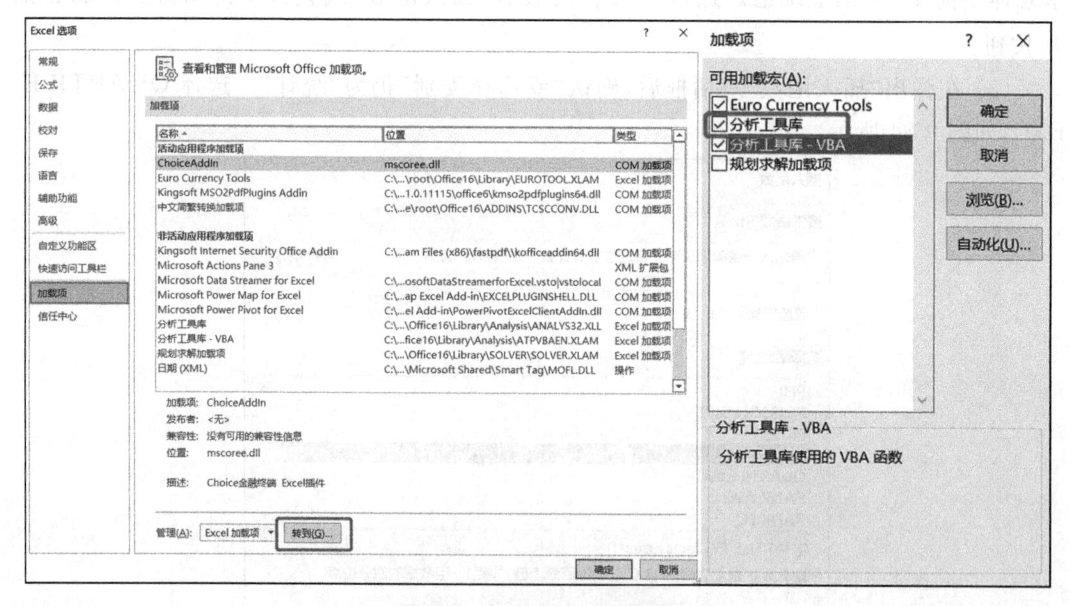

图 9-86 Excel 选项功能区

(11) 单击“加载项”中“分析数据库”,在弹出的对话框列表中勾选“分析工具库”,单击“确定”按钮,就可以成功加载“数据分析”功能。这时,在“数据”选项卡的“分析”组中可以看到“数据分析”选项，如图 9-87 所示。

图 9-87 数据选项卡

（12）选择“描述统计”，单击“确认”按钮，如图 9-88 所示。

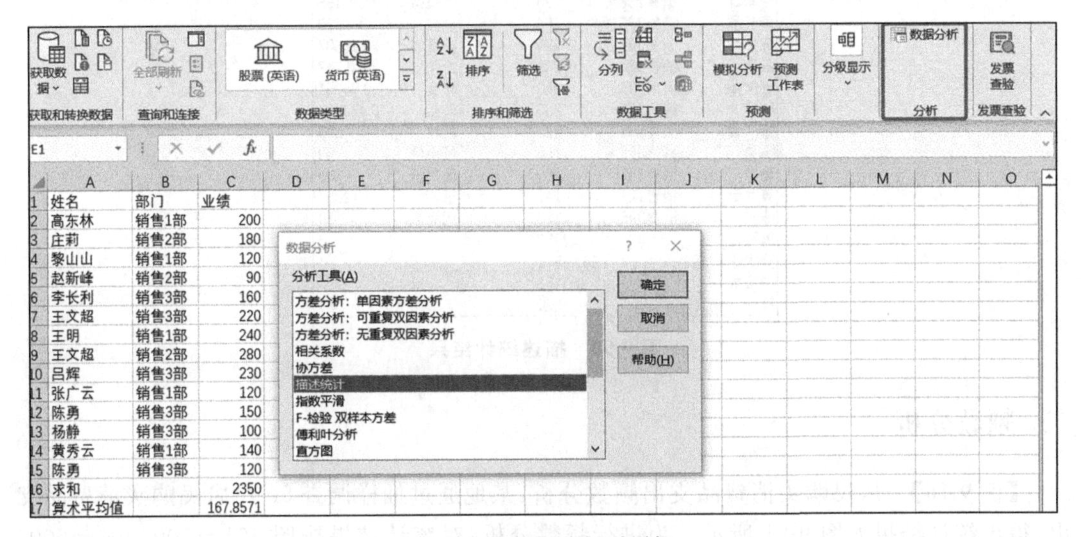

图 9-88 数据分析对话框

（13）单击输入区域按钮，选择 C2:C15 单元格。在输出区域选项选择任意空白单元格，或者新工作表组、新工作簿，如图 9-89 所示。

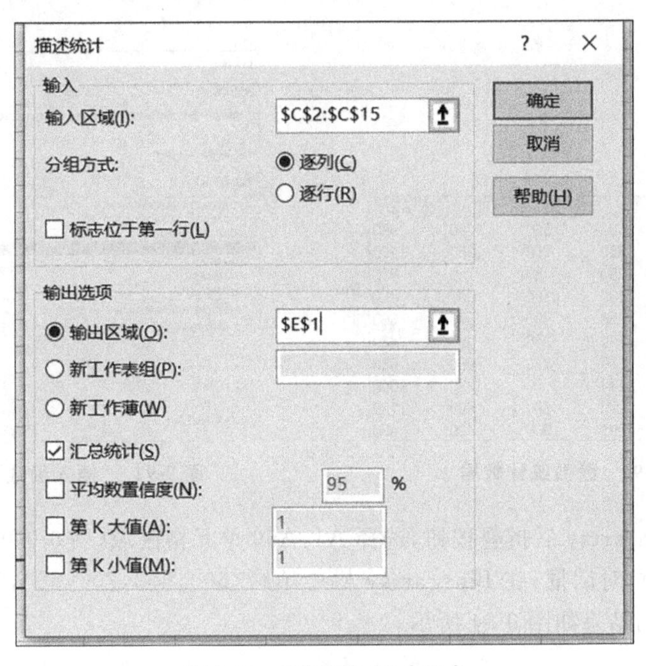

图 9-89 “描述统计”选项卡

该公司业绩观测值为 14，求和值为 2 350，平均值为 167.857 1，标准误差 15.590 17，中位数 155，第一分位数为 120，众数 120，标准差 58.333 07，方差 3 402.747，峰度－0.849 51，偏度 0.479 936，区域 190，最大值 280，最小值 90，如图 9-90 所示。

A	B	C	D	E	F
姓名	部门	业绩		列1	
高东林	销售1部	200			
庄莉	销售2部	180		平均	167.8571
黎山山	销售1部	120		标准误差	15.59017
赵新峰	销售2部	90		中位数	155
李长利	销售3部	160		众数	120
王文超	销售3部	220		标准差	58.33307
王明	销售1部	240		方差	3402.747
王文超	销售2部	280		峰度	-0.84951
吕辉	销售3部	230		偏度	0.479936
张广云	销售1部	120		区域	190
陈勇	销售3部	150		最小值	90
杨静	销售3部	100		最大值	280
黄秀云	销售1部	140		求和	2350
陈勇	销售3部	120		观测数	14
求和		2350			0
算术平均值		167.8571			
中位数		155			
第一分位数		120			

图 9-90 描述统计结果

二、频数分析

【例 9-16】 居民购买消费品支出频数分析：某地通过抽样调查 50 户居民购买消费品支出，得出统计结果如图 9-91 所示。为进行频数分析，对统计结果按照 401－500，501－600，601－700，701－800，801－900，901－1 000，1 001－1 100，1 101－1 200，1 201－1 300，1 300 及以上分为 10 组进行下一步分析。分析步骤如下。

(1) 选择菜单栏"公式"→"函数库"→"插入函数"→"统计"→FREQUENCY，如图 9-92 所示。

	A	B	C	D	E
1	990	500	560	780	960
2	640	880	850	950	1250
3	870	1150	450	750	830
4	680	1100	1180	990	970
5	980	750	880	670	660
6	470	590	850	490	480
7	580	530	720	660	680
8	900	1170	1080	1230	1040
9	450	1270	580	600	1120
10	730	1090	900	780	450

图 9-91 频数统计数据

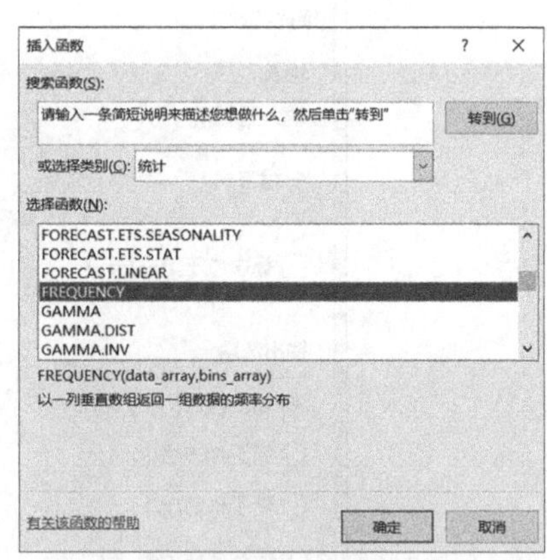

图 9-92 "插入函数"对话框

(2) 单击 Data_array 后折叠按钮，选择 A1:A50 单元格区域(图 9-93)；单击打开折叠按钮，返回"函数参数"对话框；在 Bins_array 栏中填写{500,600,700,800,900,1 000,1 100,1 200,1 300}，得出结果如图 9-94 所示。

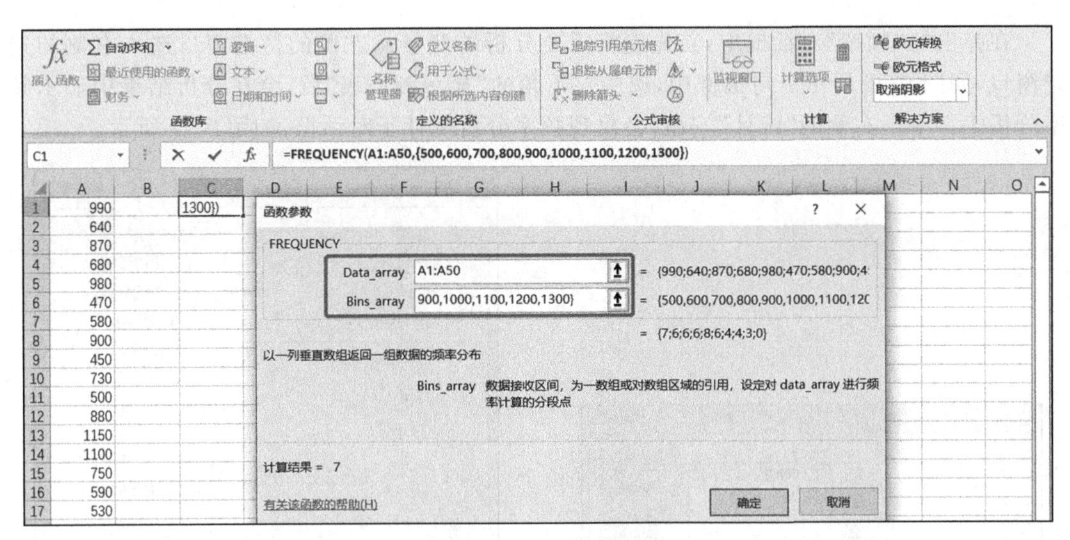

图 9-93　选择区域

	A	B	C	D
1	990		401-500	7
2	640		501-600	6
3	870		601-700	6
4	680		701-800	6
5	980		801-900	8
6	470		901-1000	6
7	580		1001-1100	4
8	900		1101-1200	4
9	450		1201-1300	3
10	730		1300及以上	0

图 9-94　频数统计

第四节　用 SPSS 进行描述性统计

用 SPSS 软件可以很方便地计算集中趋势和离中趋势。本小节通过举例来说明如何用 SPSS 来描述统计数据的特征。集中趋势和离中趋势以及频数、频率的分析是用频率分析模块来进行的。

一、频率分析模块简介

频率分析可以分析一组数据的频数、频率、均值、中位数、众数、最大值、最小值、分位数(四分位数、十分位数和百分位数)、极差、方差、标准差以及偏度和峰度等数据。

频率分析功能，在 SPSS 软件的“分析”菜单中，选择“分析”菜单中的“描述统计”子菜单，在弹出的选项中选择“频率”命令即可，如图 9-95 所示。

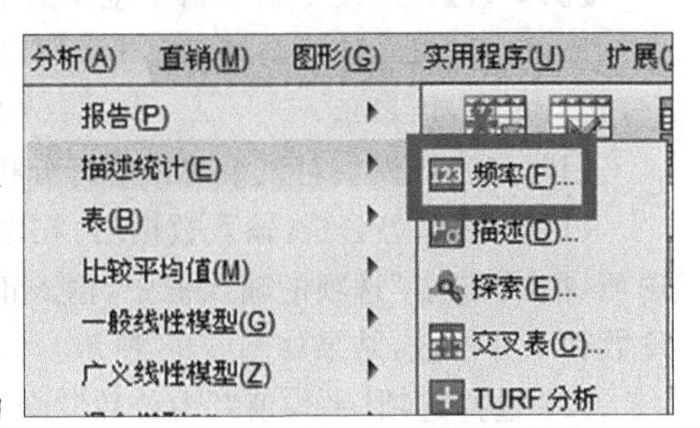

图 9-95　频率分析命令

在弹出的“频率”对话框中，首先应将需要分析的变量从左侧的待选窗口选入右侧的选定窗口，如图 9-96 所示。对话框中，选中左下角的“显示频率表”后，会在分析结果中显示频率分析表。单击右侧的“统计”按钮，会出现频率分析统计子对话框，如图 9-97 所示。

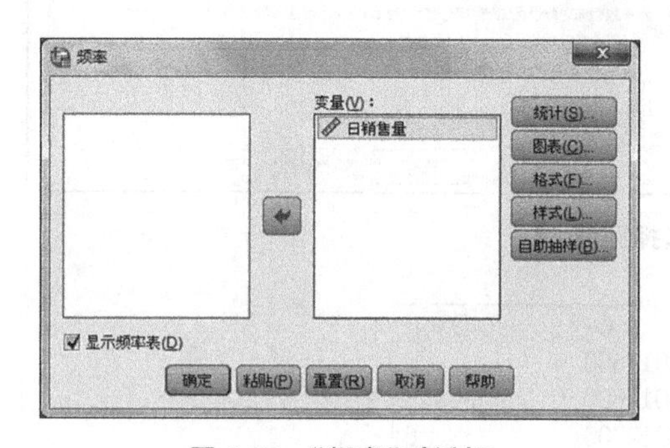

图 9-96 “频率”对话框

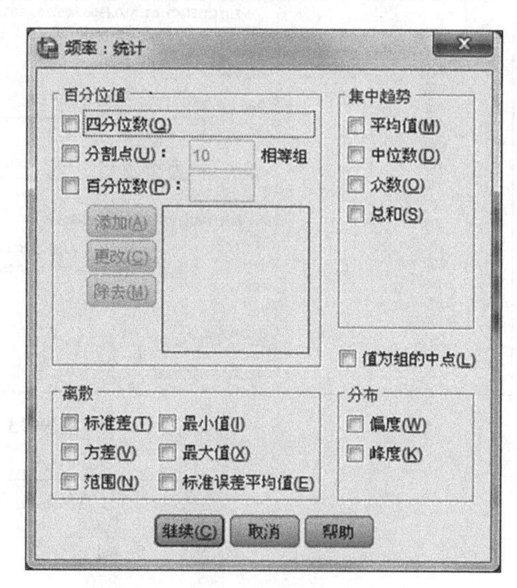

图 9-97 “频率：统计”对话框

该对话框中各选项对应的意义如下。

- 四分位数：计算并显示四分位数。
- 分割点：输入一个正整数 n，则计算且输出这一组数据的 n 分为数。
- 百分位数：输入 0～100 的数值，单击“添加”按钮，计算并显示所选择的百分位数。“更改”和“除去”按钮可以对数值进行编辑。
- 集中趋势：选中对应的选项则计算并显示对应的计算结果。
- 离散：选中对应的选项则计算并显示对应的计算结果。
- 分布：选中对应的选项则计算并显示对应的标准误差。
- 值为组的中点：如果数据分组，那么用各组的中位数代表该组的值。

二、频率模块数据分析

【例 9-17】 某夏令营参营学生年龄统计如下：

15,14,16,15,17,14,19,15,16,18,17,14,14,16,15,16,14,16,17,18,17,15,19,13,14,15,14,16,14,14。

用频率分析模块对该组数据进行分析。

(1) 集中趋势分析：输入数据后，在图 9-98 所示的对话框中选择“四分位数”“分割点”选项，在“分割点”选项的输入框中，输入正整数 10，这样就能计算并输出这一组数据的四分位数和十分位数，结果如图 9-98 所示。

(2) 选择选项“平均值”“中位数”“众数”三个选项，结果如图 9-99 所示。

年龄		
个案数	有效	30
	缺失	0
百分位数	10	14.00
	20	14.00
	25	14.00
	30	14.00
	40	15.00
	50	15.00
	60	16.00
	70	16.00
	75	17.00
	80	17.00
	90	18.00

年龄

		频率	百分比	有效百分比	累计百分比
有效	13	1	3.3	3.3	3.3
	14	9	30.0	30.0	33.3
	15	6	20.0	20.0	53.3
	16	6	20.0	20.0	73.3
	17	4	13.3	13.3	86.7
	18	2	6.7	6.7	93.3
	19	2	6.7	6.7	100.0
	总计	30	100.0	100.0	

图 9-98　分位数表

（3）离中趋势分析：在“频率”的“统计”对话框中，选择“标准差”“方差”“范围”选项，可以得到离中趋势表，如图 9-100 所示。

年龄		
个案数	有效	30
	缺失	0
平均值		15.57
中位数		15.00
众数		14

图 9-99　集中趋势表

年龄		
个案数	有效	30
	缺失	0
标准差		1.612
方差		2.599
范围		6

图 9-100　离中趋势表

（4）偏斜度与峰度分析：在“频率”的“统计”对话框中，选择“偏度”“峰度”选项，即可得到偏斜度和峰度分析表，如图 9-101 所示。

年龄		
个案数	有效	30
	缺失	0
偏度		0.612
偏度标准误差		0.427
峰度		−0.427
峰度标准误差		0.833

图 9-101　偏斜度和峰度分析表

第五节　随机抽样及分布概率函数

做数据分析、市场研究、产品质量检测，不可能像人口普查那样进行全量的研究。这就需要用到抽样分析技术。在 Excel 中使用“抽样”工具，必须先启用“开发工具”选项，然后加载“分析工具库”。

抽样方式包括周期和随机。周期模式，即等距抽样，需要输入周期间隔。输入区域中位于间隔点处的数值以及此后每一个间隔点处的数值将被复制到输出列中。当到达输入区域的末尾时，抽样将停止。而随机模式适用于分层抽样、整群抽样和多阶段抽样等。随机抽样需要输入样本数，计算机自行进行抽样，不用受间隔规律的限制。

一、抽样产生随机数据

做数据分析、市场研究、产品质量检测，不可能像人口普查那样进行全量的研究。这就需要用到抽样分析技术。在 Excel 中使用“抽样”工具，必须先启用“开发工具”选项，然后加载“分析工具库”。抽样方式包括周期和随机。所谓周期模式，即所谓的等距样，需要输入周期间隔。输入区域中位于间隔点处的数值以及此后每一个间隔点处的数值将被复制到输出列中。当到达输入区域的末尾时，抽样将停止。而随机模式适用于分层抽样、整群抽样和多阶段抽样等。随机抽样需要输入样本数，计算机自行进行抽样，不用受间隔规律的限制。

【例 9-18】 随机抽样客户编码。

（1）加载“分析工具库”。选择“文件”→“选项”→“自定义功能区”，然后在“自定义功能区”面板中勾选“开发工具”，单击“确定”按钮，这样，在 Excel 工作表的主菜单中就显示了“开发工具”命令。

（2）单击“加载项”中的“分析数据库”，在弹出的对话框中勾选“分析工具库”，单击“确定”按钮，就可成功加载“数据分析”功能。这时，在“数据”选项卡的“分析”组中可以看到“数据分析”选项。现有从 51001 开始的 100 个连续的客户编码，需要从中抽取 20 个客户编码进行电话拜访，用抽样分析工具产生一组随机数据，如图 9-102 所示。

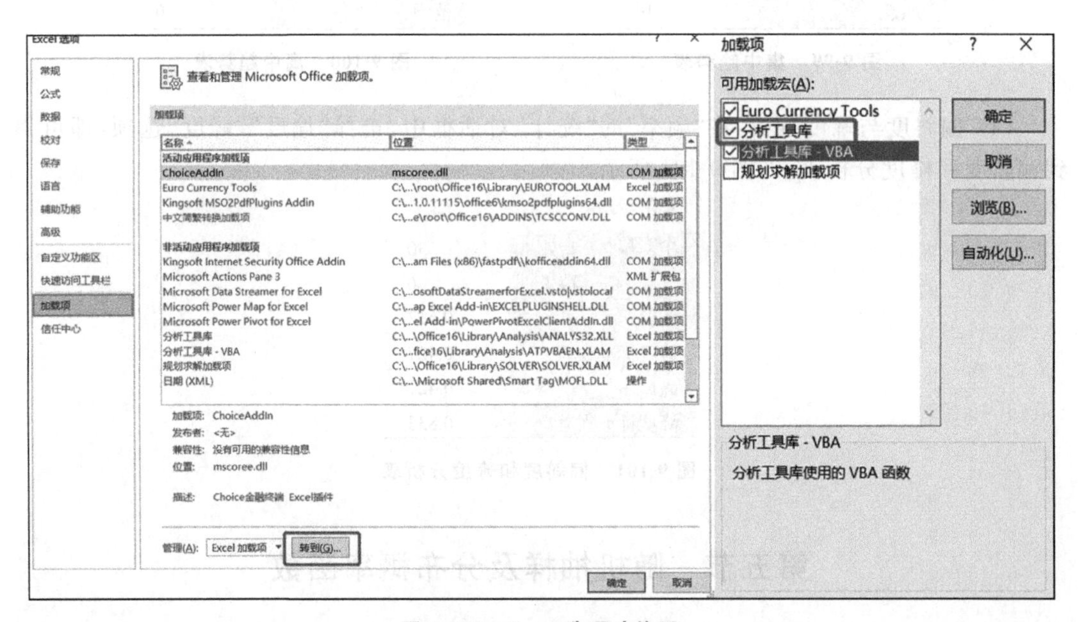

图 9-102 Excel 选项功能区

（3）在工具栏中选择“数据”→“数据分析”，弹出“数据分析”对话框（图 9-103），选择“随机数发生器”选项，单击“确定”按钮，弹出“随机数发生器”对话框（图 9-104）。

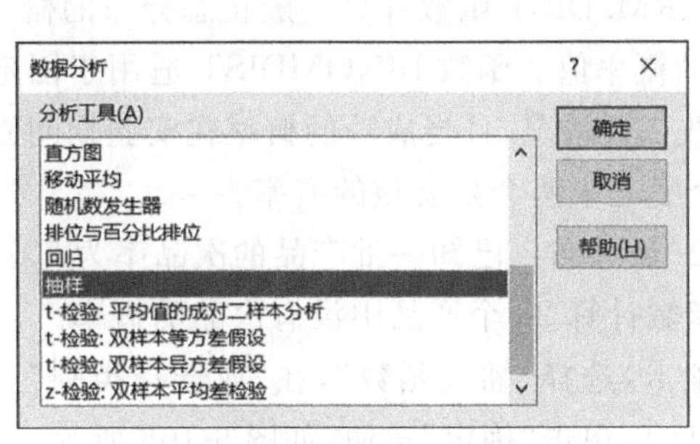

图 9-103　“数据分析”选项卡

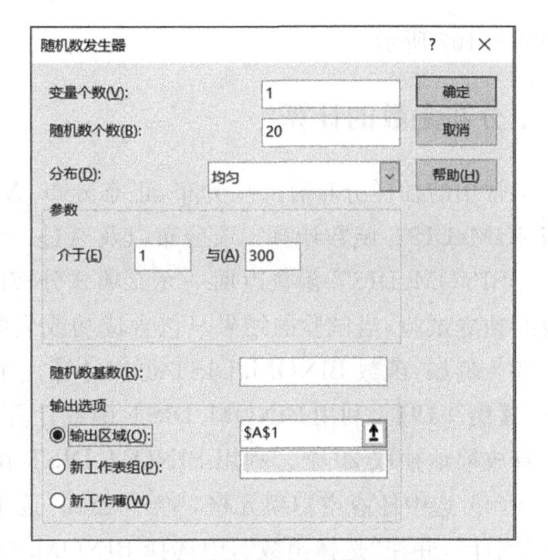

图 9-104　“随机数发生器”选项卡

(4) 在“变量个数”文本框中输入 1，在“随机数个数”文本框中输入 20，“分布”下拉菜单中选择“均匀”，“参数”介于 1 与 300，“输出区域”选择“＄A＄1”。

(5) 同时可以使用“＝RANDBETWEEN(1,300)”函数，按回车键并将鼠标放置 B1 单元格右下角，待光标变成黑色小十字后拖动鼠标向下填充。图 9-105 中，A 列输出数据通过“随机数发生器”产生，B 列数据通过 RANDBETWEEN 产生。

(6) 使用抽样工具。针对 A 列通过“随机数发生器”产生随机抽选 5 个结果。单击“数据”选项卡中的“分析”组中的“数据分析”按钮，打开在统计“数据分析”对话框，然后在“分析工具”列表中选择“抽样”。

(7) 设置输入区域和抽样方式。在弹出的“抽样”对话框中，设置“输入区域”为“＄A＄1:＄A＄20”，设置“抽样方法”为“随机”，样本数为 5，再设置“输出区域”为“＄C＄1”，如图 9-106 所示。

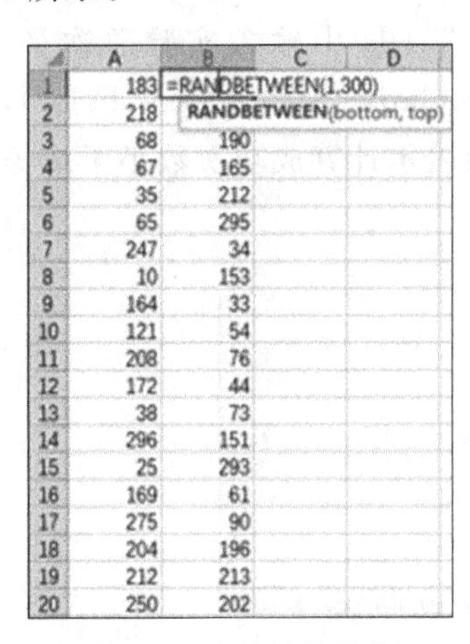

	A	B	C	D
1	183	=RANDBETWEEN(1,300)		
2	218	RANDBETWEEN(bottom, top)		
3	68	190		
4	67	165		
5	35	212		
6	65	295		
7	247	34		
8	10	153		
9	164	33		
10	121	54		
11	208	76		
12	172	44		
13	38	73		
14	296	151		
15	25	293		
16	169	61		
17	275	90		
18	204	196		
19	212	213		
20	250	202		

图 9-105　随机数输出

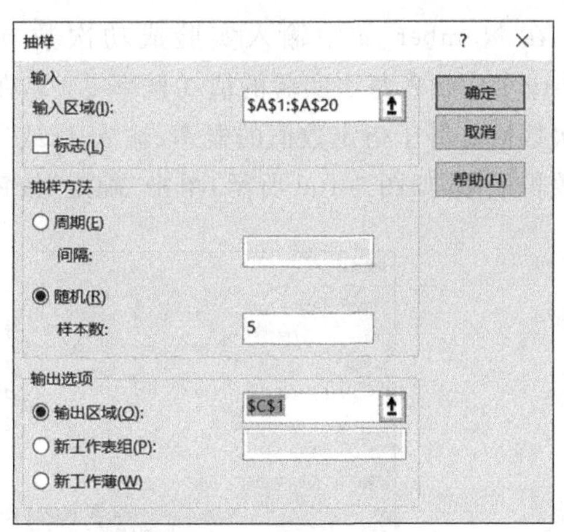

图 9-106　“抽样”选项卡

(8) 抽样结果。单击对话框中的“确定”按钮后，K 列中随机产生了 5 个样本数据，结果如图 9-107 所示。

二、分布函数的计算

常用的抽样分布有二项分布、正态分布、X^2分布、t 分布、F 分布。本节实验将联系利用 BINOM. DIST 函数计算二项分布以及通过 NORM. DIST 函数计算一般正态分布的概率。

BINOM. DIST 函数返回一元二项式分布的概率值。函数 BINOMDIST 适用于固定次数的独立试验，当试验的结果只包含成功或失败二种情况，且当成功的概率在实验期间固定不变。例如，函数 BINOM. DIST 可以计算三个婴儿中两个是女孩的概率。

【例 9-19】 利用 BINOM. DIST 函数计算二项分布。已知一批产品的次品率为 2%，从中有放回地抽取 20 个。利用 BINOM. DIST 函数计算 20 个产品中没有次品的概率。

(1) 选中任意空白单元格，单击“公式”选项卡，选择“插入函数”，在“或选择类别”中选择“统计”，并在“选择函数”，中选择 BINOM. DIST，单击“确定”按钮，如图 9-108 所示。

A	B	C
183		67
218		296
68		169
67		275
35		183
65		
247		
10		
164		
121		
208		
172		
38		
296		
25		
169		
275		
204		
212		
250		

图 9-107 随机及抽样结果

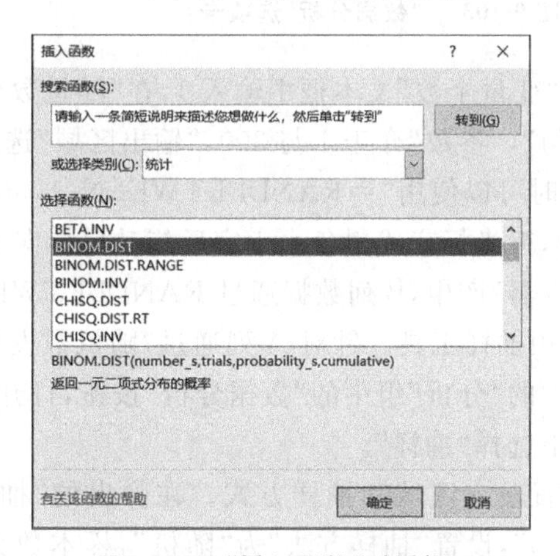

图 9-108 “插入函数”对话框 1

(2) 在 Number_s 中输入实验成功次数 0。在 Trails 中输入实验总次数 20。在 Probability_s 中输入每次实验的成功概率 0. 02，在 Cumulative 中输入 0(或 False)，表示计算成功次数恰好等于指定数值的概率；输入 1(或 True)表示计算成功次数小于或等于指定数值的累积概率，如图 9-109 所示，单击“确定”按钮。

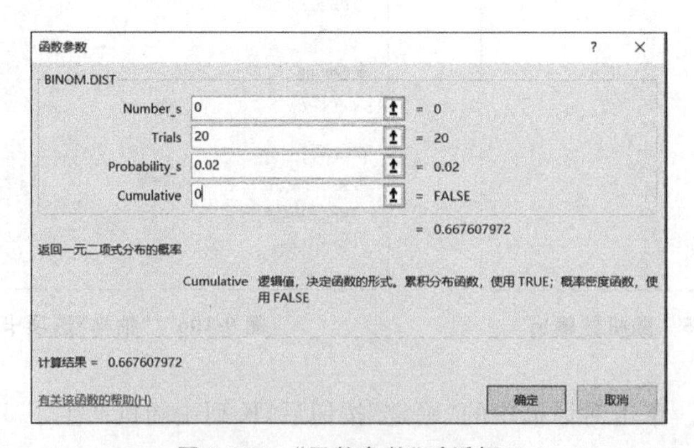

图 9-109 “函数参数”对话框 2

最终概率约为 67%。

【例 9-20】 利用 NORM. DIST 函数计算一般正态分布的概率。假设 5 岁男童的体重服从正态分布，平均体重为 20kg，标准差为 2.5kg。随机抽查一个 5 岁男童的体重，利用 NORM. DIST 函数计算体重小于 16.5kg 的概率。

(1) 选中任意空白单元格，单击“公式”选项卡，选择“插入函数”，在“或选择类别”中选择“统计”，并在“选择函数”中选择 NORM. DIST，单击“确定”按钮，如图 9-110 所示。

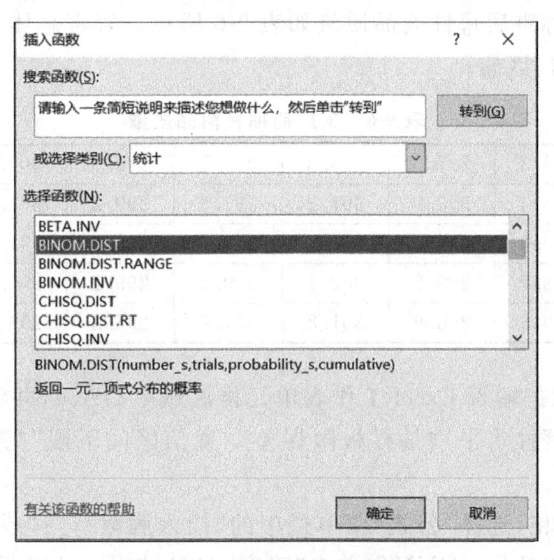

图 9-110 “插入函数”对话框 3

(2) 在 X 中输入用于计算正态函数值的区间点 16.5，在 Mean 中输入正态分布的算数平均值 20，在 Standard_dev 中输入正态分布的标准方差 2.5，在 Cumulative 中输入 1(或者 True)表示此次实验使用累积分布函数。单击“确定”按钮，如图 9-111 所示。

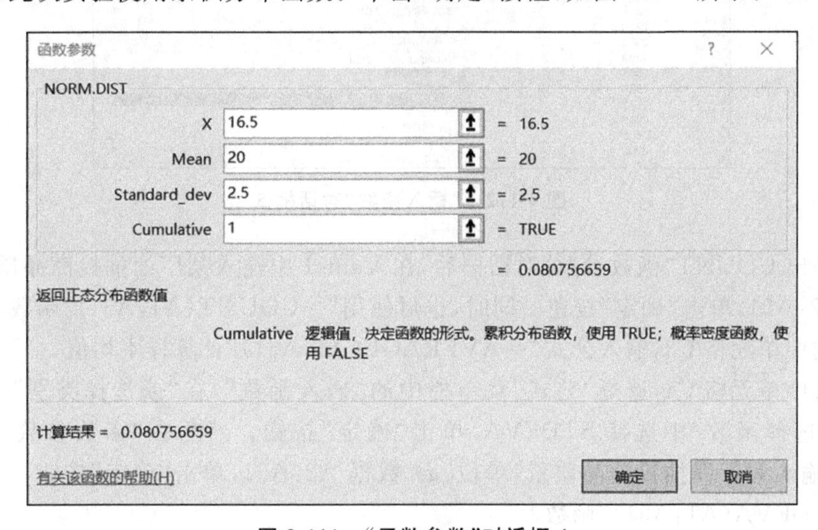

图 9-111 “函数参数”对话框 4

最终概率约为 8%。

第六节 均值的比较及区间估计

一、用 Excel 完成总体均值的区间估计

【例 9-21】 单个总体均值的区间估计。某食品加工厂要对一批产品进行检测，随机从仓库抽取 50 袋产品，称重后每件商品质量如表 9-6 所示。假定总体方差未知，试求该批商品平均质量的 95%置信区间。

表 9-6 某厂商抽检商品质量 单位：g

299.7	301.1	289.3	297.5	298.3	299.1	299.8	300.3	296.2	299.6
289.9	297.3	300.4	300.9	301.2	297.9	299.2	301.1	297.6	300.8
287.3	302.1	300.8	299.2	303.2	301.5	298.9	301.5	301.7	299.4
300.5	297.3	298.7	299.5	302.1	300.2	299.2	296.9	302.4	301.3
301.3	298.1	299.6	296.9	301.8	301.8	298.8	299.4	297.6	302.5

(1) 将表 9-6 的数据输入 Excel 工作表单元格区域 A2:A51，并将“样本容量”“样本均值”“样本标准差”“显著性水平”“抽样极限误差”“置信区间下限”“置信区间上限”输入至 B2:B8。

(2) 选中 C2 单元格，选择“公式”菜单栏中的“插入函数”，在“或选择类别”中选择“统计”，并在“选择函数”中选择 COUNT，单击“确定”按钮，如图 9-112 所示。

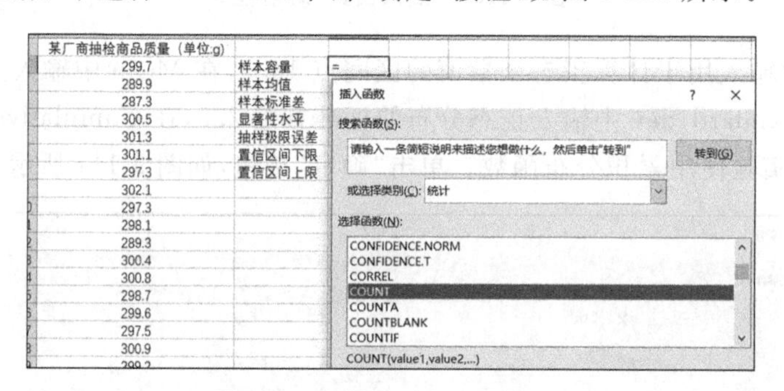

图 9-112 “插入函数”对话框 5

(3) 弹出 COUNT“函数参数”对话框后，在 Value1 中输入某厂商抽检商品质量(单位：g) 数据 A2:A51，单击“确定”按钮。同时，也可使用“=COUNT(A1:A51)”函数。

(4) 选中单元格 C3，输入公式“=AVERAGE(A1:A51)”计算样本均值。

(5) 选中单元格 C4，选择“公式”菜单栏中的“插入函数”，在“或选择类别”中选择“统计”，并在“选择函数”中选择 STDEVA，单击“确定”按钮。然后在“函数参数”对话框的 Value1 中输入某厂商抽检商品质量(单位：g) 数据 A2:A51，单击“确定”按钮。同时，也可使用“=STDEVA(A1:A51)”函数。

(6) 选中单元格 C5，输入显著性水平值为 0.05。

(7) 选中单元格 C6，选择“公式”菜单栏中的“插入函数”，在“或选择类别”中选择“统计”，并在“选择函数”中选择 CONFIDENCE.NORM，单击“确定”按钮。然后在“函数参数”

对话框 Alpha 文本框中输入显著性水平数据区域单元格 C5，Standard_dev 文本框中输入样本标准差数据区域单元格 C4，Size 文本框中输入样本容量数据单元格 C2，单击“确定”按钮，如图 9-113 所示。

(8) 选中单元格 C7，输入公式“＝C3－C6”，按回车键获得置信区间下限值；选中单元格 C8，输入公式“＝C3＋C6”，按回车键获得置信区间上限值。最终实验结果如图 9-114 所示。

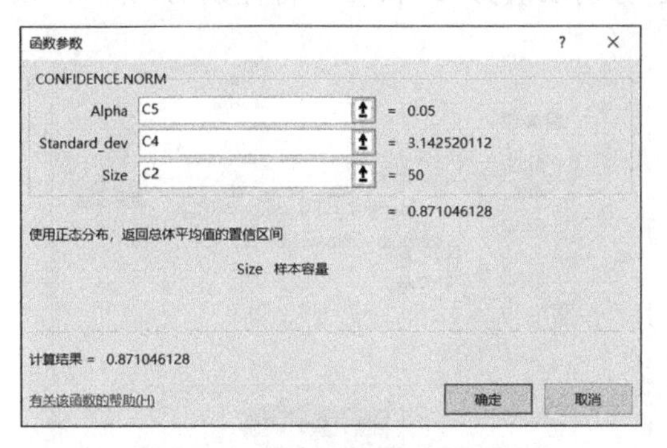

图 9-113　“函数参数”对话框 6

	A	B	C
1	某厂商抽检商品质量（单位:g）		
2	299.7	样本容量	50
3	289.9	样本均值	299.174
4	287.3	样本标准差	3.14252
5	300.5	显著性水平	0.05
6	301.3	抽样极限误差	0.871046
7	301.1	置信区间下限	298.303
8	297.3	置信区间上限	300.045

图 9-114　实验结果

【例 9-22】　单个总体均值的区间估计(小样本且总体方差未知)。

注：本例采取的函数与例 9.21 略有不同。选取表 9-6 左起两纵列数据，作为小样本案例。试求此次小样本的平均质量的 90% 置信区间。

(1) 选取表 9-6 左起两纵列数据输入至 A2:A11。

(2) 选中单元格 C2，输入公式“＝COUNT(A2:A11)”获得“样本容量”；选中单元格 C3，输入公式“＝AVERAGE(A2:A11)”获得“样本均值”；选中单元格 C4，输入公式“＝STDEVA(A2:A11)”获得“样本标准差”；选中单元格 C5，输入“显著性水平”值为 0.1

(3) 选中单元格 C6，选择“公式”菜单栏中“插入函数”，在“或选择类别”中选择“统计”，并在“选择函数”中选择 CONFIDENCE.T，单击“确定”按钮。然后在“函数参数”对话框的 Alpha 文本框中输入显著性水平数据区域单元格 C5，Standard_dev 文本框中输入样本标准差数据区域单元格 C4，Size 文本框中输入样本容量数据单元格 C2，单击“确定”按钮，如图 9-115 所示。

(4) 选中单元格 C7，输入公式“＝C3－C6”，按回车键获得置信区间下限值；选中单元格 C8，输入公式“＝C3＋C6”，按回车键获得置信区间上限值。最终实验结果如图 9-116 所示。

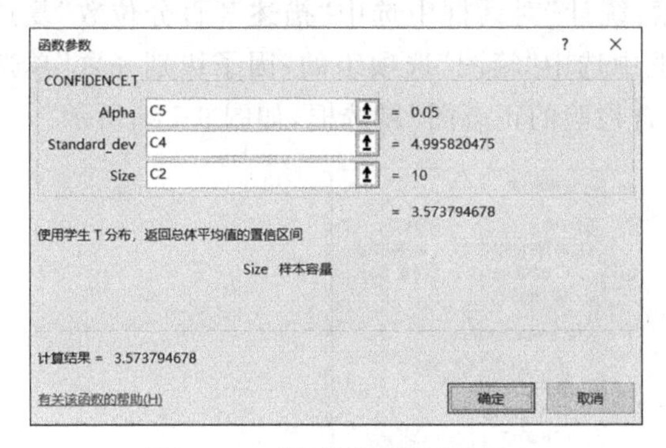

图 9-115　“函数参数”对话框 7

	A	B	C
1	某厂商抽检商品质量（单位:g）		
2	299.7	样本容量	10
3	289.9	样本均值	297.46
4	287.3	样本标准差	4.99582
5	300.5	显著性水平	0.05
6	301.3	抽样极限误差	3.573795
7	301.1	置信区间下限	293.8862
8	297.3	置信区间上限	301.0338
9	302.1		
10	297.3		
11	298.1		

图 9-116　实验结果

二、用 SPSS 完成置信区间值的计算

【例 9-23】　某年级记录了各班学生数学以及语文考试的成绩，利用探索分析求该年级数学和语文成绩的正态性以及置信区间。

(1) 赋值。将班级中的“一班”和“二班”分别赋值为“1”和“2”；将性别的“男”和“女”分别赋值为“1”和“0”，如图 9-117 所示。

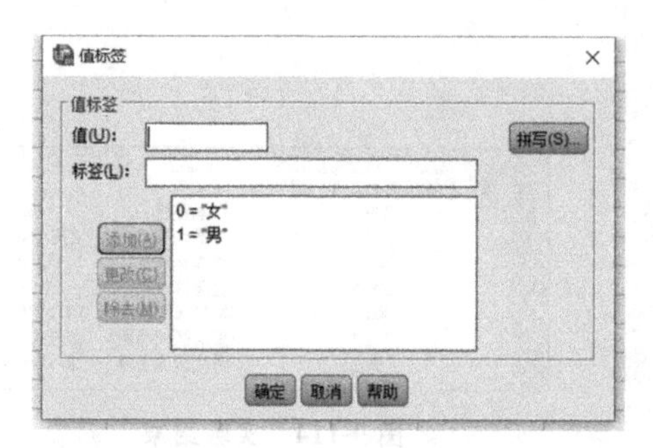

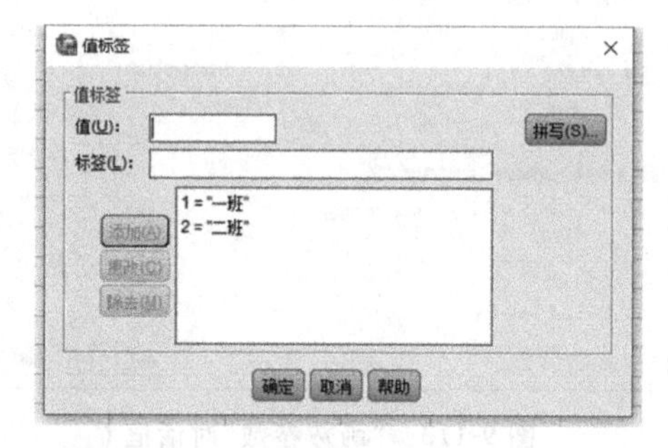

图 9-117　赋值“值标签”

(2) 在菜单栏中选择“分析”→“描述统计”→“探索”命令，将“探索”选项卡中的“数学”选入“因变量列表”列表框，将“性别”选入“因子列表”列表框，将“班级”选入“个案标注依据”列表框，如图 9-118 所示。

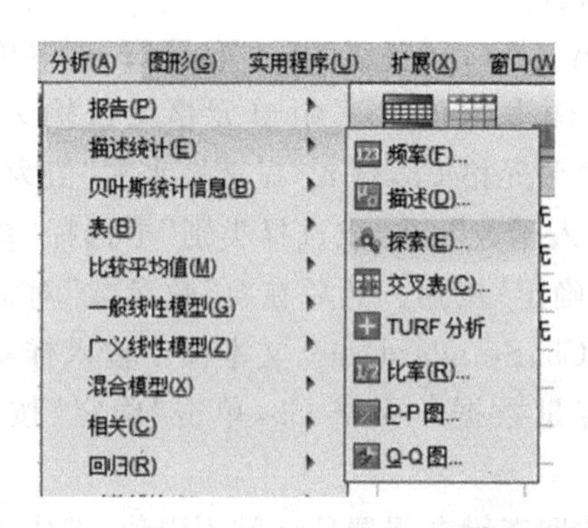

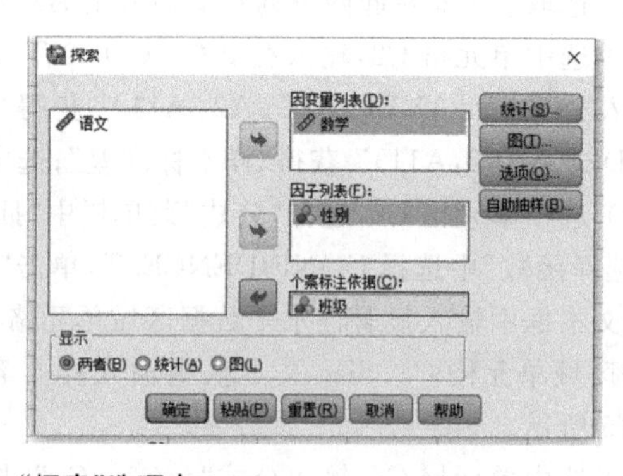

图 9-118　“探索”选项卡 1

步骤 3：单击“统计”按钮，在弹出的“探索：统计”对话框中选中“描述”“百分位数”复选框；单击“图”按钮，在弹出的“探索：图”对话框中选中“箱图”选项组的“因子级别并置”单选按钮、“描述”选项组的“茎叶图”复选框以及“含检验的正态图”复选框，如图 9-119 所示。

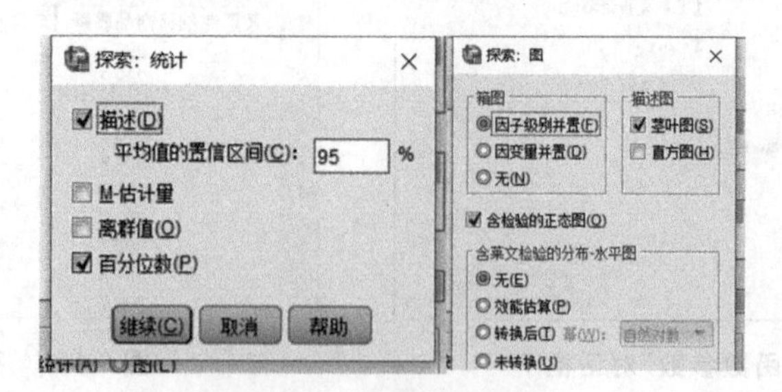

图 9-119　“探索”选项卡 2

步骤 4:“探索”对话框中选中“输出”选项组的“两者”单选按钮,然后单击“确定”按钮就可以输出探索分析的结果,如图 9-120～图 9-129 所示。

描述				统计	标准误差
	性别				
数学	女	平均值		78.82	1.934
		平均值的 95% 置信区间	下限	74.88	
			上限	82.76	
		5% 剪除后平均值		79.35	
		中位数		79.00	
		方差		123.403	
		标准偏差		11.109	
		最小值		46	
		最大值		99	
		范围		53	
		四分位距		13	
		偏度		-.771	.409
		峰度		1.320	.798
	男	平均值		78.64	1.514
		平均值的 95% 置信区间	下限	75.59	
			上限	81.69	
		5% 剪除后平均值		78.78	
		中位数		81.00	
		方差		107.714	
		标准偏差		10.379	
		最小值		53	
		最大值		98	
		范围		45	
		四分位距		16	
		偏度		-.367	.347
		峰度		-.533	.681

图 9-120　输出结果 1

个案处理摘要							
		个案					
		有效		缺失		总计	
	性别	N	百分比	N	百分比	N	百分比
数学	女	33	100.0%	0	0.0%	33	100.0%
	男	47	100.0%	0	0.0%	47	100.0%

图 9-121　输出结果 2

百分位数									
			百分位数						
		性别	5	10	25	50	75	90	95
加权平均（定义 1）	数学	女	53.70	64.80	73.50	79.00	86.00	93.20	96.90
		男	62.00	63.00	71.00	81.00	87.00	90.20	95.20
图基枢纽	数学	女			74.00	79.00	86.00		
		男			71.50	81.00	87.00		

图 9-122　输出结果 3

正态性检验

	性别	柯尔莫戈洛夫-斯米诺夫(V)[a] 统计	自由度	显著性	夏皮洛-威尔克 统计	自由度	显著性
数学	女	.097	33	.200*	.963	33	.324
	男	.110	47	.200*	.971	47	.291

*. 这是真显著性的下限。

a. 里利氏显著性修正

图 9-123 输出结果 4

数学 茎叶图:
性别= 女

频率	Stem & 叶
1.00	Extremes (=<46)
1.00	5 . 7
1.00	6 . 4
3.00	6 . 678
3.00	7 . 234
9.00	7 . 566778899
4.00	8 . 2334
7.00	8 . 5566789
2.00	9 . 24
2.00	9 . 69

主干宽度: 10
每个叶: 1 个案

数学 茎叶图:
性别= 男

频率	Stem & 叶
1.00	5 . 3
.00	5 .
5.00	6 . 22334
5.00	6 . 66789
5.00	7 . 12334
7.00	7 . 5677899
10.00	8 . 1123344444
8.00	8 . 57788889
4.00	9 . 0014
2.00	9 . 68

主干宽度: 10
每个叶: 1 个案

图 9-124 输出结果 5

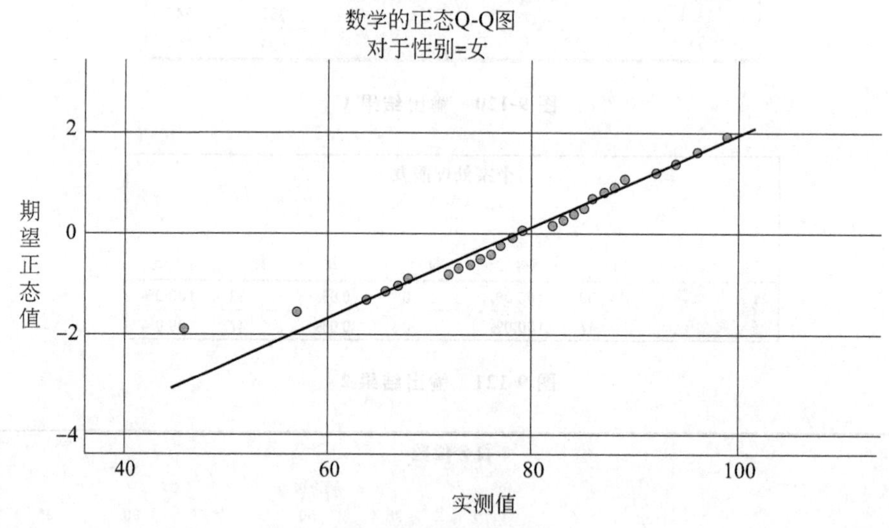

图 9-125 输出结果 6

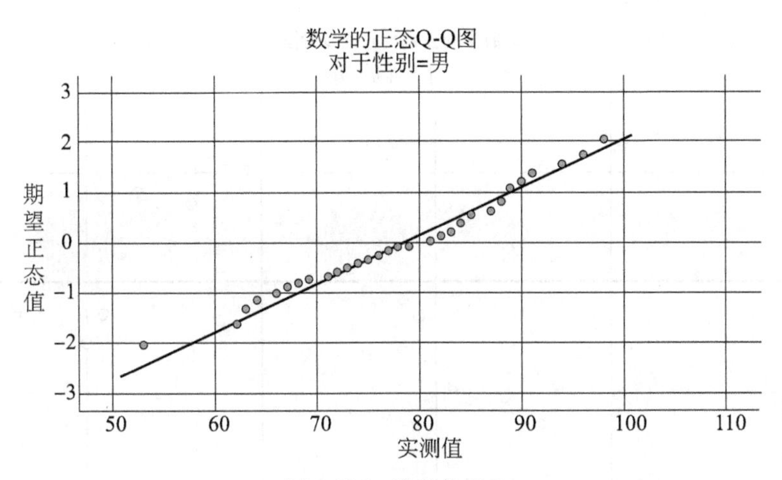

图 9-126 输出结果 7

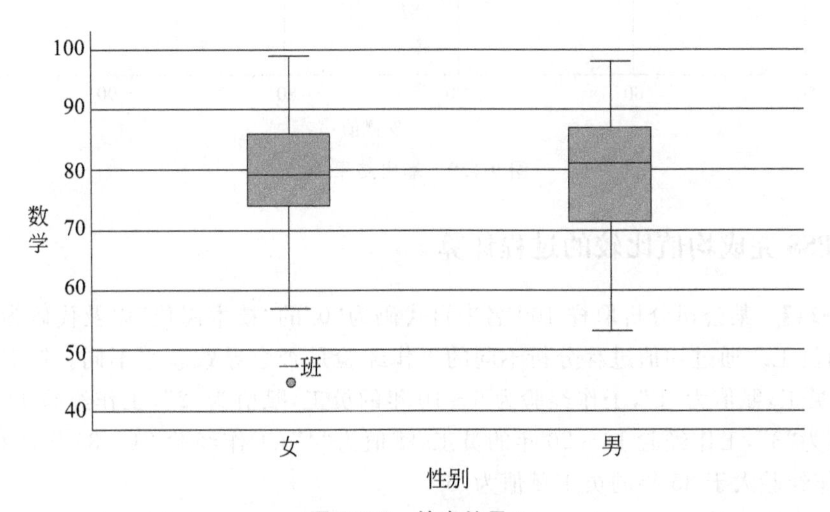

图 9-127 输出结果 8

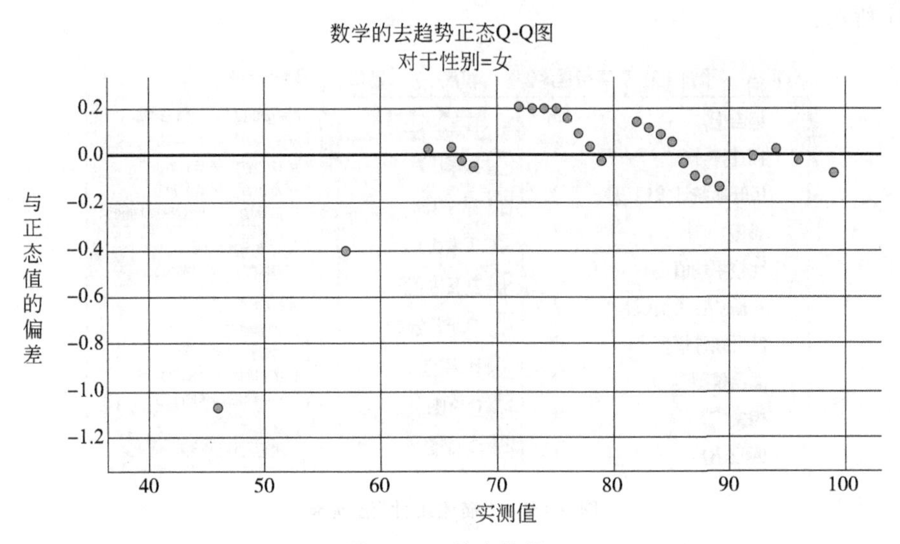

图 9-128 输出结果 9

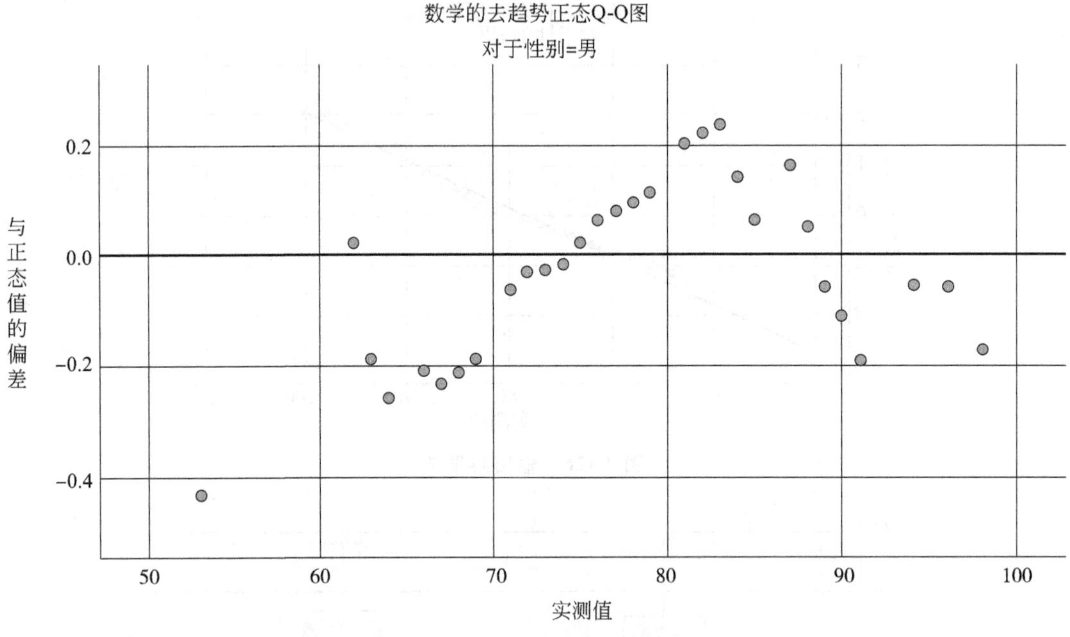

图 9-129　输出结果 10

三、用 SPSS 完成均值比较的过程计算

【例 9-24】 某公司分析取样 100 名来自代码为"0"的"技术岗位"以及代码为"1"的"管理岗位"的员工。通过均值过程分析不同的工作经验是否会导致薪水不同。针对工作经验 1～5 年的员工，赋值为"1"，工作经验为 6～10 年的员工，赋值为"2"，工作经验 11～15 年的员工，赋值为"3"，工作经验 16～20 年的员工，赋值为"4"，工作经验 21～35 年的员工，赋值为"5"，工作经验大于 35 年的员工赋值为"6"。

（1）先进行简单的描述性分析。通过"描述统计"获取基础均值信息，如图 9-130 和图 9-131 所示。

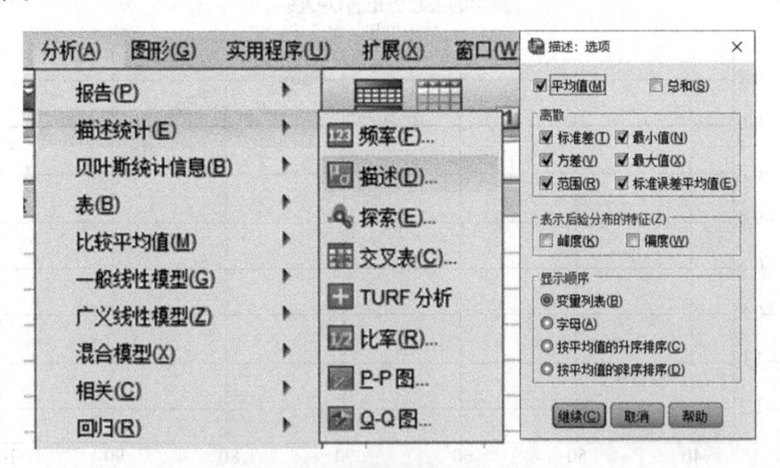

图 9-130　"描述统计"选项卡

描述统计						
	N	范围	最小值	最大值	均值	
	统计	统计	统计	统计	统计	标准 错误
薪水	100	16.36	10.59	26.95	19.0463	.37546
有效个案数（成列）	100					

图 9-131　“描述统计”输出结果

步骤 2:比较平均值。选择“分析”→“比较平均值”→“平均值”选项卡,将“薪水”拖入“因变量列表”,将“工作经验”以及“岗位”拖入自变量列表,如图 9-132 所示。

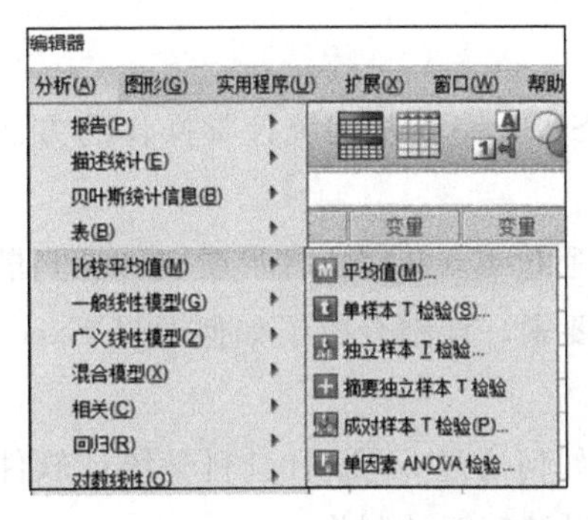

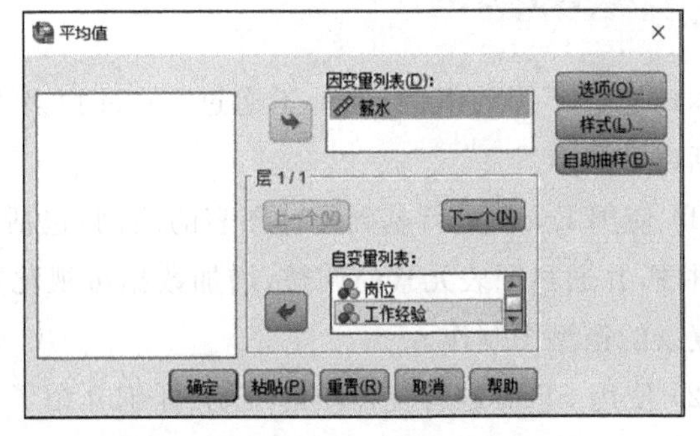

图 9-132　“平均值”选项卡

步骤 3:最终结果报告如图 9-133～图 9-135 所示。

个案处理摘要						
	个案					
	包括		排除		总计	
	个案数	百分比	个案数	百分比	个案数	百分比
薪水 * 岗位	100	100.0%	0	0.0%	100	100.0%
薪水 * 工作经验	100	100.0%	0	0.0%	100	100.0%

图 9-133　最终平均值输出数据 1

薪水 * 工作经验

薪水

工作经验	平均值	个案数	标准 偏差
1	17.6514	22	3.58583
2	19.3413	32	3.48720
3	19.6509	32	4.31737
4	18.7156	9	3.13898
5	20.0220	5	2.68922
总计	19.0463	100	3.75462

图 9-134　最终平均值输出数据 2

薪水 * 岗位

薪水			
岗位	平均值	个案数	标准 偏差
0	19.2888	66	3.58712
1	18.5756	34	4.07439
总计	19.0463	100	3.75462

图 9-135 最终平均值输出数据 3

本章小结

本章通过不同的案例,展示了通过 Excel 以及 SPSS 完成基础统计学操作的方法。其中包括以下几点。

(1) 使用 Excel 进行基础统计图表的绘制:包括通过 Excel 完成柱形图、折线图、散点图以及饼图,并通过图表元素的调整,增加数据可视化要素。详细介绍了如何通过 Excel 完成较为复杂的箱型图制作。

(2) 使用 SPSS 进行统计图的绘制:详细介绍了如何通过 SPSS 社会科学统计软件进行简单的操作。通过案例完成条形图、线形图、面积图以及箱图的制作。

(3) 同时,通过不同的案例,使用 SPSS 以及 Excel 进行描述性统计,通过不同的方法求得平均值、中位数、众数、分位数、频数等统计信息。

(4) 通过步骤详解展示如何使用 Excel 进行随机数产生以及抽样并统计概率。

(5) 通过案例展示如何使用 Excel 完成总体均值的区间估计。以及如何使用 SPSS 进行赋值并进行探索分析求得置信区间范围完成茎叶图、箱图等统计数据。

统计术语

柱形图 Bar chart

折线图 Line chart

散点图 Scatter plot

饼图 Pie chart

箱图 Box Plot

X 轴 *X*-Axis

Y 轴 *Y*-Axis

描述性统计 Descriptive Statistics

思考与练习

1. 试述柱形图、折线图、散点图以及饼图分别适合的分析场景。

2. SPSS 操作题。下表给出了某股票交易日的价格。要求:

① 股票价格偏斜度;

② 选用合适的图表,对数据的整体趋势进行展示。

某股票交易日价格

交易时间	收盘价	涨跌幅/%
2021-10-08	7.52	−10.04
2021-10-11	6.89	−8.40
2021-10-12	6.56	−4.73
2021-10-13	6.49	−1.05
2021-10-14	6.58	1.37
2021-10-15	6.69	1.65
2021-10-18	6.93	3.54
2021-10-19	7.09	2.28
2021-10-20	7.10	0.14
2021-10-21	7.02	−1.11
2021-10-22	6.82	−2.81
2021-10-25	7.50	9.99
2021-10-26	8.10	8.03
2021-10-27	8.05	−0.61
2021-10-28	7.98	−0.86
2021-10-29	8.10	1.48
2021-11-01	8.01	−1.10
2021-11-02	7.71	−3.82
2021-11-03	7.80	1.15
2021-11-04	7.80	0.00

3. Excel操作题。对应2018年1月到2021年12月每月上证指数，如下表所示。要求：

① 每年平均指数以及四年平均指数；

② 最大值及最小值；

③ 中位数；

④ 95%置信度；

⑤ 选用合适的图表，对数据的整体趋势进行展示。

上证指数观测值

月份	2018年1月	2018年2月	2018年3月	2018年4月	2018年5月	2018年6月	2018年7月	2018年8月	2018年9月	2018年10月	2018年11月	2018年12月	平均
上证指数	3 481	3 259	3 169	3 082	3 095	2 847	2 876	2 725	2 821	2 603	2 588	2 494	
月份	2019年1月	2019年2月	2019年3月	2019年4月	2019年5月	2019年6月	2019年7月	2019年8月	2019年9月	2019年10月	2019年11月	2019年12月	平均
上证指数	2 585	2 941	3 091	3 078	2 899	2 979	2 933	2 886	2 905	2 929	2 872	3 050	
月份	2020年1月	2020年2月	2020年3月	2020年4月	2020年5月	2020年6月	2020年7月	2020年8月	2020年9月	2020年10月	2020年11月	2020年12月	平均
上证指数	2 977	2 880	2 750	2 860	2 852	2 985	3 310	3 396	3 218	3 225	3 392	3 473	
月份	2021年1月	2021年2月	2021年3月	2021年4月	2021年5月	2021年6月	2021年7月	2021年8月	2021年9月	2021年10月	2021年11月	2021年12月	平均
上证指数	3 483	3 509	3 442	3 447	3 615	3 591	3 397	3 544	3 568	3 547	3 564	3 640	

正态分布概率表

t	$F(t)$	t	$F(t)$	t	$F(t)$	t	$F(t)$
0.00	0.000 0	0.25	0.197 4	0.50	0.464 7	0.75	0.546 7
0.01	0.008 0	0.26	0.205 1	0.51	0.471 3	0.76	0.552 7
0.02	0.016 0	0.27	0.212 8	0.52	0.477 8	0.77	0.558 7
0.03	0.023 9	0.28	0.220 5	0.53	0.484 3	0.78	0.564 6
0.04	0.031 9	0.29	0.228 2	0.54	0.490 7	0.79	0.570 5
0.05	0.033 9	0.30	0.235 8	0.55	0.497 1	0.80	0.576 3
0.06	0.047 8	0.31	0.243 4	0.56	0.503 5	0.81	0.582 1
0.07	0.055 8	0.32	0.251 0	0.57	0.509 8	0.82	0.587 8
0.08	0.063 8	0.33	0.258 6	0.58	0.516 1	0.83	0.593 5
0.09	0.071 7	0.34	0.266 1	0.59	0.522 3	0.84	0.599 1
0.10	0.079 7	0.35	0.273 7	0.60	0.528 5	0.85	0.604 7
0.11	0.087 6	0.36	0.281 2	0.61	0.534 6	0.86	0.610 2
0.12	0.095 5	0.37	0.288 6	0.62	0.382 9	0.87	0.615 7
0.13	0.103 4	0.38	0.296 1	0.63	0.389 9	0.88	0.621 1
0.14	0.111 3	0.39	0.303 5	0.64	0.396 9	0.89	0.626 5
0.15	0.119 2	0.40	0.310 8	0.65	0.403 9	0.90	0.631 9
0.16	0.127 1	0.41	0.318 2	0.66	0.410 8	0.91	0.637 2
0.17	0.135 0	0.42	0.325 5	0.67	0.417 7	0.92	0.642 4
0.18	0.142 8	0.43	0.332 8	0.68	0.424 5	0.93	0.647 6
0.19	0.150 7	0.44	0.340 1	0.69	0.431 3	0.94	0.652 8
0.20	0.158 5	0.45	0.347 3	0.70	0.438 1	0.95	0.657 9
0.21	0.166 3	0.46	0.354 5	0.71	0.444 8	0.96	0.662 9
0.22	0.174 1	0.47	0.361 6	0.72	0.451 5	0.97	0.668 0
0.23	0.191 9	0.48	0.368 8	0.73	0.458 1	0.98	0.672 9
0.24	0.189 7	0.49	0.375 9	0.74	0.540 7	0.99	0.677 8

续表

t	$F(t)$	t	$F(t)$	t	$F(t)$	t	$F(t)$
1.00	0.687 5	1.40	0.838 5	1.80	0.928 1	2.40	0.983 6
1.01	0.692 3	1.41	0.841 5	1.81	0.929 7	2.42	0.984 5
1.02	0.697 0	1.42	0.844 4	1.82	0.931 2	2.44	0.985 3
1.03	0.701 7	1.43	0.847 3	1.83	0.932 8	2.46	0.986 1
1.04	0.706 3	1.44	0.850 1	1.84	0.934 2	2.48	0.986 9
1.05	0.710 9	1.45	0.852 9	1.85	0.935 7	2.50	0.987 6
1.06	0.715 4	1.46	0.855 7	1.86	0.937 1	2.52	0.988 3
1.07	0.719 9	1.47	0.858 4	1.87	0.938 5	2.54	0.988 9
1.08	0.724 3	1.48	0.863 8	1.88	0.939 9	2.56	0.989 5
1.09	0.728 7	1.49	0.866 4	1.89	0.941 2	2.58	0.990 1
1.10	0.733 0	1.50	0.869 0	1.90	0.942 6	2.60	0.990 7
1.11	0.737 3	1.51	0.682 7	1.91	0.943 9	2.62	0.991 2
1.12	0.741 5	1.52	0.871 5	1.92	0.945 1	2.64	0.991 7
1.13	0.745 7	1.53	0.874 0	1.93	0.946 4	2.66	0.992 2
1.14	0.749 9	1.54	0.876 4	1.94	0.947 6	2.68	0.992 6
1.15	0.754 0	1.55	0.878 9	1.95	0.948 8	2.70	0.993 1
1.16	0.758 0	1.56	0.881 2	1.96	0.950 0	2.72	0.993 5
1.17	0.762 0	1.57	0.883 6	1.97	0.951 2	2.74	0.993 9
1.18	0.766 0	1.58	0.885 9	1.98	0.952 3	2.76	0.994 2
1.19	0.769 9	1.59	0.888 2	1.99	0.953 4	2.78	0.994 6
1.20	0.773 7	1.60	0.890 4	2.00	0.954 5	2.80	0.994 9
1.21	0.777 5	1.61	0.892 6	2.02	0.956 6	2.82	0.995 2
1.22	0.781 3	1.62	0.894 8	2.04	0.958 7	2.84	0.995 5
1.23	0.785 0	1.63	0.896 9	2.06	0.960 6	2.86	0.995 8
1.24	0.788 7	1.64	0.899 0	2.08	0.962 5	2.88	0.996 0
1.25	0.792 3	1.65	0.901 1	2.10	0.964 3	2.90	0.996 2
1.26	0.795 9	1.66	0.903 1	2.12	0.966 0	2.92	0.996 5
1.27	0.799 5	1.67	0.905 1	2.14	0.967 6	2.94	0.996 7
1.28	0.803 0	1.68	0.907 0	2.16	0.969 2	2.96	0.996 9
1.29	0.806 4	1.69	0.909 0	2.18	0.970 7	2.98	0.997 1
1.30	0.809 8	1.70	0.910 9	2.20	0.972 2	3.00	0.997 3
1.31	0.813 2	1.71	0.912 7	2.22	0.973 6	3.20	0.998 6
1.32	0.816 5	1.72	0.914 6	2.24	0.974 9	3.40	0.999 3
1.33	0.819 8	1.73	0.916 4	2.26	0.976 2	3.60	0.999 68
1.34	0.823 0	1.74	0.918 1	2.28	0.977 4	3.80	0.999 86
1.35	0.861 1	1.75	0.919 9	2.30	0.978 6	4.00	0.999 94
1.36	0.826 2	1.76	0.921 6	2.32	0.979 7	4.50	0.999 993
1.37	0.829 3	1.77	0.923 3	2.34	0.980 7	5.00	0.999 999
1.38	0.832 4	1.78	0.924 9	2.36	0.981 7		
1.39	0.835 5	1.79	0.926 5	2.38	0.982 7		

附录二

平均增长速度累计法查对表

递增速度　　　　　　　　　　　　　　累计法查对表　　　　　　　　　　　　　　间隔期 1—5 年

平均每年增长百分比/%	各年发展水平总和为基年的百分比/%				
	1 年	2 年	3 年	4 年	5 年
0.1	100.10	200.30	300.60	401.00	501.5
0.2	100.20	200.60	301.20	402.00	503.00
0.3	100.30	200.90	201.80	403.00	504.50
0.4	100.40	201.20	302.40	404.00	506.01
0.5	100.50	201.50	303.01	405.03	507.56
0.6	100.60	201.80	303.61	406.03	509.06
0.7	100.70	202.10	304.21	407.03	510.57
0.8	100.80	202.41	304.83	408.07	512.14
0.9	100.90	202.71	305.44	409.09	513.67
1.0	101.00	203.01	306.04	410.10	515.20
1.1	101.10	203.31	306.64	411.11	516.73
1.2	101.20	203.61	307.25	412.13	518.27
1.3	101.30	203.92	307.87	413.17	519.84
1.4	101.40	204.22	308.48	414.20	521.40
1.5	101.50	204.52	309.09	415.23	522.96
1.6	101.60	204.83	309.71	416.27	524.53
1.7	101.70	205.13	310.32	417.30	526.10
1.8	101.80	205.43	310.93	418.33	527.66
1.9	101.90	205.74	311.55	419.37	529.24
2.0	102.00	206.04	312.16	400.40	530.80
2.1	102.10	206.34	312.77	421.44	532.39
2.2	102.20	206.65	313.40	422.50	534.00
2.3	102.30	206.95	314.01	423.53	535.57

续表

平均每年增长百分比/%	各年发展水平总和为基年的百分比/%				
	1年	2年	3年	4年	5年
2.4	102.40	207.26	314.64	424.60	537.20
2.5	102.50	207.56	315.25	425.63	538.77
2.6	102.60	207.87	315.88	426.70	540.40
2.7	102.70	208.17	316.49	427.73	541.97
2.8	102.80	208.48	317.12	428.80	543.61
2.9	102.90	208.78	317.73	429.84	545.20
3.0	103.00	209.09	318.36	430.91	546.84
3.1	103.10	209.40	319.00	432.00	548.50
3.2	103.20	209.70	319.61	433.04	550.10
3.3	103.30	210.01	320.24	434.11	551.74
3.4	103.40	210.32	320.88	435.20	553.41
3.5	103.50	210.62	321.49	436.24	555.01
3.6	103.60	210.93	322.12	437.31	556.65
3.7	103.70	211.24	322.76	438.41	558.34
3.8	103.80	211.54	323.37	439.45	559.94
3.9	103.90	211.85	324.01	440.54	561.61
4.0	104.00	212.16	324.65	441.64	563.31
4.1	104.10	212.47	325.28	442.72	564.98
4.2	104.20	212.78	325.92	443.81	566.65
4.3	104.30	213.08	326.54	444.88	568.31
4.4	104.40	213.39	327.18	445.98	570.01
4.5	104.50	213.70	327.81	447.05	571.66
4.6	104.60	214.01	328.45	448.15	573.36
4.7	104.70	214.32	329.09	449.25	575.06
4.8	104.80	214.63	329.73	450.35	576.76
4.9	104.90	214.94	330.37	451.46	578.48
5.0	105.00	215.25	331.01	452.56	580.19
5.1	105.10	215.56	331.65	453.66	581.89
5.2	105.20	215.87	332.29	454.76	583.60
5.3	105.30	216.18	332.94	455.89	585.36
5.4	105.40	216.49	333.58	456.99	587.06
5.5	105.50	216.80	334.22	458.10	588.79
5.6	105.60	217.11	334.86	459.29	590.50
5.7	105.70	217.42	335.51	460.33	592.26
5.8	105.80	217.74	336.17	461.47	594.04
5.9	105.90	218.05	336.82	462.60	595.80
6.0	106.00	218.36	337.46	463.71	597.54
6.1	106.10	218.67	338.11	464.84	599.30
6.2	106.20	218.98	338.75	465.95	601.04

续表

平均每年增长百分比/%	各年发展水平总和为基年的百分比/%				
	1年	2年	3年	4年	5年
6.3	106.30	219.30	339.42	467.11	602.84
6.4	106.40	219.61	340.07	468.24	604.61
6.5	106.50	219.92	340.71	469.35	606.35
6.6	106.60	220.24	341.38	470.52	608.18
6.7	106.70	220.55	342.03	471.65	609.95
6.8	106.80	220.86	342.68	472.78	611.73
6.9	106.90	221.18	343.35	473.95	613.56
7.0	107.00	221.49	343.99	475.07	615.33
7.1	107.10	221.80	344.64	476.20	617.10
7.2	107.20	222.12	345.31	477.37	618.94
7.3	107.30	222.43	345.96	478.51	620.74
7.4	107.40	222.75	346.64	479.70	622.61
7.5	107.50	223.06	347.29	480.84	624.41
7.6	107.60	223.38	347.96	482.01	626.25
7.7	107.70	223.69	348.61	483.15	628.05
7.8	107.80	224.01	349.28	484.32	629.89
7.9	107.90	224.32	349.94	485.48	631.73
8.0	108.00	224.64	350.61	486.66	633.59
8.1	108.10	224.96	351.29	487.85	635.47
8.2	108.20	225.27	351.94	489.00	637.30
8.3	108.30	225.59	352.62	490.19	639.18
8.4	108.40	225.91	353.29	491.37	641.05
8.5	108.50	226.22	353.95	492.54	642.91
8.6	108.60	226.54	354.62	493.71	644.76
8.7	108.70	226.86	355.30	494.91	646.67
8.8	108.80	227.17	355.96	496.08	648.53
8.9	108.90	227.49	356.63	497.26	650.41
9.0	109.00	227.81	357.31	498.47	652.33
9.1	109.10	228.13	357.99	499.67	654.24
9.2	109.20	228.45	358.67	500.87	656.15
9.3	109.30	228.76	359.33	502.04	658.02
9.4	109.40	229.08	360.01	503.45	659.95
9.5	109.50	229.40	360.69	504.45	611.87
9.6	109.60	229.72	361.37	505.66	663.80
9.7	109.70	230.04	362.05	506.86	665.72
9.8	109.80	230.36	362.73	508.07	667.65
9.9	109.90	230.68	363.42	509.30	669.62
10.0	110.00	231.00	364.10	510.51	671.56

续表

平均每年增长百分比/%	各年发展水平总和为基年的百分比/%				
	1年	2年	3年	4年	5年
10.1	110.10	231.32	364.78	511.72	673.50
10.2	110.20	231.64	365.47	512.95	675.47
10.3	110.30	231.96	366.15	514.16	677.42
10.4	110.40	232.28	366.84	515.39	679.39
10.5	110.50	232.60	367.52	516.61	681.35
10.6	110.60	232.92	368.21	517.84	683.33
10.7	110.70	233.24	368.89	519.05	685.28
10.8	110.80	233.57	369.60	520.32	687.32
10.9	110.90	233.89	370.29	521.56	689.32
11.0	111.00	234.21	370.97	522.77	691.27
11.1	111.10	234.53	371.66	524.01	693.27
11.2	111.20	234.85	372.35	525.25	695.27
11.3	111.30	235.18	373.06	526.52	697.32
11.4	111.40	235.50	373.75	527.76	699.33
11.5	111.50	235.82	374.44	529.00	701.33

参 考 文 献

[1] 贾俊平,何晓群,金勇. 统计学[M]. 7版. 北京:中国人民大学出版社,2018.

[2] 杜子芳. 统计学概论[M]. 北京:国家开放大学出版社,2018.

[3] 叶向,李亚平. 统计数据分析基础教程[M]. 北京:中国人民大学出版社,2015.

[4] 郑葵. 统计学[M]. 哈尔滨:哈尔滨工业大学出版社,2011.

[5] 沈萍. 统计学及统计实务[M]. 北京:机械工业出版社,2009.

[6] 庄胡蝶. 统计实务学[M]. 北京:北京交通大学出版社,2010.

[7] 董云展. 统计学[M]. 北京:高等教育出版,2008.

[8] C. R. 劳. 统计与真理:怎样运用偶然性[M]. 李竹渝,译. 北京:科学出版社,2004.

[9] 国家统计局. 中华人民共和国 2015—2021 年国民经济和社会发展统计公报[EB/OL][2022-02-28]. http://www.stats.gov.cn/10.